EU-beleid voor landbouw, voedsel en groen

Gewone wetgevingsprocedure (medebeslissing)

EU-beleid voor

landbouw, voedsel en groen

Van politiek naar praktijk

Redactie:
Gerrit Meester
Petra Berkhout
Liesbeth Dries

Wageningen Academic
Publishers

Foto omslag: Gerrit Meester
Europees Parlement Straatsburg
Hoofdrol in EU-wetgevingsproces

ISBN 987-90-8686-230-6

Vierde, geheel herziene druk, 2013
Derde druk, 2009
Tweede, geheel herziene druk, 2008
Eerste druk, 2005

Woord vooraf

Dit boek behandelt de Europese beleidsterreinen voor landbouw, voedsel, milieu, natuur en landschap in hun onderlinge samenhang. Als doelgroep hebben we zowel studenten in het wetenschappelijk- en beroepsonderwijs voor ogen, alsook allen die bij overheid, bedrijfsleven of organisaties met deze beleidsterreinen te maken hebben.

Het boek is een geactualiseerde versie van het gelijknamige boek waarvan de eerste druk in 2005, en de tweede en derde druk in 2008 en 2009 verscheen. Dat boek was de opvolger van *EU-landbouwpolitiek van binnen en van buiten* dat vanaf 1988 onder redactie van Jerrie de Hoogh (†) en Huib Silvis in verschillende drukken is gepubliceerd. Deze nieuwe editie is evenals de voorgaande mede gebaseerd op de Wageningen Academy cursus 'EU-beleid voor landbouw, voedsel en groen', die begin 2013 onder leiding van Gerrit Meester en Liesbeth Dries voor de 28e keer werd gegeven.

Vooral de besluitvorming in de zomer van 2013 over het Meerjarig Financieel Kader en het gemeenschappelijk landbouw- en plattelandsbeleid voor de periode 2014-2020 noopten tot een actualisering van het boek. Institutioneel van belang daarnaast is het in 2009 in werking getreden Verdrag van Lissabon, op grond waarvan het Europees Parlement medebeslissingsbevoegdheid heeft gekregen in vrijwel alle Europese wetgeving, waaronder het gemeenschappelijk landbouwbeleid.

Ook op de andere in het boek besproken beleidsterreinen zijn ontwikkelingen gaande die een actualisatie van het boek noodzakelijk maakten. Zo is bij voedselveiligheid, milieu en dierenwelzijn sprake van een verschuivende verhouding tussen 'publieke' en 'private' verantwoordelijkheden. Daarnaast is er nog steeds veel aandacht voor de hoge en meer fluctuerende prijzen op de agrarische wereldmarkten, de energieschaarste, de bevordering van biobrandstoffen en, in samenhang daarmee, de voedselvoorziening in de wereld. Deze laatste ontwikkelingen hebben sinds 2008 het landbouwbeleid weer stevig op de kaart gezet.

In WTO-verband is sinds 2008 geen voortgang meer gemaakt in de Doha-onderhandelingen, maar zijn er wel steeds meer ervaringen met de toepassing van de overeenkomsten in het kader van de Uruguay-ronde. Daarnaast worden in toenemende mate bilaterale handelsovereenkomsten afgesloten of zijn onderhandelingen daarover gaande. Tenslotte zijn in het natuurbeleid de eerste ervaringen opgedaan met de toepassing van Natura 2000 en blijft de toelating van genetisch gemodificeerde organismen in de EU nog steeds een heet hangijzer, terwijl elders in de wereld de teelt en het gebruik daarvan steeds meer toeneemt. Aan al deze onderwerpen besteedt het boek aandacht.

Met de ontwikkeling van de cursus en het boek is ook de groep auteurs gewijzigd. Degenen die aan vorige drukken meewerkten, waren zo vriendelijk toestemming te geven hun stukken te laten bewerken door de nieuwe auteurs. Aan het eind van het boek is een overzicht opgenomen van de auteurs en hun huidige functies. We zijn allen zeer erkentelijk voor het feit dat ze welwillend en constructief aan deze uitgave hebben meegewerkt. Daarnaast heeft ook het redactieteam verandering ondergaan. Arie Oskam en Huib Silvis traden terug; Petra Berkhout en Liesbeth Dries namen hun rol over. Het redactieteam dankt Arie en Huib van harte voor de rol die zij jarenlang hebben vervuld, Huib zelfs vanaf de eerste druk van de voorganger van dit boek in 1988. We zijn blij dat Arie en Huib nog wel als co-auteurs aan deze vierde druk van het boek hebben bijgedragen.

Behalve de auteurs en oud-redacteuren bedanken we ook de mensen, in het bijzonder van Wageningen Academy en Wageningen Academic Publishers, die achter de schermen belangrijke bijdragen hebben geleverd. Ook zonder hun steun zou dit boek niet tot stand zijn gekomen.

De redacteuren,
Gerrit Meester, Petra Berkhout en Liesbeth Dries
Augustus 2013

Inhoudsopgave

1. Europese integratie: betekenis voor landbouw, voedsel en groen

Gerrit Meester en Liesbeth Dries

1.1 Inleiding

Europese integratie was bedoeld om de economieën - met name die van Frankrijk en Duitsland - te koppelen. Na drie verwoestende oorlogen in een periode van minder dan 100 jaar werd het voorkómen van nieuwe Europese 'burgeroorlogen' een prioriteit. De eerste stap in het integratieproces - de Europese Gemeenschap voor Kolen en Staal (EGKS) - stelde daarom al een Europese Hoge Autoriteit in als een gemeenschappelijk bestuursorgaan. Andere belangrijke factoren waren de politieke en militaire dreiging die uitging van het communisme in Oost-Europa in de jaren 1950 en 1960 en, vanaf de jaren 1980, de economische noodzaak om met het creëren van een grotere interne markt het hoofd te bieden aan de concurrentie vanuit de Verenigde Staten, Japan en - meer recent - China en andere opkomende landen.

Een belangrijke drijfveer voor economische integratie is de overtuiging dat een betere verdeling van arbeid en het vrije verkeer van goederen en diensten bijdragen tot economische groei en welvaart. Een goed functionerende interne markt vereist dat beleidsverschillen tussen lidstaten worden weggewerkt. Wat betreft het landbouwbeleid - met zijn intense marktregulering en vaak sterk verschillend beleid in de lidstaten - was dit een cruciale stap. Door het onderwerp van dit boek maar ook omdat het gemeenschappelijk landbouwbeleid (GLB) een essentieel onderdeel is van de Europese integratie, wordt hier speciale aandacht aan besteed in dit hoofdstuk. Verdere stappen in de economische integratie zoals vrij verkeer van arbeid en kapitaal, gemeenschappelijke mededingingsregels, gemeenschappelijk structuur- en cohesiebeleid en een monetaire unie vereisen ook de coördinatie van het economisch beleid van de lidstaten en een zekere mate van politieke integratie. Dit pad naar diepere integratie verloopt soms hobbelig, zoals duidelijk werd tijdens en in de nasleep van de recente economische crisis.

Een belangrijk concept in het Europees integratieproces is het subsidiariteitsbeginsel. Dit beginsel beoogt het bepalen van het meest geschikte interventieniveau op vlak van gedeelde bevoegdheden tussen de EU en de lidstaten. Het subsidiariteitsbeginsel bepaalt dat de EU slechts mag tussenkomen als zij in staat is doeltreffender op te treden dan de lidstaten. Een tussenkomst op Europees niveau kan gerechtvaardigd of ontkracht worden op basis van de volgende drie criteria: (1) heeft de actie transnationale aspecten die niet geregeld kunnen worden door de lidstaten?; (2) is het optreden van de lidstaten alleen of het niet optreden in strijd met het Verdrag betreffende de Europese Unie?; (3) levert het optreden op Europees niveau zichtbare voordelen op? Met name wat betreft het Europees plattelandsbeleid en het natuurbeleid werpt een toetsing van het subsidiariteitsbeginsel wel eens vragen op.

1.2 Europese economische integratie: wat betekent het?

Economische integratie kan gedefinieerd worden als de geleidelijke afbouw van de economische grenzen tussen partnerlanden, in dit geval tussen de lidstaten van de Europese Unie. Het is een dynamisch proces waarbij de economieën van de partnerlanden steeds meer met elkaar verweven worden. De doelstellingen in Europa zijn de verhoogde economische groei van de lidstaten, evenals het bereiken van politieke stabiliteit (vrede en veiligheid, democratie, mensenrechten).

Het integratieproces heeft twee dimensies: marktintegratie en beleidsintegratie (Molle, 2006). Marktintegratie betekent vrije handel in goederen en diensten en vrij verkeer van productiefactoren (arbeid en kapitaal). Beleidsintegratie betekent de coördinatie van nationale wetgeving en beleid of de invoering van gemeenschappelijke regels.

Stadia van economische integratie

De volgende fasen kunnen geïdentificeerd worden in het proces van economische integratie (Molle, 2006):

- een vrijhandelszone, waarin landen alle handelsbarrières tussen de partners, zoals invoerrechten en kwantitatieve beperkingen, afschaffen om de vrije handel van goederen mogelijk te maken;
- een douane-unie, waarin een gemeenschappelijk invoertarief en -beleid wordt ingesteld aan de buitengrenzen van de vrijhandelszone;
- een gemeenschappelijke markt, een douane-unie met volledig vrij verkeer van productiefactoren;
- een economische unie, waarin de gemeenschappelijke markt wordt voltooid door harmonisering van cruciale beleidsdomeinen zoals beleid op vlak van arbeid en sociale zaken, regionale ontwikkeling, transport, enz.;

- een economische en monetaire unie, waarin naast een gemeenschappelijk economisch beleid een gemeenschappelijk monetair beleid wordt gevoerd met een gemeenschappelijke munt en een hoge mate van geïntegreerd macro-economisch en begrotingsbeleid.

Twee verdere stadia van integratie zijn:

- een politieke unie waarin ook een gemeenschappelijk buitenlands en veiligheidsbeleid en een gemeenschappelijk anti-criminaliteitsbeleid worden ingevoerd;
- een volledige unie, wat betekent dat de lidstaten één land, een federatie of een confederatie vormen.

Het verdrag tot oprichting van de Europese Economische Gemeenschap (EEG-verdrag) had als oorspronkelijk doel om minstens een gemeenschappelijke markt en bij voorkeur een economische unie te creëren. Tot de jaren 1980 bleef het proces ergens hangen tussen een douane-unie en een gemeenschappelijke markt. De wens om de ééngemaakte Europese markt te voltooien, 'Europa 1992', gaf het integratieproces een nieuwe impuls. Na 1999 werd de Economische en Monetaire Unie (EMU) bereikt - eerst met 11 en vervolgens met 12 van de oorspronkelijke EU-15 lidstaten. In de periode 2007-2011 werd het aantal deelnemende landen uitgebreid met 5 van de lidstaten die in 2004 toetraden tot de EU. Op 1 januari 2014 treedt Letland als 18^{e} lidstaat toe. Tegenwoordig ontwikkelt het integratieproces zich met vallen en opstaan via de tweede en derde pijler van het Verdrag van Maastricht (binnenlandse zaken en justitie en het gemeenschappelijk buitenlands en veiligheidsbeleid) in de richting van een politieke unie, zoals werd vastgelegd in het Verdrag van Lissabon.

Tabel 1.1 toont de geschiedenis van de Europese integratie. Meer uitvoerige informatie over het proces en de geschiedenis van de Europese economische integratie is onder andere te vinden in Baldwin en Wyplosz (2012), Dinan (2004), Judt (2005), Van Middelaar (2009), Molle (2006) en Pelkmans (2006).

1.3 Drijvende krachten voor verdere economische integratie en uitbreiding

Eén van de drijfveren voor Europese integratie is het basisprincipe uit de handelstheorie dat zegt dat een geïntegreerde Europese markt met vrij verkeer van goederen, diensten en productiefactoren zal leiden tot een hogere welvaart. Het succes van de toenemende integratie en verbondenheid tussen de lidstaten wordt

Tabel 1.1. Geschiedenis van de Europese integratie.

1952	Europese Gemeenschap voor Kolen en Staal (EGKS): Verdrag van Parijs • Duitsland, Frankrijk, Italië, België, Nederland, Luxemburg
1958	Europese Economische Gemeenschap (EEG) en Euratom: Verdragen van Rome
1967	Fusieverdrag Europese Gemeenschappen (EG): één Raad, Commissie en Parlement voor de EGKS, EEG en Euratom
1968	Einde van de overgangsperiode naar een gemeenschappelijke markt
1973	Westelijke uitbreiding (EG-9) • Verenigd Koninkrijk, Ierland en Denemarken
1981, 1986	Zuidelijke uitbreiding (EG-10, EG-12) • Griekenland (1981), Spanje en Portugal (1986)
1986	Europese Akte: eengemaakte Europese markt per 1-1-1993 (Europa 1992)
1989	Val van de Berlijnse Muur: eenmaking van Duitsland (1990)
1992	Europese Unie (EU): Verdrag van Maastricht Drie-pijlerstructuur: • Gemeenschappelijke markt • Buitenlands en veiligheidsbeleid • Binnenlandse zaken en immigratie Voorbereiding van de Economische en Monetaire Unie
1995	Noordelijke uitbreiding (EU-15) • Zweden, Finland, Oostenrijk
1999	Economische en Monetaire Unie (EMU): invoering van de euro
2004, 2007	Oostelijke uitbreiding (EU-27) • Estland, Letland, Litouwen, Polen, Tsjechië, Slowakije, Hongarije, Slovenië, Malta, Cyprus (2004); Roemenië en Bulgarije (2007)
2005-2012	Start toetredingsonderhandelingen met kandidaat-lidstaten: • Kroatië, Macedonië, Turkije (2005); IJsland, Montenegro (2010); Servië (2012) Potentiële kandidaat-lidstaten: • Albanië, Bosnië en Herzegovina, Kosovo (onder VN-mandaat)
2009	Verdrag betreffende de werking van de EU (VWEU, Verdrag van Lissabon)
2013	Kroatië wordt de 28^{e} EU lidstaat

geïllustreerd door een steeds groter aandeel van de interne EU-handel (in vergelijking met de 'externe handel') en de mogelijkheden voor het vrije verkeer van productiefactoren, waaronder arbeid. De toename in marktintegratie leidt echter ook tot een verdere integratie op andere beleidsdomeinen. In een open interne markt zijn bijvoorbeeld strikte gemeenschappelijke regels voor staatssteun en mededingingsbeleid van cruciaal belang om te voorkomen dat bedrijven misbruik zullen maken van hun machtspositie ten opzichte van consumenten of andere bedrijven (Baldwin en Wyplosz, 2012, hoofdstukken 4-8 en 11).

De lijst van opeenvolgende uitbreidingen (tabel 1.1) toont dat politieke factoren vaak ook een belangrijke rol gespeeld hebben in de timing van de stappen in het integratieproces (verandering van regimes naar 'ontluikende democratieën'). Voor nieuwe lidstaten is het vaak aantrekkelijk om zich voor te bereiden op 'het lidmaatschap van de club'. Zo geeft de EU richting aan institutionele hervormingen en kunnen bedrijven en consumenten hun voordeel halen uit de grotere markt en een hogere welvaart. Verschillende studies tonen ook aan dat – mede als gevolg van de structuur- en cohesiefondsen – het inkomen per hoofd van de lidstaten steeds dichter bij elkaar komt te liggen (Badinger, 2005; Baldwin en Wyplosz, 2012, hoofdstuk 10). Regionale ongelijkheid binnen de lidstaten zelf zou wel hardnekkiger kunnen zijn.

Binnen de Economische en Monetaire Unie is het van cruciaal belang dat de lidstaten zich aan de regels houden die oorspronkelijk geformuleerd werden in het Verdrag van Maastricht in 1992 en die in meer detail uitgewerkt zijn in het Stabiliteits- en Groeipact in 1997. Voornamelijk de eisen van een begrotingstekort van minder dan 3% van het Bruto Binnenlands Product (BBP) en een overheidsschuld van minder dan 60% van het BBP hebben tot grote problemen geleid voor de lidstaten. Hoewel Duitsland het initiatief genomen had voor het Stabiliteits- en Groeipact, was het eerst Frankrijk en daarna Duitsland zelf, dat deze basisregels overtrad. Recent wordt dit slechte voorbeeld gevolgd door diverse andere lidstaten. Het gebrek aan coördinatie van het macro-economisch en begrotingsbeleid kan hier een mogelijke verklaring voor zijn.

De stabiliteit van instellingen die de democratie garanderen en respect tonen voor minderheden wordt vaak gezien als de beste langetermijngarantie voor een betrouwbare lidstaat. Daarom heeft dit een hoge prioriteit in de criteria van Kopenhagen voor de toetreding van nieuwe lidstaten. Het is verder ook een illustratie van het verband tussen economische en politieke integratie. De Europese Raad van Kopenhagen (1993) formuleerde de volgende vereisten voor het lidmaatschap van kandidaat-landen:

- Stabiele instellingen die de democratie, de rechtsstaat, de mensenrechten en het respect voor en de bescherming van minderheden garanderen.
- Een functionerende markteconomie en het vermogen om de concurrentiedruk en de marktkrachten binnen de Unie het hoofd te bieden.

- In staat zijn om de verplichtingen van het lidmaatschap op zich te nemen, waaronder het tegemoet komen aan de doelstellingen van een politieke, economische en monetaire unie.

Toetredingsverdragen moeten geratificeerd worden door alle lidstaten, evenals door de kandidaat-lidstaat. Figuur 1.1 toont de kaart van de Europese Unie en haar kandidaat-lidstaten per 1 juli 2013.

1.4 Landbouw: koploper of obstakel?

Het gemeenschappelijk landbouwbeleid (GLB) werd lange tijd beschouwd als het enige werkelijk geïntegreerde beleid in de EU. Het werd ontworpen door een selecte groep van commissarissen, ministers, (Europese) parlementariërs en

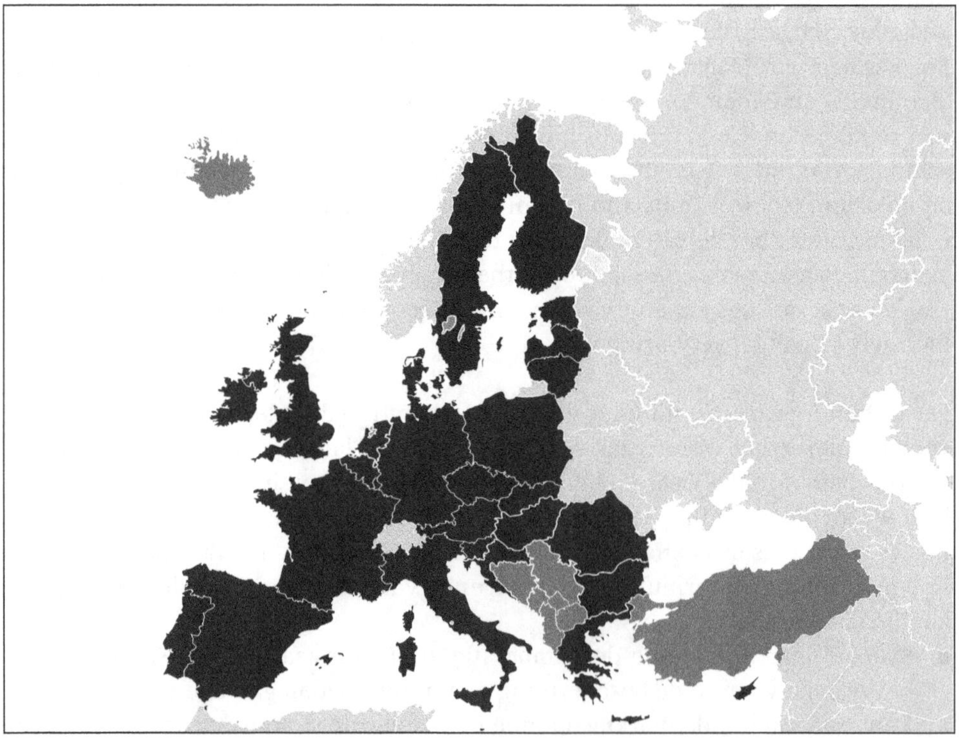

Figuur 1.1. De Europese Unie en haar kandidaat-lidstaten na de toetreding van Kroatië op 1 juli 2013. De 28 EU lidstaten zijn in donkergrijs weergegeven, (potentiële) kandidaat-lidstaten in lichter grijs. De overzeese gebiedsdelen van de lidstaten zijn niet weergegeven.

ambtenaren gespecialiseerd in de landbouw. Maar stemt dit imago van voorloper in het integratieproces ook overeen met de werkelijkheid?

Hindernis

Na de Tweede Wereldoorlog, toen de Europese integratie vooral werd opgestart om politieke redenen, vond een langdurige discussie plaats over de vraag of landbouw al dan niet moest worden opgenomen. De crisis van de jaren 1930 en de voedseltekorten tijdens en na de Tweede Wereldoorlog hadden ervoor gezorgd dat nationale regeringen intensief gingen ingrijpen in de sector. Deze interventie varieerde sterk van land tot land (zie vooral Tracy, 1989). Als gevolg daarvan was er een sterke weerstand tegen het opnemen van landbouw en de handel in landbouwproducten in een gemeenschappelijke markt, vooral van de kant van Duitsland dat zijn eigen sector altijd fel had beschermd. Daartegenover stonden Frankrijk en Nederland, landen die aanzienlijke deviezen verdienden uit de export van landbouwproducten en dus vreesden voor economische onevenwichtigheden als enkel de industriesector zou worden geliberaliseerd.

De bijzondere positie en het vaak ver doorgevoerde nationale landbouwbeleid maakten dat de grondleggers van de Europese integratie landbouw meer beschouwden als een obstakel dan een koploper in het integratieproces. Deze perceptie stak steeds weer de kop op, zoals bij de voltooiing van de Europese interne markt begin jaren 1990, tijdens de onderhandelingen over de opeenvolgende uitbreidingen van de EU en in de Wereldhandelsorganisatie (WTO). De belangrijkste reden waarom landbouw betrokken moest worden bij Europese en internationale integratieprocessen, en waarom dit ook het geval zal blijven in de toekomst, is het belangrijke aandeel van de landbouwsector in de economie van de EEG-6 in de jaren 1950 en in een groot aantal andere landen op dit moment.

Apart hoofdstuk in het EEG-Verdrag

Uiteindelijk besloten de EEG-6 om de landbouwsector en de handel in landbouwproducten op te nemen in de gemeenschappelijke markt via een apart hoofdstuk II van het EEG-Verdrag (artikel 38 EEG, thans artikel 38 van het Verdrag betreffende de werking van de EU (VWEU)). Omdat elke lidstaat een eigen landbouwbeleid had, was een voorwaarde hiervoor wel het invoeren van een gemeenschappelijk landbouwbeleid. De doelstellingen van het gemeenschappelijk landbouwbeleid zijn volgens artikel 39.1 EEG (artikel 39.1 VWEU):

- Verhogen van de landbouwproductiviteit door technische vooruitgang en door zowel de rationele ontwikkeling van de landbouwproductie als een optimaal gebruik van de productiefactoren, met name van arbeidskrachten.
- Zodoende een redelijke levensstandaard voor de landbouwbevolking verzekeren, met name door verhoging van het hoofdelijk inkomen van hen die in de landbouw werkzaam zijn.
- Markten stabiliseren.
- De voedselvoorziening veilig stellen.
- Redelijke prijzen voor gebruikers verzekeren.

Koploper

Net als bij het specifieke landbouwhoofdstuk bevatte het EEG-Verdrag ook specifieke hoofdstukken over transport en het vrije verkeer van arbeid, diensten en kapitaal. De grootste bijdrage van de Europese landbouwcommissaris Mansholt en zijn medewerkers is ervoor gezorgd te hebben dat, ondanks de voornoemde problemen, het hoofdstuk over het gemeenschappelijk landbouwbeleid vorm en inhoud heeft gekregen. Voor de twee andere hoofdstukken van het Verdrag was dit niet het geval. Bijgevolg werd landbouw dan ook een voorloper in plaats van een belemmering voor het integratieproces in Europa. De gemeenschappelijke markt voor landbouwproducten werd grotendeels gerealiseerd midden-1968. Het was pas na de voltooiing van de Europese interne markt in het begin van de jaren 1990, de Economische en Monetaire Unie aan het eind van de jaren 1990 en de Diensten richtlijnen in de jaren 2000 dat het integratieproces voor transport en het vrije verkeer van arbeid, kapitaal en diensten echt van start ging.

1.5 Ontwikkeling van het EU-beleid voor landbouw, voedsel en groen

Nadruk op markt- en prijsbeleid

Bij de uitwerking van het gemeenschappelijk landbouwbeleid werd gekozen voor het opzetten van Europese marktordeningen voor de meerderheid van landbouwproducten. De nadruk werd gelegd op een gemeenschappelijk markt- en prijsbeleid voor grondgebonden producten (granen, zuivel, suiker, rundvlees, wijn, olijfolie). Het prijsniveau werd bovendien niet bepaald door de gemiddelde prijs van de EEG-6, maar door het prijsniveau van de lidstaat met de hoogste prijzen: Duitsland. De prijs die hiervoor betaald werd in de GATT Dillon-ronde van 1960-1962, was het moeten vastleggen op een laag of zelfs nulniveau van de invoertarieven voor producten die in die tijd minder belangrijk waren voor de EEG (oliehoudende zaden, eiwithoudende gewassen, graansubstituten, enz.). Bovendien, als gevolg van de grote financiële en economische belangen van Frankrijk in het bijzonder maar ook van Nederland, werd besloten tot de gemeenschappelijke financiering van de marktordeningen.

Bij het in werking treden van het EEG-Verdrag in 1958 gebeurde de marktintegratie door middel van een afschaffing van de interne tarieven en niet-tarifaire belemmeringen voor de meeste industrieproducten bijna geruisloos. In het geval van landbouwproducten ging deze afschaffing echter vergezeld van veel publiciteit door het invoeren van het gemeenschappelijk landbouwbeleid. Sommige gebeurtenissen in dit proces zijn legendarisch:

- 'Het stopzetten van de klok' in het begin van de jaren 1960, zodat de tijdslimieten die waren vastgelegd in het Verdrag gehaald konden worden.
- De lege-stoelpolitiek van Frankrijk in het midden van de jaren 1960 voor het behoud van de unanimiteitsregel.
- De befaamde marathonsessies over het jaarlijkse prijzenpakket in de jaren 1970 en 1980.

Landbouwstructuurbeleid nooit echt van start gegaan

Naast markt- en prijsbeleid, en de bijbehorende gemeenschappelijke handelspolitiek, was het vanaf het begin de bedoeling om ook een gemeenschappelijk landbouwstructuurbeleid te ontwikkelen. Dit beleid is echter nooit goed van de grond gekomen. Naast de vrijblijvende bepalingen hieromtrent in het EEG-Verdrag waren de ministers van Landbouw terughoudend om de macht over dit beleid naar Brussel over te hevelen, een terughoudendheid die nog steeds geldt. Het beroemde Mansholt Plan van 1968 over de hervorming van de Europese landbouw resulteerde na 4 jaar van moeizame onderhandelingen in slechts 3 structuurrichtlijnen. Deze 3 richtlijnen, aangevuld met de 'bergboerenregeling' in 1975 en enkele andere maatregelen in latere jaren, werden opgevolgd door de begeleidende maatregelen van de Mac Sharry-hervorming in 1992. In Agenda 2000 evolueerden deze naar het plattelandsbeleid in de tweede pijler van het GLB, wat verder werd versterkt door de verplichte modulatie van de rechtstreekse betalingen aan landbouwers in de eerste pijler van het GLB in de 2003 *Mid-Term Review*. Deze modulatie werd nog uitgebreid in de 2008 GLB *Health Check*.

Beleid voor voedsel en groen komt pas later onder de aandacht

Beleid met betrekking tot voedsel en de landelijke gebieden, alsook voor de bescherming van natuur en milieu, kreeg nauwelijks aandacht in het eerste decennium van de Europese integratie. Het was vooral als gevolg van het boek van Rachel Carson, *Silent Spring,* (1962) en het verslag van de Club van Rome (Meadows *et al.*, 1972) dat in de jaren 1970 de eerste initiatieven voor richtlijnen betreffende natuur- en milieubeleid werden genomen. Later werden de milieudoelstellingen ook verankerd in Verdragteksten, voor het eerst in de Europese Akte.

De invoering van agro-milieumaatregelen in de landbouw als onderdeel van de Mac Sharry-hervorming in 1992 was de eerste stap in het GLB om de landbouw meer in evenwicht te brengen met het milieu. Deze maatregelen werden uitgebreid in de Mid-Term Review in 2003 met verplichte randvoorwaarden (onder andere) met betrekking tot het milieu, die gekoppeld werden aan de directe betalingen aan landbouwers.

De Europese Akte, vooral bedoeld om het stagnerende integratieproces nieuw leven in te blazen en om de concurrentiepositie van Europa te versterken, leidde ook tot meer wetgeving op het vlak van natuur en milieu en Europese regelingen rond voedselveiligheid, voedselkwaliteit, veterinaire en fytosanitaire aangelegenheden, en dierenwelzijn. Voordien was er op deze terreinen slechts in beperkte mate sprake van Europees beleid. Deze regelingen kwamen mede tot stand als gevolg van het toenemende besef dat markt- en prijsbeleid en een beetje structuurbeleid op zich nog geen vrij verkeer van goederen of een economisch krachtige Europese interne markt kunnen bewerkstelligen. Deels vloeiden ze ook voort uit de wensen en behoeften van de Europese samenleving, die sterk verschilden van die welke relevant waren bij de oprichting van het EEG-Verdrag en het agrarische hoofdstuk in de jaren 1950.

Een belangrijk motief was voorts de toename van het aantal arresten van het Europese Hof van Justitie waarin nationale wetgeving op veel vlakken tegenstrijdig werd verklaard met het EEG-Verdrag. Europese politici en beleidsmakers werden dus voor de keuze gesteld om ofwel nationale wetgeving af te schaffen (negatieve integratie van het beleid), of om deze te vervangen door Europese regelgeving (positieve integratie van het beleid, Pelkmans, 2006).

De drijfveer tot positieve beleidsintegratie op Europees niveau werd verder versterkt in de jaren 1990 door de BSE-crisis en andere crises met betrekking tot voedsel en diergezondheid. De BSE-crisis was ook de directe reden achter de overdracht van de bevoegdheden op veterinair en fytosanitair gebied van de commissaris en het directoraat-generaal verantwoordelijk voor landbouw naar de collega's verantwoordelijk voor volksgezondheid. Tegelijkertijd werd de bevoegdheid van het Europees Parlement op deze terreinen versterkt en leidden de crises tot de oprichting van autonome Europese agentschappen op deze domeinen.

Een andere drijvende kracht voor positieve Europese integratie van het voedselbeleid was dat dit Europa beter zou wapenen in de toenemende discussies en conflicten binnen de WTO, met name over technische handelsbelemmeringen en intellectuele eigendomsrechten zoals de bescherming van oorsprongsbenamingen en traditionele productiemethoden (wijn, kaas, ham).

Tabel 1.2 geeft een overzicht van de mijlpalen in de ontwikkeling van het EU-beleid voor landbouw, voedsel en groen. Gedetailleerde beschrijvingen van de geschiedenis en de ontwikkeling van het gemeenschappelijk landbouwbeleid in de beginjaren zijn te vinden in Tracy (1989) en in Ingersent en Rayner (1999).

1.6 Beleid op aanpalende terreinen

Andere artikelen van het Verdrag hebben ook invloed

Naast de specifieke hoofdstukken voor landbouw, vervoer, arbeid, kapitaal en diensten, bevatten de EU-Verdragen verschillende andere artikelen die ook relevant zijn voor de landbouw- en voedingsmiddelensector. Voorbeelden zijn:

- extern handelsbeleid;
- gemeenschappelijke regels inzake mededinging;
- harmonisering fiscale wetgeving en de belasting op toegevoegde waarde;
- economisch beleid;
- sociaal beleid, waaronder de oprichting van het Europees Sociaal Fonds.

Het integratieproces is sterk beïnvloed door het mededingingsbeleid en in het bijzonder door de wijze waarop de Europese Commissie en het Hof van Justitie daarvan gebruik gemaakt hebben in de jaren 1970 en 1980. Hoewel de landbouw- en voedingsmiddelensector gedeeltelijk vrijgesteld werden van dit beleid via bijzondere bepalingen in het Verdrag van Rome, zijn er enkele beroemde uitspraken van het Hof – zoals het 'Cassis de Dijon' arrest over het alcoholgehalte van likeur in 1979, en het arrest over het Duitse 'Reinheitsgebot' voor bier in 1987 – die een grote invloed gehad hebben op deze sectoren (zie voor een meer gedetailleerde beschrijving Pelkmans, 2006). Beide arresten zijn gebaseerd op het beginsel van

Tabel 1.2. Mijlpalen in het EU-beleid voor landbouw, voedsel en groen.

1958	Stresa Conferentie over het te voeren landbouwbeleid
1962	Marktordeningen voor granen en aanverwante producten
1964	Marktordening voor melk en zuivelproducten
1968	Mansholt Plan om de Europese landbouw te hervormen
1972	Drie richtlijnen inzake landbouwstructuurbeleid
1975	Eerste milieurichtlijn
1979	Vogelrichtlijn
1984	Invoering leveringsquota voor melk
1988	Hervorming structuurfondsen, waaronder EOGFL-Afdeling Oriëntatie Plafond inzake groei landbouwuitgaven
1991	Nitraatrichtlijn Richtlijnen inzake dierenwelzijn en biologische landbouw
1992	Mac Sharry-hervorming: van prijssteun naar directe inkomenssteun Voltooiing interne Europese markt (Europa 1992) waaronder diverse richtlijnen en verordeningen rond voedselveiligheid en -kwaliteit, veterinaire en fytosanitaire zaken Habitatrichtlijn
1994	GATT Uruguay-ronde Landbouwakkoord
1996	BSE crisis Conferentie van Cork over het plattelandsbeleid
1999	Agenda 2000: verdere verschuiving van prijssteun naar directe inkomenssteun en start plattelandsbeleid
2001	Start van de onderhandelingen WTO Doha-ontwikkelingsagenda
2002	Algemene levensmiddelenverordening (*General Food Law*) en de oprichting van de Europese Autoriteit voor Voedselveiligheid (EFSA)
2003	Fischler-hervorming (Mid-Term Review): ontkoppeling van inkomenssteun, verplichte cross-compliance randvoorwaarden
2008	Health Check: volledige ontkoppeling van de rechtstreekse betalingen vanaf 2012
2013	Besluitvorming over het GLB en het plattelandsbeleid voor de periode 2014-2020

wederzijdse erkenning: een product dat is toegestaan in één van de lidstaten, is toegestaan in de gehele Europese Unie, zolang dat product de volksgezondheid niet in gevaar brengt.

Gemeenschappelijk beleid op veel terreinen

Voordat eerst de interne Europese markt en later de Economische en Monetaire Unie tot stand kwam, werden vele andere beleidsterreinen ontwikkeld die relevant zijn voor landbouw, voedsel en groen op basis van de verdragen voor de Europese Gemeenschap voor Kolen en Staal, de Europese Economische Gemeenschap en de Europese Gemeenschap voor Atoomenergie. Voorbeelden zijn:

- Het Europees Fonds voor Regionale Ontwikkeling (EFRO), opgericht in de jaren 1970 ter versterking van de interne cohesie binnen de Europese Unie.
- Onderzoek- en ontwikkelingsbeleid, voornamelijk ontwikkeld binnen de Europese 'kaderprogramma's', met veel aandacht voor biotechnologie-onderzoek tot en met de jaren 1990.
- Industriebeleid, onder andere van belang voor de voedingsmiddelenindustrie.
- Transportbeleid, met daarin van groot belang het transport van landbouwproducten en levensmiddelen, in het bijzonder levende dieren, verse producten en producten met strenge hygiënische eisen.
- Visserijbeleid, met inbegrip van toegang tot elkaars visgronden en het streven naar een economisch en ecologisch duurzame visserij.

Tegelijkertijd was er:

- Steeds intensiever gebruik van de bepalingen van het mededingingsbeleid.
- Meldingsplicht en vaak zelfs goedkeuringsplicht of een termijn van geen bezwaar ingesteld voordat de wetgeving van nationale en regionale overheidsinstanties van kracht mag worden.
- Bevordering van het vrije verkeer van arbeid en de aanpak van nationale wetgeving die leidt tot de ongelijke behandeling van personen door Europese jurisprudentie.

Financiële aspecten

Bijzondere aandacht is er altijd geweest voor de financiële aspecten van het Europese integratieproces. De stijgende uitgaven voor het gemeenschappelijk landbouwbeleid in de jaren 1970 en 1980 waren jarenlang een bron van ongerustheid. De invoering van een absoluut uitgavenplafond vanaf 1988 is nog steeds vooral bedoeld om hoogst noodzakelijke hervormingen van dit beleid af te dwingen. Maar minstens zo belangrijk is dat de Europese interne markt en de Economische en Monetaire Unie financiële balansmechanismen vereisen die verschillen van mechanismen die het landbouw- of plattelandsbeleid tot stand kunnen brengen. Ook om die redenen moet het gemeenschappelijk landbouwbeleid steeds meer aan relatief (financieel) belang inboeten ten opzichte van andere gemeenschappelijke beleidsdomeinen, zoals beleid ten aanzien van duurzame economische groei en cohesie.

Internationale dimensie

Beleidsaspecten voor landbouw, voedsel en groen worden niet alleen in Europa maar ook in de WTO en in andere internationale organisaties en akkoorden steeds belangrijker. Handelsliberalisering die uitsluitend gebaseerd is op de afschaffing van tarifaire en niet-tarifaire belemmeringen, zoals oorspronkelijk bedoeld in de GATT, wordt steeds minder aanvaardbaar in politiek en sociaal opzicht. Tegelijkertijd worden internationale regels en instellingen steeds belangrijker met het oog op de toenemende mondialisering van markten. Zonder eerlijke internationale mededingingsregels zouden wereldwijd opererende bedrijven in staat zijn om nieuwe marktonvolkomenheden te creëren, terwijl regeringen deze juist willen tegengaan. Zonder eerlijke internationale regels voor voedselveiligheid, plant- en dierziekten, biodiversiteit, duurzaamheid en sociale parameters, kan de verdere liberalisering van de handel leiden tot onaanvaardbare situaties die het vertrouwen van de consument en de burger schade kunnen toebrengen. Dit vertrouwen is echter cruciaal voor een succesvolle voortzetting van het proces van handelsliberalisering en marktintegratie. Naast liberalisering van de handel, moet beleidsintegratie in deze domeinen, evenals met betrekking tot het internationale financiële en monetaire systeem, dus bovenop de agenda staan; niet alleen in Europa, maar ook op het internationale toneel.

Literatuur

Badinger, H., 2005. Growth effects of economic integration: evidence from the EU member states. Review of World Economics 141: 50-78.

Baldwin, R. en C. Wyplosz, 2012. The economics of European integration. Fourth edition. McGraw-Hill, Londen, UK, 584 pp.

Carson, R., 1962. Silent spring. Houghton Mifflin, Boston, MA, USA, 378 pp.

Dinan, D., 2004. Europe recast: a history of the European Union. Palgrave Macmillan, Londen, UK, 392 pp.

Europese Raad, 1993. Conclusions of the presidency, European Council in Copenhagen 21-23 June 1993, doc SN 180/1/93 rev 1.

Ingersent, K.A. en A.J. Rayner, 1999. Agricultural policy in Western Europe and the United States. Edward Elgar, Cheltenham, UK, 464 pp.

Judt, T., 2005. Postwar. A history of Europe since 1945. Penguin Group, Londen, UK, 896 pp.

Meadows, D.H., D.L. Meadows en J. Randers, 1972. The limits to growth. Signet, New York, NY, USA, 207 pp.

Molle, W., 2006. The economics of European integration: theory, practice, policy. Fifth edition. Ashgate, Londen, UK, 460 pp.

Pelkmans, J., 2006. European integration. Methods and economic analysis. Third edition. Pearson Education, Harlow, UK, 480 pp.

Tracy, M., 1989. Government and agriculture in Western Europe, 1880-1988. Harvester-Wheatsheaf, Londen, UK, 382 pp.

Van Middelaar, L., 2009. De passage naar Europa; geschiedenis van een begin. Historische uitgeverij, Groningen, Nederland, 531 pp.

Internet

Achtergrondinformatie en lidstaten van de EU: http://europa.eu/about-eu/countries/index_nl.htm.

2. EU-instellingen en besluitvormingsprocessen[1]

Gerbert Kunst

2.1 Inleiding

In juni 2007 zette de Europese Raad een verdere stap in de institutionele ontwikkeling van de Europese Unie door in te stemmen met het Verdrag van Lissabon. Dit Verdrag bestaat feitelijk uit twee verdragen:

- *Verdrag betreffende de werking van de Europese Unie (VWEU)*[2]:
  Het oorspronkelijke Verdrag van Rome uit 1957 (Verdrag tot oprichting van de Europese Economische Gemeenschap), later gewijzigd en omgedoopt tot het Verdrag tot oprichting van de Europese Gemeenschap (EG-verdrag), dat in het Verdrag van Lissabon opnieuw een andere naam kreeg.
- *Verdrag betreffende de Europese Unie (VEU)*:
  Het Verdrag van Maastricht betreffende de Europese Unie (VEU) uit 1992, aangepast in de Verdragen van Amsterdam in 1997 en Nice in 2001.

Het Verdrag van Lissabon[3] trad in werking op 1 december 2009, en heeft belangrijke implicaties voor de EU-besluitvorming, vooral op het gebied van landbouw- en visserijbeleid. De meest opvallende is de gewijzigde rol van het Europees Parlement: de adviserende rol is veranderd in die van een gezamenlijke wetgever met de Raad van de Europese Unie. Vóór het Verdrag van Lissabon speelden de Raad van de Europese Unie en de Europese Commissie de hoofdrol in het traditionele landbouwbeleid, en had het Europees Parlement een voornamelijk adviserende rol. Wel was het Parlement ook toen al de gezamenlijke wetgever (samen met de Raad) voor veterinaire en fytosanitaire regelgeving die van directe invloed is op de volksgezondheid, de interne markt en de veiligheid van consumptiegoederen.

---

[1] Dit hoofdstuk is mede gebaseerd op Kunst en Van Rijn (2011).

[2] Zie onder andere Barents (2012), Kapteyn *et al.* (2009) en Eijsbouts *et al.* (2012) voor uitgebreide uitleg van het recht van de EU.

[3] De tekst van het Verdrag van Lissabon is te vinden op: http://europa.eu/lisbon_treaty/full_text/index_nl.htm.

Eén institutioneel kader

Sinds het Verdrag van Maastricht rustte de Unie op drie 'pijlers'[4]. De eerste pijler bestond uit de drie oorspronkelijke Gemeenschappen (EEG, EGKS en Euratom) en bevatte communautaire regelgeving. De tweede en derde pijler waren beide intergouvernementeel van aard; de tweede pijler betrof het gemeenschappelijk buitenlands- en veiligheidsbeleid en de derde ging over politiële en justitiële samenwerking in strafzaken. Het Verdrag van Lissabon heeft deze drie pijlers afgeschaft en de besluitvormingsstructuur omgezet in één institutioneel kader voor alle beleidsterreinen. Maar er gelden nog steeds afwijkingen en uitzonderingen op de verschillende beleidsverantwoordelijkheden, bijvoorbeeld op het gebied van het gemeenschappelijk buitenlands- en veiligheidsbeleid van de Unie (voormalige tweede pijler).

Instellingen[5]

De instellingen in de Europese Unie zijn omschreven in artikel 13 VEU en betreffen het Europees Parlement, de Europese Raad, de Raad van de Europese Unie, de Europese Commissie, het Europese Hof van Justitie, de Europese Centrale Bank en de Europese Rekenkamer. De organisatie en de rol van deze instellingen zijn beschreven in de artikelen 223-287 VWEU.

Raad en Parlement bepalen de inhoud van het beleid, zoals het gemeenschappelijk landbouwbeleid (GLB)[6], terwijl de Commissie voorstellen voor dit beleid doet. Dit laatste wordt het 'exclusieve recht van initiatief' van de Europese Commissie genoemd. De Commissie speelt ook de belangrijkste rol in de uitvoering van het beleid op Europees niveau. Het Hof van Justitie speelt een belangrijke rol bij de handhaving en interpretatie van het Europese recht, en heeft een aanzienlijke bereidheid getoond om aan de Europese regelgeving een zo veel mogelijk communautaire betekenis te geven. In de volgende paragrafen worden de instellingen meer in detail behandeld. De Europese Centrale Bank speelt een hoofdrol in het monetaire beleid. De Europese Rekenkamer controleert de ontvangsten en uitgaven van de Unie.

[4] Niet te verwarren met de twee pijlers van het gemeenschappelijk landbouwbeleid; zie aldaar.

[5] Zie Meester en Van der Zee (1993) voor een toegankelijke tekst over het functioneren van de Europese Gemeenschap juist voor het Verdrag van Maastricht. Borchardt (2010) geeft op pagina 88 in één pagina een overzicht van deze instellingen.

[6] Besluitvorming in de context van het GLB is beschreven in het Derde Deel, Titel III (Artikelen 38-44).

Naast deze instellingen spelen ook de adviesorganen van de Unie een grote rol in het Europese politieke proces rondom landbouw, voedsel en groen. Het *Economisch en Sociaal Comité* (ESC)[7], opgericht in 1957 in het Verdrag van Rome, fungeert als een discussieforum en adviesorgaan van het maatschappelijk middenveld, en adviseert op sociaal en economisch gebied. Het ESC heeft maximaal 350 leden en bestaat uit 6 belangrijke secties, waaronder de sectie NAT voor landbouw, plattelandsontwikkeling en milieu. De leden worden benoemd, hebben een mandaat van vijf jaar (met herbenoembaarheid) en zijn onderverdeeld in drie groepen: werkgevers, werknemers en vertegenwoordigers van andere maatschappelijke belangengroepen.

Het *Comité van de Regio's* (CvdR) adviseert over regionaal beleid, structuurfondsen, territoriale cohesie, trans-Europese netwerken, onderwijs, cultuur en volksgezondheid. Het is opgericht in 1993 in het Verdrag van Maastricht en bestaat uit vertegenwoordigers van lokale en regionale overheden. De leden worden voorgedragen door de lidstaten en door de Raad benoemd voor een periode van vijf jaar (met herbenoembaarheid). Het CvdR heeft maximaal 350 leden die in een regionaal of lokaal lichaam gekozen moeten zijn of politiek verantwoording verschuldigd zijn aan een gekozen orgaan. Het CvdR bestaat uit zes commissies; die voor territoriale cohesie en voor duurzame ontwikkeling zijn belangrijk voor landbouw, voedsel en groen.

2.2 De Europese Raad

De Europese Raad (ER) is de bijeenkomst van staatshoofden[8] en regeringsleiders van de lidstaten, plus de voorzitter van de Commissie. De Europese Raad komt ten minste tweemaal per halfjaar bijeen en wordt voorgezeten door een door deze Raad gekozen Voorzitter. De eerste vaste Voorzitter[9] is Van Rompuy; hij is gestart in januari 2010 en in maart 2012 herkozen voor een tweede termijn van 2,5 jaar met mandaat tot november 2014. De Voorzitter van het Europees Parlement is aanwezig bij het begin van de beraadslagingen van de Europese Raad.

[7] Artikelen 301-304 VWEU.

[8] In de Europese Raad zitten 2 staatshoofden: de presidenten van Frankrijk en Cyprus.

[9] Voordien werd de Europese Raad voorgezeten door de lidstaat die voorzitter van de EU is.

Historische context

Vóór 'Lissabon' had de Europese Raad alleen politieke maar geen juridische macht bij het vervullen van een leidende rol op belangrijke kwesties[10]. 'Conclusies' werden vastgesteld door het Voorzitterschap; als beslissingen nodig waren werden ze geformaliseerd in de reguliere Raadsformaties. Als de Raad van vakministers niet tot een besluit kon komen, kon de Europese Raad optreden als een soort *last-minute* probleemoplosser of de politieke context[11] aanscherpen. Artikel 15 VEU geeft aan dat de Europese Raad de Unie voorziet van de nodige impulsen voor haar ontwikkeling en de algemene politieke beleidslijnen en prioriteiten bepaalt. Tenzij in de Verdragen anders is bepaald, worden besluiten genomen bij consensus.

Kader 2.1. Regievoering van de Europese Raad bij de economische coördinatie in de EU.

De *Europa 2020-strategie* is in juni 2010 door de Europese Raad vastgesteld en heeft als oogmerk de lidstaten te stimuleren beleid te voeren dat bijdraagt tot slimme, duurzame en inclusieve groei en daarmee tot meer banen. Vijf kerndoelen en zeven *flagship*-initiatieven moeten hier de aanzet toe geven, waaronder het initiatief 'efficiënt gebruik van hulpbronnen'. De afdwingbaarheid is politiek van aard en betreft *peer pressure*. Dat geldt ook voor het *Euro Plus Pact*, vastgesteld in maart 2011, waaronder deelnemende lidstaten zich committeren aan hervormingen die hun concurrentievermogen versterken.

Met het *Stabiliteits- en Groeipact* (SGP) uit 1997 en de aanscherping hiervan in 2011 is voorts budgettair toezicht op de lidstaten georganiseerd, met een preventieve en correctieve arm en duidelijke eisen zoals een begrotingstekort van maximaal 3% van het Bruto Binnenlands Product (BBP) van een lidstaat en een overheidsschuld van maximaal 60% van het BBP. Het SGP verplicht de lidstaten tot het opstellen van een stabiliteit- of convergentieprogramma met als doel deugdelijke begrotingen binnen de EU.

[10] Zie bijvoorbeeld de Conclusies van de Europese Raad van maart 2007 over klimaatverandering met de daarbij geformuleerde ambities en gekwantificeerde doelstellingen.

[11] Zie bijvoorbeeld de Conclusies van de Europese Raad van juni 2009 over de zuivelmarkt (punt 14 'The European Council discussed the current situation on the dairy market. It invited the Commission to present an in-depth market analysis within the next two months, including possible options for stabilising the dairy market, while respecting the outcome of the Health Check'), waarmee is aangegeven dat de analyse over de zuivelmarkt het besluit rond de Health Check moet respecteren. Zie ook Daugbjerg en Swinbank (2007) voor een algemene analyse van de rol van de Europese Raad in besluitvormingsprocessen over het GLB.

Tot slot is er macro-economisch toezicht via de *macro-economische onevenwichtigheden-procedure* die bedoeld is om de onevenwichtigheden tussen de lidstaten die potentieel schadelijk zijn voor de muntunie te voorkomen of te mitigeren. Als de lidstaten hier onvoldoende actie op ondernemen, kan dat leiden tot een door de Raad op voorstel van de Commissie op te leggen boete van 0,2% van het BBP en bij herhaald in gebreke blijven van een lidstaat van 0,5% van het BBP.

De Commissie introduceerde in 2010 in dit kader het *Europees Semester*, een instrument voor economische beleidscoördinatie op EU-niveau. Dit Europees Semester stroomlijnt de economische coördinatie in de EU, de implementatie van de Europa 2020-strategie, de macro-economische onevenwichtighedenprocedure en het SGP.

De Europese Raad spreekt jaarlijks in maart over EU-brede prioriteiten voor groei op basis van de jaarlijkse groeianalyse van de Europese Commissie. De Europese Raad bekrachtigt in juni landenspecifieke aanbevelingen, na een voorstel van de Commissie op basis van de nationale hervormings-, stabiliteits- en convergentieprogramma's.

In maart 2012 hebben de lidstaten (met uitzondering van Tsjechië en het Verenigd Koninkrijk) een *Verdrag betreffende stabiliteit, coördinatie en bestuur in de economische en monetaire unie* afgesloten. Dit Verdrag bindt alleen de lidstaten die het ondertekend hebben en is intergouvernementeel. Het bepaalt onder andere dat er informele eurotoppen tussen de staatshoofden en regeringsleiders van de landen van de eurozone worden gehouden. De lidstaten die niet de euro als munt hebben, zullen aan de topbesprekingen deelnemen wanneer die bijvoorbeeld betrekking hebben op het concurrentievermogen of op de toekomstige basisregels voor de eurozone. Het verdrag is op 1 januari 2013 in werking getreden. Voorwaarde was ratificatie van twaalf lidstaten uit de eurozone, en dat is net gehaald met de ratificatie van Finland op 12 december 2012.

In juni 2012 heeft de Europese Raad zijn Voorzitter gevraagd om een *roadmap* op te stellen met als doel te komen tot een versterkte Economische en Monetaire Unie (EMU). Op 5 december 2012 heeft Van Rompuy zijn rapport *Towards a genuine economic and monetary Union* gepresenteerd, dat onder meer gebaseerd is op de beraadslagingen in de Europese Raad van oktober 2012 en op een bijdrage van de Europese Commissie. Het rapport gaat uit vier pijlers van de EMU: een geïntegreerd financieel raamwerk (bankenunie), een geïntegreerd budgettair raamwerk, een geïntegreerd raamwerk voor economische coördinatie en democratische legitimiteit. De Europese Raad van december 2012 heeft dit rapport besproken maar er slechts in beperkte mate besluiten erover genomen. In juni 2013 heeft de Europese Raad opnieuw aandacht besteed aan (een aantal van) deze vraagstukken. De belangrijkste prioriteit op korte termijn blijft de totstandbrenging van een bankenunie om financiële stabiliteit te garanderen en de fragmentatie van de markten terug te dringen. De leiders zullen zich in oktober 2013 opnieuw over EMU-gerelateerde onderwerpen buigen.

2.3 De Raad van de Europese Unie

Algemeen

De Raad van de Europese Unie bestaat uit vertegenwoordigers van de regeringen (ministers) van de lidstaten en komt bijeen in 9 officiële formaties, waaronder die voor landbouw en visserij. Alle lidstaten hebben een Permanente Vertegenwoordiging (PV) bij de EU, die hun 'ogen en oren' bij de Brusselse instellingen zijn. Deze PV's vervullen een centrale rol in het Europese onderhandelingsproces. Voorbereiding van de besluitvorming in de Raad vindt plaats in drie comités. Deze vormen de laatste toegangspoort tot de vergaderingen van ministers die op hun beurt zijn gemachtigd om hun regeringen te binden:

- *Coreper II*, voluit Comité des Représentants Permanents, waar de Permanente Vertegenwoordigers elkaar ontmoeten, bereidt de Europese Raad en de Raden voor Algemene Zaken (RAZ) en Buitenlandse Zaken (RBZ), Economische en Financiële Zaken (ECOFIN) en Justitie en Binnenlandse Zaken (JBZ) voor.
- *Coreper I*, waar de plaatsvervangend Permanente Vertegenwoordigers elkaar ontmoeten, bereidt de zes 'expert' Raden voor, dit met inbegrip van de Landbouw- en Visserijraad voor zover het de veterinaire (bijvoorbeeld diergezondheid en dierenwelzijn), fytosanitaire (bijvoorbeeld plantgezondheid en pesticiden) en visserijdossiers betreft.
- Het *Speciaal Comité Landbouw*, CSA genoemd vanuit de Franse naam 'Comité Spécial Agriculture' (dat in tegenstelling tot Coreper niet vermeld wordt in het Verdrag, maar in 1960 ter voorbereiding van de gemeenschappelijke landbouwmarkt werd opgericht door intergouvernementele besluitvorming), bereidt de dossiers over het 'pure' landbouwbeleid (markt- en prijsbeleid, directe inkomenssteun, plattelandsbeleid) voor. Het bestaat uit hooggeplaatste ambtenaren van de nationale ministeries of diplomatieke vertegenwoordigers (Landbouwraden) die deel uitmaken van de Permanente Vertegenwoordigingen.

Besluitvorming

De hiërarchie van de besluitvorming binnen de Raad is weergegeven in figuur 2.1. Een voorstel van de Europese Commissie wordt eerst op ambtelijk niveau besproken in de *Raadswerkgroep* en/of *Groep Raden/Attachés*. Hier vindt vooral op technisch gebied een debat over het voorstel plaats. Naarmate de overeenstemming over het voorstel groeit, komen er contouren van een compromis dat de meeste problemen van de lidstaten wegneemt. De laatste obstakels zijn vaak politiek van aard en gaan afhankelijk van het onderwerp naar het Coreper of CSA om een definitief besluit van de Raad voor te bereiden. Soms wordt in dit ambtelijk

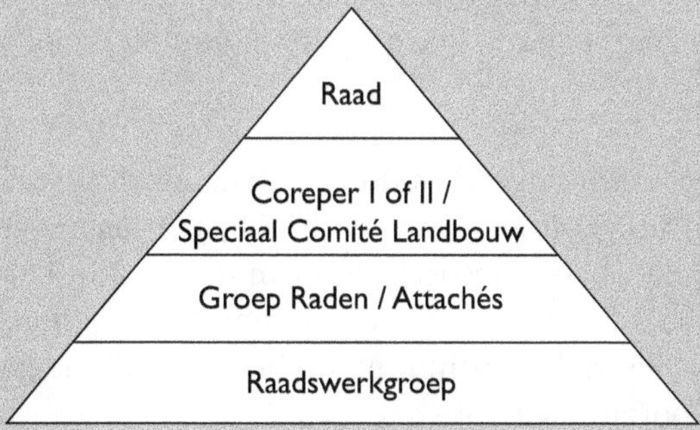

Figuur 2.1. Hiërarchie van de besluitvorming in de Raad.

voorportaal van de Raad al een akkoord bereikt en kan het voorstel als hamerstuk (A-punt) naar de Raad.

Het *Voorzitterschap* van de Raad duurt zes maanden en wordt bij toerbeurt door de lidstaten vervuld[12] in de vorm van trojka's. Nederland is het eerste halfjaar van 2016 (voor de elfde keer) voorzitter van de EU en zit in de trojka met Slowakije en Malta. Gezamenlijk stellen de drie lidstaten een 18 maandenplan op voor de EU; daarnaast wordt een eigen halfjaarlijks werkprogramma vastgesteld. Het Voorzitterschap is aan de ene kant afhankelijk van de voorstellen die op tafel (komen te) liggen, maar kan ook zelf een (beleidsinhoudelijke) agenda voeren. Daarmee is het van vrij grote betekenis voor de richting waarin het Europese beleid in deze periode van zes maanden zich ontwikkelt.

Sinds het Verdrag van Lissabon wordt de Raad Buitenlandse Zaken voorgezeten door de Hoge Vertegenwoordiger van de Unie voor het Gemeenschappelijk Buitenlands en Veiligheidsbeleid, die tevens vicevoorzitter van de Commissie is. Deze Raad Buitenlandse Zaken en de Europese Raad zijn daarmee de enige Raden die het Voorzitterschap niet zelf voorzit.

Naast de formele vergaderingen van de Raad zijn ook de informele bijeenkomsten belangrijk die elk Voorzitterschap organiseert in zijn of haar lidstaat voor de collega-ministers en de bevoegde commissaris(sen) (en hun delegaties). Deze informele bijeenkomsten dragen vaak in belangrijke mate bij aan het toekomstige beleid. Zo is tijdens het Cypriotisch Voorzitterschap in september 2012 informeel

[12] 2013 Ierland, Litouwen; 2014 Griekenland, Italië; 2015 Letland, Luxemburg; 2016 Nederland, Slowakije; 2017 Malta, Verenigd Koninkrijk.

gesproken over maatregelen om waterschaarste en landbouwdegradatie, als gevolg van klimaatverandering, tegen te gaan en het potentieel voor voedselproductie te behouden.

Het Voorzitterschap wordt bijgestaan door het Secretariaat van de Raad, de dienst die de vergaderingen bijeenroept en voorbereidt, verslagen van de vergaderingen maakt en zorgt dat de wetgevingsbesluiten van de Raad in het Publicatieblad van de EU komen. Het belang (en de invloed) van het Raadssecretariaat vloeit voort uit het feit dat het voorziet in de continuïteit en het institutioneel geheugen in relatie tot de wisselende Voorzitterschappen.

Bevoegdheden

Met het exclusieve recht van initiatief van de Europese Commissie kan de Raad (en het Europees Parlement) alleen een beslissing nemen nadat de Commissie een voorstel heeft ingediend over een bepaald onderwerp. Maar in de laatste fase van de besluitvorming kan de Raad bij uitzondering om de Commissie heen met eenparigheid van stemmen. Dit kan nodig zijn als de Commissie haar voorstel niet wil wijzigen, rekening houdend met de beraadslagingen van de Raad. In de praktijk gebeurt dit zelden.

De rechtshandelingen van de Unie, vaststellingsprocedures en overige bepalingen zijn opgenomen in het Zesde Deel, Hoofdstuk 2, VWEU. Om bevoegdheden van de Unie uit te oefenen, kunnen de instellingen verordeningen, richtlijnen, besluiten, aanbevelingen en adviezen vaststellen. Raad en Parlement beslissen vooral over *verordeningen* en *richtlijnen:*

- Een *verordening* heeft een algemene strekking. Zij heeft rechtstreekse werking in al haar onderdelen en is direct van toepassing in alle lidstaten (zonder verdere omzetting in nationaal recht). De meeste Europese wetgeving voor landbouw is vastgelegd in verordeningen. Lidstaten moeten vaak wel verdere uitvoeringsmaatregelen nemen en beslissen over sancties om een verordening goed te laten werken.
- Een *richtlijn* is voor elke lidstaat bindend voor het te bereiken resultaat waarvoor zij bedoeld is, maar aan de nationale instanties wordt de keuze over vorm en middelen gelaten. De Europese Commissie volgt deze implementatie door de lidstaten op de voet en neemt actie tegen de lidstaten indien nodig. Als de Commissie van oordeel is dat een lidstaat niet heeft voldaan aan een verplichting, brengt zij hierover een met redenen omkleed advies uit (zie paragraaf 2.6), waarna uiteindelijk het Hof van Justitie zich een oordeel vormt.

- Een *beschikking* is bindend in al haar onderdelen, maar alleen specifiek voor degenen tot wie zij is gericht.
- *Aanbevelingen* en *adviezen* hebben geen bindende kracht. De Raad kan ook juridisch niet-bindende Conclusies van de Raad formuleren om politieke richting te geven aan de Commissie[13], die deze over het algemeen overneemt bij het opstellen van wetgevingsvoorstellen[14].

Stemmenweging

De Raad besluit met gekwalificeerde meerderheid van stemmen, tenzij in de Verdragen anders is bepaald (artikel 16 VEU). Het Verdrag van Lissabon heeft voor ongeveer twintig beleidsterreinen de regel van unanimiteit veranderd naar gekwalificeerde meerderheid (bijvoorbeeld artikel 167 VWEU over cultuur, voorheen artikel 151 EG), en voegde ongeveer 30 nieuwe beleidsterreinen toe (bijvoorbeeld artikel 195 VWEU over toerisme en artikel 165 VWEU over sport). Protocol nr. 36 gehecht aan het Verdrag van Lissabon betreffende de overgangsbepalingen bepaalt dat tot 31 oktober 2014 de stemmenweging volgens het Verdrag van Nice van kracht zal blijven. Tabel 2.1 geeft de stemmenweging weer zoals deze geldt vanaf de toetreding van Kroatië per 1 juli 2013.

Tabel 2.1. Stemmenweging in de Raad per lidstaat vanaf 1 juli 2013 (EU-28).

Lidstaten	Percentage	Stemmen
Duitsland, Frankrijk, Italië, Verenigd Koninkrijk	8,2	29
Polen, Spanje	7,7	27
Roemenië	4,0	14
Nederland	3,7	13
België, Griekenland, Hongarije, Portugal, Tsjechië	3,4	12
Oostenrijk, Zweden, Bulgarije	2,8	10
Denemarken, Finland, Ierland, Kroatië, Litouwen, Slowakije	2,0	7
Cyprus, Estland, Letland, Luxemburg, Slovenië	1,1	4
Malta	0,9	3
Totaal	100	352

[13] Bijvoorbeeld Conclusies van de Raad Landbouw van maart 2008 over de Health Check (www.eu2008.si/si/News_and_Documents/Council_Conclusions/March/0317_AGRI.pdf).
[14] Zie ook Borchardt, 2010, pp. 88-97.

Er zijn in totaal 352 stemmen in de Raad. Een besluit van de Raad op basis van een Commissievoorstel kan worden genomen met een gekwalificeerde meerderheid van stemmen als het voldoet aan drie criteria[15]:

- ten minste 260 *stemmen voor* het voorstel;
- een meerderheid van de *lidstaten stemt voor* het voorstel;
- ten minste 62% van de *totale bevolking* van de Unie, vertegenwoordigd door de lidstaten, *stemt voor* het voorstel.

Uit het eerste van deze drie criteria volgt dat 93 stemmen nodig zijn voor een blokkerende minderheid, maar als gevolg van het tweede criterium kan een coalitie die alleen bestaat uit grote lidstaten niet besluiten tot een akkoord. Het bevolkingscriterium houdt in dat grote lidstaten, vooral Duitsland, wel een belangrijke rol kunnen spelen in de besluitvorming. In de praktijk vindt besluitvorming van de Raad vrijwel altijd plaats op basis van een stemming met gekwalificeerde meerderheid die ten minste grotere lidstaten als Frankrijk, Italië of Duitsland omvat. Van alle vakraden neemt de Raad Landbouw en Visserij de meeste besluiten die gekwalificeerde meerderheid vereisen.

Specifieke kwesties die ertoe leiden dat lidstaten zich onthouden of tegenstemmen zijn:

- Kwesties van subsidiariteit en proportionaliteit (zie hoofdstuk 1 voor een uitleg van deze begrippen), bijvoorbeeld het blokkeren van een politiek akkoord over de bodemrichtlijn.
- Verschillen in ambitieniveaus; sommige lidstaten vinden dat er meer moet worden gedaan door de EU, terwijl andere van mening zijn dat de EU een lager profiel moet hebben.
- Delegatie, comitologie (het systeem van EU-comités en hun rol) en de bijbehorende bevoegdheden van de Commissie.
- Specifieke nationale situaties.
- Specifieke gevoeligheden.

Om bovenstaande redenen eindigt een voorstel vaak in een besluit met gekwalificeerde meerderheid of unanimiteit met één of meerdere lidstaten die tegenstemmen of zich onthouden. In 2009 werd 98,3% van de besluiten op het gebied van landbouw en visserij met als rechtsgrondslag gekwalificeerde meerderheid genomen, in 2010 was dat 100%.

[15] Artikel 20 van het Verdrag betreffende de toetreding van Kroatië tot de Europese Unie.

Vanaf 1 november 2014 is in de definitie van gekwalificeerde meerderheid in de Raad rekening gehouden met eventuele verdere uitbreiding van de EU. Onder gekwalificeerde meerderheid van stemmen wordt dan verstaan ten minste 55% van de leden van de Raad die ten minste vijftien in aantal zijn en lidstaten vertegenwoordigen met ten minste 65% van de bevolking. Een blokkerende minderheid moet ten minste uit vier lidstaten bestaan, bij gebreke waarvan de gekwalificeerde meerderheid geacht wordt te zijn verkregen. Volgens de overgangsbepalingen in Protocol nr. 36 VWEU kan in de periode tussen 1 november 2014 en 31 maart 2017 een lidstaat verzoeken om de procedure voor het vaststellen van een gekwalificeerde meerderheid te hanteren die van kracht was in de periode vóór 1 november 2014.

2.4 De Europese Commissie

Algemeen

De Europese Commissie is de 'hoedster van het Verdrag': ze waarborgt de juiste toepassing van de Verdragen en alle regelgeving die daaruit voortvloeit. Ze heeft zoals in paragraaf 2.1 al aangegeven het recht van initiatief en doet het dagelijks beheer van de Unie. Elke lidstaat heeft een lid in de Commissie, zodat deze vanaf de toetreding van Kroatië uit 28 leden (commissarissen) bestaat. Elke commissaris is verantwoordelijk voor een bepaald beleidsterrein van de EU. Hij of zij vertegenwoordigt niet de regering van zijn of haar land van herkomst, maar vervult zijn of haar bevoegdheden zonder last of ruggespraak. Sinds 1995 heeft de Commissie een mandaat van 5 jaar, een termijn die parallel loopt aan het mandaat van het Europees Parlement. De Voorzitter van de Commissie wordt gekozen volgens de procedure van artikel 17(7) VEU. De Europese Raad stelt, rekening houdend met de verkiezingen voor het Europees Parlement en na passende raadplegingen gehouden te hebben, met gekwalificeerde meerderheid van stemmen een kandidaat voor het Voorzitterschap van de Commissie aan het Europees Parlement voor. Deze kandidaat wordt gekozen door het Europees Parlement met een gewone meerderheid van zijn leden.

Een belangrijke verandering sinds het Verdrag van Lissabon is de directe link tussen de resultaten van de Europese verkiezingen en de keuze van de kandidaat voor het Voorzitterschap van de Commissie. Bovendien heeft de Voorzitter ook een sterkere positie, omdat hij de macht kreeg om collega-commissarissen te ontslaan.

Als de voorgestelde kandidaat niet de vereiste meerderheid verkrijgt, zal de Europese Raad binnen een maand volgens dezelfde procedure komen met een andere kandidaat. De andere Commissarissen worden geselecteerd op basis van de suggesties van hun nationale regeringen in overeenstemming met de criteria vermeld in het artikel 17 VEU (onder andere gekozen uit personen met onbetwiste waarborgen voor onafhankelijkheid, en op grond van hun algemene bekwaamheid en Europese inzet). De lijst van Commissarissen dient te worden goedgekeurd door de Europese Raad in onderlinge overeenstemming met de verkozen Voorzitter. De huidige Commissie Barrosso II trad aan in 2010 en heeft een mandaat tot eind 2014.

De Commissie is *als college* verantwoording verschuldigd aan het Europees Parlement, en als gevolg daarvan zijn de Voorzitter, de Hoge Vertegenwoordiger van de Unie voor het Gemeenschappelijk Buitenlands en Veiligheidsbeleid en de overige leden van de Commissie als college ter goedkeuring onderworpen aan een stemming van het Europees Parlement. Op basis van deze goedkeuring benoemt de Europese Raad met gekwalificeerde meerderheid de Commissie. Om de stemming in het Europees Parlement voor te bereiden moet elke Commissaris de instemming krijgen tijdens een hoorzitting met de commissie van het Europees Parlement die over zijn of haar (beleids-)portefeuille gaat. Formeel bepalen de Commissarissen, eenmaal aanbevolen door de lidstaten, hun eigen taakverdeling. In de praktijk worden voorafgaande aan de benoeming afspraken hierover gemaakt tussen de toekomstige voorzitter en de lidstaten.

Over de *toekomstige samenstelling* van de Commissie is in de Europese Raad van december 2008 overeengekomen dat na de inwerkingtreding van het Verdrag van Lissabon een besluit wordt genomen, in overeenstemming met de nodige juridische procedures, met als gevolg dat de Commissie nog steeds zal bestaan uit een onderdaan van elke lidstaat[16]. Dit staat haaks op artikel 17 VEU, waarin is vastgelegd dat het aantal commissarissen moest worden verminderd in 2009[17].

De Eurocommissarissen worden ondersteund door 44 directoraten-generaal en diensten: 19 directoraten-generaal voor beleid (waaronder die voor landbouw en plattelandsontwikkeling, gezondheid en consumenten, regionaal beleid, milieu, en mededinging), 6 directoraten-generaal van Buitenlandse Zaken (inclusief handel en uitbreiding), 8 algemene diensten (inclusief secretariaat-generaal en communicatie) en 11 interne diensten (waaronder tolken en vertalers, en de Juridische Dienst). De directoraten-generaal Landbouw en plattelandsontwikkeling (AGRI) en Gezondheid en consumenten (SANCO) hebben het initiatief voor het landbouw-

[16] Conclusies van de Europese Raad van december 2008, paragraaf 2.

[17] Artikel 17 VEU noemt vanaf 1 november 2014.

beleid, hoewel Milieu (ENVI) en Handel (TRADE) ook een belangrijke rol spelen. DG SANCO heeft een leidende rol voor voedsel, en doet de behandeling van voedselveiligheid en etikettering van levensmiddelen binnen de Raad Landbouw, maar DG AGRI is verantwoordelijk voor de kwaliteit van het voedsel. DG REGIO is samen met DG AGRI een belangrijke speler voor plattelandsbeleid.

Bevoegdheden

Wetgeving op een bepaald gebied moet altijd een basis hebben in een Verdragsartikel en vervolgens moet de wetgevingsprocedure voor dit artikel worden gevolgd. Het Reglement van Orde van de Commissie[18] bepaalt hoe in de *voorbereidende fase* een besluit over een Commissievoorstel moet worden bereikt. Een besluit moet worden genomen tijdens de vergadering van de Commissie volgens de mondelinge procedure of via de schriftelijke procedure, de machtigingsprocedure (die een Commissaris bevoegd verklaart om de uitvoering of administratieve maatregelen te nemen of om de definitieve tekst van een besluit of voorstel goed te keuren), of door delegatie (waarbij binnen bepaalde grenzen aan een directeur-generaal en het hoofd van de afdeling het beheer of administratieve maatregelen worden gedelegeerd). Een belangrijke voorwaarde voor al deze procedures is een goede *inter-service* coördinatie tussen de verschillende directoraten-generaal. De Juridische Dienst is altijd betrokken wanneer de Commissie werkt aan juridische teksten. Voorts moet een *effectbeoordeling* (*impact assessment*) worden uitgevoerd voor de voorbereiding van belangrijke voorstellen van de Commissie. In het algemeen worden regeldruk en administratieve lasten, en in vervolg daarop een impact assessment van de voorstellen van de Commissie, steeds belangrijker. Zo heeft de Commissie in december 2012 de mededeling *Gezonde EU-regelgeving* gepubliceerd, waarin zij het belang benadrukt van betere regelgeving, naleving en vermindering van regeldruk voor de bevordering van economische groei en verbetering van de kwaliteit van EU-regelgeving in algemene zin. In het *Regulatory Fitness and Performance Programme* zal de Commissie daartoe nadere maatregelen uitwerken.

Figuur 2.2 geeft het besluitvormingsproces binnen de Commissie weer. Een voorstel wordt eerst intern besproken in het relevante directoraat-generaal en moet uiteindelijk worden goedgekeurd door de Commissaris (figuur 2.2, verticale pijl). Daarna gaat het voorstel naar het overleg tussen de diensten en de coördinatie tussen de hoofden van de kabinetten (figuur 2.2, ellipsen). Overleg tussen de diensten eindigt in overleg met andere directoraten-generaal en kabinetten die het meest betrokken zijn bij de zaak. Deze interne procedure hoeft niet altijd tot

[18] Besluit van de Commissie van 24 februari 2010 tot wijziging van haar Reglement van Orde, PB L 55, p. 60.

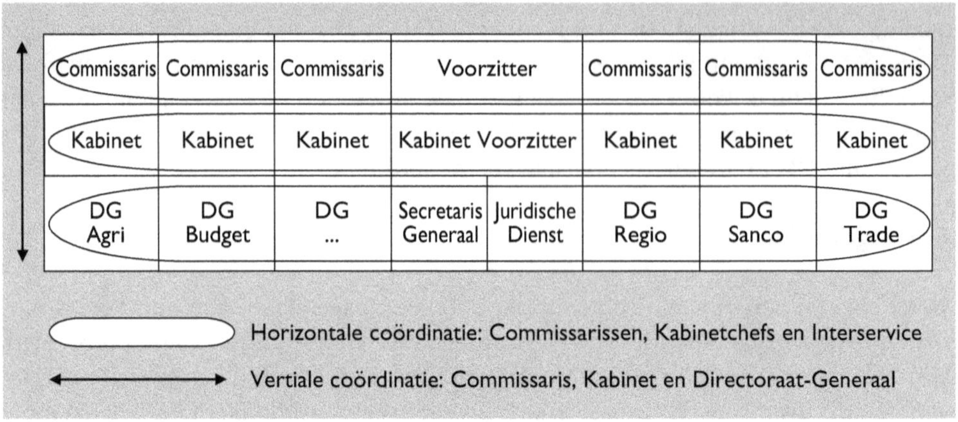

Figuur 2.2. Besluitvorming binnen de Europese Commissie.

afronding te komen in een debat in het College van Commissarissen. Het kan ook een officieel voorstel van de Commissie worden door middel van een schriftelijke procedure van goedkeuring.

In de voorbereidende fase test de Commissie een voorstel vaak 'extern' via overleg met belanghebbenden of in adviserende (bedrijfsleven) of expert (lidstaten) groepen. Ongeveer 2.000 experts komen in advies- en deskundigengroepen ongeveer 130 keer per jaar bij elkaar. In deze groepen raadpleegt de Commissie belanghebbenden, zoals producenten, exporteurs, importeurs, groothandelaren, detailhandelaren, natuurbeschermers, consumenten en andere betrokken partijen over voor te stellen beleidsmaatregelen. Na deze raadpleging brengt de Commissie vaak een Mededeling, Groenboek (om een discussie op gang te brengen), Witboek (met specifieke wetgevingsvoorstellen) of 'reflectie' papier uit om het debat verder te verbreden en te structureren. De volgende stap is het opstellen van een formeel wetsvoorstel, vaak beïnvloed of veroorzaakt door conclusies van de Raad of een resolutie van het Europees Parlement.

De nationale parlementen hebben sinds 'Lissabon' een sterkere rol met een *gele kaart procedure* voor een strengere controle. Als de helft van de nationale parlementen vanuit het oogpunt van *subsidiariteit* negatief is over een voorstel in de gewone wetgevingsprocedure, moet de Commissie een met redenen omkleed advies geven om het door te zetten. Als of de Raad of het Europees Parlement beslist dat het voorstel in strijd is met het subsidiariteitsbeginsel, wordt het van de agenda afgevoerd[19]. Het eerste voorstel dat op deze manier door de nationale parlementen is teruggefloten, is het voorstel tot beperking van het stakingsrecht in verband met de effecten op de interne markt van maart 2012, dat de Commissie vervolgens heeft ingetrokken.

2.5 Het Europees Parlement

Algemeen

Rechtstreekse verkiezingen voor het Europees Parlement (EP) bestaan sinds 1979. Elke lidstaat bepaalt zijn eigen kiesstelsel, maar past communautaire regels toe, zoals rechtstreekse algemene verkiezingen, de regel van evenredigheid en een 5-jarig mandaat met mogelijkheid tot herverkiezing. Het aantal zetels per lidstaat is in het Verdrag vastgelegd op basis van de bevolkingsaantallen, maar met een minder gunstige verhouding tussen de bevolking en de zetels voor de grotere lidstaten.

In juni 2009 is het huidige Europees Parlement gekozen. Het begon zijn eerste vergadering in juli 2009 met een traditioneel politiek compromis tussen de twee grootste politieke partijen over het leveren van een voorzitter. De eerste tweeënhalf jaar was Buzek (Polen, EVP) de voorzitter, vanaf januari 2012 tot het eind van het lopende mandaat in 2014 vervult Schulz (Duitsland, S&D) die rol. De voorzitter wordt bijgestaan door 14 ondervoorzitters. Het aantal Europarlementariërs dat werd verkozen, 736 leden[20] plus 18 leden die tot de eerste verdragswijziging de status van waarnemer hadden[21], in totaal 754, was kleiner dan het aantal van 785 in de voorgaande periode (sinds de uitbreiding met Roemenië en Bulgarije in 2007). Bij de toetreding per 1 juli 2013 is het getal van 754 met 12 leden uit Kroatië verhoogd. Vanaf 2014 wordt het aantal leden van het Parlement niet meer dan *750 plus voorzitter*, dus 751 in totaal (artikel 14 VEU). Elke lidstaat heeft een vast aantal zetels, in de zittingsperiode 2009-2014 variërend tussen een maximum van 99 voor Duitsland en een minimum van 6 voor Malta; Nederland heeft 26 zetels, België 22.

Het Parlement vergadert 12 keer per jaar in plenaire vergaderingen in Straatsburg (bepaald in het Verdrag van Amsterdam). Het College van Commissarissen vergadert tijdens deze plenaire vergaderingen ook in Straatsburg. Andere ('mini-

[19] Artikel 7 (3) van Protocol nummer 2, betreffende de toepassing van de beginselen van subsidiariteit en evenredigheid.
[20] Art. 9 van het Verdrag tot toetreding van Bulgarije en Roemenië, PB 2005, L 157/206.
[21] Deze waarnemersstatus is met het Verdrag tot toetreding van Kroatië opgeheven.

plenaire') vergaderingen van het Parlement vinden in Brussel plaats. Het Parlement als geheel wordt ondersteund door een ambtelijk secretariaat, onder leiding van een secretaris-generaal, gevestigd in Luxemburg.

De leden van het Parlement zijn onderverdeeld *in fracties* naar politieke voorkeur (niet nationaliteit), en oefenen hun mandaat volledig onafhankelijk uit. Ten minste 25 leden zijn nodig om een fractie te vormen, en ten minste een kwart van de lidstaten moet vertegenwoordigd zijn in een fractie. Leden kunnen behoren tot slechts één fractie, waarvan de interne organisatie bestaat uit een voorzitter, een bureau en een secretariaat. Sommige leden behoren niet tot een fractie en worden vermeld als niet-ingeschreven leden. Het Parlement heeft in de lopende zittingsperiode zeven fracties en een groep van 28 niet-ingeschreven leden. Tabel 2.2 geeft het aantal leden per fractie weer.

De politieke organisatie van het Parlement is gebaseerd op drie componenten:

- *Conferentie van voorzitters*: de Voorzitter van het Parlement en de voorzitters van de verschillende fracties. Samen vormen zij de politieke regelgevende instantie van het Europees Parlement; zij besluiten over de organisatie van het werk en het wetgevingsprogramma, en bepalen de agenda voor de plenaire vergaderingen en de bevoegdheden van de commissies.

Tabel 2.2. Fracties in het Europees Parlement (2009-2014).[1]

Politieke groep	Leden (754 zetels)[2]
Europese Volkspartij (Christendemocraten) (EVP)	269
Progressieve Alliantie van Socialisten en Democraten (S&D)	190
Alliantie van Liberalen en Democraten voor Europa (ALDE)	85
De Groenen / Vrije Europese Alliantie	58
Europese Conservatieven en Hervormers (ECR)	55
Europa van Vrijheid en Democratie (EFD)	35
Confederale Fractie van Europees Unitair Links / Noords Groen Links (GUE / NGL)	34
Niet-ingeschrevenen (NA)	28

[1] Stand van zaken mei 2013.
[2] Dit getal is bij de toetreding per 1 juli 2013 tot het einde van de zittingsperiode 2009-2014 verhoogd met 12 leden uit Kroatië. Deze leden zijn in de tabel nog niet toegedeeld aan de fracties.

- Het *Bureau*: de Voorzitter van het Parlement, de 14 vicevoorzitters en 6 quaestoren met raadgevende stem. Het Bureau geeft richting aan de interne werking van het Parlement. De plenaire vergadering kiest het Bureau voor een periode van 2,5 jaar; leden kunnen worden herkozen.
- De *Quaestoren*: leden die de instructies van het Bureau opvolgen en zorgen voor de administratieve en financiële zaken van de leden van het Parlement, zodat de leden goed hun mandaat kunnen uitoefenen.

Het Parlement heeft zijn werkzaamheden in een vierwekelijks schema verdeeld. In de 'roze' week komen de commissies bijeen, in de 'gele' week worden de contacten met de achterban aangehaald, in de 'blauwe' week vergaderen de fracties en in de 'rode' week vinden de plenaire zittingen plaats. Hierna begint een nieuwe cyclus met de 'roze' week.

Besluitvorming

De besluitvorming in het Parlement wordt voorbereid in commissies die elk bestaan uit ongeveer 40 leden. Eén van deze commissies wordt aangewezen om het advies of rapport voor de plenaire vergadering over een bepaalde richtlijn of verordening op te stellen. De commissies hebben niet altijd exact betrekking op hetzelfde gebied als de directoraten-generaal van de Europese Commissie. De commissie landbouw en plattelandsontwikkeling (AGRI) bereidt de plenaire vergaderingen van het Parlement over landbouw en plattelandsontwikkeling voor, met inbegrip van de bijbehorende financiële instrumenten, de verbetering van de kwaliteit van landbouwproducten en de levering van agrarische grondstoffen.

Een *rapporteur* is binnen iedere commissie verantwoordelijk voor het advies van deze commissie. Het rapport van de rapporteur vormt de basis van de discussies en kan worden herzien via amendementen van de leden van de commissie. Op het rapport van de commissie AGRI over de voorstellen voor de hervorming van het GLB voor de periode 2014-2020 zijn in eerste instantie ruim 8.000 amendementen[22] ingediend, in de besluitvorming in eerste lezing draaide het uiteindelijk om circa 100 'compromis-amendementen' waarover in het voorjaar van 2013 werd gestemd in de commissie AGRI en daarna plenair. De aanvaarde amendementen worden vervolgens ingebracht in de triloog met de Raad en de Europese Commissie. De commissievoorzitter en de rapporteur zijn de sleutelfiguren van het Parlement in deze onderhandelingen. De fracties die niet de rapporteur namens een commissie mogen leveren, wijzen vaak een eigen schaduwrapporteur aan. Die kan tijdens de

[22] http://www.europarl.europa.eu/committees/nl/agri/home.html#menuzone.

vergaderingen van de commissie met de rapporteur in debat gaan, en de vinger aan de pols houden bij de onderhandelingen met Raad en Commissie.

Tijdens de voorbereiding van een advies kunnen andere betrokken commissies hun posities aangeven en amendementen en adviezen indienen bij de leidende commissie. De commissies voor de internationale handel (INTA) en begrotingen (BUDG) worden in de praktijk vaak betrokken bij het werk van AGRI, en de commissie regionale ontwikkeling (REGI) speelt een rol bij het plattelandsbeleid. De commissie milieubeheer, volksgezondheid en voedselveiligheid (ENVI) is leidend voor de wetgeving over voedselveiligheid (met inbegrip van diervoeders, voor zover bedoeld voor bescherming tegen risico's voor de volksgezondheid), kwaliteit en etikettering. Deze commissie is ook eerstverantwoordelijk voor dierenwelzijn en veterinaire en fytosanitaire zaken.

De verantwoordelijke commissie stuurt haar verslag aan de plenaire vergadering. Amendementen kunnen ook worden voorgesteld in de plenaire vergadering. Een fractie (of een groep van 40 leden) kan daarnaast een stemming verdagen door de zaak terug te verwijzen naar de betrokken commissie. Dit kan leiden tot vertraging en soms een inhoudelijke verandering. Figuur 2.3 geeft de procedure van besluitvorming in het Parlement weer met in dit geval de commissie landbouw en plattelandsontwikkeling die het rapport voorbereidt. De uiteindelijke stemming over dit rapport vindt plaats tijdens een plenaire zitting van het Parlement. Daar speelt

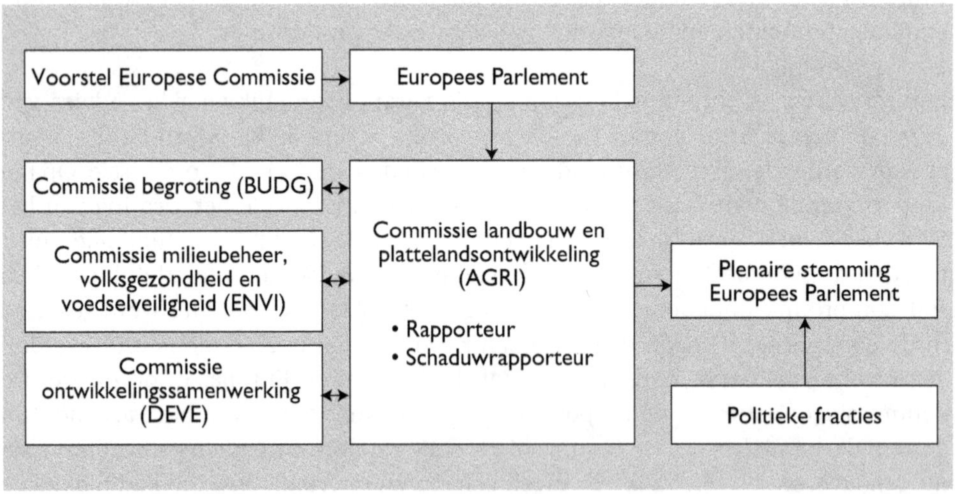

Figuur 2.3. De besluitvorming in het Europees Parlement (hier met de commissie landbouw en plattelandsontwikkeling als voorbeeld).

vaak partijdiscipline een belangrijke rol. In de week vóór de plenaire zitting vergaderen de verschillende fracties om tot een fractiestandpunt te komen dat bepalend geacht wordt te zijn voor het stemgedrag van de leden van de fractie. Vaak wordt gesteld dat in de praktijk het Parlement drie routes van beïnvloeding heeft:

- intrinsiek, via besluitvorming in de verschillende commissies;
- via de fracties;
- via de nationaliteit van de leden van het Parlement.

Bevoegdheden

Het Europees Parlement is net als de Raad medewetgever voor onder andere het GLB en het gemeenschappelijk visserijbeleid. Traditioneel had het Parlement al grote bevoegdheden bij de vaststelling van de begroting. Dit geldt sinds het Verdrag van Lissabon ook voor de gehele landbouwbegroting, omdat in dit Verdrag het vroegere onderscheid tussen verplichte en niet-verplichte landbouwuitgaven is vervallen.

Controle door het Parlement op de Commissie is daarnaast een belangrijke bevoegdheid. Het Parlement heeft het recht om de hele Commissie te ontslaan door middel van een motie van afkeuring, een recht dat het tot nu toe niet heeft uitgeoefend[23]. Als een dergelijke motie wordt ondersteund door twee derde van de uitgebrachte stemmen, die een meerderheid van de leden van het Parlement vormen, moet de Commissie in haar geheel aftreden[24]. Behalve door reguliere vervanging of overlijden eindigt de ambtsvervulling van een lid van de Commissie door zijn of haar ontslag, ontslag ambtshalve of als de Voorzitter van de Commissie om ontslag verzoekt[25]. De Hoge Vertegenwoordiger van de Unie voor het Gemeenschappelijk Buitenlands Veiligheidsbeleid moet de verantwoordelijkheden die zij of hij in de Commissie draagt samen met de andere leden van de Commissie neerleggen na een succesvolle motie van afkeuring van het Parlement[26]. De Europese Raad kan zijn of haar mandaat beëindigen in overeenstemming met de benoemingsprocedure (artikel 18.1 VEU).

De nationale parlementen van de lidstaten komen bijeen in een *Conferentie van de Commissies voor Gemeenschaps- en Europese aangelegenheden van de Parlementen van de Europese Unie* (COSAC). COSAC werd opgericht in 1989 in Madrid en geformali-

[23] In 1999 trad de Commissie af één dag vóór een motie van afkeuring verwacht werd aanvaard te worden.
[24] Artikel 17(8) VEU en Artikel 234 VWEU.
[25] Artikel 17(6) VEU en Artikel 246 VWEU.
[26] Artikel 17(8) VEU.

seerd in een protocol bij het Verdrag van Amsterdam. In de praktijk komen de 28 commissies van Europese Zaken bijeen in de lidstaat die het Voorzitterschap van de Raad bekleedt, en worden ook de pre-toetredingslanden uitgenodigd. COSAC heeft het recht om aan elke EU-instelling een bijdrage te leveren als zij dit nodig acht.

2.6 Het Hof van Justitie en de Rekenkamer

Hof van Justitie

Het Hof van Justitie is de rechtbank van de EU. Het bestaat uit een rechter per lidstaat[27]. De lidstaten wijzen de rechters aan voor een periode van zes jaar. De rechters onderling kiezen een voorzitter voor de periode van drie jaar, die herkiesbaar is. De artikelen 251-281 VWEU schetsen de werking en bevoegdheden van het Hof. Er zijn acht advocaten-generaal die de rechters bijstaan door in het openbaar, en volkomen onpartijdig en onafhankelijk gemotiveerde conclusies aan het Hof voor te leggen. Deze conclusies zijn echter niet bindend voor het Hof.

Sinds 1989 is er een Gerecht van Eerste Aanleg ingesteld om de werklast van het Hof te verlichten. Sinds het Verdrag van Lissabon wordt dit aangeduid als *het Gerecht*, omdat het niet langer alleen functioneert als een rechtbank van eerste aanleg, maar ook als een rechter in laatste instantie voor geschillen tussen de Unie en haar eigen dienaren, bijvoorbeeld ambtenaren (artikel 270 VWEU). Naast deze beroepsfunctie functioneert het Gerecht als een 'rechter van de feiten' (waarna slechts een tot de rechtsvragen beperkt hoger beroep open staat bij het Hof[28]). Het Gerecht oefent ook een aantal andere rechterlijke functies uit. Zo kunnen directe beroepen van personen worden verwezen naar dit Gerecht, bijvoorbeeld een beroep in geval van concurrentie, antidumping en schade.

Inbreukprocedures

Als de Europese Commissie van mening is dat een lidstaat een richtlijn niet of niet goed heeft geïmplementeerd, kan ze een *inbreukprocedure* starten (artikel 258 VWEU). Nadat zij de betrokken lidstaat in de gelegenheid heeft gesteld om te reageren op en opmerkingen te maken over haar *met redenen omkleed advies*, kan de Commissie het Hof van Justitie verzoeken om een uitspraak te doen wanneer zij van mening blijft dat de lidstaat nog steeds niet aan haar advies voldoet. Indien de

[27] Artikel 19 VEU.
[28] Artikel 256 VWEU.

lidstaat zich vervolgens niet houdt aan de uitspraak van het Hof, kan de Commissie terugkeren naar het Hof met het verzoek om een boete of dwangsom op te leggen (artikel 260 VWEU). Spanje en Griekenland zijn als eerste lidstaten via deze procedure bestraft, omdat ze een richtlijn niet juist hadden omgezet in nationale wetgeving. Hoewel de procedure lang is, fungeert de grootte van de boete of dwangsom als een effectieve 'stok achter de deur' tegen nalatige lidstaten. Een andere sanctie tegen niet-uitvoering is het recht van een burger om rechtstreeks beroep te doen op de bepalingen van een richtlijn, zelfs indien deze niet worden uitgevoerd.

Ook in geval het Europees Parlement, de Europese Raad, de Raad, de Commissie of de Europese Centrale Bank handelt in strijd met de Verdragen, kunnen de lidstaten en de overige instellingen van de Unie zich wenden tot het Hof. Dit geldt ook voor organen en agentschappen van de Unie (artikel 265 VWEU). Bovendien kan een natuurlijke persoon of een rechtspersoon een klacht indienen bij het Hof, met als grond dat een instelling heeft nagelaten voor hem een handeling (anders dan een aanbeveling of een advies) te verrichten. Bovendien wordt in artikel 263 VWEU bepaald dat iedere natuurlijke of rechtspersoon beroep kan instellen tegen een EU-regeling of -handeling (anders dan een aanbeveling of advies) die aan hem of haar is gericht, of die hem of haar rechtstreeks en individueel raakt en geen uitvoeringsmaatregel is.

Rekenkamer

De Europese Rekenkamer is in 1975 opgericht. De leden bestaan uit een onderdaan van elke lidstaat, benoemd voor een termijn van zes jaar. Artikel 287 VWEU bepaalt dat de Rekenkamer de rekeningen van alle ontvangsten en uitgaven van de Unie onderzoekt. Bovendien levert ze aan Raad en Parlement een verklaring over de betrouwbaarheid van de rekeningen, en de wettigheid en regelmatigheid van de onderliggende verrichtingen. Via haar verslagen en adviezen speelt de Rekenkamer een meer proactieve rol binnen de EU dan op grond van haar formele functie zou kunnen worden verwacht. Voorbeelden betreffen kritische rapporten over de hervorming van de suikermarkt en de tenuitvoerlegging van de LEADER-aanpak in het plattelandsbeleid, beide uit 2010.

2.7 Besluitvorming, uitvoering en de controle

De besluitvorming van de EU heeft geleid tot een geheel van wetgeving (het *acquis communautaire)* dat ongeveer 8.000 wettelijke maatregelen bevat, waaronder meer dan 1.800 richtlijnen die elk tussen 40 en meer dan 300 maatregelen vereisen die moeten worden omgezet in nationale en regionale wetgeving[29].

Men kan drie fasen onderscheiden in het nemen van besluiten in EU-kader:

- De *voorbereidende fase*, waarin de Commissie een voorstel voorbereidt en informatie vraagt over het beleidsdomein.
- De *besluitvormingsfase*, waarin de Commissie haar voorstel ter goedkeuring voorlegt aan Raad en Parlement en waarin Raad en Parlement erover beraadslagen en beslissen.
- De *uitvoeringsfase*, waarin de lidstaten de nodige maatregelen nemen voor de uitvoering van het besluit (verordeningen) of de omzetting in de nationale wetgeving (richtlijnen) en de Commissie, in voorkomend geval met de hulp van de 'comitologie' (comités met vertegenwoordigers van de lidstaten) de noodzakelijke uitvoeringsvoorschriften vaststelt.

Figuur 2.4 laat de verschillende fasen in de EU-besluitvorming zien.

Besluitvorming over landbouw, voedsel en groen

Voor het meeste beleid voor landbouw, voedsel en groen bepaalde de Raad van oudsher de inhoud van het beleid, terwijl het Parlement het recht van advies had (voorheen artikel 37 EG). Dit werd de raadplegingsprocedure genoemd. De medebeslissingsprocedure - ingevoerd in het Verdrag van Maastricht - had in eerste instantie alleen betrekking op consumenten- en milieuwetgeving (met inbegrip van natuur). Sinds het Verdrag van Amsterdam (1999), en vooral als gevolg van de BSE-crisis, was deze procedure ook van toepassing op maatregelen op veterinair en fytosanitair gebied, waarvan het directe doel is het beschermen van de volksgezondheid[30].

Sinds het in werking treden van het Verdrag van Lissabon op 1 december 2009 is voor het beleid voor landbouw en platteland, voedsel en visserij net als voor de

[29] 27th annual report on monitoring the application of EU law (2009), COM (2010) 538 final, October 2010; Communication from the Commission, 'A Europe of results - application of Community law', COM (2007) 502 final, September 2007.

[30] Artikel 95 EG (tot stand brengen van de interne markt), Artikel 152(4)(b) voor veterinair en fytosanitair beleid dat tot doel heeft de volksgezondheid te beschermen) en Artikel 175 (milieu, inclusief natuurlijke hulpbronnen) worden regelmatig gebruikt als basis voor wetgeving met co-decisie voor voedsel en milieu. Deze artikelen refereren alle naar Artikel 251 EG voor de procedure (co-decisie), die voor wetgeving een maximum van drie lezingen in Parlement en Raad veronderstelt.

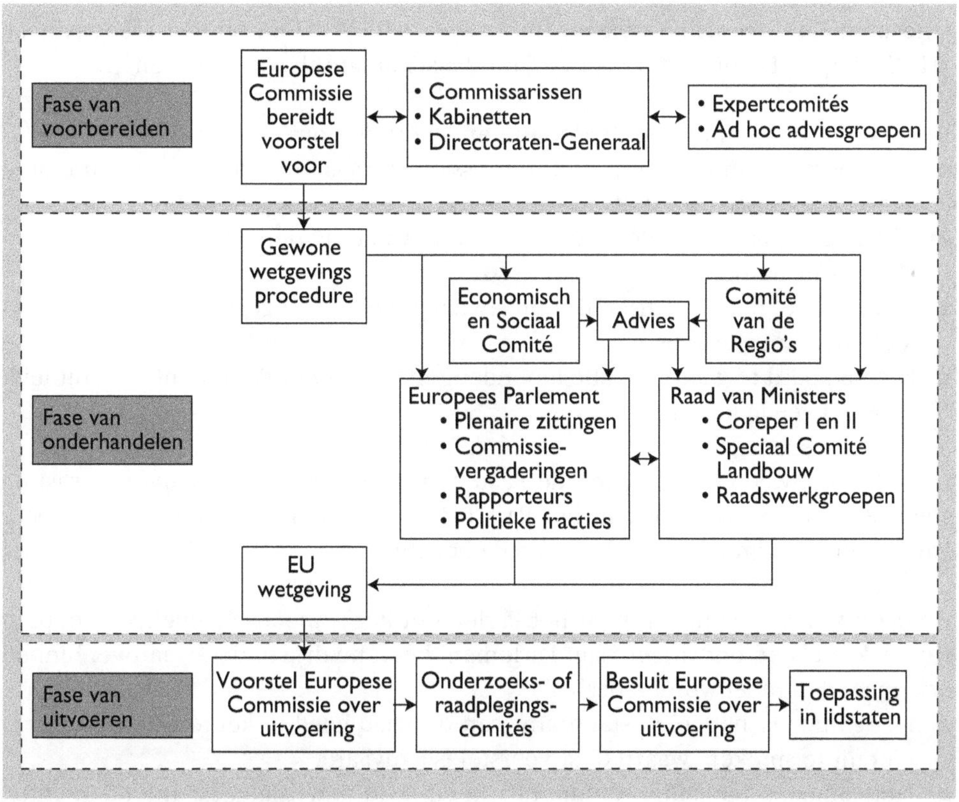

Figuur 2.4. EU-besluitvorming.

meeste andere beleidsterreinen de *gewone wetgevingsprocedure* van toepassing[31]. Dit betekent de vaststelling op voorstel van de Commissie van een verordening, richtlijn of besluit door Europees Parlement en Raad. De Raad kan zonder het Parlement alleen nog beslissen over voorstellen van de Commissie, die *uitsluitend* betrekking hebben op prijsvaststelling, heffingen, steun en kwantitatieve beperkingen in het landbouw- en visserijbeleid, en over de vaststelling en verdeling van de vangstmogelijkheden in de visserij[32]. De mate van beperking tot alleen deze categorieën is nog niet bepaald; vaak is er overlap met andere beleidsonderdelen en dus een mogelijke noodzaak het Parlement te betrekken. De gewone wetge-

[31] Het Verdrag van Lissabon heeft de regels voor de wetgeving voor landbouw, expliciet met inbegrip van de visserij, beschreven in de artikelen 38-44 VWEU. Er is ook een nieuw artikel 13 VWEU over het welzijn van dieren toegevoegd, een bepaling die oorspronkelijk was opgenomen als protocol (nr. 33) in het EG-Verdrag.

[32] Artikel 43 (3) VWEU.

vingsprocedure wordt beschreven in artikel 294 VWEU en bestaat uit maximaal drie 'lezingen'. De procedure is in figuur 2.5 schematisch weergegeven[33].

De *eerste lezing* begint in het Parlement en levert vier opties voor de Raad:

- Het voorstel van de Europese Commissie te aanvaarden indien het Parlement geen wijzigingen voorstelt.
- Akkoord te gaan met alle amendementen van het Parlement en aldus het voorstel te aanvaarden.
- Het voorstel dat het Parlement ongewijzigd heeft goedgekeurd te wijzigen; dit leidt tot een tweede lezing.
- Niet akkoord te gaan met alle amendementen van het Parlement; ook dit leidt tot een tweede lezing.

In de laatste twee gevallen, stelt de Raad een *gemeenschappelijk standpunt* vast en geeft de redenen hiervoor aan het Parlement. De Commissie stelt het Europees Parlement ook van haar standpunt op de hoogte.

De *tweede lezing* begint wanneer het Parlement het gemeenschappelijk standpunt van de Raad heeft ontvangen. Het Parlement heeft nu drie opties, waarover binnen drie maanden moet worden beslist:

- Het gemeenschappelijk standpunt van de Raad goed te keuren of zich erover niet uit te spreken, waarna het voorstel is aanvaard.
- Het gemeenschappelijk standpunt van de Raad te wijzigen en amendementen erop vast te stellen met een meerderheid van zijn leden; dit betekent dat de Raad op zijn beurt weer een besluit moet nemen binnen drie maanden na ontvangst van deze reactie van het Parlement.
- Het gemeenschappelijk standpunt van de Raad te weigeren met een meerderheid van zijn leden, met als gevolg dat het voorstel wordt geacht niet te zijn aangenomen.

De Commissie adviseert de Raad in tweede lezing over de amendementen van het Parlement. Na een negatief advies van de Commissie over deze amendementen, kan de Raad alleen besluiten *met eenparigheid van stemmen* om toch de amendementen over te nemen. Na een positief advies van de Commissie kan de Raad met gekwalificeerde meerderheid besluiten:

- In te stemmen met alle amendementen van het Parlement; het voorstel is dan aanvaard.

---

[33] De website van de Commissie laat een vergelijkbaar stroomschema zien op: http://ec.europa.eu/codecision/stepbystep/diagram_en.htm.

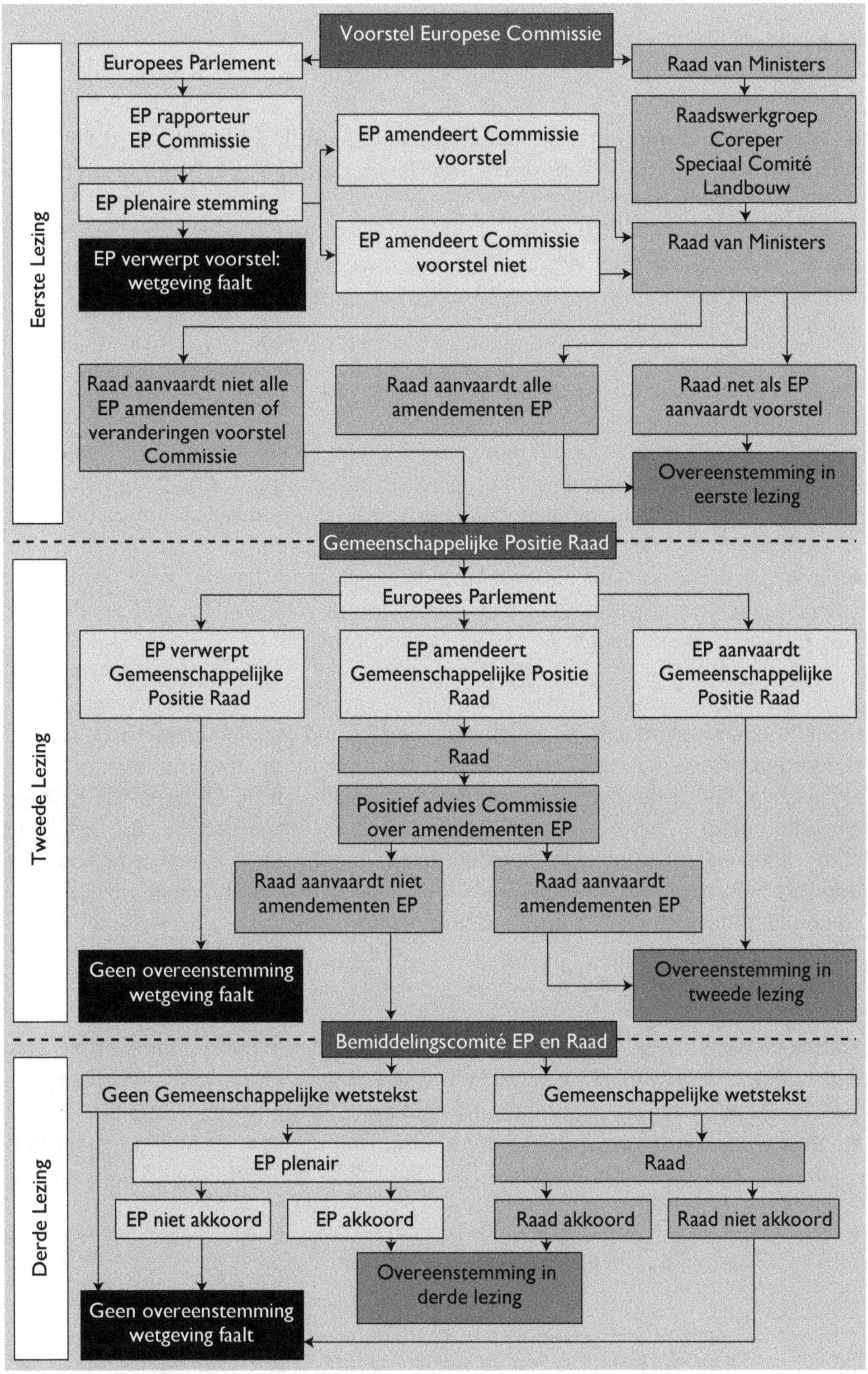

Figuur 2.5. Stroomschema van de gewone wetgevingsprocedure (medebeslissing).

- Niet in te stemmen met alle amendementen van het Parlement; in dat geval roepen de Voorzitters van Raad en Parlement binnen zes weken een vergadering van het Bemiddelingscomité bijeen.

Het Bemiddelingscomité bestaat uit vertegenwoordigers van Parlement (de leden van de Parlementscommissie betrokken bij het voorstel) en Raad (vertegenwoordigers in het Coreper).

De *derde lezing,* ook wel bekend als de *bemiddelingsprocedure,* is de laatste ronde in de besluitvorming:

- Als het Bemiddelingscomité een gemeenschappelijke ontwerptekst goedkeurt, dan hebben het Parlement met gewone meerderheid van de uitgebrachte stemmen en de Raad met gekwalificeerde meerderheid van stemmen de mogelijkheid om de tekst binnen zes weken goed te keuren.
- Indien binnen deze termijn het bemiddelingscomité het niet eens wordt over een gemeenschappelijke tekst of als Parlement of Raad deze niet goedkeuren wordt het voorstel geacht niet te zijn aangenomen[34].

In de praktijk werken Parlement, Raad en Commissie in de gewone wetgevingsprocedure nauw samen[35]. Dit gebeurt in voortdurend overleg tussen de (schaduw) rapporteur en de voorzitter van de desbetreffende Parlementscommissie, het Voorzitterschap van de Raad en een vertegenwoordiger van de Commissie. Dit heeft geresulteerd in een formule van de zogenoemde *eerste lezing* en *tweede lezing* compromissen. Bovendien kunnen de drie maanden en zes weken perioden in deze procedure worden verlengd met maximaal een maand, respectievelijk twee weken, op initiatief van Parlement of Raad.

Delegatie en uitvoering

Zodra een besluit is genomen over een (basis)verordening of richtlijn van Raad en Parlement, zijn vrijwel altijd meer gedetailleerde regels van de Commissie nodig. Het VWEU onderscheidt een hiërarchie van regelgeving:

- Wetgevingshandelingen die gewone wetgeving creëren en leiden tot verordeningen, richtlijnen en besluiten, met een rol als wetgever voor Raad en Parlement.
- Niet-wetgevingshandelingen:
  - niet-gedefinieerde handelingen;

[34] Dit gebeurde bijvoorbeeld in maart 2011 met het voorstel over 'novel foods'.
[35] Gemeenschappelijke verklaring over praktische arrangementen voor de co-decisie procedure (Artikel 251 EG), PB 2007/C15/02.

- gedelegeerde (quasi-wetgevings-)handelingen;
- uitvoeringshandelingen.

Een voorbeeld van een *niet-gedefinieerde handeling* is de eerdergenoemde procedure waarbij de Raad (zonder het Parlement) kan beslissen over voorstellen van de Commissie, die uitsluitend betrekking hebben op de prijsvaststelling, de heffingen, de steun en de kwantitatieve beperkingen in landbouw en visserij, alsook op de vaststelling en verdeling van de vangstbeperkingen in de visserij[36]. Het is een speciale voorziening voor een gebied dat niet beschouwd wordt als wetgeving, en daarom geen wetgevingshandeling vergt.

Bij *gedelegeerde handelingen* (artikel 290 VWEU) gaat het om regelgeving die door Raad en Parlement kan worden gedelegeerd aan de Commissie. De doelstellingen, de inhoud, de strekking en de duur van de delegatiebevoegdheid moeten expliciet worden gedefinieerd in de wettekst. Essentiële beleidselementen van een beleidsterrein kunnen niet worden gedelegeerd. Raad en Parlement moeten uitdrukkelijke voorwaarden stellen aan de uitoefening van deze bevoegdheden. Zij kunnen bijvoorbeeld besluiten de delegatie in te trekken of bepalen dat de gedelegeerde handeling pas in werking kan treden als 'geen bezwaar' is uitgesproken door Raad en Parlement binnen een termijn vastgelegd in de wetgevingshandeling. Enkele algemene regels zijn vastgelegd in een *Common Understanding* tussen de drie instellingen over de termijn waarbinnen een gedelegeerde handeling van de Commissie kan worden bestreden (in het algemeen 2 of 3 maanden), de te volgen procedure voor de oppositie en intrekking, en de formules die worden gebruikt in het wetgevingsbesluit.

Uitvoeringshandelingen zijn geregeld in artikel 291 van het VWEU. Waar uniforme voorwaarden voor de invoering nodig zijn, worden uitvoeringsbevoegdheden verleend aan de Commissie. Parlement en Raad moeten vooraf de algemene voorschriften en beginselen van de controlemechanismen door de lidstaten vastleggen, die de Commissie bij de uitoefening van haar uitvoeringsbevoegdheden mag hanteren. Die mechanismen worden vaak aangeduid als de 'comitologie procedure'.

Het onderscheid tussen *gedelegeerde handelingen* en *uitvoeringshandelingen* is in de praktijk vaak een onderwerp van discussie, omdat de invloed van de lidstaten bij de uitwerking door de Commissie van een uitvoeringshandeling groter is dan bij gedelegeerde handelingen. Daarom moet in elk geval de wetgevingshandeling zo

[36] Artikel 43 (3) VWEU.

specifiek mogelijk zijn en in gedelegeerde handelingen en uitvoeringshandelingen respectievelijk de woorden 'gedelegeerd' en 'uitvoering' worden ingevoegd in de titel.

Comitologie

Vóór 'Lissabon' golden vijf procedures voor de vaststelling van uitvoeringshandelingen, die waren vastgelegd in een zogenaamd *comitologiebesluit*[37]. In het nieuwe 'comitologiebesluit' op basis van 'Lissabon'[38] is dat aantal teruggebracht naar drie: de onderzoeksprocedure, de raadplegingsprocedure en de spoedprocedure. De onderzoeksprocedure is de meest gebruikelijke. Deze geldt onder meer voor alle maatregelen gerelateerd aan gemeenschappelijk landbouw- en visserijbeleid, milieubescherming, bescherming van de gezondheid of veiligheid van mens, dier en plant, of ze nu van algemene of individuele strekking zijn. De raadplegingsprocedure kan worden toegepast op alle andere uitvoeringsmaatregelen, maar in naar behoren gemotiveerde gevallen ook op maatregelen van de categorieën waarop normaal de onderzoeksprocedure van toepassing is. De keuze van de te volgen procedure wordt gemaakt in de wettekst. Figuur 2.6 toont deze twee procedures.

De onderzoeksprocedure en raadplegingsprocedure starten beide met de indiening door de Commissie van de ontwerpmaatregelen in een comité bestaande uit vertegenwoordigers van de lidstaten en voorgezeten door de Commissie. Het resultaat van de besprekingen in een dergelijk comité is een advies waarvan de invloed op de beslissing van de Commissie verschillend is naar gelang de procedure:

- In de *raadplegingsprocedure*[39] kan de Commissie het advies ter zijde leggen dat het comité met een gewone meerderheid van zijn leden kan geven. Wel moet de Commissie zoveel mogelijk rekening houden met de conclusies van de besprekingen in en het advies van het comité. Deze procedure wordt regelmatig gebruikt voor de voorbereiding door de Commissie van regelgeving over de toepassing van staatssteun.
- In de *onderzoeksprocedure*[40] belet slechts een negatief advies (een gekwalificeerde meerderheid van de lidstaten tegen een voorstel) van het comité de Commissie het nemen van een beslissing. In geval van een positief advies of 'geen advies' (geen gekwalificeerde meerderheid van stemmen tegen, maar ook geen gekwalificeerde meerderheid vóór het voorstel) neemt de Commissie de

[37] Besluit van de Raad 99/468/EG, PB 1999, L 184/23.

[38] Verordening (EU) 182/2011 tot vaststelling van de algemene voorschriften en beginselen die van toepassing zijn op de wijze waarop de lidstaten de uitoefening van de uitvoeringsbevoegdheden van de Commissie controleren, PB 2011, L 55/13.

[39] Artikel 4 Verordening (EU) 182/2011.

[40] Artikel 5 Verordening (EU) 182/2011.

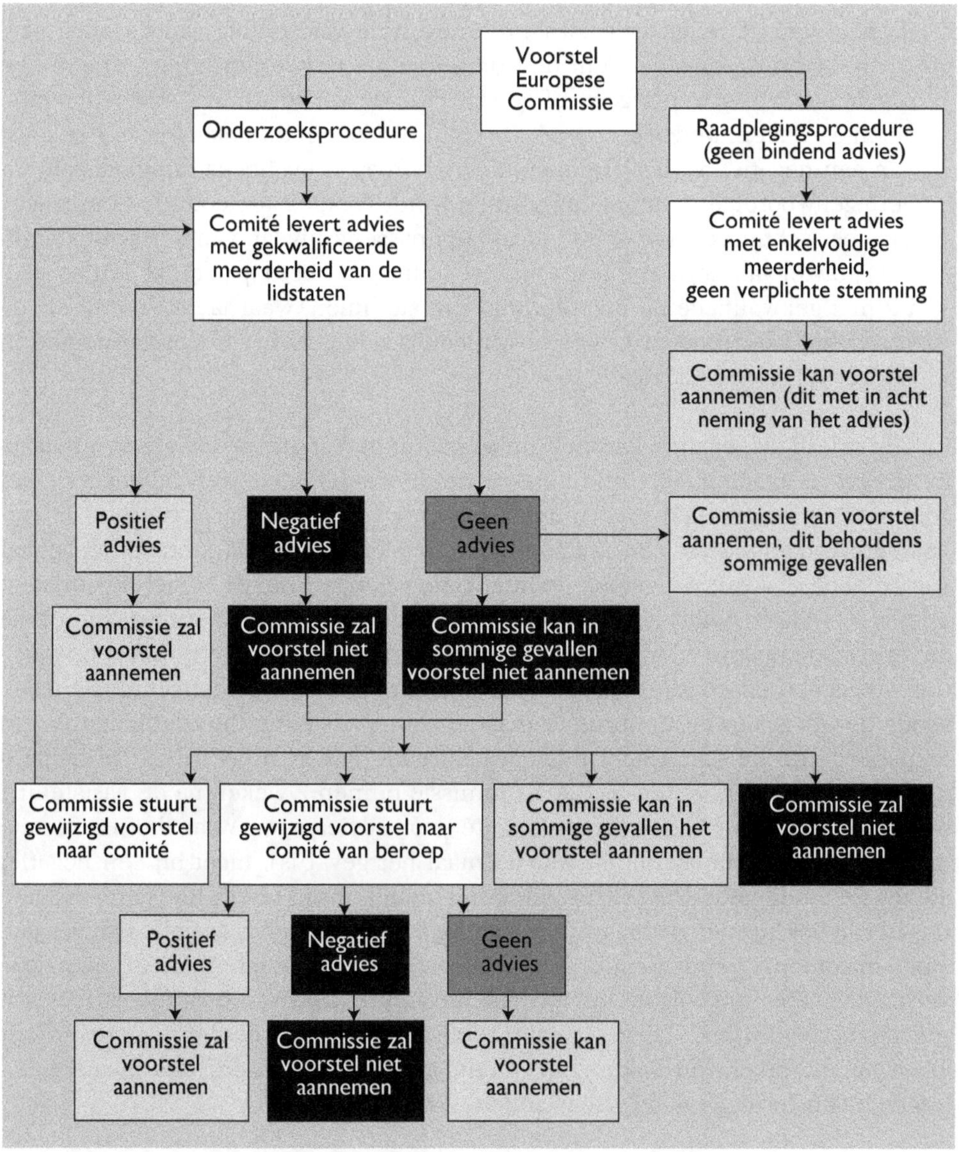

Figuur 2.6. Comitologie: onderzoeksprocedure en raadplegingsprocedure.

maatregel aan (bij positief advies) of kan deze aannemen of alsnog een wijziging voorleggen aan het comité (bij geen advies). Echter bij geen advies kan de Commissie de maatregel niet vaststellen als het gaat om de bescherming van de gezondheid of veiligheid van mens, dier of plant of een eenvoudige meerderheid van de leden van het comité tegen de vaststelling van de maatregel is. In dergelijke gevallen kan de Commissie de ontwerpmaatregelen aan een *comité van beroep* voorleggen of een gewijzigde versie van de ontwerpmaatregelen aan het onderzoekscomité. De Commissie kan dit ook doen in het geval van een negatief advies. Het comité van beroep is eveneens samengesteld uit vertegenwoordigers van de lidstaten en wordt voorgezeten door de Commissie. Er moet echter voldaan worden aan 'een passend niveau van vertegenwoordiging', ofwel van hoge ambtenaren. Het comité van beroep spreekt een oordeel uit met gekwalificeerde meerderheid van stemmen, waarna de Commissie de maatregel aanneemt in het geval van een positief advies of kan aannemen in het geval van geen advies[41].

In uitzonderlijke gevallen kan de Commissie in een *spoedprocedure* een ontwerpmaatregel vaststellen, dit zelfs na een negatief advies of geen advies van het comité. Dit zijn gevallen waarin de vaststelling van de ontwerpmaatregel onverwijld noodzakelijk is om een aanzienlijke verstoring van de markten op het gebied van landbouw of een risico voor de financiële belangen van de Unie (bijvoorbeeld bij risico van speculatie) te voorkomen. In een dergelijk geval dient de Commissie onverwijld de maatregel in bij het comité van beroep en trekt deze in na een negatief advies van dit comité[42]. Ook in andere naar behoren gemotiveerde spoedeisende gevallen kan de Commissie maatregelen vaststellen die onmiddellijk van toepassing zijn en van kracht blijven gedurende een periode van in principe 6 maanden. In deze gevallen legt de Commissie binnen 2 weken na de vaststelling de maatregelen aan het bevoegde comité voor advies voor. Waar dit een comité onder onderzoeksprocedure is (wat normaal het geval is), moet bij een negatief advies de Commissie de maatregelen onmiddellijk intrekken[43]. Bij geen advies of positief advies kunnen de maatregelen van kracht blijven voor de volledige periode van 6 maanden. Geen verlenging van deze periode is voorzien. Daarom moet deze verlenging gebeuren volgens de normale procedure. Deze (spoed)procedure wordt regelmatig gebruikt in de veterinaire, fytosanitaire en voedseldomeinen in het geval van uitbraken van ziekten, en van tijd tot tijd in de visserij voor maatregelen om de ineenstorting van de visbestanden tegen te gaan.

Een laatste vrijwaringmechanisme is ingebouwd voor Raad en Parlement. Zij kunnen de Commissie aangeven dat een ontwerpuitvoeringsbesluit de bevoegdheden in de gewone wetgevingshandeling overschrijdt. In een dergelijk geval moet de Commissie de ontwerpmaatregel opnieuw onderzoeken in het licht van

[41] Artikel 6 Verordening (EU) 182/2011.
[42] Artikel 7 Verordening (EU) 182/2011.
[43] Artikel 8 Verordening (EU) 182/2011.

de gemaakte opmerkingen en beide instellingen informeren of ze de ontwerpmaatregel handhaaft, wijzigt of intrekt.

In 2011 waren er op regelmatige basis in totaal van 268 comités, waarvan 14 voor landbouw en platteland (AGRI) Het betrof 99 onderzoekscomités, waarvan 11 voor AGRI, 23 raadgevende comités, 25 reguleringscomités met toetsingsrecht van Raad en Parlement die nog onder het oude comitologiebesluit vielen en 121 comités onder verschillende procedures, waarvan 3 voor AGRI. In totaal vonden 783 vergaderingen plaats, waarvan 142 voor AGRI en werd in 838 gevallen gewerkt met een schriftelijke procedure, waarvan 3 voor AGRI. In totaal werden 1.868 adviezen uitgebracht en 1.625 regelingen aanvaard. 163 regelingen werden aanvaard op grond de oude procedure met toetsingsrecht van Raad en Parlement, waarvan 46 voor SANCO, 35 voor ENVI en 1 voor AGRI; 2 voorstellen, waarna 1 voor SANCO werden geblokkeerd door de Raad, geen enkele door het Parlement[44].

De vergaderingen van de verschillende comités zijn uiterst belangrijk voor de dagelijkse werking van de Europese Unie. Eén van de momenteel belangrijkste comités voor landbouw en voedsel is het Permanent Comité voor de Voedselketen en de Diergezondheid (SCoFCAH). Dit comité adviseert over ontwerpuitvoeringsmaatregelen voor veterinaire en fytosanitaire aangelegenheden en voedselveiligheid. Na een positief advies van dit comité kan de Commissie in uitzonderlijke gevallen beslissen om de grenzen van de lidstaten als gevolg van dierziekten te sluiten, of in het kader van het principe van non-vaccinatiebeleid om onder strikte en bijzondere voorwaarden vaccinatie toe te staan, zoals in 2001 het geval was in de mond-en-klauwzeer crisis en meer recent in de *blue tongue* crisis. SCoFCAH heeft gelijksoortige bevoegdheden op het gebied van plantenziekten, pesticiden en genetisch gemodificeerde organismen. Een recent met veel publiciteit en lobbywerk omgeven activiteit in dit comité, was de besluitvorming in het voorjaar van 2013 over een Commissievoorstel het gebruik van enkele herbiciden tijdelijk te beperken vanwege een mogelijk verband met de sterfte van bijenvolken in Europa. In SCoFCAH was er geen gekwalificeerde meerderheid vóór, maar ook niet tegen het voorstel, dus geen advies. Hetzelfde was vervolgens het geval in het comité van beroep, waarna de Commissie besloot haar voorstel toch aan te nemen.

Uitvoering en controle

De belangrijkste uitvoerende macht van de Commissie is de vaststelling van uitvoeringsregelingen in haar comités, zoals hierboven uitgelegd. Daarnaast is de

[44] Report from the Commission on the working of the committees during 2011, COM(2012)685 final.

Commissie verantwoordelijk voor het dagelijks beheer van de landbouwmarkten. Ten slotte heeft ze de taak toezicht uit te oefenen op de tenuitvoerlegging van de regelgeving door de instanties die door de lidstaten aangewezen zijn om dit te doen. Dit omvat onder andere de controle van de uitgaven in het kader van het Europese Garantiefonds voor de Landbouw, het Europees Landbouwfonds voor Plattelandsontwikkeling en de structuurfondsen. Bij de financiële voorschriften voor de landbouw wordt vaak een Bemiddelingscomité gebruikt, dat voorafgaand aan een ingebrekestelling kan helpen om een oplossing te vinden door op te treden als tussenpersoon tussen de lidstaten en de Commissie.

2.8 Lobbyen[45]

Ongeveer 3.400 professionele lobbyorganisaties zijn geregistreerd bij de Europese Commissie en bijna 1.900 zijn ingeschreven op een lijst van het Europees Parlement[46]. De invloed van deze organisaties is vooral afhankelijk van hun doeltreffendheid en representativiteit. Institutioneel spelen ze een rol wanneer zij vertegenwoordigd zijn in één van de vele *raadgevende comités* die de Commissie helpen bij de uitvoering van haar activiteiten[47]. De landbouworganisaties en -coöperaties in de EU hebben zich verenigd in COPA/COGECA, en de consumentenorganisaties in BEUC. Andere overkoepelende organisaties zijn onder andere Business Europe voor werkgevers, Europa Bio voor de biotechnologische industrie, de European Dairy Association voor de zuivelsector en niet-gouvernementele organisaties zoals IUCN, WWF en Birdlife voor natuurbescherming. Soms is er ook regionale samenwerking tussen de lidstaten, zoals het PURPLE-initiatief (Peri Urban Regio Platform Europa), waarin de grootstedelijke regio's uit verschillende lidstaten samenwerken. Ten slotte is ook vrijwel iedere regionale of locale overheid inmiddels op een of andere manier vertegenwoordigd in Brussel.

In aanvulling op de lobbygroepen kunnen commissarissen en hoge ambtenaren van de Commissie met het netwerk van gedachten wisselen in de talrijke Brusselse denktanks, bijvoorbeeld het Centre for European Policy Studies (CEPS). Dit zijn nuttige platforms voor vergaderingen en ook om door hun rapporten een nieuwe kijk te geven op het Europese debat.

[45] Voor een vroeg overzicht, zie Van der Zee (1997), hoofdstuk 10.

[46] Zie http://europa.eu/lobbyists/interest_representative_registers/index_nl.html.

[47] Besluit van de Commissie van 23 april 2004 over het werk van de raadgevende comités op het gebied van het gemeenschappelijk landbouwbeleid.

Een *burgerinitiatief* kan ook ontwikkeld worden[48]. Als minstens 1 miljoen EU-burgers uit een significant aantal lidstaten van mening zijn dat EU-wetgeving noodzakelijk is op een bepaald terrein, kunnen zij de Commissie verzoeken een voorstel bij Raad en Parlement in te dienen. De procedures en voorwaarden hiervoor zijn vastgelegd in Verordening (EU) 211/2011[49].

Literatuur

Barents, R., 2012. Europees recht. Noordhoff Uitgevers B.V., Groningen, Nederland, 344 pp.

Borchardt, K-D., 2010. The ABC of European Union law. Publication Office of the European Union, Luxemburg, 131 pp. http://eur-lex.europa.eu/en/editorial/abc_toc_r1.htm.

Daugbjerg, C. en A. Swinbank, 2007. The politics of CAP reform: trade negotiations, institutional settings and blame avoidance. Journal of Common Market Studies 45: 1-22.

Eijsbouts, W.T., J.H. Jans, A. Prechal en L.A.J. Senden, 2012. Europees recht – algemeen deel. Europa Law Publishing, Groningen, Nederland, 442 pp.

Kapteyn, P.J.G., A.M. McDonnell, K. Mortelmans en C.W.A. Timmermans (red.), 2009. The law of the European Union and European Communities. Kluwer Law International, Alphen aan den Rijn, Nederland, 4th edition, 1644 pp.

Kunst, G. en T. van Rijn, 2011. EU institutions and decision-making processes. In: A. Oskam, G. Meester and H. Silvis (red.) EU policy for agriculture, food and rural areas. Wageningen Academic Publishers, Wageningen, Nederland, pp. 47-78.

Meester, G. en F.A. van der Zee, 1993. EC decision-making, institutions and the Common Agricultural Policy. European Review of Agricultural Economics 20: 131-150.

Van der Zee, F.A., 1997. Political economy models and agricultural policy information: Empirical applicability and relevance for the CAP. Mansholt Studies 8, Wageningen Universiteit, Wageningen, Nederland, 269 pp.

Internet

Europese Unie (officiële website): http://europa.eu/index_nl.htm.

Teksten van het Verdrag van Lissabon: http://europa.eu/lisbon_treaty/full_text/index_nl.htm.

Raad van de Europese Unie: http://consilium.europa.eu.

Europese Commissie: http://ec.europa.eu.

Europees Parlement: http://europarl.europa.eu.

Europese Hof van Justitie: http://curia.europa.eu.

Europese Rekenkamer: http://eca.europa.eu.

[48] Artikel 11(4) VWEU.

[49] PB 2011, L 65.

Europees Economisch en Sociaal Comité: http://eesc.europa.eu.
Comité van de Regio's: http://cor.europa.eu.
EU woordenboek: http://euabc.com.
Nieuws over de EU: http://euobserver.com.
EU wetgeving: http://eur-lex.europa.eu.
Raadplegingen en discussies over EU-beleid: http://europa.eu/yourvoice.

3. Budgettaire kaders

Marko Bos

3.1 Inleiding

Heel lang voerde de landbouw binnen de EU budgettair de boventoon. Om de landbouwuitgaven beter in toom te houden en verdringing van andere uitgaven te voorkomen zijn baanbrekende veranderingen in het Europese begrotingsbeleid doorgevoerd. Daarbij gaat het met name om de invoering van bindende meerjarige begrotingskaders. Deze komen in paragraaf 3.2 aan de orde.

Paragraaf 3.3 bespreekt de functies van de EU-begroting. De begroting van de EU beslaat met zo'n 140 miljard euro ongeveer 1% van het gezamenlijke Bruto Nationaal Inkomen van de lidstaten (EU-BNI) en een kleine 2,5% van de totale overheidsuitgaven in de EU. De financieel-economische crisis heeft de beperkingen van het EU-budget en de noodzaak van aparte mechanismen voor financiële stabilisatie binnen de Economische en Monetaire Unie (EMU) aangetoond.

Bij onderhandelingen over omvang, samenstelling en financiering van de EU-begroting laten de lidstaten zich sterk leiden door een bepaalde perceptie van (ongelijke) verdeling van kosten en baten. In paragraaf 3.4 wordt dieper ingegaan op de kwestie van de 'begrotingsonevenwichtigheden'.

In paragraaf 3.5 staat de interactie tussen de ontwikkeling van de landbouwuitgaven en de budgettaire kaders centraal. Het plattelandsbeleid behoort in aanleg tot het structuurbeleid. Cofinanciering is daar gemeengoed (zie paragraaf 3.6). Paragraaf 3.7 brengt de hoofdlijnen van het Meerjarig Financieel Kader (MFK) voor 2014-2020 in kaart. Paragraaf 3.8 besluit met enige conclusies.

3.2 Hiërarchie van financiële kaders in de EU

Inkadering binnen drie schillen

Het Verdrag over de Werking van de Europese Unie (artikel 310 VWEU) schrijft begrotingsevenwicht voor. Dat wil zeggen dat de uitgaven elk jaar opnieuw volledig door inkomsten (de eigen middelen) moeten worden gedekt. De uitgaven van de

EU worden vervolgens in een drie schillensysteem budgettair ingekaderd. Figuur 3.1 laat deze drie schillen zien. De buitenste schil wordt gevormd door het Eigen Middelenplafond. Verhoging (of verlaging) van dit plafond aan opvraagbare eigen middelen vergt krachtens artikel 311 VWEU de instemming van (en ratificatie door) alle lidstaten.

Het Meerjarig Financieel Kader vormt de tweede schil. Dit legt voor een reeks van jaren (onder meer) uitgavenplafonds vast voor afzonderlijke uitgavencategorieën en voor het totaal. Deze uitgavenplafonds moeten uiteraard passen binnen het Eigen Middelenplafond. Sinds eind 2009 is het MFK verdragsmatig verankerd (artikel 312 VWEU). Sindsdien wordt het MFK bij verordening vastgesteld (voordien werd zij vastgelegd in een interinstitutioneel akkoord tussen Raad, Parlement en Commissie). De lidstaten beslissen hierover bij unanimiteit[50], na goedkeuring door het Europees Parlement.

De plafonds van het MFK vormen het bindende kader voor de jaarlijkse begrotingen - de derde schil in de systematiek. De begroting wordt gezamenlijk vastgesteld door de twee takken van de begrotingsautoriteit, de Raad van ministers en het Europees Parlement, op voorstel van de Europese Commissie.

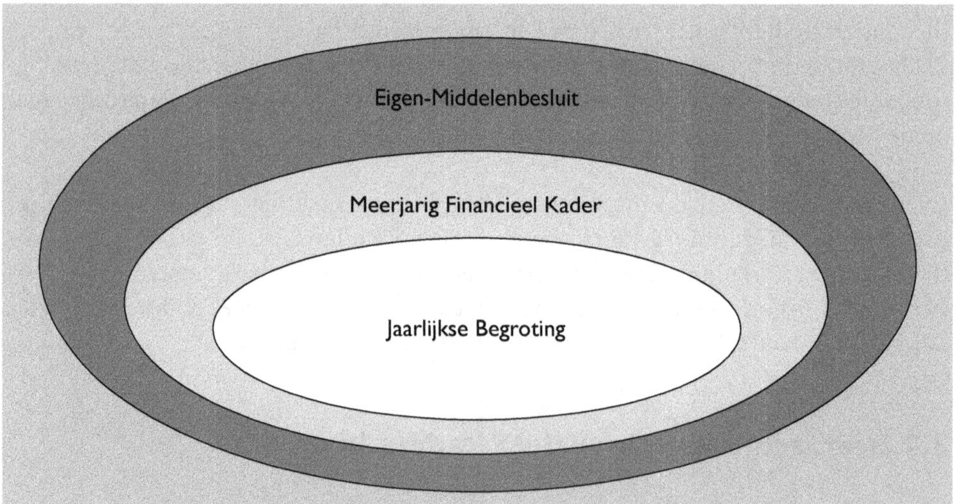

Figuur 3.1. Hiërarchie van financiële kaders in de Europese Unie.

[50] Bij een aanpassing van minder dan 0,03% EU-BNI besluit de Raad bij gekwalificeerde meerderheid.

De EU-begroting maakt onderscheid tussen vastleggingskredieten en betalingskredieten. Vastleggingskredieten dekken in een begrotingsjaar de totale kosten van de juridische verbintenissen die worden aangegaan. De tenuitvoerlegging van deze verbintenissen kan zich over meerdere begrotingsjaren uitstrekken. Betalingskredieten dekken, tot het in de begroting opgenomen bedrag, de uitgaven die voortvloeien uit de verbintenissen die in het desbetreffende begrotingsjaar of eerdere begrotingsjaren zijn aangegaan. De uitgaven en ontvangsten worden toegestaan voor de duur van het begrotingsjaar: kasschuiven tussen verschillende jaren zijn in beginsel niet mogelijk. Eventuele overschotten als gevolg van onderuitputting worden in het volgende jaar teruggestort naar de lidstaten.

Het verschil tussen betalingskredieten en vastleggingskredieten komt vooral op conto van de structuurfondsen: verbintenissen leiden vaak pas in latere jaren tot uitbetaling. Voor de marktuitgaven en directe betalingen van de landbouw vallen vastleggings- en betalingskredieten samen. Eind 2011 bedroeg het stuwmeer aan uitstaande, niet-afgewikkelde vastleggingskredieten[51] 207 miljard euro (Europese Commissie, 2012). Daarvan had 136 miljard euro betrekking op structuur- en cohesiefondsen.

Eigen Middelen

Artikel 311 VWEU bepaalt dat de begroting, onverminderd andere ontvangsten, volledig uit eigen middelen wordt gefinancierd. Figuur 3.2 brengt de ontwikkeling van de financiering van de EU-begroting in beeld.

Aanvankelijk werd deze geheel gefinancierd door nationale bijdragen. Sinds 1970 is er een Eigen Middelenbesluit, waarin de typen inkomsten en het maximum aan eigen middelen staan (uiteindelijk verhoogd naar 1,23% van het EU-BNI). De traditionele eigen middelen voor de EU zijn de landbouwheffingen en invoerrechten[52]. Maar door het oplopen van de Europese uitgaven en door de verlaging van invoertarieven in het kader van de WTO bleek de opbrengst daarvan al snel onvoldoende om de EU-begroting te financieren. In 1980 is een heffing over de geharmoniseerde BTW-grondslag aan de eigen middelen toegevoegd. Het aandeel van dit BTW-middel dat in 1988 60% van de EU-begroting dekte, is vervolgens weer doelbewust teruggedrongen vanwege het regressieve karakter. De grondslag van de BTW-heffing is in armere lidstaten namelijk vaak groter (in procenten van het nati-

[51] In het Frans aangeduid als RAL: reste à liquider.

[52] De lidstaten mogen een forfaitaire vergoeding voor de kosten van inning inhouden. Bij het Eigen Middelenbesluit van 2000 is het percentage verhoogd van 10 naar 25; in het kader van het MFK 2014-2020 wordt het weer verlaagd naar 20.

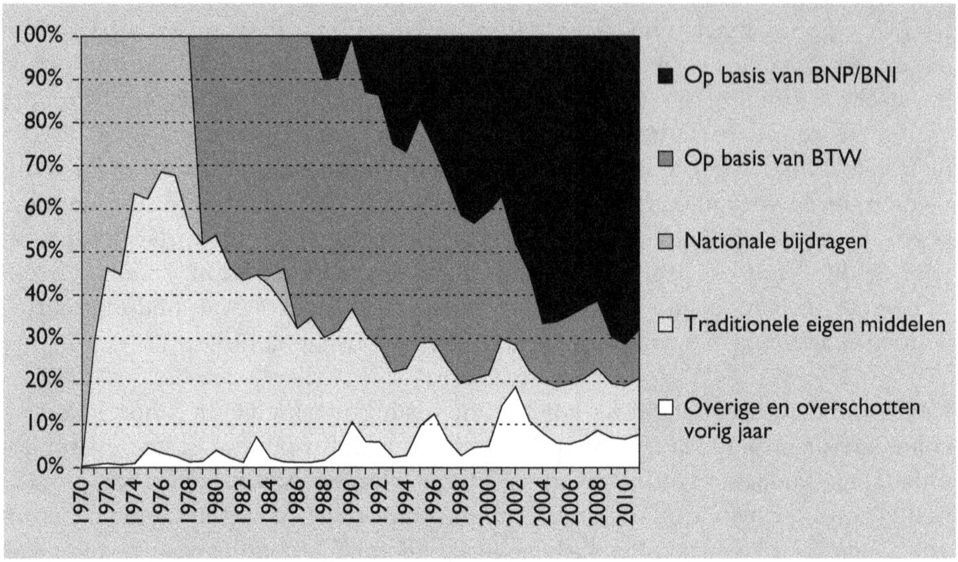

Figuur 3.2. Samenstelling van de begrotingsinkomsten van de EU, 1970-2011 (Berekend uit European Commission, Financial Reports EU-budget, diverse jaren).

onaal inkomen) dan in rijke lidstaten. Door aftoppingen is aan dat bezwaar tegemoetgekomen; maar door die correcties gaat deze inkomstenbron in feite vrijwel naadloos over in het BNI-middel. Via dit laatste middel, dat in 1980 is ingevoerd, dragen de lidstaten naar draagkracht bij aan het EU-budget. Het eigen middel op basis van het Bruto Nationaal Inkomen (BNI) van de lidstaten is tegenwoordig met een aandeel van ruim tweederde de belangrijkste inkomstenbron van de EU. In tabel 3.1 wordt de financiering van de begroting 2013 weergegeven[53].

Meerjarig Financieel Kader

De uitgaven van de EU zijn vanaf de jaren 1960 voortdurend gestegen. Tot aan het eind van de jaren 1980 werd die stijging in belangrijke mate door de landbouwuitgaven bepaald. In die jaren liepen de budgettaire spanningen hoog op. De begrotingen voor 1980, 1985, 1986 en 1988 konden slechts met vertraging worden goedgekeurd na aanvang van het begrotingsjaar. De invoering in 1988 van een meerjarig financieel kader heeft erg geholpen om die spanningen te boven te komen door

[53] De andere inkomsten hebben betrekking op boetes uit hoofde van het mededingingsbeleid, inkomstenbelasting op salarissen van EU-staf en bijdragen van enige niet-lidstaten aan bepaalde EU-programma's.

Tabel 3.1. Eigen Middelen van de Europese Unie, (oorspronkelijke) begroting 2013.

	Miljoen euro	Procent
Douanerechten en landbouwheffingen (netto)	18.755	14
BTW bijdragen	15.030	11
BNI bijdragen	97.503	73
Overig plus overschot vorig jaar	1.549	1
Totaal	132.837	100

een betere afweging van budgettaire prioriteiten en een betere disciplinering van de landbouwuitgaven.

Figuur 3.3 geeft vanaf 1993 de ontwikkeling weer van zowel de uitgavenplafonds van opeenvolgende MFK's, als de feitelijke uitgaven (steeds in procenten van het EU-BNI). De uitgavenplafonds zijn in de opeenvolgende perioden steeds lager vastgesteld. In de jaren 1993-2006 bedroeg de marge tussen uitgavenplafonds van het MFK en de feitelijke uitgaven gemiddeld 0,16% van het EU-BNI. Die marge is na 2008 kleiner geworden: de uitgavenquote is weer gaan stijgen, vooral door het noemereffect van een lager BNI dan oorspronkelijk geraamd[54]. Dat is ook het belangrijkste effect van de financieel-economische crisis op de EU-begroting.

Het MFK geeft jaarlijkse uitgavenplafonds in vastleggingskredieten in reële (d.w.z. voor inflatie gecorrigeerde) prijzen, met subplafonds voor verschillende categorieën uitgaven. Categorie 1 omvat uitgaven voor (a) concurrentievermogen voor groei en werkgelegenheid en (b) economische, sociale en territoriale samenhang. In categorie 2 duurzame groei: natuurlijke hulpbronnen, vallen de landbouwuitgaven (marktuitgaven en directe betalingen) en het plattelandsfonds[55]. De categorieën 3 en 4 omvatten het interne en het externe beleid. De administratieve uitgaven vormen categorie 5[56].

[54] Als percentage van het EU-BNI komt het uitgavenpeil van de EU in 2013 zo'n 0,1%-punt hoger uit dan oorspronkelijk geraamd vanwege het lagere BNI.

[55] Ook de uitgaven voor visserij en milieu vallen onder categorie 2.

[56] Daaronder vallen ook de vaak bekritiseerde maandelijkse verhuiskosten van het Europees Parlement van en naar Straatsburg. Deze bedragen 180 miljoen euro per jaar, dat is ruim 0,1% van de EU-begroting.

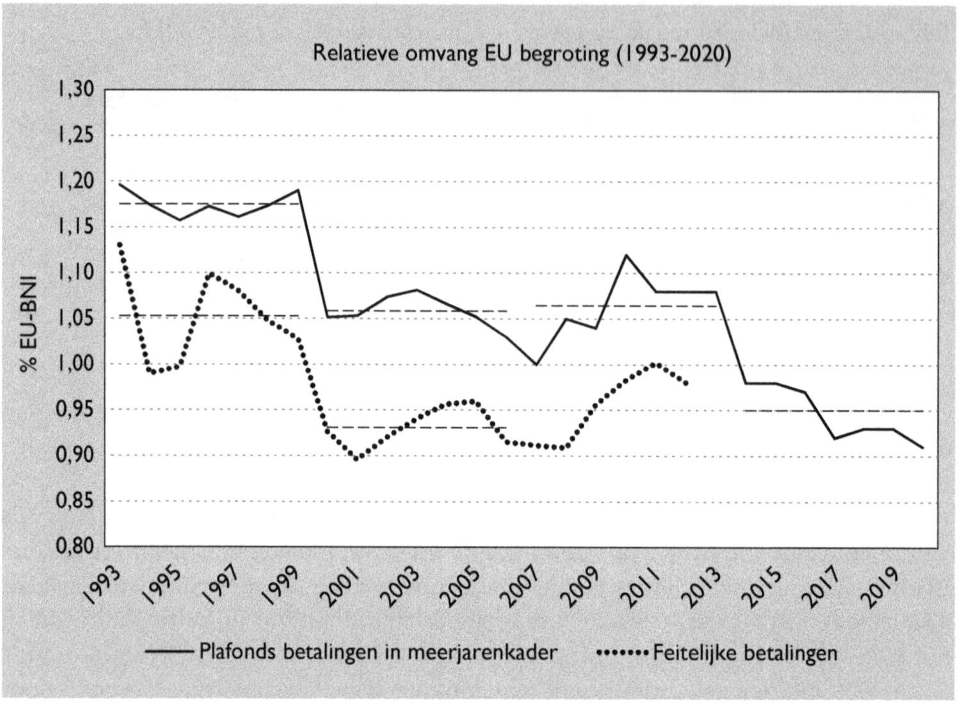

Figuur 3.3. Uitgavenplafonds en feitelijke uitgaven, 1993-2020.

Jaarlijkse begroting

De Europese Commissie stelt ieder voorjaar het voorontwerp van begroting voor het komende jaar op. De Raad en het Europees Parlement, die samen de begrotingsautoriteit vormen, amenderen dit voorontwerp. Vervolgens is het zaak in tripartiet overleg (met de Commissie) overeenstemming te bereiken over de begroting. De formele vaststelling geschiedt door de voorzitter van het Europees Parlement. De Commissie voert de begroting vervolgens uit[57].

De feitelijke uitgaven zijn een reeks van jaren ruim binnen de begroting gebleven. Maar in 2012 bleek een aanvullende begroting nodig om eerder aangegane verplichtingen te kunnen betalen. En ook de begroting 2013, het laatste jaar van het lopende MFK, staat onder druk van deze stuwmeerproblematiek. Tegelijkertijd worden deze begrotingen ook als een soort uitgangspunt voor de vaststelling van

[57] De volledige begrotingsprocedure (art. 314 VWEU) is ingewikkelder dan hier geschetst. Voor een stroomschema, zie bijvoorbeeld Raad van de Europese Unie (2012).

het MFK 2014-2020 gezien. Dat maakte het extra lastig om overeenstemming over de aanvullende begroting 2012 en de begroting 2013 te bereiken.

Controle op rechtmatigheid en doelmatigheid

De Europese Rekenkamer oefent controle uit op de rechtmatigheid van ontvangsten en uitgaven (Europese Rekenkamer, 2012) en doet ook onderzoek naar de doelmatigheid, in speciale verslagen over uitgavenprogramma's. Op basis van het jaarverslag beslist het Europees Parlement over de kwijting van de Europese Commissie. Sinds het midden van de jaren 1990 heeft de Europese Rekenkamer geen positief oordeel over de rechtmatigheid van de uitgaven kunnen geven. De Europese Rekenkamer heeft vastgesteld dat de jaarrekening 2011 een in elk materieel opzicht getrouw beeld geeft, maar dat in de onderliggende betalingen nog steeds teveel fouten zitten. Het foutenpercentage bedroeg in 2011 3,9%; 2% wordt nog aanvaardbaar geacht. De fouten doen zich vooral voor bij het structuurbeleid en het landbouwbeleid. Deze beleidsonderdelen behoren tot de rond 80% van de EU-begroting die de Europese Commissie samen met de lidstaten uitvoert, in 'gedeeld beheer'. De meeste lidstaten zijn niet bereid of niet in staat door een lidstaatverklaring verantwoording af te leggen over de wijze waarop EU-gelden in hun land worden besteed. Nederland doet dat inmiddels, met nog drie lidstaten (Denemarken, Zweden en het Verenigd Koninkrijk), op vrijwillige basis wel (Algemene Rekenkamer, 2013).

3.3 EU-begroting: functies en beoordelingscriteria

De EU-begroting omvat niet meer dan rond 1% van het EU-BNI, terwijl de collectieve uitgaven van de lidstaten in de regel 40% tot 50% van het BNI beslaan. De EU voert vooral beleid met andere dan budgettaire middelen: denk daarbij aan harmonisatie van regelgeving in het kader van de interne markt. Uit het EU-budget zijn de zwaartepunten van het Europese beleid dan ook niet direct af te lezen; de interne markt bijvoorbeeld vergt maar 0,05% van de EU-begroting.

Figuur 3.3 liet zien dat de relatieve omvang van de EU-uitgaven vanaf 1993, toen de uitgaven een piek bereikten van 1,15% van het EU-BNI, is gedaald naar beneden de 1% van het EU-BNI. Daarin is ook de uitbreiding van de EU met twaalf lidstaten in 2004/2007 verwerkt. Parallel aan de relatieve verlaging van de uitgavenniveaus heeft zich een flinke verschuiving in de structuur van uitgaven voorgedaan. Tussen 1988 en 2013 deed zich een halvering van het relatieve beslag van de landbouwuitgaven (exclusief plattelandsbeleid) voor. De aandelen van het cohesiebeleid en van het overige beleid (waaronder onderzoek en pre-accessiebeleid) zaten daarentegen in de lift.

Uiteenlopende beoordelingscriteria

In het publieke debat worden bij de beoordeling van de EU-begroting uiteenlopende maatstaven gehanteerd. De Europese Commissie wil de begroting beter inzetten voor de overkoepelende beleidsdoelstelling van meer duurzame, slimme en inclusieve groei: de EU2020-strategie. De lidstaten kijken vooral door de bril van het *juste retour* naar het saldo van uitgaven en inkomsten voor eigen land (zie paragraaf 3.4). Voor het Europees Parlement weegt een versterking van het eigen budgetrecht zwaar.

Voor economen staat daarentegen de vraag naar de toegevoegde waarde van de EU-uitgaven voorop: de meerwaarde, niet alleen in de zin van netto-baten, maar ook in vergelijking met wat de lidstaten zelf kunnen realiseren. De EU2020-strategie vormt daarbij een belangrijk richtsnoer, maar steeds in combinatie met een functionele toets op subsidiariteit (ECORYS *et al.*, 2008). Wat kan de toegevoegde waarde zijn van de inzet van de EU? Daarbij vormen schaalvoordelen en grensoverschrijdende externe effecten belangrijke argumenten voor centralisatie in Europees verband. Verschillen in preferenties indiceren juist decentralisatie. Als de subsidiariteitstoets uitwijst dat de EU meerwaarde kan bieden, dan is vervolgens de proportionaliteitsvraag aan de orde: wat is nodig voor doelmatig en effectief optreden? Regels, minder vergaande beleidscoördinatie of uitgaven ten laste van het EU-budget?

Naast deze normatieve argumenten zijn in de praktijk ook andere politiek-economische argumenten pro en contra centralisatie van belang, zo leert de *Public Choice* literatuur. Een extra argument pro is bijvoorbeeld het beperken van beleidsconcurrentie met het oog op een gelijk speelveld op de interne markt. Een contra-argument is het tegengaan van de neiging om eigen wensen vooral door anderen te laten betalen: vergelijk het diner waarbij allen het duurste gerecht kiezen in de wetenschap dat de rekening achteraf toch wordt gedeeld. Dit mechanisme heeft in het verleden de landbouwuitgaven flink opgedreven (zie De Groot, 1997).

Functies van de begroting

Gewoonlijk kent men aan de overheidsbegroting drie functies toe: macro-economische stabilisatie, allocatie (inzet van productiefactoren) en herverdeling. Maar de EU-begroting is in verhouding tot de economieën van de lidstaten te beperkt van omvang om als stabilisatie-instrument te kunnen worden ingezet (nog afgezien van de handicap dat een begrotingstekort uitgesloten is). Het EU-budget oefent dan ook alleen de allocatie- en de herverdelingsfunctie uit. Vaak zijn beide functies onderling verweven. Dat geldt bij uitstek voor het cohesiebeleid, maar ook in het landbouwbeleid zien we een mengeling van allocatie- en herverdelingsdoelstellingen. Herverdeling heeft binnen de EU in de regel betrekking op lidstaten en op regio's binnen lidstaten met ontwikkelingsachterstand. De personele inkomensverdeling is het domein van de lidstaten.

In afwijking daarvan wordt via de EU-begroting op grote schaal inkomensondersteuning gegeven aan individuele ondernemers (en grondeigenaren) in de landbouw. Deze afwijking is historisch verklaarbaar. Zolang die ondersteuning vooral via prijssteun werd gegeven, vormde behoud van de eenheid van de interne markt een belangrijk argument voor financiering via de EU-begroting. Met de omzetting in (van de productie ontkoppelde) directe betalingen heeft dat argument ernstig aan kracht ingeboet (SER, 2008). Aan deze directe betalingen op Europees niveau zijn noch externe effecten noch schaalvoordelen verbonden (zie Grethe, 2008). De eenheid van de interne markt voor landbouwproducten is een publiek goed op Europese schaal, maar vergt geen blijvend EU-systeem van inkomenstoeslagen.

EU-begroting en de EMU

Het gemis van een stabiliserende werking van de EU-begroting heeft zich vooral doen voelen bij de aanpak van de financieel-economische crisis die zich in de herfst van 2008 in Europa begon te manifesteren. Tekenend was dat de financiering en uitvoering van een gezamenlijk economisch herstelplan van 200 miljard euro vrijwel geheel bij de lidstaten zelf berustte.

Fundamenteler is vervolgens het ontbreken van een noodvoorziening voor financiële stabiliteit in de Economische en Monetaire Unie (EMU) gebleken. Binnen de EMU is sprake van één munt en één monetair beleid, maar de economische poot blijkt in een aantal opzichten te licht vormgegeven. Inmiddels wordt onderkend dat lidstaten van de eurozone kwetsbaar zijn voor wisselende sentimenten op financiële markten. Doordat zij niet zelf de controle over het geld hebben, kan een liquiditeitsprobleem vrij snel omslaan in een solvabiliteitsprobleem (zie De Grauwe, 2011). Om die ontwerpfout te herstellen is alsnog een gemeenschappelijk noodfonds ingesteld en is de Europese Centrale Bank als *lender of last resort* gaan optreden door inkoop van overheidsschulden op secundaire markten.

In mei 2010 hebben de EU en de lidstaten van de Eurozone twee tijdelijke noodfondsen opgezet: het Europese Financiële Stabilisatiemechanisme (EFSM) en de Europese Financiële Stabilisatiefaciliteit (EFSF). Het EFSM kan maximaal 60 miljard euro aan kredieten verstrekken op basis van een garantiestelling door de EU-begroting[58]. De leencapaciteit van het EFSF bedraagt 440 miljard euro en is gebaseerd op garantiestellingen door de eurolanden die geen steun uit het fonds ontvangen (alsmede Polen en Zweden die op vrijwillige basis bijdragen). Tot de herfst van 2012 hebben Griekenland, Ierland en Portugal leningen van (een van) beide noodfondsen ontvangen.

In oktober 2012 trad, na een wijziging van artikel 136 VWEU, als permanent noodfonds het Europese Stabilisatiemechanisme (ESM) in werking. Dit heeft een effectieve leencapaciteit van 500 miljard euro, op basis van 700 miljard euro 'ingeschreven' kapitaal door de 17 eurolanden (waarvan Nederland 40 miljard euro en België 24,3 miljard euro voor hun rekening nemen). Van het opvraagbare kapitaal wordt in eerste aanleg 80 miljard euro gestort.

3.4 'Begrotingsonevenwichtigheden': lastenverdeling tussen lidstaten

De inkomsten van de EU mogen dan wel eigen middelen heten, de lidstaten beschouwen ze toch vooral als nationale afdrachten. En de lidstaten zien ook graag dat zoveel mogelijk geld via de EU-uitgaven weer in eigen land terecht komt. De netto-betalingsposities van lidstaten ten opzichte van het EU-budget krijgen met name bij de vaststelling van het Meerjarig Financieel Kader veel aandacht. Daarbij wordt nogal eens vergeten dat (zie SER, 1998):

- de netto-betalingspositie slechts een betrekkelijk klein onderdeel vormt van het totaal van baten en lasten van de Europese integratie voor een lidstaat;
- de verdeling van EU-uitgaven over de lidstaten niet altijd een getrouw beeld geeft van de spreiding van de baten van die uitgaven[59];
- de door een lidstaat geïnde landbouwheffingen en invoerrechten niet als een nationale bijdrage kunnen worden beschouwd (zie voor een toelichting hieronder);

[58] Een dergelijke constructie geldt ook (tot een maximum van 50 miljard euro) voor het al langer bestaande betalingsbalansprogramma voor niet-eurolanden.

[59] Denk aan structuuruitgaven voor verbetering van de infrastructuur. Deze komen naast het ontvangende land ook toeleveranciers en gebruikers van die infrastructuur uit andere landen ten goede.

- *juste retour* voor de EU als geheel geen optie is. Vanwege overdrachten naar derde landen en administratieve uitgaven zal het totaal aan betalingen door de lidstaten aan de EU altijd hoger zijn dan het totaal van de ontvangsten uit het EU-budget.

De nadruk op 'netto-ontvangsten' bemoeilijkt een weloverwogen inzet van schaarse middelen uit het EU-budget al naar gelang de toegevoegde waarde voor de EU als geheel. Hij heeft ook geleid tot een ondoorzichtig geheel van 'correcties' in het systeem van eigen middelen. Vooral de scheve verdeling van lusten en lasten van het gemeenschappelijk landbouwbeleid (GLB) gaf het Verenigd Koninkrijk aanleiding om rond 1980 de kwestie van de netto-posities indringend aan de orde te stellen. Na jarenlange onderhandelingen heeft de Europese Raad van Fontainebleau (1984) besloten dat 'elke lidstaat die een buitensporige begrotingslast draagt naar de maatstaf van zijn relatieve welvaart, te zijner tijd voor een correctie in aanmerking kan komen'. Sindsdien geldt voor de Britse bijdrage een korting van 66% van de netto-betalingspositie (waarbij de traditionele eigen middelen buiten beschouwing blijven). Ondanks de sterk gestegen relatieve welvaartspositie van het Verenigd Koninkrijk is de regeling in essentie nooit aangepast. Door het ontbreken van een horizonbepaling en het vereiste van unanimiteit kan de kortingregeling feitelijk alleen met instemming van de Britten worden gewijzigd.

In de loop der jaren zijn er daarnaast specifieke kortingregelingen voor andere netto-betalers (Nederland, Duitsland, Zweden en Oostenrijk) getroffen. Deze lidstaten betalen om te beginnen maar voor een kwart mee aan de Britse korting. Daarnaast gelden nog aparte kortingen[60]. Het systeem van eigen middelen is door het geheel van kortingen en compensaties ondoorzichtig geworden. Dit geeft ook aanleiding tot het misverstand dat de bron van de begrotingsonevenwichtigheden aan de inkomstenkant van de EU-begroting te vinden zou zijn (vergelijk Núñez Ferrer, 2007). Dat misverstand wordt verder gevoed door de claim van een lidstaat als Nederland dat de douanerechten tot de nationale bijdrage behoren omdat ze op eigen grondgebied zijn geïnd.

Zowel Nederland als België innen een relatief groot deel van de invoerrechten[61]: elk rond 10% van het totaal voor de EU. Dat komt vooral door de grote doorvoerfunctie van de havens van Rotterdam en Antwerpen. De invoerrechten (en land-

[60] De Europese Raad van februari 2013 heeft ook Denemarken een korting op de jaarlijkse BNI-bijdrage toegezegd.

[61] Als vergoeding voor de kosten van inning mogen zij, evenals de andere lidstaten, onder het MFK 2007-2013 een kwart van de opbrengsten inhouden (voor Nederland ging het in 2011 om ruim 600 miljoen euro; voor België om ruim 500 miljoen euro). Onder het MFK 2014-2020 wordt dat eenvijfde.

bouwheffingen) vormen de uniforme toegangsprijs van goederen van buiten de EU tot de interne markt; die toegangsprijs wordt in de regel aan de eindverbruiker doorberekend die zich in elk van de 28 lidstaten kan bevinden. De door een lidstaat geïnde invoerrechten geven daarom geen getrouw beeld van de last van die heffing voor de nationale economie[62].

In 2011 stond Italië (0,38% van het BNI) aan kop van de netto-betalers, gevolgd door België en Nederland (beiden 0,36%), Denemarken, Duitsland en Finland (elk 0,34%), Zweden (0,33%), het Verenigd Koninkrijk (0,32%) en Frankrijk (0,31%). Nederland betaalt zeker niet meer aan het EU-budget dan andere lidstaten, maar ontvangt relatief weinig uit het EU-budget wat betreft landbouwuitgaven en structuurbeleid. Bij de positie van België kan worden aangetekend dat het land als belangrijkste vestigingsplaats van de Europese instellingen het voordeel heeft dat er relatief veel administratieve uitgaven neerslaan. Maar het zou te ver gaan deze zonder meer als baten aan België toe te rekenen. Daarmee zou men namelijk aan de lokale bestedingseffecten meer gewicht geven dan aan de toegevoegde waarde van het werk van de instellingen voor de gehele Europese Unie.

3.5 Veranderende kaders voor de landbouwuitgaven

Algemeen

Het gemeenschappelijk landbouwbeleid wordt gefinancierd via twee pijlers, namelijk het Europees Landbouwgarantiefonds (ELGF) voor marktmaatregelen en directe inkomenssteun, en het Europees Landbouwfonds voor plattelandsontwikkeling (ELFPO)[63]. Tot in 2006 werd een andere systematiek gehanteerd, van het Europees Oriëntatie- en Garantiefonds voor de Landbouw (EOGFL), met de afdelingen Garantie (voor markt- en prijsbeleid, en later inkomensbeleid) en Oriëntatie (oorspronkelijk voor landbouwstructuurbeleid en later ook voor het milieubeleid en het plattelandsbeleid).

Figuur 3.4 laat zien dat de landbouwgarantie-uitgaven lang het grootste deel van het EU-budget besloegen. In 1970 werd zelfs 85% van de EU-begroting besteed aan het traditionele GLB. Door de ontwikkeling van andere gemeenschappelijke beleidsterreinen daalde dit aandeel in de jaren 1970 en 1980 naar zo'n 60 tot 70%. Sindsdien is het aandeel verder afgenomen, richting 30% (exclusief plattelandsbeleid)

[62] In de 'boekhoudkundige methode' rekent de Nederlandse overheid de geïnde invoerrechten wel tot de nationale bijdrage aan de EU-begroting.
[63] Verordening van de Raad (EG) 1290/2005.

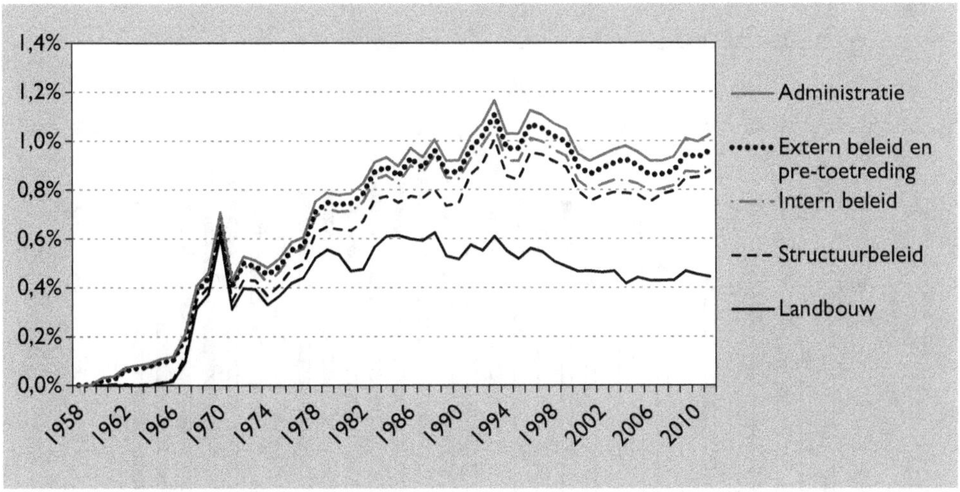

Figuur 3.4. Ontwikkeling van de uitgaven van de EU, 1958-2011, in % EU-BNI (Berekend uit European Commission, Financial Reports EU-budget, diverse jaren).

in 2013. Dat ging niet vanzelf. Daarvoor was een aanscherping van de financiële discipline nodig, in eerste aanleg door het landbouwrichtsnoer. Opeenvolgende hervormingen van het GLB zijn gepaard gegaan met wijzigingen in de samenstelling van de landbouwuitgaven. Figuur 3.5 illustreert dit.

Landbouwrichtsnoer

Van 1982 tot 1986 stegen de uitgaven voor het GLB gemiddeld met meer dan 15% per jaar. De begrotingsramingen werden stelselmatig overschreden. Daardoor beleefde de EU-begroting in die tijd de ene crisis na de andere. De achterliggende oorzaak was de stijging van de productiviteit van de Europese landbouw in combinatie met een hoog beschermingsniveau, waardoor de EU veranderde van netto-importeur naar netto-exporteur van de belangrijkste landbouwproducten.

Zolang zelfvoorziening aanzienlijk beneden de 100% lag, waren de uitgaven nog redelijk in de hand te houden. Met de invoerheffingen op landbouwproducten kon men de uitgaven voor het markt- en prijsbeleid grotendeels dekken. Met het overschrijden van de grens van zelfvoorziening verminderden de opbrengsten uit landbouwheffingen en namen de kosten van exportrestituties en interventies op de interne markt toe.

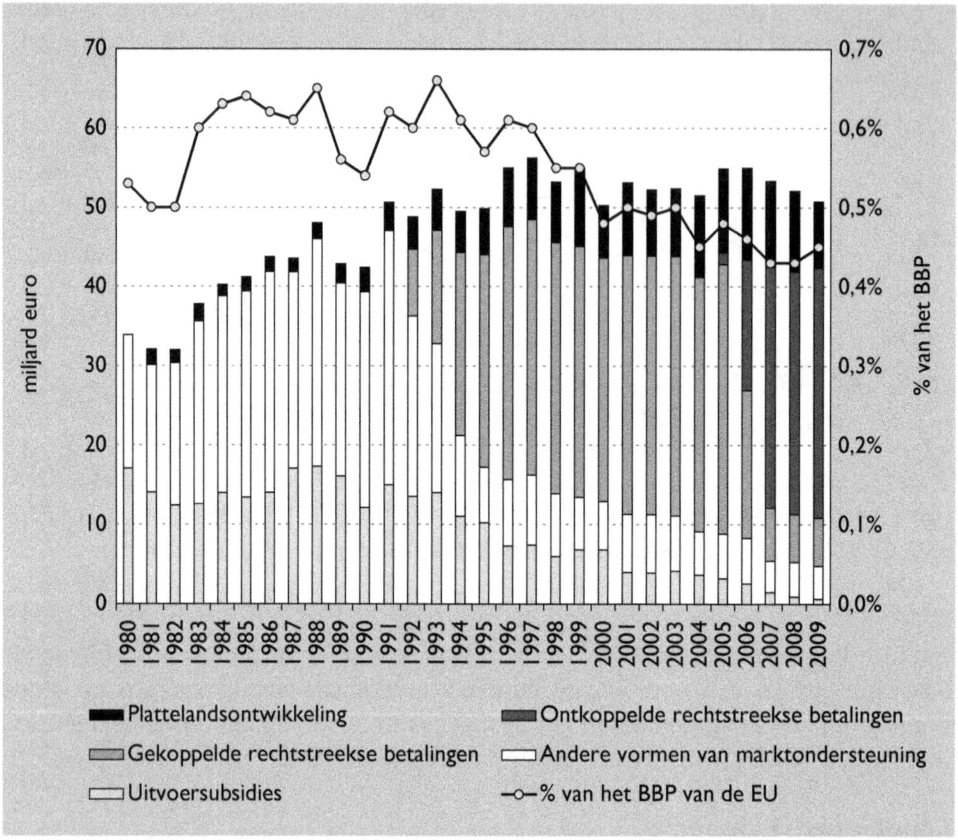

Figuur 3.5. Ontwikkeling van (diverse typen) landbouwuitgaven tussen 1980 en 2009. In constante prijzen (van 2007) en in procenten van het Bruto Binnenlands Product (BBP) van de EU . Bron: Europese Commissie.

Maar in die jaren hebben de ministers van Landbouw het GLB niet fundamenteel aangepast. De impasse moest worden doorbroken door tussenkomst op het hoogste politieke niveau. In eerste instantie door de Europese Raad van Fontainebleau die in 1984 de introductie van de melkquotering afdwong, alvorens akkoord te gaan met een verdere verruiming van de financiële middelen voor het EU-budget. Vervolgens moesten de ministers van Landbouw in 1988 budgettaire stabilisatoren in het GLB accepteren, waarna de Europese Raad het eerste MFK goedkeurde. Krachtens het landbouwrichtsnoer mochten de garantie-uitgaven jaarlijks niet sneller stijgen dan 74% van de groei van het EU-BNI. Daardoor werd vanzelf een daling van het relatieve beslag van de landbouwuitgaven afgedwongen.

In de periode 1988-1992 bleven de landbouwuitgaven duidelijk onder de grens van het richtsnoer. Dat was mede te danken aan het hoge basisniveau van de uitgaven in 1988. De vrijkomende begrotingsmarge is deels gebruikt voor financiering van landbouwuitgaven in het voormalige Oost-Duitsland na de eenwording.

In 1992 leidden externe en interne druk tot de Mac Sharry-hervorming. Deze opende de weg naar een meer marktgericht landbouwbeleid. Prijssteun voor akkerbouwproducten en rundvlees werd in belangrijke mate vervangen door directe inkomenscompensatie. Twee aspecten daarvan zijn voor het EU-budget van belang. Om te beginnen is directe inkomenssteun in de vorm van een premie of per dier in beginsel budgettair beter beheersbaar dan productgebonden prijssteun. In de tweede plaats hield de Mac Sharry-hervorming een lastenverschuiving van consumenten naar het EU-budget respectievelijk de belastingbetaler in. Daardoor stegen voor akkerbouwproducten de uitgaven ten laste van het EU-budget met zo'n 80%. En bij rundvlees trad een vergelijkbaar effect op. Niet alle hervormingen van het GLB leiden tot budgettaire besparingen!

MFK 2000-2006 en EU-uitbreiding in 2004

De Europese Raad van Berlijn (1999) scherpte de financiële discipline aan door de jaarlijkse plafonds voor de landbouwuitgaven in het MFK 2000-2006 lager vast te stellen dan het richtsnoer aangaf. De post landbouwuitgaven werd daarnaast in twee categorieën gesplitst. Categorie 1a betreft het markt- en prijsbeleid en de directe inkomenssteun alsmede veterinaire uitgaven. Categorie 1b heeft betrekking op plattelandsontwikkeling.

De Europese Raad besloot de zuivelhervorming uit te stellen. Een belangrijke overweging was dat inkomenssteun het EU-budget voor zuivel zwaarder belastte dan marktsteun. De Nederlandse inzet was primair gericht op het beperken van de netto EU-afdracht.

In Berlijn werden de begrotingsgevolgen van de uitbreiding van de Unie in Midden-Europa gebaseerd op de veronderstelling dat in de periode tot 2006 zes nieuwe lidstaten zouden toetreden en dat deze nieuwe lidstaten geen directe inkomenssteun in het kader van het GLB zouden krijgen. Deze veronderstellingen bleken gaandeweg politiek steeds moeilijker houdbaar. De Commissie deed daarom in 2002 het voorstel de inkomenssteun toch in te voeren en geleidelijk te laten oplopen. Dit voedde echter de vrees dat daarmee de landbouwuitgaven opnieuw zouden gaan toenemen.

In oktober 2002 beperkte de Europese Raad daarom de groei van de landbouwuitgaven tot en met 2013. De landbouwuitgaven (exclusief plattelandsbeleid) mochten nominaal met maximaal 1% per jaar stijgen. Uitgaande van 2% inflatie hield dit een reële daling van deze landbouwuitgaven met 1% per jaar in. Eind 2002 heeft de Europese Raad van Kopenhagen besloten tot geleidelijke infasering van de directe inkomenssteun aan boeren in de nieuwe lidstaten, zonder verhoging van het plafond voor de landbouwuitgaven. Dat voerde de budgettaire druk op. In het kader van de Mid-Term Review (MTR) van 2003 werd de financiële discipline verder aangescherpt door een neerwaartse aanpassing van de directe inkomenssteun vast te leggen als de landbouwuitgaven zouden dreigen door het plafond te breken.

MFK 2007-2013

De EU-landbouwuitgaven vielen in de periode 2007-2013 onder een nieuwe begrotingscategorie 2 'natuurlijke hulpbronnen'. Onder het plafond van deze categorie vielen ook de uitgaven voor het visserijbeleid en voor milieu (Life+). Daarvoor waren relatief bescheiden bedragen uitgetrokken. Voor de financiering van de marktuitgaven en directe betalingen gold het plafond dat de Europese Raad in oktober 2002 had afgesproken. Ook de steun aan de in 2007 toegetreden lidstaten Roemenië en Bulgarije moest binnen dit plafond gefinancierd worden. De verschillende programma's voor verbetering van de structuur van de landbouw en van het platteland werden gebundeld in een post plattelandsontwikkeling. Hiervoor was zo'n 10 miljard euro per jaar beschikbaar. De uitbetaling van deze bedragen was mede afhankelijk van voldoende cofinanciering door de lidstaten (zie verder paragraaf 3.6).

3.6 Structuurbeleid en cofinanciering

Structuurfondsen en cohesiebeleid

De EU bevordert op grond van artikel 3.3 VEU de economische, sociale en territoriale samenhang, en de solidariteit tussen de lidstaten. Door de recente uitbreidingen van de EU zijn de verschillen in inkomens- en ontwikkelingsniveau binnen de EU toegenomen. Reële economische convergentie wordt bevorderd door marktintegratie, beleidsafstemming en de inzet van de structuur- en cohesiefondsen.

Naast het Plattelandsontwikkelingsfonds (ELFPO) zijn er de volgende structuurfondsen:

- Het Europees Fonds voor Regionale Ontwikkeling (EFRO), in 1975 opgezet voor steun aan infrastructuurontwikkeling en werkgelegenheidsbevorderende investeringen in regio's met een ontwikkelingsachterstand.
- Het Europees Sociaal Fonds (ESF) dat dateert uit 1958 en vooral opleidingen financiert.
- Het Cohesiefonds dat in 1992 is ingesteld om investeringen in milieu- en vervoersinfrastructuur te helpen financieren in de lidstaten met een inkomen per hoofd van de bevolking dat ligt onder 90% van het EU-gemiddelde (zie ook hoofdstuk 9).

Via de structuurfondsen worden middelen herverdeeld ten gunste van lidstaten en regio's met een lager ontwikkelingsniveau. Maar de fondsen zijn meer dan een herverdelingsmechanisme. Hun belangrijkste oogmerk is het bevorderen van inhaalgroei, het wegwerken van belemmeringen voor sociaal-economische ontwikkeling alsmede het bevorderen van grensoverschrijdende samenwerking. Belangrijke uitgangspunten voor de structuurfondsen zijn: concentratie (op bepaalde regio's of groepen), partnerschap (onder meer met regio's), programmatische aanpak (in plaats van afzonderlijke projecten), additionaliteit (geen vervanging van bestaande middelen) en doelmatigheid. De middelen uit de structuurfondsen worden in drie stappen toegekend. Eerst wordt de verdeling tussen landen bepaald; dan worden de fondsen over regio's verdeeld; en tenslotte volgt de toewijzing aan bepaalde programma's en projecten.

In de periode 1995-2009 was binnen de EU sprake van een convergentie van gemiddelde inkomensniveaus, vooral tussen landen, in mindere mate tussen regio's (Marzinotto, 2012). Het effect van de inzet van de structuurfondsen is echter lastig te bepalen. Belangrijke succesfactoren zijn onder meer de aanwezigheid van een goede uitvoeringsstructuur en voldoende aandacht voor 'zachte' (naast 'harde') investeringen. De effectiviteit van cohesiebeleid neemt af voor zover in weerwil van de cofinancieringsverplichting sprake is van *crowding out* van regionale steun en van *rent seeking* (Ederveen *et al.*, 2002).

De uitbetaling uit de structuurfondsen loopt van nature achter bij de toekenning van middelen. Eind 2012, een jaar voor het aflopen van de zevenjaarsperiode, was ongeveer 45% van het totaal aan gecommitteerde bedragen uitgekeerd. Een hoge mate aan onderuitputting roept vragen op over de absorptiecapaciteit van ontvangende landen. Dit is vooral een governance-vraagstuk; versterking van de administratieve capaciteit vraagt meer geld en aandacht (Marzinotto, 2011). In deze tijden van crisis kan het mobiliseren van voldoende nationale cofinanciering voor landen als Griekenland en Portugal te lastig worden; een tijdelijke verhoging van EU-cofinanciering voor prioritaire projecten is dan verdedigbaar.

Cofinanciering

Cofinanciering is al decennia gemeengoed in het EU-structuurbeleid (waaronder het landbouwstructuurbeleid, nu plattelandsbeleid). Hoe werkt dit mechanisme?

De EU legt om te beginnen in een verordening gemeenschappelijke regels (doelstellingen en randvoorwaarden) vast. Daaraan gekoppeld worden middelen op de EU-begroting gereserveerd. Die middelen worden vaak al vooraf volgens een bepaalde sleutel over de lidstaten verdeeld. De lidstaten kunnen de beschikbare middelen 'activeren' door passende programma's en projecten in te dienen en zelf hun aandeel in de financiering te leveren. Als zij dat niet doen, komen de op de EU-begroting gereserveerde middelen niet beschikbaar.

In het huidige systeem van cofinanciering van het plattelandsbeleid is de bijdrage van de EU maximaal 50 of 55% (respectievelijk 75 tot 80% voor de zogenoemde convergentieregio's). De rest moet uit nationale of lokale middelen worden gefinancierd (eventueel ook door bijdragen in natura). Door cofinanciering gaan lidstaten directer meebetalen aan de kosten van gemeenschappelijk beleid. Dat versterkt het kostenbewustzijn van lidstaten en zet aan tot grotere doelmatigheid. Cofinanciering kan daarmee leiden tot een betere afweging van lusten en lasten van beleid.

Afgezien van de uitvoeringskosten van de directe betalingen heeft cofinanciering in de eerste pijler van het GLB nog geen toepassing gevonden. Dat was ook logisch zolang vooral prijssteun werd gegeven. Met de brede invoering van directe betalingen is de toepassing van cofinanciering ook in deze pijler een reële optie geworden (zie SER, 2006).

3.7 Het Meerjarig Financieel Kader 2014-2020

Na jaren van voorbereiding heeft de Europese Commissie in juni 2011 haar voorstellen voor het Meerjarig Financieel Kader 2014-2020 aan Raad en Parlement voorgelegd[64]. Deze zijn vervolgens de basis gaan vormen voor onderhandelingen tussen de lidstaten en voor oordeelsvorming binnen het Europees Parlement. In de kring van de lidstaten tekenden zich twee groepen af, netto-betalers die zich *Friends of Better Spending* lieten noemen, en netto-ontvangers die als *Friends of Cohesion* door het leven gaan.

De lidstaten zijn er in februari 2013 in geslaagd onderling overeenstemming te bereiken over het MFK (Europese Raad, 2013). De onderhandelingen werden beheerst door verdelingskwesties, al dan niet in de vorm van kortingen op de bijdrage aan de EU (Bos en Van Riel, 2013). De lidstaten hebben het totale uitgavenplafond (in vastleggingskredieten) met zo'n 7% verlaagd ten opzichte van het Commissievoorstel. Het uitgavenpeil komt gemiddeld over de periode op 1,00% (verplichtingen) respectievelijk 0,95% (betalingen) van het EU-BNI uit. Daarbij zijn de rubrieken die de verdeling van de EU-middelen over de lidstaten domineren, de landbouwuitgaven en het cohesiebeleid, weinig gekort; de Europese Raad heeft vooral gesneden in de rubrieken concurrentievermogen en extern beleid. In juli 2013 is onder een aantal voorwaarden ook het Europees Parlement akkoord gegaan met het door de Europese Raad vastgestelde MFK 2014-2020. Deze voorwaarden betreffen: meer ruimte voor het verschuiven van uitgaven tussen begrotingsjaren en ook bepaalde begrotingsrubrieken; een tussentijdse herziening van het MFK uiterlijk in 2016; en een gezamenlijke evaluatie van het systeem van eigen middelen.

Uitgavenplafonds en -structuur

Tabel 3.2 geeft de voorgestelde uitgavenplafonds voor het begin- en eindjaar van de komende periode weer. Daarbij worden de besluiten van de Europese Raad vergeleken met de voorstellen van de Europese Commissie. De bedragen in de tabel betreffen de verplichtingen die jaarlijks maximaal kunnen worden aangegaan. Daarnaast is er een plafond voor betalingen dat lager ligt.

Tabel 3.3 geeft een beeld van aanpassingen van de huidige EU-begroting die uit een functionele subsidiariteitstoets zouden voortvloeien. Deze zijn aangeduid in de kolom 'economisch efficiënt budget'. Plustekens geven aan dat, als we het subsidiariteitsprincipe serieus toepassen, een toename van de desbetreffende begrotingspost voor de hand ligt (voorbeeld: extern beleid); mintekens indiceren daarentegen een afname (voorbeeld: landbouwuitgaven). De intensiteit van de aanbevolen

[64] In juli 2012 heeft de Europese Commissie het voorstel op onderdelen aangepast om rekening te houden met de toetreding van Kroatië in 2013 en met de gevolgen van de aanhoudende economische crisis. Zie COM(2012)388 van 6 juli 2012.

Tabel 3.2. Meerjarig financieel kader 2014-2020; EU-28 (miljard euro, prijzen van 2011).

Vastleggingskredieten	2014[a]	2014[b]	2020[a]	2020[b]
Slimme en inclusieve groei	64,8	60,3	76,7	69,0
w.v. concurrentievermogen	18,1	15,6	26,6	21,1
w.v. cohesie	46,6	44,7	49,6	47,9
Landbouw en platteland	57,8	55,9	52,3	50,6
w.v. marktuitgaven en directe betalingen	42,4	41,6	38,3	37,6
Burgerschap	2,6	2,1	2,8	2,5
EU als mondiale partner	9,4	7,9	10,6	8,8
Administratie	8,6	8,2	9,4	9,4
Totaal	143,2	134,3	151,8	140,2

[a] Bron: voorstel Europese Commissie (2011, 2012).

[b] Bron: besluit Europese Raad (2013) en overeengekomen met Europees Parlement op 3 juli 2013.

Tabel 3.3. EU-uitgaven op weg naar grotere meerwaarde.

Uitgavencategorie	In % EU-budget (2010)	Economisch efficiënt	Politiek haalbaar	Commissievoorstel voor 2014-2020
Landbouw en plattelandsbeleid	42%	----	–	–
Cohesiebeleid	36%	––	–	0
O&O, netwerksectoren	9%	++	+	+
Milieu	0-7%	++	+	?
Externe hulp en nabuurschapsbeleid	6%	++	+	+

Bron: beoordelingen van economische doelmatigheid en politieke haalbaarheid ontleend aan ECORYS *et al.* (2008); zie voor aandeel EU-budget: Lejour en Molle (2011).

mutatie wordt uitgedrukt in het aantal tekens (maximaal vier). Daarnaast onderscheiden de onderzoekers (ECORYS *et al.*, 2008) een politiek haalbare variant. Deze kenmerkt zich door meer geleidelijke aanpassingen, rekening houdend met politieke weerstanden tegen veranderingen. De voorstellen van de Europese Commissie (zie laatste kolom) blijken vrij nauw bij deze laatste variant aan te sluiten. De Europese Raad heeft de voorzichtige vernieuwingsdrang gesmoord door juist op de netwerksectoren en het externe beleid te korten. Daarmee staat het komende MFK wel erg in het teken van behoud van het bestaande. En gelet op het bestaande stuwmeer aan nog niet-afgewikkelde vastleggingskredieten is de kans reëel dat de nu gestelde plafonds voor betalingen, die vijf procent lager liggen dan die voor de vastleggingen, te strak blijken.

Andere afspraken over het MFK

De Conclusies van de Europese Raad over het MFK 2014-2020 leggen daarnaast afspraken vast over onder meer:

- Het gebruik van nieuwe financiële instrumenten zoals projectobligaties, om de hefboomwerking van de EU-begroting te versterken (zodat met een euro uit het EU-budget meerdere euro's aan publieke en/of private middelen kunnen worden gemobiliseerd).
- De invoering van een gemeenschappelijk strategisch kader voor de structuurfondsen en het Cohesiefonds, het Plattelandsontwikkelingsfonds en het Visserijfonds.
- Aanvullende macro-economische voorwaarden aan betalingen uit de structuurfondsen om de doorwerking van verschillende procedures voor economische beleidscoördinatie (zoals voor de naleving van het Stabiliteits- en Groeipact) te versterken.
- Met het oog op de absorptiecapaciteit: plafonnering voor overdrachten uit hoofde van Cohesiesteun naar 2,35% van het Bruto Binnenlands Product (BBP) van de ontvangende lidstaat[65].
- Mogelijkheid voor de lidstaten binnen het landbouwbeleid 15% van de toegekende middelen van de eerste pijler te verschuiven naar de tweede pijler.
- Een landbouwcrisisreserve van 2,8 miljard euro die jaarlijks wordt ingehouden op de directe betalingen, en alsnog wordt uitgekeerd voor zover niet gebruikt.

[65] Voor lidstaten waarvan de economie tussen 2008 en 2010 meer dan 1% per jaar kromp, geldt een plafond van 2,59% van het BBP.

3.8 Enige conclusies

De EU-begroting trekt veel publieke belangstelling. Daarmee wordt het onjuiste beeld bevestigd dat de EU vooral gaat over geld en verdeling in plaats van over regulering en efficiëntie. De onderhandelingen tussen de lidstaten scherpen dat scheve beeld nog aan door overmatige nadruk op netto-betalingsposities en kortingen op bijdragen aan de EU. Ten onrechte wordt de indruk gewekt dat het gaat om een nulsomspel, waarbij de winst van de een het verlies van de ander is. Gemeenschappelijke winst is te boeken door de uitgaven beter te richten op de terreinen waar de EU ook daadwerkelijk meerwaarde kan bieden. Dan gaat het onder andere om onderzoek en innovatie, het verbeteren van grensoverschrijdende infrastructuren en het externe beleid. Bij de besluitvorming over het MFK 2014-2020 heeft de Europese Raad zich echter vooral door verdelingskwesties laten leiden.

Sinds de totstandbrenging van het GLB is het Europese budget lange tijd de afhankelijke variabele geweest van de landbouwbesluitvorming. Dit begon met de klassieke prijsdeal tussen Duitsland en Frankrijk in de jaren 1960 met een hoog Europees prijspeil voor Duitsland en een systeem van exportrestituties voor Frankrijk. De kosten kwamen voor rekening van de EU. Met de toenemende zelfvoorziening van de EU liepen de budgettaire consequenties van het gekozen model steeds meer uit de hand. De budgettaire spanningen manifesteerden zich ook als begrotingsonevenwichtigheden tussen lidstaten (in het bijzonder het VK).

Pas na de eerste grote hervorming van de EU-financiën in 1988 (pakket Delors I) lukte het de landbouwuitgaven te beteugelen. Sindsdien is het aandeel van de landbouwuitgaven in de totale begroting gestaag gaan dalen. De (uitgavenplafonds van de) MFKs hebben daarbij een belangrijke rol gespeeld. In het bijzonder het besluit om de uitbreiding van de Unie met 12 nieuwe lidstaten binnen de bestaande uitgavenplafonds op te vangen heeft het budget veranderd van een afhankelijke variabele in een onafhankelijke.

Voor een blijvende financiering van directe inkomenstoeslagen uit het EU-budget bestaan geen goede argumenten (SER, 2006). Cofinanciering kan hier worden ingezet als overgangsinstrument, als *second best* oplossing of als mechanisme om concurrentieverstoringen tegen te gaan. Door een bredere toepassing van het cofinancieringsmechanisme kan het verband tussen lusten en lasten van Europees beleid verder worden versterkt. Dat vergroot de kans dat het beleid waartoe in een Unie van 28 lidstaten wordt besloten, ook echt meerwaarde biedt.

Literatuur

Algemene Rekenkamer, 2013. EU-trendrapport 2013, Tweede Kamer, vergaderjaar 2012-2013, 33.523, nrs. 1-2.

Bos, M.G en B. Van Riel, 2013. Modernisering in slakkengang. Het meerjarig financieel kader van de EU-begroting. In: Donders, J.H.M. en C.A. De Kam (red.), Jaarboek Overheidsfinanciën 2013, Den Haag, Nederland, p. 101-114.

De Grauwe, P., 2011. Managing a fragile Eurozone, CESifo Forum 12(2): 40-45.

De Groot, T.C., 1997. Dertien is een boerendozijn. Onderhandelingen in de Raad van Ministers van Landbouw over Hervormingen van het Europese Landbouwbeleid. Eburon, Delft, Nederland.

ECORYS, CPB en IFO, 2008. A study on EU spending. Ecorys, Rotterdam, Nederland.

Ederveen, S., L.F. De Groot en R. Nahuis, 2002. Fertile soil for structural funds? A panel data analysis of the conditional effectiveness of European cohesion policy. CPB Discussion Paper no 10. Centraal Planbureau, Den Haag, Nederland, 28 pp.

Europese Commissie, 2011. Een begroting voor Europa 2020, COM(2011) 500 def., Brussel, België.

Europese Commissie, 2012. EU budget 2011 - Financial Report, Luxemburg, Luxemburg.

Europese Raad, 2013. Conclusies Meerjarig Financieel Kader (7/8 februari 2013), EUCO 37/13.

Europese Rekenkamer, 2012. Jaarverslag over de uitvoering van de begroting over het begrotingsjaar 2011, Publicatieblad C344 van 12-11-2012.

Grethe, H., 2008. Agricultural policy: what roles for the EU and the Member States? In: Gelauff, G., I. Grilo en A. Lejour (red.), Subsidiarity and economic reform in Europe. Springer, Berlijn, Duitsland, pp. 191-218.

Lejour, A. en W. Molle, 2011. The value added of the EU budget: subsidiarity and effectiveness. In: Tarschys, D. (red.), The EU budget - What should go in? What should go out? SIEPS, Stockholm, Zweden, pp. 87-110.

Marzinotto, B., 2011. A European fund for economic revival in crisis countries. Bruegel Policy Contribution 2011/01, Brussel, België.

Marzinotto, B., 2012. The growth effects of EU cohesion policy: a meta-analysis. Bruegel Working Paper 2012/14, Brussel, België.

Núñez Ferrer, J. (rapporteur), 2007. The EU budget: the UK rebate and the CAP - phasing them both out? CEPS Task Force Report, Brussel, België.

Raad van de Europese Unie, 2012. Persmededeling 3197e zitting van de Raad, Economische en Financiële Zaken (Begroting) en Bemiddelingscomité, Brussel, 9 november 2012, nr. 15745/12, p. 11.

SER, 1998. Advies Agenda 2000: de uitbreiding en financiering van de EU. publicatienr. 98/04. SER, Den Haag, Nederland.

SER, 2006. Advies Cofinanciering van het EU-landbouwbeleid. publicatienr. 06/05. SER, Den Haag, Nederland.

SER, 2008. Advies waarden van de landbouw. Publicatienr. 08/05. SER, Den Haag, Nederland.

Internet

Documenten van verschillende EU-instellingen: http://europa.eu/pol/financ/index_nl.htm.

Interactieve website over EU-budget, met vergelijkingen tussen lidstaten: http://ec.europa.eu/budget/figures/interactive/index_en.cfm.

MFK 2014-2020: http://ec.europa.eu/budget/mff/index_en.cfm.

4. Het WTO-perspectief

Pieter Gooren en Rien Huige

4.1 Inleiding

De oprichting van de Wereldhandelsorganisatie (*World Trade Organisation*, WTO) aan het eind van de 'Uruguay-ronde' in 1995 betekende dat de EU en haar lidstaten voor het eerst werden geconfronteerd met dwingende internationale regels die grenzen stellen aan de Europese en nationale beleidsvrijheid voor landbouw, voedsel en groen. De overgang van de *General Agreement on Tariffs and Trade* (GATT) naar de WTO markeerde het eind van een tijdperk van bijna vijftig jaar waarin de landbouwsector grotendeels was vrijgesteld van multilaterale handels- en subsidieregels die sinds het in werking treden van de GATT na de Tweede Wereldoorlog (1948) wel golden voor industriële producten. Volledige integratie van de landbouwsector in GATT/WTO betekende overigens niet dat de bestaande disciplines voor de industriesector integraal werden overgenomen. Er werd een speciaal op de landbouw- en voedingsmiddelensector gerichte set van regels overeengekomen in de WTO-Landbouwovereenkomst (ook wel *Uruguay Round Agreement on Agriculture*, URAA) en in de WTO-*Agreement on Sanitary and Phytosanitary Measures* (SPS-overeenkomst).

Deze set van regels omvatte een drietal elementen:

- Gedetailleerde afspraken over de reductie van invoertarieven, interne steun en exportsubsidies voor landbouwproducten en voedingsmiddelen: deze zijn vastgelegd in de WTO-Landbouwovereenkomst. De afspraken betekenen dat het gemeenschappelijk landbouwbeleid (GLB) niet langer vorm kan krijgen zonder rekening te houden met de effecten ervan op derde landen.
- Voorwaarden aan invoereisen op grond van bescherming van dier-, plant- en volksgezondheid: deze zijn beschreven in de SPS-overeenkomst. Hierdoor moet de EU voortaan alle veterinaire, fytosanitaire en volksgezondheidseisen onderbouwen.
- Een bindend WTO-mechanisme voor het beslechten van handelsgeschillen (*Dispute Settlement Understanding, DSU*): het mechanisme betekent dat de nieuwe WTO-regels geen tandeloze tijgers zijn. Als gevolg werd vrij snel na het in werking treden van de nieuwe WTO-overeenkomsten duidelijk dat de EU-regels voor de invoer van bananen en hormoonvlees in strijd waren met de nieuwe WTO-regels en moesten worden aangepast.

Met de ondertekening van de onderhandelingsresultaten van de Uruguay-ronde in Marrakesh werd in 1995 een aantal nieuwe WTO-overeenkomsten van kracht die grenzen stellen aan de wijze waarop op nationaal en op Europees niveau beleid voor landbouw, voedsel en groen kan worden gevoerd. De volgende paragrafen bevatten een toelichting op de kern en reikwijdte van die nieuwe WTO-regels die vanaf 1995 van kracht zijn. Van belang daarbij is dat deze nieuwe regels werden gecombineerd met een versterking van het bestaande geschillenbeslechtingssysteem, dat ertoe heeft geleid dat de gemaakte afspraken ook daadwerkelijk worden nagekomen.

4.2 WTO als organisatie

Met de ratificatie van de WTO-verdragen door alle leden werd ook de WTO als organisatie opgericht. Hiermee werd in feite de al in 1947 voorziene derde poot in de naoorlogse economische wereldorde - naast IMF en Wereldbank - een feit (WTO, 1994).

Uitvoering, beheer en onderhandelingsplatform

Het WTO-secretariaat kreeg de functie van uitvoerder en beheerder van alle in de Uruguay-ronde en in eerdere handelsrondes overeengekomen verdragen. Behalve de verdragen (ruim 500 pagina's tekst) worden ook alle individuele verplichtingenschema's van de WTO-leden (vaak duizend pagina's per lid) door het secretariaat beheerd en voor iedereen toegankelijk gemaakt, onder andere via het web. De rol van implementatiewaakhond wordt vervuld door een veertigtal WTO-comités, die ieder toezien op de implementatie van de afspraken op een bepaald terrein. Daarnaast fungeert de WTO nog altijd als onderhandelingsplatform voor verdere liberalisering van de wereldhandel. Op dit moment loopt de Doha-ontwikkelingsagenda (DDA of Doha-ronde) die in 2001 in Doha (Qatar) van start ging.

Rechten en plichten

Aan het lidmaatschap van de WTO zijn behalve rechten ook plichten verbonden. De WTO behield namelijk het contractuele karakter van de GATT. Dit in tegenstelling tot bijvoorbeeld de universele toegang die landen hebben tot de Verenigde Naties (VN). Dit maakt het toetredingsproces tot de WTO niet eenvoudig. Illustratief voor het verschil in karakter van VN en WTO is dat Zwitserland in 2002 - drie maanden nadat het daartoe per referendum had besloten - meteen formeel kon worden toegelaten als lid van de VN. China kon in 2001 echter pas na 13 jaar van moeizame onderhandelingen en nationale hervormingen (opnieuw) als verdragspartij WTO-lid worden. Bij de toetreding van Vietnam in 2006 werd door de directeur-generaal van de WTO opgemerkt dat steeds meer concessies moeten worden gedaan om te kunnen toetreden tot de WTO. Rusland werd in 2012 lid van de WTO na een onderhandelingsperiode die bijna 20 jaar in beslag nam.

Het evenwicht van rechten en plichten en de wederkerigheid van handelsconcessies zijn de uitgangspunten van de WTO. De wederkerigheid heeft betrekking op handelsconcessies op het vlak van markttoegang. Belangrijk is daarbij de *most favoured nation* clausule (MFN) die inhoudt dat elke handelsconcessie voor alle WTO-leden geldt en discriminatie tussen WTO-leden niet is toegestaan.

Unanimiteit

Mede door de wijze waarop de regels van de diverse WTO-overeenkomsten via het geschillenbeslechtingssysteem kunnen worden afgedwongen, geldt de WTO als een machtige organisatie. De WTO wordt dan ook nogal eens afgeschilderd als een bullebak die iedereen - en arme ontwikkelingslanden in het bijzonder - zijn wil oplegt. Dit imago strookt echter niet met de realiteit. In de praktijk is de bureaucratische arm van de organisatie, het WTO-secretariaat, relatief klein en kent de organisatie weinig eigen macht. De organisatie heeft een jaarlijks budget van slechts 157 miljoen euro en er werken zo'n 630 mensen, waarvan 320 in ondersteunende functies (tolken, documentatie, administratief). De directeur-generaal heeft geen initiatiefrecht en de lidstaten onderhandelen niet met de WTO over nieuwe regels, maar met elkaar. Onderhandelingsvoorzitters zijn vertegenwoordigers van de WTO-lidstaten en zijn niet in dienst van het WTO-secretariaat. Ook de panels worden bemand door experts uit de WTO-lidstaten. Besluitvorming in de WTO vindt overigens plaats met unanimiteit. Elk land - hoe klein ook - beschikt (formeel) over een vetorecht (Ehlermann, 2005). De WTO mag met recht een ledengestuurde organisatie worden genoemd.

4.3 WTO-Landbouwovereenkomst

In de WTO-Landbouwovereenkomst is gedetailleerd vastgelegd in welke mate en op welke wijze reductie van invoertarieven, interne steun en exportsubsidies voor landbouwproducten en voedingsmiddelen moet plaatsvinden.

Markttoegang

Op het vlak van markttoegang moesten niet-tarifaire handelsbelemmeringen zoals invoerverboden, kwantitatieve restricties en variabele heffingen, worden omgezet in een handelsregime met alleen invoertarieven en tariefcontingenten. Kwantitatieve beperkingen voor de invoer van landbouwproducten en voedingsmiddelen zijn sinds 1995 uit den boze. De omzetting van zgn. niet-tarifaire handelsbelemmeringen in tariefequivalenten (tarificatie) maakte de veelal onzichtbare bescherming van binnenlandse landbouwproductie zichtbaar in het niveau van het uiteindelijke invoertarief. Het uiteindelijke resultaat van dit tarificatieproces is een verplichtingenschema voor ieder WTO-lid, waarin voor elk landbouwproduct het maximumniveau van het invoertarief is vastgelegd. Deze vastgelegde tariefplafonds moesten vervolgens met gemiddeld 36% worden verlaagd in een implementatieperiode van zes jaar voor ontwikkelde landen en tien jaar voor ontwikkelingslanden. Tarificatie leidde voor sommige producten tot extreem hoge tarieven, die de invoer van deze producten feitelijk onmogelijk zou maken. Daarom namen WTO-leden de verplichting op zich om voor elk product tenminste een minimum markttoegang te bieden. Deze marktopening moest worden geboden in de vorm van een tariefcontingent - tegen een verlaagd invoertarief - met een omvang van tenminste 5% van de binnenlandse consumptie van het desbetreffende product (WTO, 2003a). Tenslotte werd een speciaal vrijwaringsmechanisme geïntroduceerd waarmee de invoer van producten die als gevolg van het tarificatieproces geliberaliseerd waren, kon worden afgeremd als deze invoer onverwacht snel toenam en bepaalde grenswaarden zou overschrijden. In de huidige (Doha-) onderhandelingsronde wordt door sommige landen afschaffing van dit vrijwaringsmechanisme bepleit. Zeker is dat er voor ontwikkelingslanden - die tot dusver vrijgesteld waren van tarificatie - een vergelijkbaar mechanisme komt.

Interne steun

Op het vlak van interne steun moesten landen hun (geaggregeerde) landbouwsteun - met uitzondering van enkele toegestane subsidievormen - met 20% verminderen. De aan productie gekoppelde steun kreeg de stempel handelsverstorend en de kleur geel, de zgn. *amber box*. Elk WTO-lid werd verplicht om deze 'amber box'-steun te notificeren, uitgedrukt in de *Aggregate Measurement of Support* (AMS). Steun die niet gekoppeld is aan de productie werd vrijgesteld van reductieverplichtingen. Voorbeelden van dergelijke niet handelsverstorende steun zijn subsidies aan inspectiediensten, onderzoek, onderwijs, voorlichting, structurele aanpassingsprogramma's, binnenlandse voedselhulp en directe inkomenstoeslagen die op geen enkele wijze meer gekoppeld zijn aan een eis tot productie. Deze steun kreeg de kleur groen (*green box*). De onderhandelingen over interne steun konden echter pas worden afgerond nadat er een tussencategorie was gecreëerd, waarin de in 1992 als gevolg van de Mac Sharry-hervorming van het GLB geïntroduceerde dier- en hectarepremies konden worden ondergebracht. Deze gedeeltelijk van productie ontkoppelde steun kreeg het etiket blauw (*blue box*) en werd evenals de groene box steun volledig vrijgesteld van reductieverplichtingen, mits zij werd gecombineerd met productiebeperkende maatregelen. Figuur 3.5 in hoofdstuk 3 bevat een overzicht van steunverlening door de EU in de periode 1980-2009. Uit de figuur blijkt hoezeer de EU haar handelsverstorende landbouwsteun (geel en blauw) heeft 'vergroend' en exportsubsidies heeft afgebouwd. Dit resulteerde in een significante switch van gekoppelde handelsverstorende steun naar ontkoppelde, veel minder handelsverstorende steun.

Exportsteun

Voor exportsteun geldt vanaf 1995 een tweeledige discipline. Exportsubsidies op landbouwproducten hoefden niet zoals die op industriegoederen te worden afgeschaft, maar wel verminderd. Het budget voor exportsubsidies voor 23 productgroepen (granen, vlees, boter, enz.) moest gedurende de implementatieperiode met 36% verlaagd worden en het volume van de gesubsidieerde export met tenminste 21%. Voedselhulp voor ontwikkelingslanden werd vrijgesteld van verplichtingen mits deze niet direct of indirect zou zijn gekoppeld aan commerciële transacties. Voorts werd overeengekomen om in de Organisatie voor Economische Samenwerking en Ontwikkeling (OESO) afspraken te maken over de disciplinering van gesubsidieerde exportkredieten. Deze afspraak is echter nooit nagekomen, dit als gevolg van tegenwerking van de Verenigde Staten (VS) en Canada. Vooruitlopend op een definitieve afronding van de Doha-ronde heeft de EU inmiddels als 'tegemoetkoming in de onderhandelingen' maar feitelijk omdat de fondsen effectiever kunnen worden gebruikt, de exportsubsidies teruggebracht van 10 miljard euro in 1993 tot nihil in 2011.

Ervaringen met de WTO-Landbouwovereenkomst

Bovenstaande afspraken werden gecombineerd met een pakket van speciale en gedifferentieerde behandeling van ontwikkelingslanden, veelal bestaande uit langere implementatieperiodes en lagere reductiepercentages, en een zogenaamde vredesclausule die de gemaakte afspraken tot 2004 zou moeten beschermen tegen WTO-klachten op grond van andere WTO-regels, zoals bijvoorbeeld de WTO-Subsidieovereenkomst.

Landen zijn hun reductie- en andere verplichtingen over het algemeen goed nagekomen in de afgelopen decennia. De fundamentele inperking van de wijze waarop landen hun grensbescherming vorm konden geven, heeft geleid tot meer transparantie, voorspelbaarheid en toename van de concurrentie als gevolg van een verhoogde invoer van ´gevoelige producten´. Goede voorbeelden daarvan zijn enkele van oudsher in de EU met hoge invoertarieven afgeschermde producten zoals rundvlees, zuivel, varkensvlees en pluimveevlees. De invoer van deze producten is sinds 1995 als gevolg van de toen geïntroduceerde markttoegangsverplichtingen sterk toegenomen. De WTO-afspraken hebben daarnaast ertoe geleid dat het EU-aandeel in de wereldhandel in bijvoorbeeld granen, rijst, suiker, melkpoeder, boter, kaas en rundvlees is gedaald, vaak zelfs aanzienlijk (WTO, 2007). Hiervan heeft een beperkt aantal landen geprofiteerd, waaronder: Australië (graan, suiker, melkpoeder, boter en kaas), de VS (rundvlees en kaas), Nieuw-Zeeland (boter en kaas), Canada (rundvlees en boter) en Brazilië (suiker). Dit verlies aan marktaandeel is overigens niet louter het gevolg van de nieuwe WTO-regels. Ook interne landbouwhervormingen zoals de eerder ingevoerde melkquotering en de hervorming van de suikermarktordening (mede naar aanleiding van de uitspraak in het zogenaamde suikerpanel) hebben hiertoe bijgedragen. Na laatstgenoemde hervorming veranderde Europa van een netto-exporteur van suiker in een netto-importeur.

In de Landbouwovereenkomst is afgesproken om elkaar met notificaties uitgebreid te informeren over de omvang van steunverlening en eventueel doorgevoerde beleidswijzigingen. Deze notificaties worden besproken in het WTO-Landbouwcomité, dat op die manier toeziet op de correcte implementatie van de afspraken.

4.4 SPS-overeenkomst

Bij de onderhandelingen over landbouw groeide het besef dat afbraak van traditionele invoerbelemmeringen zou kunnen leiden tot andere vormen van protectionisme. Afspraken over markttoegang zouden wel eens via de achterdeur van strenge(re) veterinaire en fytosanitaire eisen ongedaan kunnen worden gemaakt. De SPS-overeenkomst is bedoeld om te voorkomen dat onder het mom van dier-, plant- of volksgezondheid buitenproportionele invoereisen worden gesteld. Dergelijke eisen kennen veel verschillende vormen. Zij kunnen bestaan uit voorafgaande inspectie, quarantaine van ingevoerde dieren uit risicogebieden, maar bijvoorbeeld ook uit minimumeisen waaraan slachthuizen moeten voldoen, voorwaarden aan het gebruik van pesticiden, en voorschriften voor additieven in voedsel en zelfs volledige invoerverboden voor bepaalde producten.

De voorwaarden die de SPS-overeenkomst stelt, laten het recht van elk WTO-lid om noodzakelijke invoereisen te stellen onaangetast. Maar de eisen moeten wel consistent zijn en willekeur voorkomen. Hiervoor bevat de SPS-overeenkomst een aantal kernbeginselen waaraan moet worden voldaan: harmonisering, wetenschappelijke onderbouwing, equivalentie, voorzorg, regionalisering en transparantie. De SPS-overeenkomst schrijft zelf geen gezondheidsnormen voor, maar moedigt partijen aan om sanitaire maatregelen zo veel mogelijk te harmoniseren door ze te baseren op internationale standaarden. Zo handelt elk land dat zich baseert op de normen van de *Codex Alimentarius* (voedselveiligheid), de *International Plant Protection Convention* (IPPC – plantgezondheid) en de *World Organisation for Animal Health*, voorheen *Office International des Epizooties* (diergezondheid), in overeenstemming met zijn WTO-verplichtingen. Afwijken van dergelijke internationale standaarden is mogelijk, maar vergt een goede wetenschappelijke onderbouwing. Indien in Codex-verband bijvoorbeeld een norm is afgesproken voor het gebruik van hormonen in rundvleesproductie en een WTO-lid wil daarvan afwijken, dan dient het wetenschappelijk te onderbouwen dat een strengere norm noodzakelijk is uit oogpunt van volksgezondheid.

Verder geldt de regel van equivalentie: WTO-leden dienen elkaars normen als gelijkwaardig te aanvaarden (ook als zij in aard van elkaar verschillen), als het exporterende land kan aantonen dat de getroffen maatregelen hetzelfde beschermingsniveau garanderen als dat van het importerende land. De SPS-overeenkomst bevat voorts een expliciete voorzorgsclausule die landen in de gelegenheid stelt om veiligheidsmarges te hanteren als gezondheidsrisico's worden vermoed die nog niet overtuigend zijn bewezen. Dit is echter geen carte blanche. Een beroep op dit voorzorgprincipe mag alleen worden gedaan als landen zich vervolgens ook actief inzetten om de ontbrekende wetenschappelijke onderbouwing alsnog te verschaffen. Als een land eenmaal een aanvaardbaar risiconiveau heeft vastgesteld, dan dient de minst handelsverstorende maatregel te worden gekozen om dat risiconiveau te bereiken.

Ook het principe van regionalisering mag niet onvermeld blijven. Op basis van dit principe zijn WTO-leden in beginsel verplicht elkaars plaag- of ziektevrije gebieden te erkennen. Dit is van belang voor bijvoorbeeld ziektes zoals mond-en-klauwzeer (MKZ) en aviaire influenza (AI). Als er een ziekte uitbreekt in één EU-lidstaat, hebben de andere lidstaten er belang bij dat hun exportmogelijkheden ongemoeid worden gelaten.

Conform de SPS-overeenkomst is elk WTO-lid verplicht elke sanitaire maatregel eerst voor te leggen aan alle andere WTO-leden en hen in de gelegenheid te stellen commentaar te leveren. Alleen in noodgevallen, zoals bijvoorbeeld bij uitbraken van zeer besmettelijke dierziektes, kan daarvan worden afgeweken. Het in 1995 ingestelde SPS-comité ziet toe op de correcte implementatie van de overeenkomst. In dit comité worden – veelal op basis van notificaties – SPS-maatregelen van individuele WTO-leden besproken en informatie uitgewisseld over technische assistentie en speciale behandeling van ontwikkelingslanden. De SPS-overeenkomst staat niet op de Doha-ontwikkelingsagenda, zodat dit verdrag geen onderwerp is van onderhandeling en vooralsnog ongewijzigd blijft.

4.5 Geschillenbeslechting

De in de GATT-overeenkomst van 1947 opgenomen regeling voor de beslechting van geschillen is in 1995 onder het WTO-regime aanzienlijk uitgebreid en versterkt. De nieuwe geschillenbeslechtingsregeling voorziet in quasi-automatische procedures, heeft een bindend karakter en kan gebruikt worden voor het beslechten van geschillen voortvloeiend uit alle WTO-overeenkomsten. De WTO-geschillenbeslechtigingsregeling is een essentieel element ter verbetering van zowel de voorspelbaarheid als de juridische zekerheid van het multilateraal handelsstelsel. Waar de GATT in feite een herenakkoord was, waarvan de naleving niet afgedwongen kon worden, werden de WTO-overeenkomsten vanaf 1995 wel juridisch afdwingbaar.

De procedures die gevolgd moeten worden zijn zeer nauwkeurig omschreven. Panels hoeven niet zoals onder de GATT een lijdzame rol te spelen, maar mogen zelfstandig informatie vergaren en wetenschappelijke en technische informatie inwinnen bij experts. De nieuwe geschillenbeslechting kent vijf stadia: consultatie, panel, beroep, implementatie en soms compensatie of retaliatie:

- *Consultatie*: een panel kan pas worden aangevraagd 60 dagen nadat formele WTO-consultaties zijn gehouden, die tot doel hebben een minnelijke schikking te bereiken. Deze 'afkoelingsperiode' blijkt in de praktijk een effectief instrument. Een kwart van alle aanhangig gemaakte procedures bereikt de panelfase niet.
- *Panel*: als consultaties niet tot een oplossing leiden, kan om een panel worden verzocht. Een panel bestaat uit drie tot vijf leden. Panelleden beschikken over specifieke expertise op het terrein van het geschil. Zij worden geacht na uiterlijk negen maanden een Salomonsoordeel te vellen, dat vrijwel automatisch wordt aangenomen. Waar de veroordeelde partij in het GATT-systeem nog over een vetorecht beschikte, kan een panelrapport nu alleen met consensus van alle WTO-leden worden verworpen. Omdat de winnende partij daarbij geen

belang heeft, gebeurt het in de praktijk niet dat uitspraken worden verworpen (WTO, 1995).

- *Beroep*: om te komen tot een uniforme toepassing van WTO-regels en om meer rechtszekerheid in WTO-jurisprudentie tot stand te brengen, is in de geschillenbeslechtingsregeling een beroepsmogelijkheid geïntroduceerd. Tegen een paneluitspraak kan éénmalig beroep worden aangetekend. Het hiervoor ingestelde beroepslichaam (*Appellate Body*) bestaat uit zeven onafhankelijke deskundigen die voltijds in dienst zijn als WTO-rechters. Indien beroep tegen een paneluitspraak wordt ingesteld, doet het beroepslichaam na maximaal drie maanden een uitspraak die bindend is voor de partijen bij het geschil. Deze wordt vervolgens semi-automatisch aangenomen door het geschillenbeslechtingsorgaan van de WTO.
- *Implementatie*: hoewel het afdwingen van uitspraken in internationaal-rechtelijke procedures tussen landen vaak een moeilijke zaak is, kunnen WTO-uitspraken sinds 1995 vrij effectief worden afgedwongen. In vrijwel alle gevallen past de veroordeelde partij de omstreden wet- of regelgeving aan om invulling te geven aan de paneluitspraak. Een weigering daartoe kan namelijk worden bestraft. Indien onmiddellijke uitvoering niet mogelijk of praktisch is, bijvoorbeeld in verband met de duur van wetswijzigingsprocedures, kan in overleg worden gekomen tot een implementatietermijn.
- *Compensatie of retaliatie*: in het uitzonderlijke geval dat een veroordeeld land weigert de gewraakte maatregel in te trekken, voorziet de geschillenbeslechtingsregeling in de mogelijkheid van compensatie van de benadeelde partij. Partijen kunnen in zo'n geval onderhandelen over compensatie in de vorm van aanvullende handelsconcessies, bijvoorbeeld door het toekennen van lagere tarieven ter waarde van de geleden schade. Als ook dergelijke compensatieonderhandelingen mislukken, kan de benadeelde partij het geschillenbeslechtingsorgaan verzoeken om handelssancties te treffen tegen de veroordeelde partij naar rato van de geleden schade. In het WTO-jargon noemt men dit retaliatie. Dergelijke multilateraal goedgekeurde retaliatie kan bestaan uit strafheffingen op de invoer van producten uit het veroordeelde land.

Ervaringen met de geschillenbeslechtingsregeling

De regeling heeft het multilaterale karakter van de beslechting van handelsgeschillen tussen de WTO lidstaten versterkt. Zo zijn unilaterale handelssancties niet toegestaan en mogen WTO-leden niet zelfstandig de schending van WTO-verplichtingen door een ander land vaststellen, maar zijn ze verplicht de multilaterale weg te bewandelen in hun meningsverschillen. De gehele procedure van het vragen om WTO-consultaties tot de onherroepelijke beroepsuitspraak, duurt ongeveer 18 maanden. De effectiviteit van het geschillenbeslechtingssysteem uit zich vooral in het feit dat partijen zich er in het algemeen goed aan blijken te houden. Unilaterale handelssancties, die vroeger veelvuldig voorkwamen, zijn nu vrijwel geheel verdwenen. Opmerkelijk is dat 98% van alle WTO-geschillen uiteindelijk op een voor alle partijen acceptabele manier wordt geregeld. In slechts enkele gevallen is sprake van een weigering tot implementatie en wordt retaliatie toegestaan. Opvallend is ook dat het systeem meer wordt gebruikt dan oorspronkelijk verwacht. Medio december 2012 waren er in totaal 454 handelsgeschillen formeel aanhangig gemaakt in de WTO. Verreweg de meeste klachten zijn ingediend tegen de EU en de VS, wat niet vreemd is omdat zij de grootste handelsblokken zijn. In dezelfde periode waren er 146 Panel en 91 Appellate Body rapporten. De tendens van de laatste jaren is dat ontwikkelingslanden steeds actiever worden wat betreft geschillenbeslechting.

Voorbeelden van procedures tegen de EU:

- De VS en Canada dienden in 1995 een klacht in tegen het Europese invoerverbod op zogenaamd hormoonvlees. Zij werden in eerste instantie in het gelijk gesteld, maar in een latere procedure op basis van nieuw wetenschappelijk bewijs ingebracht door de EU lijkt meer ruimte te worden geboden voor een dergelijk invoerverbod. De EU en de VS/Canada hebben inmiddels echter een minnelijke regeling gesloten.
- Onder druk van de WTO is het EU-invoerregime voor bananen tot twee keer toe ingrijpend herzien. Overigens is het geschil – het langstlopende geschil in de geschiedenis van de WTO – nog niet uit de wereld.
- De klacht van Brazilië over toepassing van een vrijwaringsmechanisme van de EU op pluimveevlees is niet gegrond verklaard.
- Australië en de VS zijn gedeeltelijk in het gelijk gesteld in een procedure over het Europese regime voor de bescherming van geografische indicaties.
- Brazilië en Thailand zijn in het gelijk gesteld in een procedure tegen de EU over de douaneclassificatie van pluimveevlees.
- De procedure van onder andere Australië en Brazilië tegen het EU-suikerbeleid heeft geleid tot een drastische hervorming van de Europese suikermarktordening. Als gevolg hiervan heeft de EU de omslag gemaakt van netto-exporteur van suiker naar netto-importeur.
- In de door de VS en Canada aangespannen zaak over het Europese beleid betreffende genetisch gemodificeerde organismen (ggo's), is bepaald dat de EU teveel tijd neemt voor de beoordeling van een aanvraag tot toelating van een genetisch gemodificeerd product.

- Noorwegen won een in 2005 aangespannen zaak over antidumpingheffingen die de EU had ingevoerd voor zalmproducten. De EU heeft de antidumpingheffingen ingetrokken.
- In 2009 hebben Noorwegen en Canada een panel aangevraagd tegen de EU-importban van zeehonden en producten van zeehonden. Het panel dat in deze zaak is ingesteld heeft nog geen uitspraak gedaan.

De effectiviteit van de gemaakte WTO-afspraken wordt in belangrijke mate bepaald door de geschillenbeslechting. De afspraken over de handel hebben dan ook veel aan kracht gewonnen. De wetenschap dat schending van de gemaakte afspraken in een panelprocedure tot bestraffing kan leiden, maakt dat WTO-regels in tegenstelling tot veel andere internationale afspraken goed worden nageleefd. Van de bindende geschillenbeslechting gaat een afschrikkende werking uit: veel landen willen voorkomen dat zij publiekelijk door een WTO-panel op de vingers worden getikt.

4.6 Doha-ontwikkelingsagenda (2001-heden)

Bij de afronding van de Uruguay-ronde in 1994 was overeengekomen dat in 2000 een nieuwe ronde van landbouwonderhandelingen zou volgen. In de WTO-Landbouwovereenkomst werd daartoe vastgelegd dat substantiële en progressieve reductie van steun en protectie in de landbouwsector tot fundamentele hervormingen moest leiden. Het zou gaan om een doorlopend proces dat niet moest ophouden als de Uruguay-ronde verplichtingen waren geïmplementeerd. In 2001 begonnen de onderhandelingen over een nieuwe WTO-Landbouwovereenkomst. In 1994 was al vastgelegd dat *non-trade concerns* (betreffende gelijke milieu- en dierenwelzijnsnormen tussen de handelspartners) en de speciale en gedifferentieerde behandeling van ontwikkelingslanden daarbij in overweging moesten worden genomen. De ronde werd vanwege het laatste dan ook Doha-ontwikkelingsagenda genoemd.

De gedachte achter het ingebouwde mandaat voor nieuwe landbouwonderhandelingen in de WTO was dat er nog een lange weg te gaan was. De Uruguay-ronde was immers de eerste onderhandelingsronde waarin landbouw integraal werd meegenomen. Toch ging ook van de Uruguay-ronde al een disciplinerende werking uit. Zo halveerde het gebruik van de meest handelsverstorende vorm van landbouwsteun (productiegerelateerde amber box steun) in de rijkste landen van de wereld in de periode 1986-1998.

Battle of Seattle

In de overtuiging dat onderhandelingen over een nieuwe Landbouwovereenkomst zouden worden vergemakkelijkt als deze een brede agenda zouden krijgen, waardoor uitruil van handelsconcessies tussen sectoren mogelijk zou zijn, werd op aangeven van de EU en de VS tijdens de ministeriële conferentie van Seattle in 1999 getracht een brede onderhandelingsronde te lanceren. Deze bijeenkomst vond echter onder een slecht gesternte plaats. Honderdduizenden demonstranten keerden zich fel tegen de macht van de WTO-besluitvormingsmachine om de in 1994 gemaakte afspraken af te dwingen. Zij meenden veelal dat WTO-afspraken teveel invloed hadden gekregen op de nationale beleidsruimte voor bijvoorbeeld milieu, arbeidsnormen en dierenwelzijn en dat de stem van ontwikkelingslanden in de WTO onvoldoende werd gehoord. Toen de sfeer grimmig werd (*Battle of Seattle*) en het leger werd ingeroepen om de orde te herstellen, was de toon gezet. De bijeenkomst liep uit op een mislukking. Ontwikkelingslanden voelden zich buitengesloten en mede tegen de achtergrond van de massademonstraties kalfde de steun voor een brede onderhandelingsronde af en keerden de circa 8.000 conferentiedeelnemers zonder resultaat huiswaarts.

Van Doha naar Cancún

Pas in november 2001 werd in Doha alsnog overeenstemming bereikt over een bredere agenda dan alleen de oorspronkelijk voorziene landbouw- en dienstenonderhandelingen. Dit gebeurde in een crisisachtige atmosfeer, waar de wens om eensgezindheid uit te stralen vlak na de terroristische aanslagen van 11 september 2001 zwaarder woog dan de nog altijd bestaande bezwaren van velen tegen een verdere uitbreiding van de onderhandelingsagenda. In Doha werd overeengekomen om behalve over landbouw, industriële goederen en diensten ook te gaan onderhandelen over mededingingsregels, investeringsregels, overheidsaanbestedingen, handelsfacilitatie, de bescherming van geografische benamingen, visserijsubsidies en de relatie tussen WTO-regels en handelsverplichtingen voortvloeiend uit internationale milieu-overeenkomsten. Dat niet iedereen werkelijk achter al die onderwerpen stond, zou uiteindelijk in september 2003 tijdens de vijfde ministeriële WTO-conferentie in Cancún (Mexico) pijnlijk duidelijk worden. Met name ontwikkelingslanden voelden zich nog altijd onvoldoende serieus genomen en stuurden in Cancún alsnog aan op een inperking van de onderhandelingsagenda. Dat zij hierin succesvol bleken, was vooral te danken aan het feit dat zij zich beter organiseerden dan ooit tevoren. Een groep van twintig landen onder leiding van Brazilië, India en China – samen goed voor meer dan de helft van de wereldbevolking – keerde zich tegen een hernieuwde poging van de EU en de VS om evenals in de Uruguay-ronde het voortouw te nemen in de landbouwonderhandelingen. Ook het verzet van een veel grotere groep van negentig veelal kleinere ontwikkelingslanden tegen de door de EU en de VS in Doha bedongen brede onderhandelingsagenda, kwam in Cancún weer nadrukkelijk aan de oppervlakte. Het leidde er uiteindelijk toe dat de in Doha in 2001 gelanceerde onderhandelingsronde, die de naam Doha Development Agenda (DDA) kreeg, pas in 2004 kon worden vlotgetrokken. Dit gebeurde in een volledig gekanteld krachtenveld. Een aantal grote ontwikkelingslanden, Brazilië en Indië voorop, heeft zich gepositioneerd als sleutelspelers waar terdege rekening mee gehouden moet worden en ook de kleine Afrikaanse en Caribische ontwikkelingslanden hebben door een bundeling van krachten hun onderhandelingspositie versterkt. De WTO was vanaf dat moment wat het altijd heeft beoogd te zijn, een Wereldhandelsorganisatie waar een volwaardige stem is weggelegd voor alle leden.

Van Cancún naar Hongkong

De nieuwe krachtsverhoudingen hebben in ieder geval niet bijgedragen aan een snelle afronding van de ronde. Hoewel na Cancún een afgeslankt werkprogramma werd overeengekomen in de vorm van het zgn. Raamwerkakkoord (WTO, 2003b), werd reeds voorafgaand aan de Ministeriële Conferentie van Hongkong in 2005 duidelijk dat een alomvattend akkoord over de 'modaliteiten'[66] niet tot de mogelijkheden behoorde. Deze top werd in feite gered doordat de Europese Unie instemde met een uiteindelijke uitfasering van de exportsubsidies voor landbouwproducten (tentatief in 2013). Deze concessie werd wel gedaan onder voorwaarde dat álle vormen van exportsteun, dus ook handelsverstorende voedselhulp (VS), exportkredieten (VS) en handelsverstorende praktijken van staatshandelsbedrijven (Nieuw-Zeeland, Australië, Canada) zouden worden geëlimineerd. Dit is nog steeds een heikel punt. De EU heeft inmiddels eenzijdig en vooruitlopend op afronding van de Doharonde de exportsubsidies daadwerkelijk teruggebracht tot een minimaal bedrag.

Ineenstorting in 2008

In 2008 was men vervolgens heel dicht bij een akkoord over de modaliteiten. De onderhandelingen mislukten uiteindelijk door een ogenschijnlijk onoverbrugbaar geschil tussen de VS enerzijds en India en China anderzijds over de ruimte die deze landen zich als ontwikkelingslanden wilden toe-eigenen bij het gebruik van de zogenaamde *Special Agricultural Safeguard Mechanism*. Sindsdien verkeert de ronde in een diepe impasse en het moge duidelijk zijn dat met het intreden van

[66] Modaliteiten in WTO onderhandelingen geven een set hoofdlijnen – zoals formules of bepaalde benaderingen – voor definitieve toezeggingen en afspraken.

de mondiale economische crisis in 2009, het momentum om uit deze impasse te komen niet meteen gevonden is.

Een opleving van de DDA in 2011 en de weg naar Bali

Sinds 2008 ging het technische werk op het landbouwdossier echter gestaag door. In de aanloop naar de Ministeriële Conferentie in Genève in december 2012 werd intensief onderhandeld. Hoewel er redelijke voortgang werd gemaakt en bij het landbouwdossier op zichzelf de haven in zicht was, bleken de WTO-leden uiteindelijk tot op het bot verdeeld. De verschillen van mening bij vooral de markttoegang voor niet agrarische goederen (*non-agricultural market access*, NAMA) waren onoverbrugbaar. Het NAMA-raamwerk heeft in die zin het landbouwdossier volledig 'gegijzeld'. De Doha-ronde kan immers alleen worden afgerond onder de regel van de *single-undertaking*: het principe dat het gaat om een totaal pakket wat moet worden overeengekomen, met andere woorden 'er is niets overeengekomen totdat alles is overeengekomen'.

Bij het ter perse gaan van dit boek zijn er opnieuw intensieve onderhandelingen gaande ter voorbereiding van de Ministeriële Conferentie in Bali in december 2013. Voor het eerst lijkt het erop dat WTO leden bereid zijn mogelijk een aantal elementen uit de 'single undertaking' te lichten en die onderdelen die 'rijp zijn' nu uit te onderhandelen. Het betreft hier vooral een aantal zaken dat de minst ontwikkelde landen voordeel moet brengen, maar ook handelsfacilitatie is een belangrijk onderdeel van een potentieel pakket naast een controversieel voorstel gericht op voedselzekerheid door het aanhouden van gesubsidieerde publieke voorraden. Terwijl de geloofwaardigheid van de WTO en haar rol in de toekomst hierbij in het geding is, blijft het twijfelachtig of de politieke bereidheid gevonden zal worden bij de 'grote spelers' om een mini DDA-pakket overeen te komen.

4.7 De concept landbouwmodaliteiten

Hoe gaat een eventueel nieuw landbouwakkoord er nu eigenlijk uit zien? Kort voor het zomerreces in 2007 heeft de toenmalige voorzitter van de landbouwonderhandelingsgroep, Crawford Falconer (Nieuw-Zeeland), een concept modaliteitentekst uitgebracht met daarin op een aantal punten de bandbreedtes waarbinnen partijen overeenstemming zouden moeten kunnen vinden (WTO, 2008). Deze tekst is tot op de dag van vandaag nog steeds leidend voor wat betreft de concessies die partijen in principe bereid zijn te doen, volgens Falconer's inschatting van destijds en volgens het principe van de single undertaking. In grote lijnen moet daarom rekening gehouden worden met de volgende veranderingen:

- Op het terrein van markttoegang komt het voorstel voor de ontwikkelde landen neer op een reductie van zo'n 50% voor de laagste categorie tarieven en zo'n 70% voor de tarieven in de hoogste categorie. Dat laatste percentage is een veel forsere verlaging dan de 36% gemiddeld uit de Uruguay-ronde.
- In de Uruguay-ronde werd gekozen voor een gemiddelde reductie die landen de flexibiliteit gaf om voor zogenaamde gevoelige producten, met name producten die in bepaalde landen onvoldoende competitief zijn in vergelijking met dezelfde producten op de wereldmarkt, een lagere reductie te kiezen zolang de gemiddelde reductie maar 36% bleef. Met de aanpak in de Doha-ronde kan dit niet langer; daarom wordt voor gevoelige producten een maximum aantal tarieflijnen (4%) voorzien waarvoor een lager reductiepercentage mag gelden. Voor ontwikkelingslanden werd daarnaast het principe van de speciale producten geïntroduceerd die een minder vergaande tariefverlaging zullen krijgen dan volgens de algemene reductieformule.
- Het totaal aan handelsverstorende interne steun (amber box, blauwe box plus *de minimis* steun) zou voor de EU met een percentage tussen de 75 en 85% moeten worden teruggebracht en voor de VS tussen de 66 en 73%. Tevens wordt voorzien in een product-specifiek plafond voor de amber box, waar voorheen slechts sprake was van een totaal plafond. Er kan dus niet langer geschoven worden met geld tussen verschillende producten.
- Hoewel in de WTO-Landbouwovereenkomst en de Doha-verklaring is opgenomen dat non-trade concerns een plaats moeten krijgen in een nieuwe WTO-Landbouwovereenkomst, lijkt daar niet veel van terecht te komen. Het lijkt niet haalbaar om nadere afspraken te maken over onderwerpen zoals dierenwelzijn, etikettering en milieu. Deze onderwerpen zijn nog altijd omstreden, maar de al bestaande WTO-regelgeving is voor meerdere interpretaties vatbaar en de WTO-jurisprudentie op dit terrein biedt steeds meer aanknopingspunten (Eaton *et al.*, 2005). Uit de ontwikkeling van de jurisprudentie blijkt dat de WTO meer oog krijgt voor andere dan alleen handelsbelangen. Niet voor niets is duurzame ontwikkeling opgenomen in de preambule van het WTO-oprichtingsverdrag.
- Andere onderwerpen op de onderhandelingsagenda die ook na Cancún werden gehandhaafd, zijn onder meer een betere bescherming van geografische indicaties, de relatie tussen multilaterale milieuovereenkomsten en WTO-regels en nieuwe disciplines voor visserijsubsidies. Op deze terreinen zullen nieuwe handelsregels worden uitonderhandeld die evenals nu het geval is onder de huidige verdragen (bijv. landbouw en SPS) kaderstellend zullen zijn voor nationaal en Europees beleid op deze terreinen.

Duidelijk is wel dat er na een uiteindelijk succesvol afsluiten van deze ronde sprake zal zijn van een veel grotere reductie van handelsverstorende interne steun dan in de Uruguay-ronde het geval was. Samen met een ambitieuzere verdere marktopening en de uitfasering van exportsubsidies (inclusief de uitfasering van andere vormen van exportsteun) zal de nieuwe Landbouwovereenkomst daarmee naar verwachting nóg meer ingrijpen in nationaal (Europees) landbouwbeleid dan de Uruguay-ronde afspraken. In feite wordt de uitzonderingspositie van het landbouwbeleid voor een groot deel tenietgedaan en wordt de landbouwsector meer en meer onder de algemene WTO-regels gebracht.

4.8 Conclusie

Het maar niet succesvol afronden van de DDA-onderhandelingen is de oorzaak van veel gehoorde twijfel over het succes van de WTO. De 'ontwikkelingsronde', die vooral voor de minst ontwikkelde landen bedoeld was om een volwaardige partner te worden in de wereldhandel, staat op de tocht. Een uitermate gevoelig internationaal politiek debat is aan de gang. Vrijwel alle WTO leden willen dat er nu resultaat wordt behaald. De organisatie heeft immers zijn nut wel degelijk bewezen met de bestaande internationale handelsregels: de wereldhandel is toegenomen, de welvaart is daarmee gestegen en handelsconflicten werden voorkomen. Het systeem van regelgeving staat feitelijk als een huis. Het wereldhandelssysteem heeft echter behoefte aan aanpassingen die verder gaan dan de eerder overeengekomen onderwerpen van de Doha Development Agenda. Centraal staat hierbij de geloofwaardigheid van de organisatie en haar rol in de toekomst. Het spreekt voor zich dat nu, met inmiddels 159 landen als volwaardig lid van de WTO, overeenstemming gebaseerd op unanimiteit – zoals de WTO regels voorschrijven – slechts met grote inspanning, flexibiliteit en bereidheid tot compromissen van alle WTO leden kan worden bereikt.

Literatuur

Eaton, D., J. Bourgeois en T.J. Achterbosch, 2005. Product differentiation under the WTO, an analysis of labelling and tariff or tax measures concerning farm animal welfare. Rapport 6.05.11. LEI-Wageningen UR, Den Haag, Nederland.

Ehlermann, C.D., 2005. WTO decision-making procedures, 'member-driven' rule-making and WTO consensus-practices: are they adequate? Attorney Paper, WilmerHale.

World Trade Organisation (WTO), 1994. Agreement establishing the World Trade Organization, Genève, Zwitserland.

World Trade Organisation (WTO), 1995. The WTO dispute settlement procedures: a collection of the legal texts. WTO, Genève, Zwitserland.

World Trade Organisation (WTO), 2003a. The WTO agreements series: agriculture. WTO, Genève, Zwitserland.

World Trade Organisation (WTO), 2003b. Draft Cancún ministerial text. Second revision. JOB(03)/150/Rev.2, Genève, Zwitserland.

World Trade Organisation (WTO), 2007. The results of the Uruguay round of multilateral trade negotiations. WTO, Genève, Zwitserland.

World Trade Organisation (WTO), 2008. Revised draft modalities for agriculture. WTO, TN/AG/W/4/Rev.4, committee on Agriculture Special Session. WTO, Genève, Zwitserland.

Internet

World Trade Organisation: http://www.wto.org.

5. Wereldmarkten en volatiliteit

Gerdien Meijerink

5.1 Inleiding

De decennia van relatief lage en stabiele agrarische prijzen lijken omstreeks 2006 tot een einde te zijn gekomen toen de prijzen van diverse producten begonnen te stijgen, met pieken in 2008 en 2011. De rechtergrafiek in figuur 5.1 laat zien dat de prijzen sinds 2006-2007 voor de belangrijkste graan- en oliehoudende gewassen niet alleen hoger zijn geworden, maar ook meer zijn gaan fluctueren. Ook koffie, suiker, katoen en in mindere mate thee werden duurder; de prijsschommelingen voor deze producten waren over het algemeen al veel sterker, omdat het om kleinere markten gaat zodat oogstvariaties een sterker effect hebben.

De prijzen voor vlees en melk laten een gevarieerd beeld zien: de prijs van rundvlees is vanaf eind jaren 1990 gestegen, de prijs van kippenvlees laat een gestaag stijgende lijn zien terwijl in de prijzen van lamsvlees en varkensvlees niet een echte trend te ontdekken is sinds de jaren 1980. Vlees en melk worden minder internationaal verhandeld vanwege de beperkte houdbaarheid. Wel worden de prijzen van vlees en melk mede bepaald door de internationale prijzen van granen en soja, wat belangrijke ingrediënten voor veevoeders zijn.

Op langere termijn bezien liggen de voedselprijzen al sinds de jaren 1970 een stuk hoger dan voordien (figuur 5.1a) en is de prijsvolatiliteit toegenomen door een combinatie van factoren (Meijerink *et al.*, 2011). De afgelopen jaren hebben daar een schepje bovenop gedaan.

Niet alleen agrarische prijzen zijn sterk gestegen, de prijzen van metalen en minerale oliën laten eenzelfde beeld zien. In de jaren 1970 zijn de prijzen omhoog gegaan, vervolgens weer gedaald en vanaf omstreeks 2002 opnieuw gaan stijgen, voor metalen tot het viervoudige in 2007/08 en vijfvoudige in 2011 vergeleken met 2002. Daarnaast bereikten olieprijzen recordhoogtes in 2008 en 2011/2012 (Grilli en Yang, 1988; IMF, 2012). Dit fenomeen is niet nieuw. In 1990 lieten Pindyck en Rotemberg (1990) zien dat prijzen van zeer verschillende goederen 'co-fluctueren' door gezamenlijke onderliggende oorzaken. Het lijkt erop dat deze relatie sterker is geworden de laatste jaren (Vansteenkiste, 2009).

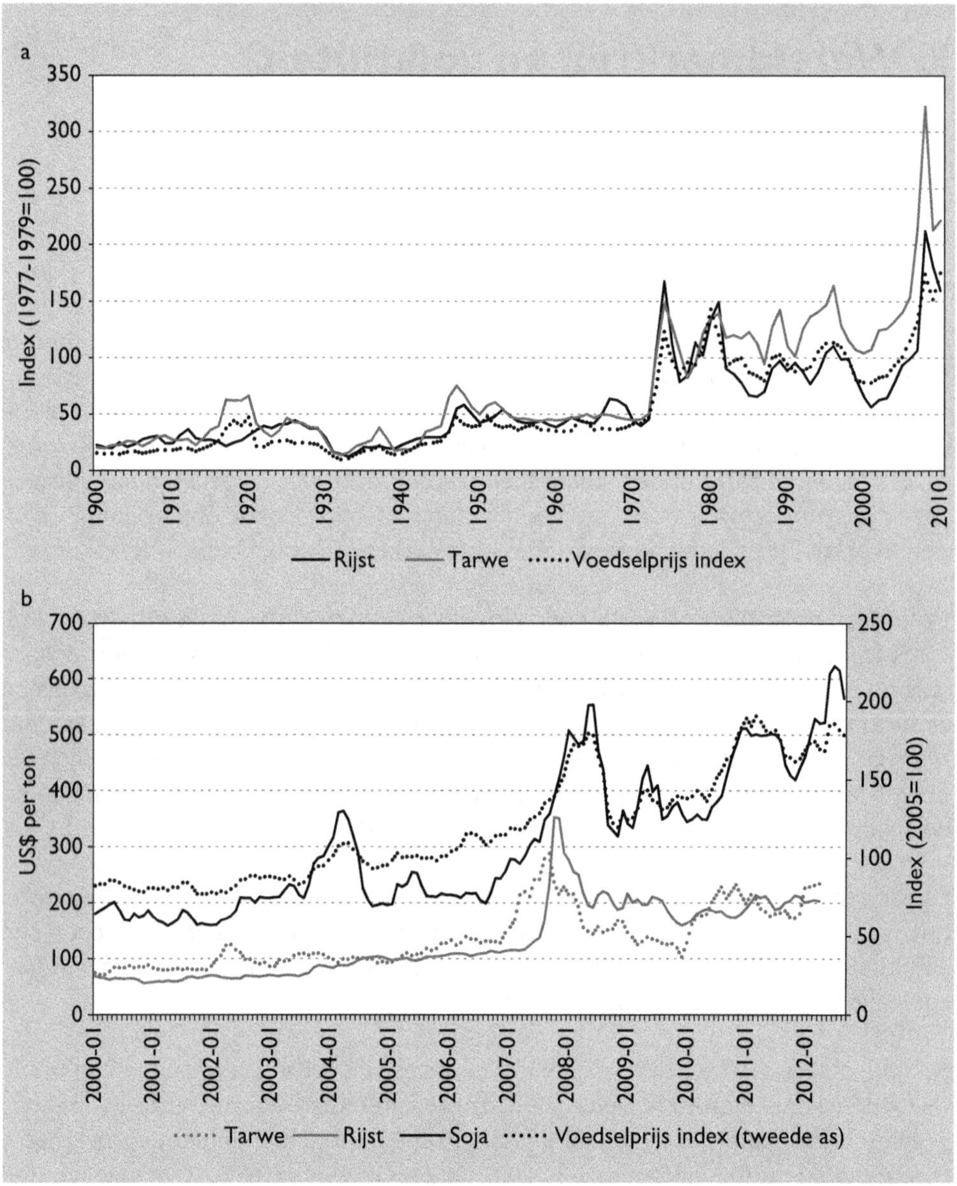

Figuur 5.1. Historisch overzicht van voedselprijzen. (a) Index rijst- en tarweprijzen en voedselprijsindex 1900-2010 (Bron: Grilli en Yang, 1988; geüpdatet door Pfaffenzeller et al.*, 2007; N.b. historische sojaprijzen niet beschikbaar). (b) Rijst-, tarwe- en sojaprijzen (in $) en voedselprijsindex 2000-2012 (Bron: IMF, 2012).*

Hevig fluctuerende prijzen zijn niet nieuw; zoals figuur 5.1 laat zien, ook in de jaren 1970 piekten agrarische prijzen. Er kan echter gesteld worden dat er in 2006 een trendbreuk is geweest; prijzen zijn gaan stijgen en meer gaan fluctueren (FAO *et al.*, 2011; Huchet-Bourdon, 2011). Toen die trendbreuk zich voordeed was de aandacht in eerste instantie vooral gericht op de oorzaken van de stijging van de prijsniveaus. Nadat de prijzen een paar keer piekten, kwam er meer aandacht voor de volatiliteit van prijzen.

5.2 Oorzaken trendbreuk

In deze paragraaf worden de belangrijkste oorzaken van de trendbreuk in 2006 behandeld. Voorafgaand daaraan is het van belang te realiseren dat het om internationale prijzen gaat en slechts een klein deel van de totale wereldvoedselproductie internationaal wordt verhandeld. Voor tarwe bijvoorbeeld ligt dit aandeel rond de 20%, voor overige granen en mais rond de 12% en voor rijst rond de 5%. Het meeste voedsel wordt dus in het land van productie geconsumeerd. De verhandelde aandelen zijn slechts een paar procenten gestegen in de afgelopen twee decennia (USDA, 2012a). Daarnaast is er steeds meer specialisatie opgetreden in de productie van voedsel: slechts een beperkt aantal regio's neemt het leeuwendeel van de productie en export van de belangrijkste basisgewassen voor de voedselvoorziening voor hun rekening. Dit betekent dat relatief kleine verschuivingen in de productie leiden tot grotere verschuivingen in de wereldhandel, waardoor de prijs sterk zal reageren. Voorbeelden zijn de stijging van de tarweprijs na de droogte en branden in Rusland en Kazachstan in 2010 en de toename van de maisprijs na de droogte in de VS in 2012.

Dalende voorraden

Het aanhouden van kleinere voorraden door overheden is een belangrijke oorzaak van de trendbreuk geweest (figuur 5.2). De tarwe- en maisvoorraden van de VS zijn midden jaren 1980 al verlaagd, maar de voorraden van China bleven stijgen na die periode. Figuur 5.2 laat zien dat toen China begin 2000 de voorraad tarwe en mais flink verlaagde, terwijl de voorraden van de EU en de VS laag bleven, de prijzen van deze gewassen gingen stijgen. Als voorraden laag zijn, reageert de prijs sneller op een verschuiving van de vraag of het aanbod, omdat er minder buffer is om deze verschuiving op te vangen.

Hoewel de voorraden van China ongeveer 30% van de wereldproductie uitmaken, importeert of exporteert China nauwelijks en zouden voorraadveranderingen in

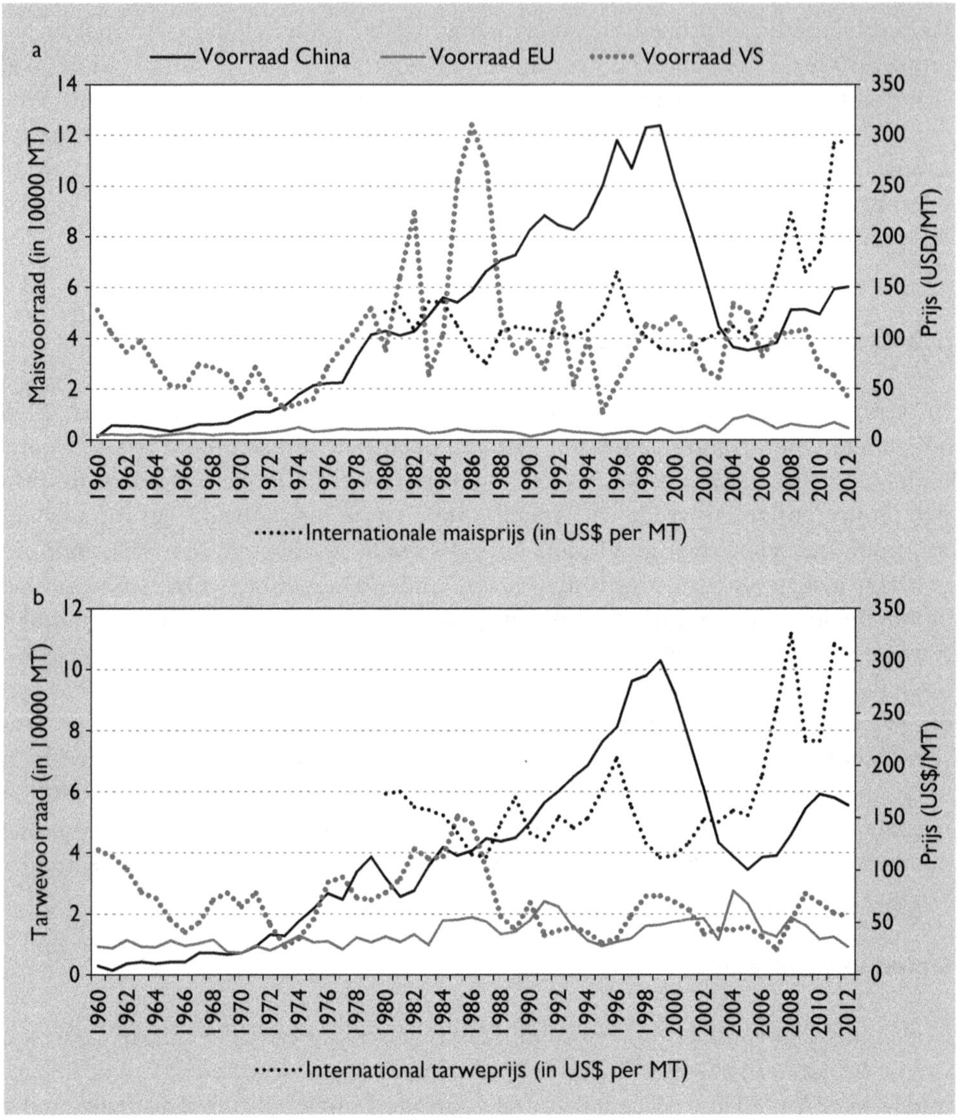

Figuur 5.2. Voorraden en prijzen van (a) mais en (b) tarwe, 1960-2012 (IMF, 2012; op basis van USDA, 2012a).

dit land geen invloed moeten hebben op de wereldmarktprijzen. Maar deze veranderingen kunnen wel effect hebben gehad op de perceptie van schaarste (dit argument wordt ook gehanteerd door Dawe, 2009), zoals ook perceptie van rijsttekorten de prijspiek van 2008 inzette (Headey en Fan, 2008; Piesse en Thirtle, 2009).

De overheid en de private sector houden voedselvoorraden aan om op korte termijn tekorten en overschotten op te vangen. In een aantal landen worden ook strategische voorraden aangehouden, bv. van graan, alhoewel overheden in de laatste 20 jaar strategische reserves drastisch hebben verminderd (Lilliston en Ranallo, 2012). In de discussie over het belang van strategische voorraden is vooral aandacht voor graanreserves. Granen zijn een belangrijk voedselgewas en langer houdbaar dan ander voedsel (zoals aardappels). In theorie zijn strategische reserves een goede manier om prijzen te stabiliseren: als prijzen hoog zijn, verkoopt de overheid graan, als prijzen laag zijn, koopt de overheid graan tegen een vastgestelde prijs. In de praktijk zijn er verschillende problemen aan dit soort voorraden verbonden. Meestal zijn de opkoopprijzen van de overheid iets hoger dan marktprijzen, zodat boeren aan de overheid verkopen. Hierdoor verlaten handelaren de markt en is de overheid genoodzaakt alles op te kopen, wat zeer duur is. Als er een goede oogst is geweest komt het nogal eens voor dat de overheid niet genoeg opslagruimte heeft, waardoor (grote) hoeveelheden wegrotten. Ook is het beheer van voorraden gevoelig voor corruptie omdat er geld te verdienen valt aan het onderhands doorverkopen uit de voorraden. De overheid van India bijvoorbeeld kampt met zeer grote overschotten aan tarwe en rijst door het gevoerde voorraadbeleid. Door een inefficiënt distributiesysteem komt het graan niet bij de consument terecht en liggen overschotten weg te rotten (Meijerink en Joshi, 2014).

Macro-economische factoren

Het feit dat de prijzen van zeer verschillende goederen (metalen, olie, agrarische goederen) co-fluctueren, doet vermoeden dat er een gezamenlijke oorzaak is voor prijsstijgingen en -dalingen. Verschillende auteurs (zoals Dwyer *et al.*, 2012; Vansteenkiste, 2009) komen op basis van hun onderzoek tot de conclusie dat één factor een groot deel van de prijsvariatie kan verklaren. Welke dit is, is lastig om te bepalen, omdat verschillende macro-economische factoren die deze co-fluctuatie zouden kunnen verklaren, nauw met elkaar verbonden zijn: de (lage) rentevoet, de wisselkoers van de dollar, hoge inputkosten (zoals die van kunstmest en olieprijzen) en de mondiale economische activiteit. Feit is dat macro-economische factoren een belangrijke rol spelen.

In een recent artikel analyseren Byrne *et al.* (2013) de prijzen vanaf 1900 voor verschillende goederen. Zij stellen dat rentevoet en risico belangrijke gezamenlijke onderliggende factoren zijn. Een hoge rentevoet leidt bij discontering tot een lagere waarde voor de toekomstige opbrengsten. Omdat de toekomstige productie relatief steeds minder waard wordt, zal het rendabel zijn de productie nu op te schroeven, met als gevolg dat de prijzen dalen, *vice versa*. Dit geldt vooral voor producten als olie en metalen die voorradig zijn in de grond: je kunt de productie snel opvoeren of in de grond laten zitten (Frankel, 2008; Frankel en Rose, 2010).

Anzuini *et al.* (2010) stellen empirisch vast dat een lage rentevoet ook indirect effect heeft op prijzen via verwachtingen over economische groei en inflatie. De centrale banken van Amerika en Europa hebben het afgelopen decennium de rentevoet zeer laag gehouden, vooral na de *Financial Crash* eind 2007. Met name de door de Amerikaanse Centrale Bank (de Fed) vastgestelde rentevoet speelt een belangrijke rol, omdat deze de wisselkoers van de dollar beïnvloedt, wat weer effect heeft op internationale prijzen die in dollars worden betaald (Akram, 2009).

Volatiele prijzen dragen ertoe bij dat (risicomijdende) ondernemers minder voorraden aanhouden: als prijzen plotseling dalen, kunnen aangehouden voorraden tot een verlies lijden. Lage voorraden leiden weer tot stijgende prijzen. Deze verbinding laat zien hoe volatiliteit tot hogere prijzen kan leiden.

Stijgende vraag

Kenmerkend voor de meeste agrarische producten is dat het aanbod, afhankelijk van de weersomstandigheden, fluctueert. Figuur 5.3 laat zien dat op de langere termijn het aanbod van mais en tarwe de vraag (net) bijhoudt. Als er een tegenvallende oogst is, zoals de maisoogst in de Verenigde Staten in 2012, heeft dat vrijwel direct effect op de prijs. Vooral de vraag naar mais is de afgelopen 10 jaar flink gegroeid, omdat er extra vraag naar biobrandstoffen is en naar vlees. Mais is één van de grondstoffen voor zowel biobrandstoffen als veevoeder.

Ook voor oliehoudende zaden geldt dat de vraag enorm is gegroeid, nog sterker dan bij granen. Per hoofd van de wereldbevolking is de consumptie vervijfvoudigd sinds de jaren 1960 (USDA, 2012b). De reden hiervoor is dat oliehoudende zaden zoals palmolie of sojaolie voor verschillende doeleinden kunnen worden gebruikt. De prijzen van oliehoudende zaden zijn al begin 2000 flink gaan stijgen en fluctueren sterker dan die van granen, waarschijnlijk omdat voorraden zo klein zijn.

Eén van de redenen voor de geringe voorraden is een aantrekkende vraag uit met name Zuidoost-Azië en China. Sinds 2002 is de netto handel in agrarische producten van China negatief geworden, wat betekent dat China meer importeert dan exporteert. Deze negatieve trend wordt vooral gedreven door de import van oliehoudende zaden, met name soja (Van Berkum en Bindraban, 2008). Van 2002 tot 2011 is de import van oliehoudende zaden door China verzestienvoudigd, tot bijna 30 miljard US dollar (UN Comtrade, 2012). Hier zit een prijseffect in; omdat

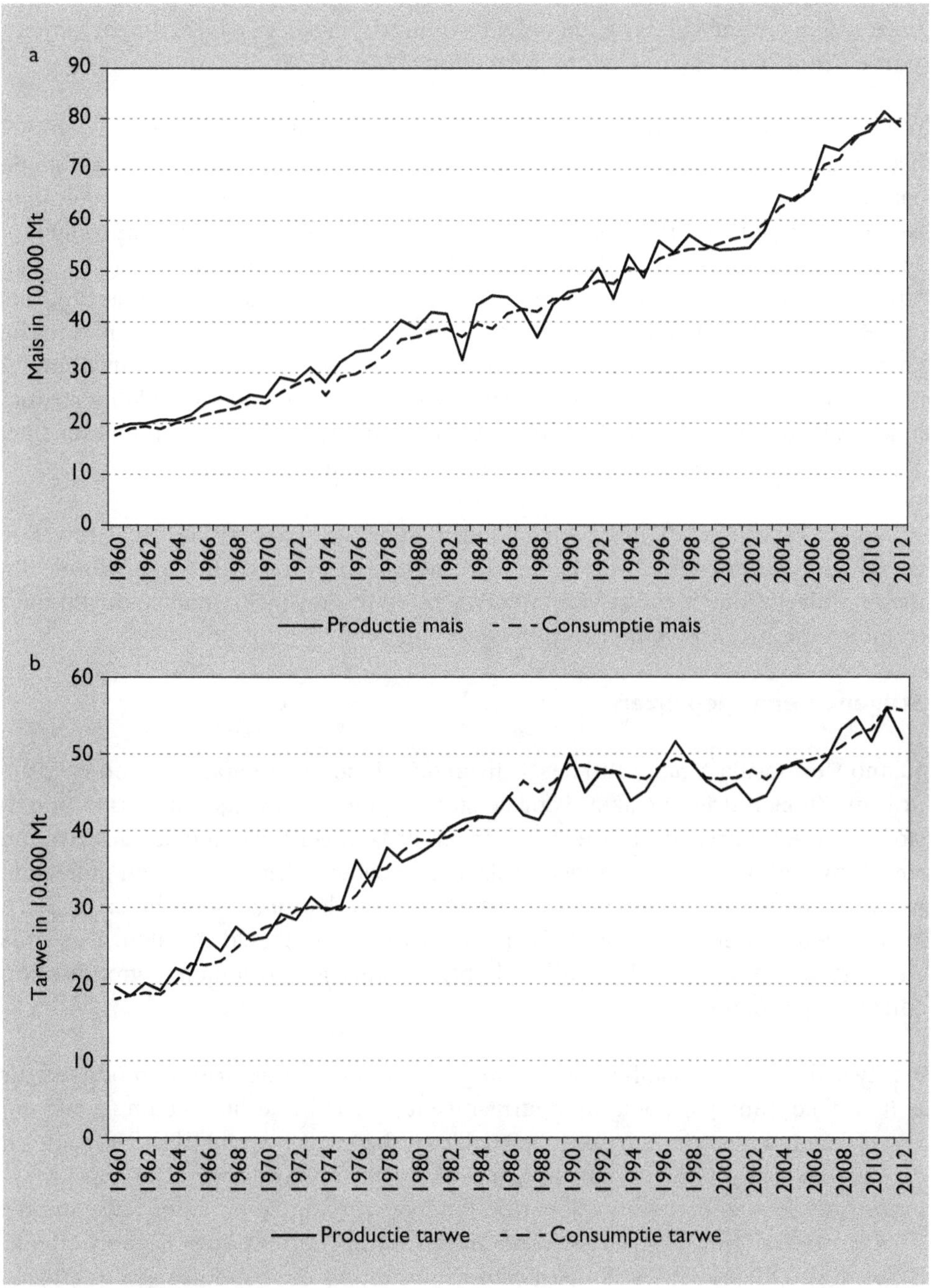

Figuur 5.3. Productie (aanbod) van (a) mais en (b) tarwe fluctueert, consumptie (vraag) is redelijk constant en stijgende (USDA, 2012a).

prijzen zijn verdubbeld, is de toename in volume ongeveer de helft. In 2010 importeerde China bijna 60 miljoen ton sojabonen (FAOSTAT, 2012).

Wat de voorgaande figuren voor graan niet kunnen laten zien, is dat de werkelijke vraag naar grondstoffen wel eens groter zou kunnen zijn dan de getoonde consumptie. Als de werkelijke vraag groter is, en het aanbod is de limiterende factor, dan zullen de prijzen stijgen. Deze werkelijke vraag is nauwelijks te meten. In sommige studies wordt de groei van het Bruto Nationaal Product (BNP) van bijvoorbeeld de VS gebruikt als representatief voor mondiale economische groei (zie Byrne *et al.*, 2013), maar dit is een zeer ruwe maatstaf. Toch is economische groei wel een belangrijke onderliggende factor voor de vraag naar grondstoffen en met name de vraag naar voedsel. Uit diverse onderzoeken blijkt dat inkomensgroei in arme landen tot een relatief grotere vraag naar granen leidt (zie Muhammad *et al.*, 2011). En dat heeft consequenties voor de toekomstige vraag.

Arbatli en Vasishtha (2012) stellen dat informatie over economische groei, ofwel de verwachte vraagtoename, een belangrijke rol speelt in fluctuaties van prijzen. Zij meten inderdaad een effect van onverwachte wijzigingen in voorspellingen over economische groei op mondiale prijzen.

Stijgende energieprijzen

Solano Hermosilla *et al.* (2010) beschrijven de relatie tussen brandstof- en voedselprijzen. Zij zien drie oorzaken voor de steeds grotere convergentie tussen brandstof- en voedselprijzen. Ten eerste zijn er de gemeenschappelijke factoren die zowel invloed hebben op brandstofprijzen als voedselprijzen, zoals een groeiende wereldbevolking die steeds meer te besteden heeft door economische groei. Deze factor heeft ook geleid tot de prijsstijgingen van bijvoorbeeld metalen. Dus zelfs als er geen direct verband is, zullen de prijzen van de verschillende grondstoffen eenzelfde patroon laten zien.

Ten tweede zijn brandstoffen een belangrijke input voor agrarische productie. Er is niet alleen energie nodig op bedrijfsniveau, maar in de hele keten (denk aan verwerkende industrie, transport, gekoelde opslag). Als energieprijzen stijgen, zal de kostprijs van producten ook stijgen, wat (op termijn) doorwerkt in consumentenprijzen. Hoe energie-intensiever de landbouwproductie en keten, hoe sterker deze relatie zal zijn. Daarnaast wordt methaangas gebruikt voor het maken van kunstmest. Olieprijzen en kunstmestprijzen zijn zo door methaangas (aardgas) gekoppeld. In OECD-FAO (2011) wordt berekend dat als olieprijzen stijgen met 25%, de kunstmestprijzen met 14% zullen stijgen.

Tenslotte is er de productie van eerste generatie biobrandstoffen, zoals ethanol en biodiesel, waarvoor agrarische grondstoffen gebruikt worden. Sinds omstreeks 2004 is er een actief beleid in verschillende landen om de productie van biobrandstoffen te stimuleren. Zo kent de EU de 10% bijmengverplichting voor transportbrandstoffen in 2020. OECD-FAO (2011) schat dat in de periode 2005-2011 de productie van ethanol is verdubbeld naar bijna 106 miljard liter en die van biodiesel is vervijfvoudigd naar bijna 24 miljard liter. Deze groei zal zich voortzetten tot 155 respectievelijke 42 miljard liter ethanol en biodiesel in 2020. Voor de productie van ethanol wordt vooral mais (53%) en suikerriet (28%) gebruikt. Voor biodiesel wordt bijna uitsluitend plantaardige olie gebruikt (87%, vooral palm- en sojaolie). Wereldwijd wordt 11% van de totale plantaardige olie productie gebruikt voor biodiesel (OECD-FAO, 2011). In de EU liggen deze aandelen anders: daar wordt tarwe, mais, suikerbiet en -riet in min of meer gelijke mate gebruikt voor ethanol en vooral raapzaad naast palm- en sojaolie voor biodiesel gebruikt.

De productie van biobrandstoffen verhoogt de vraag naar gewassen als mais, suiker en oliehoudende zaden, waardoor olieprijzen niet alleen de kostprijs van agrarische producten verhogen, maar ook de agrarische prijzen zelf beïnvloeden. Schattingen van het effect op agrarische grondstofprijzen verschillen van enkele procenten (Schwartz *et al.*, 2011) tot 75% (Mitchell, 2008). Het effect van de productie van biobrandstoffen op binnenlandse prijzen in landen waarin biobrandstoffen geproduceerd worden, is groter dan het effect op internationale prijzen. Zo schat Babcock (2011) dat de 2009 maisprijzen in de VS 21% lager zouden zijn geweest als de ethanolproductie niet was uitgebreid. Ook zijn de lange termijn effecten kleiner dan de korte termijn effecten. Achterbosch *et al.* (2012) schatten dat het effect van de EU bijmengverplichting op internationale voedselprijzen in 2020 slechts 2% zal zijn.

De productie van biobrandstoffen is vooral gestimuleerd door beleid. Zonder de bijmengverplichtingen zouden biobrandstoffen niet concurrerend zijn. Alleen als de olieprijs een zekere hoogte bereikt, worden biobrandstoffen economisch aantrekkelijk; zo is ethanol gemaakt van suikerriet in Brazilië al concurrerend. Hertel en Beckman (2011) hebben berekend dat deze grens op 75 dollar per barrel ligt: bij hogere olieprijzen wordt de correlatie tussen olie- en maisprijzen een stuk sterker.

De bijmengverplichtingen maken de biobrandstofproductie relatief prijsongevoelig en dragen daardoor bij aan hogere prijsvolatiliteit, tenzij er enige mate van flexibiliteit is ingebouwd. De zogenaamde *biofuel tickets* in Nederland of *Renewable Transport Fuel Certificates* in de VK, die in een voorafgaand jaar zijn gekocht, kunnen worden gebruikt om de bijmengverplichting van het volgende jaar te vervullen.

In de VS zorgt het systeem van *Renewable Identification Numbers* (RINs) voor flexibiliteit. Daarnaast heeft de EU eind 2012 besloten de Europese doelstelling voor hernieuwbare energie in vervoer in 2020 te herzien; nu mag slechts maximaal de helft (5%) uit conventionele biobrandstoffen bestaan.

Ad-hoc handelsmaatregelen

Landen maken regelmatig gebruik van handelsmaatregelen, zoals een export- of importverbod, om binnenlandse prijzen te beteugelen. De FAO houdt een database bij van handelsmaatregelen die verschillende landen hebben ingevoerd (FAPDA; zie FAO, 2013). Een exportverbod voor rijst bijvoorbeeld zorgt ervoor dat de productie op de binnenlandse markt blijft, wat de binnenlandse prijzen drukt. Dit leidt echter wel tot een verhoging van internationale prijzen, vooral als een grote exporteur de maatregel neemt. Het stelt landen die rijst importeren voor het probleem dat ze op een schaarse internationale markt tegen hogere prijzen moeten kopen. Importerende landen kunnen hun importtarieven verlagen of de invoer subsidiëren. Het laatste is een kostbare maatregel die vooral arme landen zich over het algemeen niet kunnen veroorloven (Rutten *et al.*, 2013). Door stijgende prijzen volgen andere landen ook met een exportverbod, waardoor een domino-effect ontstaat en prijzen steeds verder stijgen (Martin en Anderson, 2010, 2011).

De rijstmarkt in 2008 is een goede illustratie hiervan. De internationale rijstprijzen begonnen te stijgen in oktober 2007, nadat India en Vietnam exportrestricties invoerden. Deze leidden ertoe dat andere exporterende landen ook hun grenzen sloten; importerende landen gingen grotere hoeveelheden inslaan. De rijstprijs piekte daardoor in juni 2008 tot viermaal de prijs van voor de prijsstijging. De prijs ging omlaag toen Japan aankondigde rijstvoorraden te gaan verkopen op de wereldmarkt. Dat bracht exporterende landen ertoe de exportrestricties op te heffen, waardoor de prijzen verder daalden (Headey, 2010; Headey en Fan, 2008).

Wat het effect van de diverse handelsmaatregelen versterkt, is dat ze vaak onverwacht worden geïntroduceerd. Vooral in Afrika worden handelsmaatregelen vaak ad hoc en zonder waarschuwing vooraf afgekondigd. Als overheden een te snelle prijsstijging vrezen, of vermoeden dat door een grote exportstroom de nationale voedselzekerheid in het geding komt, kondigen ze een exportverbod af. Dit soort handelsmaatregelen verhoogt de volatiliteit van prijzen. Daarnaast benadelen ze vooral de handelaren die contracten hadden afgesloten in het buitenland. Dit heeft als effect dat boeren een onzekere afzetmarkt hebben waardoor ze minder zullen investeren.

5.3 Gevolgen hoge prijzen en prijsvolatiliteit

Voedselzekerheid

De prijspieken van de afgelopen jaren hebben gevolgen op diverse terreinen. Op politiek vlak hebben ze geleid tot initiatieven van de Groep van 19 rijkste landen plus de EU (G20). In deze initiatieven staat het vergroten van de voedselzekerheid centraal. De G20 heeft een actieplan opgesteld om (1) ketens tegen prijs-en aanbodschokken te versterken, (2) de internationale voedselhulpinkoop te verbeteren en (3) instrumenten voor risicobeheer te ontwikkelen. Om oogstvoorspellingen te verbeteren is het Mondiale Agrarische Geo-Monitoring Initiatief (GAGI) ontwikkeld, alsook het Agrarische Markt Informatie Systeem (AMIS), om daarmee een *early warning* systeem te ontwikkelen dat de kans op het ontstaan van voedselcrises beter kan voorspellen. AMIS bestaat uit een raamwerk dat op landenniveau data monitort over productie, verbruik, prijzen, handel en voorraden. In de FAO is een *Rapid Response Forum* gecreëerd waarin leden van de G20 zitting hebben. Het forum pakt de signalen uit AMIS op en bespreekt welke stappen nodig zijn om een voedselcrisis te voorkomen.

Consumenten en producenten hebben tegengestelde belangen waar het prijzen aangaat. Hoge prijzen zijn een probleem voor (arme) consumenten, die een groot deel van hun inkomen aan voeding besteden. Nu de prijzen hoog zijn, is er meer aandacht voor deze groep. Ook de verwerkende industrie en producenten die afhankelijk zijn van agrarische producten (bijvoorbeeld veevoeder) maken meer kosten bij hoge prijzen. Hevig fluctuerende prijzen zijn een probleem voor zowel producenten als consumenten, omdat het een element van onzekerheid geeft. Het landbouwbeleid in veel westerse landen is er juist op gericht om een zekere mate van prijsstabiliteit te bereiken op een prijsniveau dat een redelijk inkomen oplevert voor de producenten en waarbij consumenten redelijke prijzen betalen voor de landbouwproducten. Er zijn echter ook voorbeelden van landen (zoals Egypte en India), waar het beleid veel meer is gericht op het zo goed en goedkoop mogelijk voeden van een almaar groeiende stedelijke bevolking, bijvoorbeeld met behulp van goedkope (gesubsidieerde) importen, en het eigen landbouwbelang meer op de tweede plaats komt.

Over het algemeen reageren huishoudens met lage inkomens op prijsstijgingen door hun consumptiepatroon meer te veranderen dan die met hoge inkomens; zij zullen vooral minder hoogwaardig voedsel gaan eten, zoals groenten en vlees (IDS, 2009). Dit hoeft niet te betekenen dat ze minder calorieën binnenkrijgen; dus hogere prijzen leiden meestal niet meteen tot acute honger. Maar omdat arme huishoudens wel minder voedzaam gaan eten, hebben hoge voedselprijzen wel gevolgen voor de gezondheid op langere termijn, vooral voor kinderen. In extreme gevallen zullen zeer arme huishoudens de totale hoeveelheid voedsel verminderen en minder calorieën binnenkrijgen, wat tot acute honger leidt.

Investeren in landbouwonderzoek

Omdat natuurlijke hulpbronnen zoals vruchtbaar land of water steeds schaarser worden, moet de landbouwproductiviteit verhoogd worden om met de beschikbare middelen een hogere opbrengst te realiseren. Investeren in landbouwonderzoek is hierom onontbeerlijk. De FAO (2012) stelt dat publieke investeringen in landbouwonderzoek een hoog rendement halen met betrekking tot armoedebestrijding en het verhogen van de productiviteit.

Niettemin laat figuur 5.4 zien dat vooral de lage inkomenslanden achterblijven met investeren in landbouwonderzoek. Als de uitgaven aan landbouwonderzoek worden gedeeld door het agrarisch BNP, dan blijven de lage inkomenslanden ver achter met minder dan 0,5%. De hoge inkomenslanden besteden relatief meer aan landbouwonderzoek. Beintema *et al.* (2012) brengen naar voren dat de stijging van uitgaven aan landbouwonderzoek in middeninkomenslanden vooral te danken is aan China en India, die hun budgetten fors verhoogd hebben.

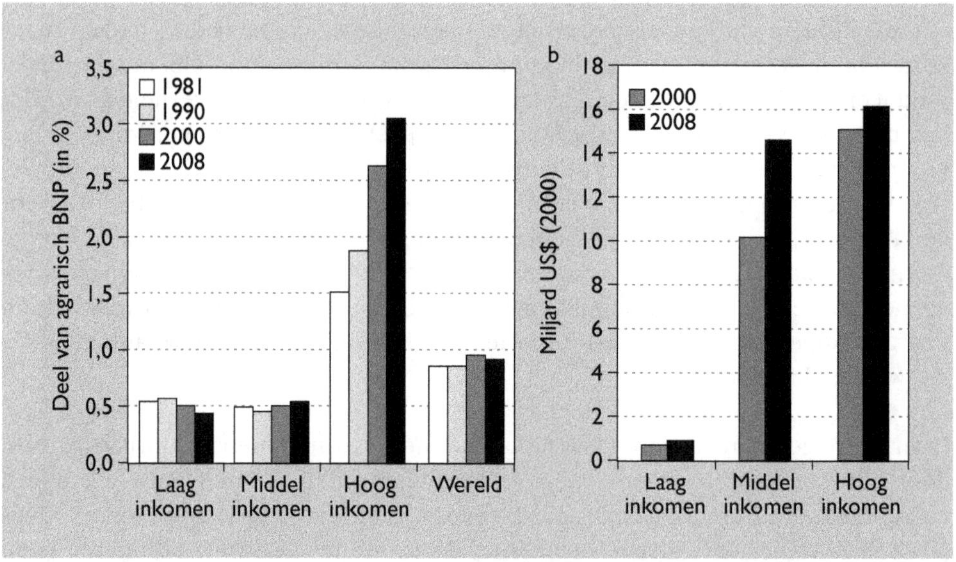

Figuur 5.4. Uitgaven aan landbouwonderzoek (Beintema et al.*, 2012).*

Over het algemeen levert de landbouwsector bij economische groei een steeds kleinere bijdrage aan het nationale inkomen (figuur 5.5). Deels valt dit te verklaren uit het feit dat de vraag naar voedsel vergeleken met andere goederen langzamer stijgt; deels komt het doordat de grond- en arbeidsproductiviteit in de landbouw sneller groeit dan in andere sectoren (Anderson, 1987). Niettemin is de verwachting gerechtvaardigd dat met hogere prijzen - en gelijkblijvende kosten, wat met hogere olieprijzen niet helemaal het geval is - de toegevoegde waarde meer zou moeten stijgen, waardoor het aandeel van de landbouwsector in het BNP minder zou moeten dalen. Voor midden- en hoge inkomenslanden is dit het geval sinds 2006, het aandeel van de landbouwsector in het BNP is in 2011 zelfs licht gestegen. Voor lage inkomenslanden geldt dat niet, wat een aanwijzing kan zijn dat de landbouwsector daar niet heeft kunnen profiteren van de hoge voedselprijzen.

Investeringen in de landbouwsector: grondverwerving en pacht

Sinds enkele jaren is er een sterk groeiende belangstelling van landen en (staats) bedrijven om grond in andere landen in gebruik te nemen voor de grootschalige productie van landbouwgewassen. De belangrijkste drijfveer achter deze ontwikkeling is het tekort aan landbouwgrond in eigen land om in de voedselvoorziening van de eigen bevolking te kunnen voorzien. Om aan de groeiende vraag naar voedsel te voldoen, gaan bedrijven en staatsfondsen op zoek naar nieuwe land-

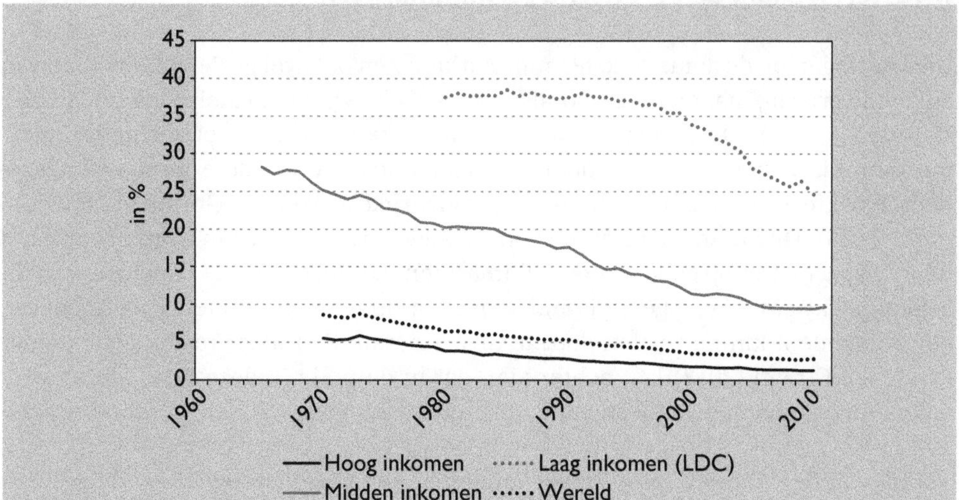

Figuur 5.5. Toegevoegde waarde van de landbouwsector als percentage van Bruto National Product daalt (World Bank, 2012).

bouwgrond, of landbouwgrond waar de opbrengst nog flink verhoogd kan worden. De beschikbaarheid van (grond)water is daarbij een belangrijke vereiste.

Volgens Grain is er 35 miljoen hectare gekocht of gepacht in 66 landen sinds 2006 (Grain, 2012). Deze schatting is gebaseerd op 416 deals betreffende grootschalige (>10.000 ha) landaankoop of langdurige pacht (30-99 jaar) door buitenlandse investeerders (bedrijven of overheden) voor de productie van voedsel. De grond die hiermee gemoeid is, is verspreid over de hele wereld. Rusland, Australië, Afrika (vooral Soedan, Ethiopië en Tanzania) en Brazilië zijn landen waarin zeer grootschalige deals zijn gesloten (meer dan 1 miljoen hectare).

Alhoewel de term *land grab* of 'landje-pik' vaak gebezigd wordt, is deze enigszins misleidend omdat het over deals gaat met wederzijdse instemming. Het probleem echter is dat contracten niet altijd openbaar of transparant zijn en het onduidelijk is wie recht heeft op het land en de verkoop of verhuur ervan. Vooral in Afrika, waar in feite al het land het officiële eigendom is van de staat, bestaan transparante landmarkten nauwelijks en zijn kadasters onvolledig. Daardoor is er ruimte voor onderhandse contracten tussen een invloedrijke ambtenaar van de lokale of nationale overheid en een buitenlandse investeerder. De dupe van dit soort contracten zijn de *de facto* eigenaars van het land of de dagelijkse gebruikers ervan: vaak arme boeren of nomadische veehouders.

Investeringen op de agrarische termijnmarkten

Investeringen op de agrarische termijnmarkten zijn ook wel gezien als oorzaak van stijgende prijzen, maar daar is vooralsnog weinig bewijs voor (Meijerink *et al.*, 2012; Will *et al.*, 2012). De toename van speculatief kapitaal door zogenoemde indexfondsen, die beheerd worden door pensioenfondsen en andere grotere fondsbeheerders, kreeg een grote vlucht na het invloedrijke artikel van Gorton en Rouwenhorst (2006). Dit artikel laat zien hoe op de lange termijn geld kan worden verdiend door te speculeren op goederentermijnmarkten. De belangrijkste conclusie van dit artikel is dat grote beleggers via indexfondsen op termijnmarkten voor goederen een rendement kunnen halen door te diversifiëren. Een meer recent artikel door Sanders en Irwin (2012) laat echter zien dat in de praktijk deze resultaten tegenvallen en dat alleen bij snel stijgende prijzen positieve resultaten worden behaald.

Vooral van de kant van 'niet-gouvernementele organisaties (ngo's) en de politiek is forse kritiek geuit op de speculatie op termijnmarkten door het vermeende effect op prijzen. In het debat worden nogal eens verschillende zaken door elkaar gehaald, waardoor de discussie niet altijd zuiver wordt gevoerd. Ten eerste wordt het speculeren met fysieke zakken graan verward met speculeren op de termijnmarkt met financiële derivaten. De klassieke vorm van speculatie, het opkopen en opslaan van graan drijft de prijs omhoog. Maar met financiële derivaten wordt er geen graan gekocht, er wordt slechts op de prijs gewed. Omdat talloze financiële derivaten kunnen worden gecreëerd op basis van één zak graan, is van fysieke schaarste dus geen sprake.

Ten tweede wordt correlatie vaak verward met causaal verband. De mate van speculatieve investeringen op de termijnmarkten is sterk gecorreleerd met agrarische grondstofprijzen. De simplistische conclusie is dan dat speculatie leidt tot hogere prijzen, maar het verband kan ook andersom zijn: als prijzen stijgen, wordt het aantrekkelijker om te investeren in agrarische termijnmarkten. Ook kan er sprake zijn van andere, onderliggende factoren als economische groei of informatie rond oogstverwachtingen die zowel hogere prijzen als meer investeringen kunnen verklaren. Dit houdt verband met de macro-economische factoren die hiervóór behandeld werden.

Ten derde is het niet duidelijk *hoe* speculatieve investeringen op termijnmarkten leiden tot hogere prijzen. De wetenschappelijke literatuur heeft in ieder geval nog geen steekhoudende theorie die een *spill-over* van de termijnmarkt naar de dagmarkt verklaart. Er wordt vaak gesteld dat puur door het enorme volume, de indexfondsen de prijzen verstoren; de term 'excessieve speculatie' wordt dan vaak gehanteerd, zonder dat er een duidelijke definitie of norm bestaat voor wat excessief inhoudt. Op basis van hun analyses komen Sanders *et al.* (2010) tot de conclusie dat er geen empirisch bewijs voor is.

Een lastig punt in zowel discussie als empirisch bewijs is het feit dat handelaren op termijnmarkten, zowel *hedgers* die termijnmarkten gebruiken om prijsrisico's af te dekken als speculanten die prijsrisico's nemen, hun aan- en verkoopprijzen baseren op informatie. Het kan zijn dat dit foutieve informatie is, waardoor er een te hoge of te lage prijs tot stand komt. Informatie is in het algemeen moeilijk te meten en mist daarom in de meeste econometrische berekeningen en discussies. Arbatli en Vasishtha (2012) bijvoorbeeld laten zien dat als er informatie is over gewijzigde economische groeiprognoses, de prijzen daarop reageren. Termijnmarkten kunnen daarom worden gezien als informatietransmissiekanalen. Dat is een van de redenen waarom termijnmarkten zo'n belangrijke functie vervullen. Maar als de informatie waarop handelaren hun beslissingen baseren niet wordt meegenomen in de analyses, dan kan het lijken alsof speculanten prijzen opblazen of omlaag duwen.

Alhoewel de discussie over de vermeende invloed van speculatie onverminderd doorgaat, lijkt er wel enige consensus te ontstaan, in ieder geval in de wetenschappelijke discussie. Men lijkt het erover eens dat, als er al enige invloed is, niet speculatie op termijnmarkten, maar 'fundamentele' vraag- en aanbodfactoren de belangrijkste oorzaken voor prijsstijgingen zijn. Daarnaast lijkt er een voorzichtige consensus te zijn dat de invloed van speculatie van korte duur is (een paar uur tot een paar dagen) en de pieken en dalen iets scherper maken (het doorschieten van prijzen). Door de hoeveelheid investeringen kan er 'informatieruis' optreden, waardoor de prijzen op termijnmarkten meer fluctueren dan de dagmarktprijzen, alhoewel dit wordt bestreden door een recente studie van Irwin en Sanders (2011).

5.4 Conclusies

Er lijkt een trendbreuk in het verloop van prijzen van agrarische grondstoffen te zijn geweest rond 2006: prijzen zijn niet alleen gestegen maar ook meer gaan fluctueren met een aantal pieken. Niet alleen prijzen van agrarische grondstoffen vertonen dit beeld, ook prijzen van metalen en brandstoffen zijn hoger en volatieler. Prijzen worden bepaald door vraag en aanbod, en het lijkt erop dat een snel stijgende vraag de prijzen heeft opgestuwd. De vraag is gestegen door sterke economische groei, vooral in ontwikkelingslanden, bevolkingsgroei en vraag naar biobrandstoffen. Maar achter deze simpele analyse zitten verschillende factoren die van één en ander een complex geheel maken.

Economische groei in verschillende landen heeft niet alleen de vraag naar voedsel en grondstoffen vergroot, maar ook veranderd: huishoudens met hogere inkomens besteden hun inkomen aan ander voedsel en reageren anders op prijsstijgingen. Overheden hebben een actief handels- en prijsbeleid gevoerd om voedsel voor consumenten betaalbaar te houden, producenten een redelijke prijs te bieden, en voedselzekerheid veilig te stellen. Dit beleid heeft weer zijn effect op internationale prijzen gehad en de volatiliteit van prijzen verder vergroot. Daarnaast zijn voorraden de laatste jaren over het algemeen laag, wat betekent dat er minder buffers zijn om een tekort in aanbod (misoogst) op te vangen. Alhoewel het aanbod is gestegen, is het blijkbaar niet genoeg gestegen om prijzen te beteugelen. Het vergroten van aanbod kan door het landbouwareaal uit te breiden of meer oogst per hectare te produceren.

Een andere optie is om de voedselverspilling tegen te gaan. Een recente studie (Gustavsson *et al.*, 2011) schat dat een derde van het voedsel dat bestemd is voor menselijke consumptie wordt verspild, wat neerkomt op 1,3 miljard ton aan voedsel per jaar. Er is een verschil tussen voedselverspilling in ontwikkelde landen (met name bij consument en in de winkel die 40% voor hun rekening nemen), en verspilling in ontwikkelingslanden (met name bij de productie, oogst, in de opslag en verwerkingsfasen bij elkaar meer dan 40%).

De hoge prijzen voor agrarische grondstoffen hebben tot gevolg gehad dat de landbouwsector interessant is geworden voor beleggingen en investeringen. Deze zijn nodig, omdat jarenlang investeringen in de landbouw zijn achtergebleven, vooral in landbouwkundig onderzoek. Investeringen in landbouwonderzoek zijn weliswaar gestegen, maar er is sprake van een afnemende stijging en vooral investeringen in Afrika blijven achter. Investeringen op agrarische termijnmarkten alsook in landbouwgrond en bedrijven zijn controversieel gebleken. De verhoogde activiteit op agrarische termijnmarkten is controversieel omdat de indruk bestaat dat deze mede heeft bijgedragen tot hogere en meer volatiele prijzen, alhoewel sluitend bewijs hiervoor vooralsnog ontbreekt. Investeringen in landbouwgrond zijn omstreden, met name in landen waar landrechten niet goed beschermd zijn.

Als de vraag blijft stijgen en het aanbod relatief achterblijft, dan zullen de prijzen voorlopig hoog blijven. Het is niet duidelijk of ze sterk zullen blijven fluctueren. Een recent rapport van de Wereldbank heeft het over een nieuwe werkelijkheid, oftewel een *new normal* van hoge en volatiele voedselprijzen.

Hoge voedselprijzen zijn vooral een probleem voor de allerarmsten. Zij zullen meestal niet direct honger lijden, maar hun voedingspatroon aanpassen door meer zetmeel en minder groenten en proteïnen te gaan eten. Op de lange termijn zal dit tot gezondheidsproblemen leiden.

Sterk fluctuerende prijzen zijn ook problematisch voor consumenten, maar toch vooral voor producenten en de verwerkende industrie. Volatiliteit brengt een element van risico met zich mee, waardoor nieuwe investeringen uit- of afgesteld worden. Volatiliteit heeft ook gevolgen voor netto voedsel-importerende landen, die afhankelijk zijn van een wereldmarkt die grote prijsrisico's met zich meebrengt. Daar komt nog bij dat sommige netto-voedselexporterende landen regelmatig exportrestricties hebben afgekondigd om hun binnenlandse prijzen stabiel te houden. Deze exportrestricties werken meer volatiliteit in de hand en hebben prijzen soms verder opgestuwd.

Literatuur

Achterbosch, T., S. Van Berkum, L. Shutes en A. Tabeau, 2012. A model-based assessment of the food security impacts of changes in bioenergy production. LEI, Den Haag, Nederland.

Akram, Q.F., 2009. Commodity prices, interest rates and the dollar. Energy Economics 31: 838-851.

Anderson, K., 1987. On why agriculture declines with economic growth. Agricultural Economics 1: 195-207.

Anzuini, A., M.J. Lombardi en P. Pagano, 2010. The impact of monetary policy shocks on commodity prices. Europese Centrale Bank, Frankfurt, Duitsland.

Arbatli, E.C. en G. Vasishtha, 2012. Growth in emerging market economies and the commodity boom of 2003-2008: evidence from growth forecast revisions. Bank of Canada, Ottawa, Canada.

Babcock, 2011. The impact of US biofuel policies on agricultural price levels and volatility. China Agricultural Economic Review 4(4): 407-426.

Beintema, N.M., G.-J. Stads, K. Fuglie en P. Heisey, 2012. ASTI global assessment of agricultural R&D spending. Developing countries accelerate investment. IFPRI, Washington, DC, USA.

Byrne, J.P., G. Fazio en N. Fiess, 2013. Primary commodity prices: co-movements, common factors and fundamentals. Journal of Development Economics 101: 16-26.

Dawe, D., 2009. The unimportance of 'low' world grain stocks for recent world price increases. FAO Agricultural Development Economics Division, Rome, Italië.

Dwyer, A., J. Holloway en M. Wright, 2012. Commodity market financialisation: a closer look at the evidence. Reserve Bank of Australia Bulletin: March Quarter 2012.

FAO, 2012. The state of food and agriculture 2012: investing in agriculture for a better future. FAO, Rome, Italië.

FAO, 2013. Food and agriculture policy decision analysis. FAO, Rome, Italië.

FAO, IFAD, IMF, OECD, UNCTAD, WFP, World Bank, WTO, IFPRI en UN HLTF, 2011. Price volatility in food and agricultural markets: policy responses. FAO, Food Price Volatility Task Team, Rome, Italië.

Frankel, J.A., 2008. The effect of monetary policy on real commodity prices. National Bureau of Economic Research, Cambridge, MA, USA.

Frankel, J.A. en Rose, A.K., 2010. Determinants of agricultural and mineral commodity prices. John F. Kenney School of Government, Harvard University, Cambridge, MA, USA.

Gorton, G. en K.G. Rouwenhorst, 2006. Facts and fantasies about commodity futures. Financial Analysts Journal 62: 47-68.

Grilli, E. en M. Yang, 1988. Primary commodity prices, manufactured goods prices, and the terms of trade of developing countries: what the long run shows. The World Bank Economic Review 2: 1-47.

Gustavsson, J., C. Cederberg, U. Sonesson, R. Van Otterdijk en A. Meybeck, 2011. Global food losses and food waste: extent, causes and prevention. FAO, Rome, Italië.

Headey, D., 2010. Rethinking the global food crisis: the role of trade shocks. IFPRI, Washington, DC, USA.

Headey, D. en S. Fan, 2008. Anatomy of a crisis: the causes and consequences of surging food prices. Agricultural Economics 39: 375-391.

Hertel, T.W. en J. Beckman, 2011. Commodity price volatility in the biofuel area: an examination of the linkage between energy and agricultural markets. http://ageconsearch.umn.edu/bitstream/60857/2/AAEA%202010.pdf.

Huchet-Bourdon, M., 2011. Agricultural commodity price volatility: an overview. OECD Publishing, Parijs, Frankrijk.

IDS, 2009. Accounts of crisis: poor people's experiences of the food, fuel and financial crises in five countries. Institute of Development Studies, Londen, UK.

IMF, 2012. IMF primary commodity prices. International Monetary Fund, Washington, DC, USA.

Irwin, S.H. en D.R. Sanders, 2011. Index funds, financialization, and commodity futures markets. Applied Economic Perspectives and Policy 33: 1-31.

Lilliston, B. en A. Ranallo, 2012. Grain reserves and the food price crisis: selected writings from 2008-2012. IATP, Washington, DC, USA.

Martin, W. en K. Anderson, 2010. Trade distortions and food price surges. University of California, Berkeley, CA, USA.

Martin, W. en K. Anderson, 2011. Export restrictions and price insulation during commodity price booms. World Bank, Washington, DC, USA.

Meijerink, G. en P.K. Joshi, 2014. India's price support policies and global food prices. In: F. Brouwer and P.K. Joshi (red.). International trade and food security; the future of Indian agriculture. CABI, Wallingford, UK, in press.

Meijerink, G., S. Van Berkum, K. Shutes en G. Solano Hermosilla, 2011. Price and prejudice: Why are food prices so high? LEI, Den Haag, Nederland.

Meijerink, G., K. Shutes, A. Herder en J.W. Van Gelder, 2012. Voedselprijzen en speculatie op agrarische termijnmarkten. Literatuurstudie en interviews. LEI, Den Haag, Nederland.

Mitchell, D., 2008. A note on rising food prices. World Bank, Washington, DC, USA.

Muhammad, A., J.L. Seale, B. Meade en A. Regmi, 2011. International evidence on food consumption patterns: an update using 2005 international comparison program data. USDA Economic Research Service, Washington, DC, USA.

OECD-FAO, 2011. Agricultural outlook 2011-2020. OECD, Parijs, Frankrijk.

Pfaffenzeller, S., P. Newbold en A. Rayner, 2007. A short note on updating the Grilli and Yang commodity price index. World Bank Economic Review 21: 1-13.

Piesse, J. en C. Thirtle, 2009. Three bubbles and a panic: an explanatory review of recent food commodity price events. Food Policy 34: 119-129.

Pindyck, R.S. en J.J. Rotemberg, 1990. Do stock prices move together too much? NBER Working Papers 3324. National Bureau of Economic Research, Cambridge, MA, USA.

Rutten, M.M., L.J. Shutes en G. Meijerink, 2013. Sit down at the ballgame: how trade barriers make the world less food secure. Food Policy 38: 1-10.

Sanders, D.R. en S.H. Irwin, 2012. A reappraisal of investing in commodity futures markets. Applied Economic Perspectives and Policy 34: 515-530.

Sanders, D.R., S.H. Irwin en R.P. Merrin, 2010. The adequacy of speculation in agricultural futures markets: too much of a good thing? Applied Economic Perspectives and Policy 32: 77-94.

Schwartz, G., H. Von Witzke en S. Noleppa, 2011. Impacts of future energy price and biofuel production scenarios on international crop prices, production, and trade. In: A. Schmitz, N. Wilson, C. Moss en D. Zilberman (red.) The economics of alternative energy sources and globalization. Bentham Books, Sharjah, Verenigde Arabische Emiraten, pp. 76-90.

Solano Hermosilla, G., H.J. Silvis en G.B. Woltjer, 2010. Links between energy and food markets. A preliminary assessment. LEI, Den Haag, Nederland.

USDA, 2012a. Grain: world markets and trade. USDA Foreign Agricultural Service, Washington, DC, USA.

USDA, 2012b. Oilseeds: world markets and trade. USDA Foreign Agricultural Service, Washington, DC, USA.

Van Berkum, S. en P. Bindraban, 2008. Towards sustainable soy. An assessment of opportunities and risks for soybean production based on a case study Brazil. LEI, Den Haag, Nederland.

Vansteenkiste, I., 2009. How important are common factors in driving non-fuel commodity prices? A dynamic factor analysis. Europese Centrale Bank, Frankfurt, Duitsland.

Will, M.G., S. Prehn, I. Pies en T. Glauben, 2012. Is financial speculation with agricultural commodities harmful or helpful? A literature review of current empirical research. Martin-Luther-University Halle-Wittenberg, Halle, Duitsland.

World Bank, 2012. World Bank data. World Bank, Washington, DC, USA.

Internet

FAOSTAT, The statistics division of the FAO: http://faostat.fao.org.

Grain, 2012. Grain website. http://www.grain.org/article/entries/4479-grain-releases-data-set-with-over-400-global-land-grabs.

UN Comtrade, United Nations commodity trade statistics database: http://comtrade.un.org/db.

6. Private vormen van prijs- en inkomensstabilisatie[67]

Joost Pennings en Arie Oskam

6.1 Beleidshervormingen, globalisering en beheersing van prijsrisico's

De rol van het markt- en prijsbeleid van de EU is in de afgelopen decennia sterk afgenomen. Tezelfdertijd zijn de markten voor landbouwproducten steeds meer geglobaliseerd. In de loop van de tijd zijn diverse richt- en interventieprijzen verlaagd en in samenhang daarmee zijn invoertarieven en vooral exportsubsidies verminderd. Opbrengstprijzen werden meer van de marktomstandigheden afhankelijk en dat verhoogde het prijsrisico. Weliswaar zorgden compenserende inkomenstoeslagen voor een vermindering van het inkomensrisico, maar ook inkomenstoeslagen worden in de loop van de tijd minder belangrijk. Voor boeren betekent een verhoogd prijsrisico een groter financieel risico, waardoor een toenemende behoefte aan risicobeheersing ontstaat. De veelgebruikte Engelstalige term daarvoor is *hedging*.

Deze ontwikkelingen, samen met verbeteringen in landbouwkundige technieken en voedseltechnologieën, leiden tot een (grotere) onderlinge verbondenheid tussen markten voor landbouwproducten en tot specialisatie onder boeren. Minder marktinterventie en prijsbeleid, in combinatie met meer specialisatie en dus minder inkomstendiversiteit, maakt producenten bewuster van en gevoeliger voor prijsvolatiliteit aan zowel input- als outputzijde, vooral nu de meeste boeren hun groei financieren met leningen.

De effecten van de globalisering van de landbouwmarkten op prijsvolatiliteit en inkomensstabiliteit zijn velerlei Globalisering kan bijvoorbeeld prijzen minder volatiel maken door lokale markten met elkaar te verbinden via *effectieve arbitrage:* prijsverschillen beperken zich tot de transactiekosten tussen deze markten en worden daardoor slechts afhankelijk van locatie en tijd, en daarmee minder volatiel. Daar staat tegenover dat locale hoeveelheidfluctuaties (weer, ziekte, etc.) beperkter worden gecompenseerd door omgekeerde prijsfluctuaties die stabili-

[67] Dit hoofdstuk is grotendeels gebaseerd op Pennings *et al.* (2011).

serend werken op het inkomen. Geïntegreerde markten kunnen – op termijn – ook specialisatie van bedrijven bevorderen en dat leidt vaak tot meer inkomensfluctuatie.

Prijs- en inkomensrisico's in de landbouw staan in relatie tot prijs en inkomensrisico's in de gehele keten, *upstream* en *downstream*. Nu marktkanalen steeds belangrijker worden, is de cruciale vraag waar in de keten het meeste prijs- en inkomensrisico ligt. Bepaalde productieketens, zoals de Nederlandse aardappelketen, hebben al veel ervaring opgedaan in het beheersen van de negatieve gevolgen van prijs- en inkomensvolatiliteit. Zonder grote overheidsbetrokkenheid zijn *voorwaartse contracten* met vaste prijs en *termijncontracten* ingevoerd om het risico te beperken. Later in dit hoofdstuk wordt toegelicht wat deze contracten inhouden.

De individuele producent dient zich te realiseren dat prijsrisico niet altijd inkomensrisico impliceert. Het inkomen van een boer hangt af van kosten aan de *input*kant en opbrengsten aan de *output*zijde, en de prijsrelaties tussen input en output bepalen de volatiliteit van het netto-inkomen. Diezelfde prijsrelaties bepalen het restrisico van de producent, ofwel de inkomensvolatiliteit nadat alle prijsrisico's als gevolg van inputs en outputs tegen elkaar zijn weggevallen. Als de prijzen van inputs en outputs bijvoorbeeld een perfecte correlatie vertonen, is het restrisico van de boer nul. Dan spreekt men van een *natuurlijke hedge*: de prijsrisico's aan beide zijden heffen elkaar op. In de praktijk komt een dergelijke natuurlijke hedge zelden voor, omdat de input- en outputprijs niet perfect gecorreleerd zijn en omdat er doorgaans productierisico in het spel is, bijvoorbeeld door weersomstandigheden of ziekten. In een dergelijke situatie kan het beheersen van het prijsrisico van slechts één output, dus zonder het risico van de andere inputs en outputs te beheersen, leiden tot een algehele toename van inkomensrisico in plaats van de gewenste afname (Pennings en Leuthold, 2001; Garcia en Leuthold. 2004). Deze situatie deed zich in 2012 voor bij de Europese varkenshouders, waar de voederprijzen scherp stegen terwijl de prijzen van varkens daalden.

In een dergelijk geval kunnen producenten overgaan tot een zogeheten *multiproduct hedge*, waarbij input- en outputprijzen simultaan beheerst worden om het inkomensrisico te beheersen. Een dergelijke strategie hangt af van vele factoren, waaronder de risico-attitude van de producent (diens algemene houding ten opzichte van een bepaald risico), diens risicoperceptie (diens inschatting van de kans bloot te zullen staan aan het risico in kwestie) en de beschikbaarheid van alternatieve strategieën voor risicobeheersing, bijvoorbeeld verzekeringen en productie op contractbasis, de zogeheten *contract farming* (Pennings en Wansink, 2004).

Risicobeheersingsinstrumenten kunnen worden onderverdeeld in twee groepen: centraal via de beurs verhandelbare instrumenten zoals *opties* en *termijncontracten*, en bilateraal verhandelde instrumenten zoals *voorwaartse contracten*. Beleidsmakers dienen het proces van daadwerkelijke adoptie van deze instrumenten in het instrumentarium van de landbouwondernemer, en vooral de heterogeniteit van dit proces, te begrijpen alvorens beleidsmaatregelen te ontwerpen (Pennings en Garcia, 2010). Pennings en Leuthold (2000) hebben aangetoond dat het adoptieproces van termijncontracten twee stadia kent. In het eerste stadium overweegt de producent of termijncontracten tot zijn instrumentarium (kunnen of zouden moeten) behoren. In dit stadium spelen risico-attitude, gebruiksgemak en de vermindering van prijsrisico's, ofwel de *hedge-effectiviteit*, van termijncontracten een belangrijke rol, evenals de mening van de naaste adviseur(s) van de producent, bijvoorbeeld diens accountant en/of bankier. In het tweede stadium, wanneer termijncontracten al deel uitmaken van het instrumentarium van de producent, beslist deze enkel nog of hij/zij een positie zal innemen op de termijnmarkt. In dit stadium spelen risico-attitude, de referentieprijs van de producent (de prijs in het geheugen van de producent die de basis vormt voor het vergelijken en beoordelen van prijzen) en de prijs van het termijncontract de belangrijkste rol (Pennings en Leuthold, 2000).

6.2 Stabilisatie van inkomen: de rol van termijncontracten en voorwaartse contracten

Voor de belangrijkste landbouwproducten zoals granen (maïs en tarwe), suiker, oliehoudende zaden en vlees (varkens en rundvee) bestaan risicobeheersingsinstrumenten die centraal verhandeld worden. Termijncontracten zijn hiervan de bekendste en er is bloeiende handel in Chicago, Londen, Parijs en Frankfurt. Voorwaartse contracten daarentegen worden bilateraal afgesloten tussen een koper en verkoper van een landbouwproduct, zonder tussenkomst van een beurs.

Termijncontracten

Een termijncontract is een gestandaardiseerde, wettelijk bindende overeenkomst tussen twee partijen om een vooraf vastgestelde hoeveelheid van een goed te kopen of te verkopen voor een gespecificeerde maand en tegen een prijs (de termijnprijs) die al wordt vastgelegd bij het aangaan van het contract. De producent kan met een termijncontract diens prijsrisico verminderen, aangezien een prijsdaling (of -stijging) op de *spotmarkt* (de fysieke markt) gedeeltelijk gecompenseerd wordt door een stijging (of daling) voor transacties op de *termijnmarkt*.

Een termijnpositie innemen om risico op de spotmarkt af te dekken staat bekend als *hedgen*. Er zijn twee soorten *hedges*: *short* en *long*. Short hedgen is het verkopen van een termijncontract om de toekomstige verkoopprijs van een goed veilig te stellen. Long hedgen is het kopen van een termijncontract om de toekomstige aankoopprijs van een goed veilig te stellen. De meeste landbouwers kunnen hun contracten liquideren (te gelde maken) voor de leveringsdatum. Zo kan een graanproducent een short hedge liquideren door het contract terug te kopen. Hoewel de meeste termijncontracten daardoor niet resulteren in daadwerkelijke levering, behoort levering in de landbouw vaak wel tot de mogelijkheden. Dit heeft tot doel de prijsrelaties tussen de termijncontracten en de onderliggende spotmarkten in stand te houden (als het termijncontract afloopt) en aldus een effectieve hedge met hoog risicobeperkend vermogen te waarborgen. Een voorbeeld van hedging is beschreven in kader 6.1. Meer voorbeelden zijn te vinden in Leuthold *et al.*, 1989.

Het is van belang te realiseren dat termijncontracten wel degelijk risico's met zich meebrengen, waaronder het in kader 6.1 besproken basisrisico, alsmede het *marktdiepterisico*. Er is sprake van een grote marktdiepte wanneer termijncontracten snel te kopen of verkopen zijn, zonder grote prijseffecten als resultaat van deze transacties. In 'dunne' of 'ondiepe' markten kunnen transacties van individuele hedgers aanzienlijke prijseffecten hebben en leiden tot substantiële transactiekosten (Pennings *et al.*, 1998). Marktdiepterisico is een belangrijke factor voor een aanzienlijk aantal landbouwgerelateerde termijnmarkten.

Daarnaast kan het gebruik van termijncontracten tijdelijke liquiditeitsproblemen veroorzaken wanneer het *clearinghuis* (de liquidatiekas) aanvullende zekerheid eist om virtuele of potentiële verliezen op de termijnmarkt af te dekken, zogeheten *margin calls*. Steeds vaker zijn banken bereid gebleken deze *margin calls* te dekken met bankgaranties, maar alleen bij producenten die werkelijk hedgen en beschikken over een hedge-strategie met hoge *hedge-effectiviteit*. Hedge-effectiviteit is de mate waarin een termijnmarkt transactie het risico dat een ondernemer loopt in de spotmarkt (lees volatiliteit) kan beperken.

Het risicobeperkend vermogen van termijnmarkten wordt het duidelijkst aan de hand van specifieke contracten. Met behulp van een speciaal ontwikkelde maatstaf (Pennings en Meulenberg, 1997) is de hedge-effectiviteit gemeten van de tarwetermijncontracten van de *Chicago Mercantile Exchange* en van *Euronext-NYSE* (Parijs) voor Nederlandse tarweproducenten gedurende de periode 2002-2012. Een aanzienlijke vermindering van het prijsrisico op de spotmarkt blijkt mogelijk, met een hedge-effectiviteit van 87% en 93% voor respectievelijk Chicago en Parijs. Een vergelijkbare analyse van varkenstermijncontracten in Frankfurt (bij de voormalige Hannover Commodity Exchange) leverde voor Nederlandse varkensproducenten een hedge-effectiviteit op van 85%.

De adoptie van termijncontracten in het instrumentarium van de boer is in de EU relatief laag vergeleken met de Verenigde Staten, waar 40% van de grotere, meer commerciële graanproducenten aangeeft termijncontracten te gebruiken of te hebben gebruikt om een gedeelte van hun prijsrisico te hedgen (Pennings *et al.*, 2008). Daarnaast worden in de VS vaste prijscontracten aangeboden door lokale graandistributeurs (de zogeheten *grain elevators*) die vervolgens zelf hun risico afdekken op de termijnmarkt. Recentelijk is sprake van een sterke toename van het handelsvolume van goederentermijncontracten in Europa, onder meer te verklaren door de deelname van landbouwcoöperaties die de prijzen, en in sommige gevallen de winstmarges, hedgen namens de aangesloten boeren.

Kader 6.1. Voorbeeld van hedging.

Een producent beslist op 1 mei 2013 aardappels te gaan poten. De oogst is in september en hij/zij slaat de aardappels op tot april 2014 met het doel ze dan te verkopen op de spotmarkt. Tijdens het poten kan de producent de prijs van aardappels in april 2014 niet voorspellen en de producent staat daarmee bloot aan prijsrisico. De termijnmarkt biedt echter de mogelijkheid een prijs vast te zetten door de verkoop van een termijncontract voor levering in april 2014 voor de prijs van 15 euro per 100 kg. In het volgende schema wordt dit in kaart gebracht.

Datum	Transactie	Lokale prijs	Transactie	Futures	Basis
1 mei 2013			Short (verkopen)	€15,00	
april 2014	Verkopen	€11,00	Long (kopen)	€11,00	€0,00
		€11,00		€4,00	

In april 2014 verkoopt diezelfde producent de aardappels aan een lokale handelaar voor 11 Euro, de dan geldende spotprijs. Hij compenseert zijn termijnpositie door het contract terug te kopen (lang te gaan). Deze hedge levert het volgende op: verkopen (short gaan) op de termijnmarkt voor 15 euro op 1 mei 2013 en terugkopen voor 11 euro in april 2014, met een positief resultaat van 4 euro. Daarmee is de gerealiseerde verkoopprijs van 11 euro op de spotmarkt plus de 4 euro van de termijntransactie precies de prijs die de verkoper had vastgezet op 1 mei 2013.

Hierbij zij opgemerkt dat in dit voorbeeld de basis (het verschil tussen de spotprijs en de termijnprijs) 0 euro was ten tijde van de verkoop op de spotmarkt. In de praktijk zal deze echter bij maturiteit (april 2014) niet 0 zijn vanwege geografische verschillen en kwaliteitsverschillen tussen de specificaties van het termijncontract en de lokale spotmarkten.
Om succesvol gebruik te maken van de termijnmarkt dient een producent dan ook een inschatting te maken van de basis ten tijde van de daadwerkelijke levering van het goed in de lokale markt (in ons voorbeeld: van de aardappels in april 2014). De (on)voorspelbaarheid van de basis, het zogeheten basisrisico, bepaalt de mate waarin producenten hun prijsrisico kunnen beperken. Onderzoek toont aan dat Nederlandse aardappelproducenten inderdaad bloot staan aan basisrisico wanneer zij hun aardappels hedgen op de termijnmarkt. Dit risico is echter relatief gering vergeleken bij het prijsrisico dat zij lopen op de spotmarkt. De hedge-effectiviteit van het aardappeltermijncontract voor Nederlandse aardappeltelers ligt dan ook hoog, rond 90%, hetgeen inhoudt dat het 90% van de volatiliteit van de spotprijs afdekt.

Voorwaartse contracten

Producenten kunnen hun risico's ook beheersen met voorwaartse contracten. Een voorwaarts contract is een vast prijs-afzetcontract: men spreekt de prijs nu af voor levering of ontvangst van het goed in de toekomst. Dergelijke contracten specificeren doorgaans naast de prijs de hoeveelheid, kwaliteit, locatie en datum van de levering. In tegenstelling tot termijncontracten worden voorwaartse contracten niet centraal verhandeld, noch gestandaardiseerd. Het contract kan niet worden teruggedraaid (zoals op een termijnmarkt) tenzij koper en verkoper dit overeenkomen en er sprake is van wederzijds leveringsrisico, aangezien wanprestatie kan optreden bij een veranderende markt. Figuur 6.1 vergelijkt termijncontracten en voorwaartse contracten.

Rol coöperaties

Pennings *et al.* (2008) hebben aangetoond dat boeren een mix van risicobeheersingsinstrumenten gebruiken. Aangezien coöperaties een grote rol spelen in het vermarkten van landbouwproducten, bieden hun activiteiten belangrijke kansen voor risicobeheersing. Van oudsher betaalden coöperaties aan boeren een 'gemiddelde' prijs per goed, gebaseerd op de verkoop van het eindproduct. Recentelijk bieden coöperaties, vooral in de graansector binnen de EU, landbouwers de mogelijkheid hun prijzen van tevoren vast te zetten met behulp van voorwaartse contracten waardoor landbouwers hun prijsrisico kunnen verminderen. Het risico

Termijncontracten	**Voorwaartse contracten**
Overeenkomsten	

- Twee partijen[1]
- Aanlevering op een datum in de overeenkomst
- Aanvankelijk vindt er nog geen betaling plaats[2]

Verschillen	
• Publiek verhandeld	• Privaat verhandeld
• Permanent verhandelbaar	• In principe niet verhandelbaar
• Gestandaardiseerd	• Niet gestandaardiseerd
• Specifieke regelgeving	• Algemeen contractrecht
• Beëindigd voor vervaldatum	• Beëindigd bij werkelijk leveren
• Marges[3]	• Geen marges, verzuim kan voorkomen

[1] Voorwaartse contracten worden afgesloten tussen twee specifieke partijen; termijncontracten worden individueel afgesloten en geëlimineerd via een '*clearing house*'.
[2] Er kunnen bij termijncontracten betalingen plaatsvinden bij het afsluiten van een contract: de initiële marge. Dit bedrag verzekert dat het contract valide is.
[3] Iedere marktdeelnemer is verplicht om te investeren en een bepaalde marge aan te houden bij het clearing house voor het geval van nadelige prijsfluctuaties. Er zijn twee typen marges: de initiële marge en de variatie marge ('*maintenance margin*').

Figuur 6.1. Termijncontracten en voorwaartse contracten.

dat de coöperatie aantrekt door het aanbieden van voorwaartse contracten aan haar leden, compenseert zij door een tegengestelde positie in te nemen op de termijnmarkt. Feitelijk beheersen deze coöperaties dus het risico van de bij hen aangesloten boeren met behulp van de termijnmarkt. De verwerkende industrie maakt eveneens gebruik van termijncontracten om het prijsrisico te beperken dat zij loopt op de inputs (grondstoffen) die zij inkoopt van coöperaties.

6.3 Private markten en markt- en prijsbeleid

Private markten kunnen een belangrijke aanvullende rol vervullen in het markt- en prijsbeleid van de EU. Zoals al besproken kan risicobeheersing gefaciliteerd worden door private instellingen zoals termijnmarkten. Coördinatie van overheidsbeleid en private markt is echter noodzakelijk om landbouwers in staat te stellen de voordelen optimaal te benutten. Een EU interventieprijs, bijvoorbeeld, is in feite een gratis *putoptie* voor producenten (zij kunnen immers, indien wenselijk, tegen die prijs verkopen aan het interventiebureau) en kan daardoor de introductie van opties door private partijen overbodig en weinig kansrijk maken.

Voor termijnmarkten is het juiste contractontwerp cruciaal. Om te slagen moeten de kosten, de risicobeperkende capaciteit en de marketing van een nieuw contract nauw aansluiten bij de praktijk van de spotmarkt en de 'beleidsomgeving' van het onderliggende goed. Terwijl veel onderzoek gericht is op de contractspecificatie (het definiëren van het onderliggend product, plaats van levering en contractgrootte), is er minder aandacht geweest voor de risicoreductiecapaciteit (de hedgingeffectiviteit) van een contract op de marge tussen de input- en outputprijzen van de producent en de relatie met het gevoerde marktbeleid en prijsbeleid.

Om de effectiviteit van marktinstrumenten beter te waarborgen is daarnaast meer kennis nodig van *daadwerkelijk* gedrag van producenten. Pennings en Garcia (2004) hebben aangetoond dat gedragsmatige concepten zoals risico-attitude, alsmede het advies van de besliseenheid rondom de producent, een belangrijke rol spelen bij de adoptie van termijncontracten in diens instrumentarium. Zoals verwacht verschilt de invloed van deze factoren aanzienlijk per producent. Dit lijkt erop te duiden dat bij het introduceren van nieuw risicobeheersingsbeleid omzichtig moet worden omgegaan met aanbevelingen over de bruikbaarheid van hedge-alternatieven gebaseerd op standaard (financiële) portefeuillemodellen op internationale goederenmarkten.

Om te waarborgen dat beleidsmaatregelen en private initiatieven werkelijk complementair zijn en elkaar aldus versterken, dienen beleidsmakers, landbouwers en overige private marktpartijen hun acties nauwgezet te coördineren. Dan alleen kan een volledig gamma van risicobeheersingsinstrumenten ontwikkeld en geïntroduceerd worden. Recente ontwikkelingen zoals de oprichting van nieuwe hedge-coöperaties, waaronder de *Belgian Pig Trading Companies*[68], en de installatie door de EU van de *Expert Group* voor landbouwgoederenderivaten en spotmarkten zijn voorbeelden van dergelijke gecoördineerde acties.

Literatuur

Garcia, P. en R.M. Leuthold, 2004. A selected review of agricultural commodity futures and options markets. European Review of Agricultural Economics 31: 235-272.

---

[68] Zie http://www.dlv.be/eng/sites/default/files/files/156377_1oct%20-%20data_Pig%20 Trading%20Companies%20andhedging_EN%20REV.pdf.

Franken, J.R.V., J.M.E. Pennings en P. Garcia, 2012. Crop production contracts and marketing strategies: what drives their use? Agribusiness 28(3): 324-340.

Kolb, R en J.A. Overdahl, 2006. Understanding futures markets. 6th edition, Blackwell Publishing, Oxford, UK. 588 pp.

Leuthold, R.M., J.E. Cordier en J.C. Junkus, 1989. The theory and practice of futures markets. Lexington Books, Lexington, MA, USA, 410 pp.

Pennings, J.M.E. en P. Garcia, 2004. Hedging behavior in small and medium-sized enterprises: the role of unobserved heterogeneity. Journal of Banking and Finance 28: 951-978.

Pennings, J.M.E. en P. Garcia, 2010. Risk & hedging behavior: the role and determinants of latent heterogeneity? Journal of Financial Research XXXIII: 373-401.

Pennings, J.M.E., P. Garcia en A. Oskam, 2011. Private market and price stabilisation methods. In: A. Oskam, G. Meester and H. Silvis (red.), EU policy for agriculture, food and rural areas. Wageningen Academic Publishers, Wageningen, Nederland, pp. 189-195.

Pennings, J.M.E., W.E. Kuiper, F. Ter Hofstede en M.T.G. Meulenberg, 1998. The price path due to order imbalances: evidence from the Amsterdam Agricultural Futures Exchange. European Financial Management 4: 47-64.

Pennings, J.M.E. en R.M. Leuthold, 2000. The role of farmers' behavioral attitudes and heterogeneity in futures contracts usage. American Journal of Agricultural Economics 82: 908-919.

Pennings, J.M.E. en R.M. Leuthold, 2001. Introducing new futures contracts: reinforcement versus cannibalism. Journal of International Money and Finance 20: 659-675.

Pennings, J.M.E. en M.T.G. Meulenberg, 1997. Hedging efficiency: a futures exchange management approach. Journal of Futures Markets 17: 599-615.

Pennings, J.M.E., O. Isengildina, S. Irwin, P. Garcia en D.L. Good, 2008. Producers complex risk management choices. Agribusiness 24: 31-54.

Pennings, J.M.E. en B. Wansink., 2004. Channel contract behavior: the role of risk attitudes, risk perceptions, and channel members' market structures. Journal of Business 77(4): 697-723.

7. Landbouwprijs- en inkomensbeleid

Roald Lapperre, Herman Snijders en Huib Silvis

7.1 Inleiding

Het gemeenschappelijk landbouwbeleid (GLB) is een dynamisch beleidsveld, waarin voortdurend veranderingen worden aangebracht. Met de doelstellingen van het Verdrag van Rome voor ogen is er bij de ontwikkeling van de gemeenschappelijke landbouwmarkt voor gekozen om de interne landbouwmarkt te liberaliseren. Daarbij is het landbouwmarkt- en prijsbeleid van de afzonderlijke lidstaten vervangen door gemeenschappelijke marktordeningen. Voor basisproducten met een groot aandeel in het landbouwareaal werden zware marktordeningen ontworpen en voor een groot aantal andere producten lichte marktordeningen[69].

Door het gekozen systeem van bescherming aan de buitengrens en prijsondersteunende maatregelen op de interne markt konden de prijzen van de basisproducten relatief hoog en stabiel worden gehouden in vergelijking met die op de wereldmarkt. In reactie op uiteenlopende marktomstandigheden en politieke problemen is het oorspronkelijke beleid de afgelopen decennia diverse keren aangepast.

In het kader van de handelsliberalisatie staan invoerbelemmeringen onder druk en zijn interne steunmaatregelen aan grenzen gebonden. Ook het verlenen van exportrestituties is zowel kwantitatief als budgettair gelimiteerd. In 1992 leidde dit proces tot een trendbreuk in het GLB, toen besloten werd om een deel van de markt- en prijssteun om te zetten in inkomenssteun. Met het oog op de concurrentiepositie werden prijzen van ondersteunde landbouwproducten verlaagd, waarbij de producenten werden gecompenseerd door directe betalingen. Deze trend is bevestigd door latere hervormingen. Bij hervormingen in 2003 en volgende jaren is besloten de directe betalingen geheel te ontkoppelen van het productieniveau, en te verbinden aan eisen ten aanzien van duurzame productie. Vanaf 2011 vonden nieuwe onderhandelingen plaats over het beleid voor de periode 2014-2020, die eind juni 2013 zijn uitgemond in een politiek akkoord tussen de Europese Commissie, de Raad van ministers van Landbouw en het Europees Parlement. Dit

[69] Voor een gedetailleerde analyse van de historische ontwikkeling van het landbouwprijs- en inkomensbeleid van de EU wordt verwezen naar Harris *et al.* (1983), Ritson *et al.* (1997) en Burrell *et al.* (2000).

akkoord wordt in de tweede helft van 2013 uitgewerkt in formele wetsteksten en toepassingsmodaliteiten.

7.2 Landbouwprijs- en inkomensbeleid

Om uiteenlopende redenen bemoeien overheden zich met de stabiliteit en het niveau van de landbouwprijzen en -inkomens. Daarbij wordt geput uit een rijk arsenaal aan instrumenten (Silvis *et al.*, 2002).

Doelstellingen

Door hun politieke gevoeligheid worden voedselprijzen vrijwel nergens in de wereld geheel overgelaten aan het vrije spel van vraag en aanbod. De overheidsbeleid voor deze prijzen verschilt echter van land tot land en van tijd tot tijd. Prijsmaatregelen kunnen gericht zijn op uiteenlopende doelstellingen:

- Bescherming van zowel producenten als consumenten tegen grote schommelingen in de prijzen van landbouwproducten (prijsstabilisatie).
- Het laag houden van de voedselprijzen om politieke onrust te voorkomen en/of de kosten van levensonderhoud en de lonen laag te houden ter versterking van de internationale concurrentiepositie van de binnenlandse industrie.
- Ondersteuning van de inkomens van de agrarische beroepsbevolking om de inkomensongelijkheid binnen het land te verkleinen.
- Voorkomen dat de binnenlandse voedselvoorziening te sterk afhankelijk wordt van invoer of de agrarische productie voor export aanmoedigen ter verbetering van de handelsbalans.

In de geïndustrialiseerde westerse landen is vanaf de jaren 1930 de landbouwprijsbeleid vooral gericht op ondersteuning van de inkomens van de (relatief kleine) agrarische bevolkingsgroep. Het overheidsbeleid is de uitdrukking van de politieke wil en de economische mogelijkheid in westerse landen om de landbouw en het platteland te laten delen in de algemene welvaart. Met betrekking tot het prijspeil van voedsel is er op korte termijn een belangentegenstelling tussen consumenten en producenten.

Prijsmaatregelen

Met prijsmaatregelen kan de overheid de werking en/of uitkomst van het marktmechanisme voor agrarische producten meer in overeenstemming brengen met politiek gewenste prijs- en inkomensverhoudingen. Om het binnenlandse prijspeil van agrarische producten te beïnvloeden is een arsenaal aan instrumenten ontwikkeld. De maatregelen zijn te rangschikken in twee categorieën: beperking van het aanbod en vergroting van de vraag. Omdat vrijwel alle agrarische producten internationaal verhandelbaar zijn, kan een nationale marktpolitiek niet zonder handelspolitieke instrumenten die vraag en aanbod vanuit derde landen meer naar de nationale wensen voegen.

Voorbeelden van aanbod beperkende maatregelen zijn:
- directe productiebeheersende maatregelen, zoals productiequota;
- het tijdelijk of definitief uit productie nemen van grond (braakverplichting en omschakelingspremies);
- het belasten van de invoer van landbouwproducten op een zodanig niveau dat import economisch niet rendabel is;
- beperking of quotering van de invoer door het toestaan van invoer tegen verlaagd of nultarief binnen kwantitatieve limieten.

Voorbeelden van vraag verruimende maatregelen zijn:
- het verlenen van subsidies op bepaalde categorieën van verbruik;
- verplicht gebruik van binnenlandse producten, bijvoorbeeld door menggeboden;
- aankoop van producten tegen een minimumprijs (interventieprijs) door officiële inkoopbureaus;
- het overbruggen van het prijsverschil tussen de interne markt en de wereldmarkt met exportsubsidies, wat neerkomt op stimulering van de afzet in het buitenland.

Toeslagen

Een alternatief voor prijsbeleid is het landbouwinkomen buiten de markt om te beïnvloeden door middel van directe inkomensondersteunende maatregelen. In principe laat een dergelijk toeslagstelsel de markt over aan particuliere vragers en aanbieders. Handelspolitieke maatregelen aan de grens zijn overbodig, zodat de binnenlandse markt in open verbinding blijft met de buitenwereld. De inkomensdoelstelling voor de landbouw wordt nagestreefd met behulp van toeslagen, die aan de producenten worden verleend in aanvulling op het via de vrije markt gerealiseerde inkomen.

Deze toeslagen kunnen op verschillende manieren worden toegekend: per eenheid geleverd product (prijstoeslag of *deficiency payment*), per hectare gewas, per dier of per bedrijf. Ook hier zijn allerlei varianten denkbaar. Een toeslagstelsel biedt in beginsel meer mogelijkheden tot inkomensherverdeling dan prijsbeleid. Toeslagen kunnen immers worden gedifferentieerd, bijvoorbeeld naar regio of bedrijfsgrootte, terwijl bij inkomenssteun via de marktprijs de producenten profiteren naar rato van de hoeveelheid geleverd product. Anders dan bij generieke prijsondersteunende maatregelen kunnen in een toeslagstelsel voorwaarden worden gesteld waaraan de begunstigde moet voldoen om voor de toeslag in aanmerking te komen. Dat kan het deelnemen aan een programma van productiebeperking zijn (bijvoorbeeld braaklegging) of het toepassen van milieuvriendelijke productiemethoden (waaronder extensivering).

Handelsverstorende gevolgen

De gevolgen van het gevoerde beleid voor de internationale handel zijn een politiek gevoelig thema. De OECD rapporteert regelmatig over de handelsverstorende effecten van verschillende vormen van inkomenssteun. Daarbij wordt aangevoerd dat inkomenssteun die van de productie is ontkoppeld wel productiebevorderend werkt, maar aanzienlijk minder dan prijssteun of steun op productiemiddelen. De grootste handelsverstoring gaat uit van subsidies op productiemiddelen (kunstmest, veevoer, water en brandstoffen), gevolgd door marktprijssteun en prijstoeslagen. Ontkoppelde inkomenstoeslagen gebaseerd op historische rechten hebben het minste effect op de productie. Figuur 7.1 geeft een indicatie van handelsverstorende effecten van verschillende vormen van prijs- en inkomenssteun.

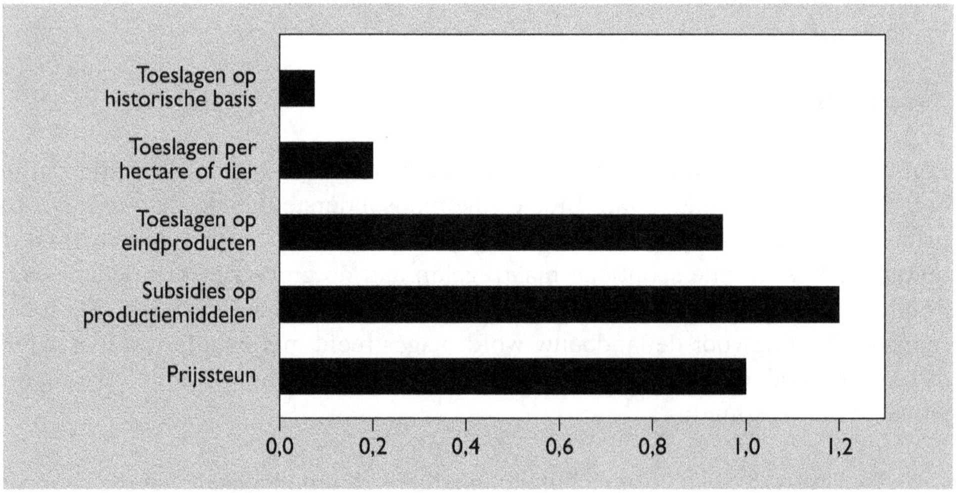

Figuur 7.1. Handelsverstorend effect van enkele vormen van prijs- en inkomenssteun ten opzichte van prijssteun (prijssteun = 1; OECD, 2002).

7.3 Beginselen van het gemeenschappelijk landbouwbeleid

Op basis van het Verdrag van Rome is het GLB in de periode van 1958 tot 1968 (de zogenaamde overgangsperiode) geleidelijk tot stand gebracht. Vanaf het begin heeft de nadruk gelegen op gemeenschappelijk markt- en prijsbeleid. Dat was begrijpelijk omdat zonder een dergelijk beleid het streven naar één grote markt voor landbouwproducten niet realiseerbaar was. Vanaf de start berustte het landbouwmarkt- en prijsbeleid van de EU op drie beginselen, eenheid van markt, communautaire preferentie en financiële solidariteit:

- *Eenheid van markt*: de handel in landbouwproducten moet in de hele EU onder dezelfde voorwaarden verlopen als binnen de lidstaten afzonderlijk. Het streven is te komen tot één grote markt zonder tolbarrières, andere handelsbelemmeringen en concurrentievervalsende subsidies.
- *Communautaire preferentie:* aan de afzet van EU-landbouwproducten wordt voorrang gegeven door de interne markt af te schermen tegen goedkope invoer uit derde landen en tegen al te sterke prijsschommelingen op de wereldmarkt.
- *Financiële solidariteit*: voor de financiering is in 1962 een gemeenschappelijk fonds gevormd, waaruit de lidstaten samen het GLB financieren, ongeacht op welk product of op welke lidstaat de uitgaven betrekking hebben.

Toen het gemeenschappelijk markt- en prijsbeleid werd ontwikkeld, golden vaste koersen tussen de munten van de lidstaten. Het gemis van een eenheidsmunt, zoals de per 1 januari 1999 ingevoerde euro, werd dan ook niet als een probleem ervaren. Maar toen er kort nadat het landbouwmarkt- en prijsbeleid in 1968 'klaar' was grote wisselkoersveranderingen optraden, kwam de gemeenschappelijke landbouwmarkt onder zware druk te staan. Daarbij moest het beginsel 'eenheid van markt' tijdelijk worden losgelaten. Politieke weerstanden tegen nationale prijsaanpassingen na wisselkoersveranderingen leidden tot soms aanzienlijke prijsverschillen tussen de lidstaten. Deze werden overbrugd met behulp van monetaire compenserende bedragen (MCB), in feite heffingen en subsidies aan de binnengrenzen van de EU die de eenheid van de markt verstoorden. Bij de start van de interne markt per 1 januari 1993 konden deze worden afgeschaft en werd de eenheid van de markt hersteld.

7.4 Klassieke regelingen

Met het gemeenschappelijk markt- en prijsbeleid werden dezelfde doelstellingen nagestreefd als die van de lidstaten op nationaal niveau: stabilisatie en ondersteuning van de prijzen van de belangrijkste landbouwproducten op een niveau dat voor de producenten een redelijke levenstandaard mogelijk maakte, met inachtneming van de redelijke belangen van de verbruikers. Daarbij is rekening gehouden met de grote verschillen tussen de productie- en marktomstandigheden in de diverse onderdelen van de land- en tuinbouw. Het beleid kreeg vorm in gemeenschappelijke marktordeningen voor afzonderlijke landbouwproducten. Daarbij gaat het om regelingen op Europees niveau voor een bepaald product (bijvoorbeeld melk) en daarvan afgeleide producten (in dit voorbeeld zuivelproducten). De regelingen legden de kwaliteitseisen vast en de spelregels ten aanzien van import, export, interne ondersteuningsmaatregelen (inclusief interventie) en, waar dat van toepassing was, de hoeveelheidrestricties (zoals melkquota).

Zware marktordeningen

Bij de vormgeving van het gemeenschappelijk markt- en prijsbeleid werd voor een aantal (grondgebonden) basisproducten gekozen voor een 'klassiek' of 'zwaar' systeem van marktordening. Bedoeld systeem ging uit van een actieve marktbemoeienis door de EU, ook in financieel opzicht, en gold voor graan, suiker, zuivel, rundvlees, wijn en olijfolie. De marktordening was erop gericht om een bepaald prijsniveau in de markt te realiseren: de richtprijs. Dit was de prijs die de boer eigenlijk gemiddeld voor zijn product via de markt zou moeten kunnen ontvangen. De hiervoor noodzakelijke marktordeningsmaatregelen waren te onderscheiden in regelingen aan de buitengrens van de EU (respectievelijk aan de import- en exportkant) en regelingen voor de interne markt. De instrumenten waren erop gericht om intern marktevenwicht te scheppen en producten zoveel mogelijk uit interventie (vangnet) te houden.

Import- en exportmaatregelen

Aan de grens van de EU gold een drempelprijs, die was afgeleid van de richtprijs. Uit derde landen ingevoerde producten mochten niet beneden deze drempelprijs binnenkomen. Als de wereldmarktprijs lager was dan de drempelprijs, moest de importeur van het product een (variabele) invoerheffing ter grootte van het verschil betalen. De tegenhanger van invoerheffingen waren subsidies bij uitvoer, de exportrestituties, die de uitvoer naar derde landen mogelijk moesten maken als het wereldmarktprijsniveau beneden het interne prijspeil lag. De exportrestituties moesten dit prijsverschil compenseren.

Interventie en afzetsubsidies

Naast maatregelen aan de buitengrens, die de gemeenschappelijke markt afschermden tegen ongewenste prijsinvloeden van buitenaf, voorzagen de zware marktordeningen ook in maatregelen op de interne markt. Zo had de overheid de mogelijkheid om producten op te kopen tegen een bepaalde prijs. Deze prijs werd interventieprijs genoemd omdat de overheid deze prijs betaalde als bij speciale bureaus het product ter interventie werd aangeboden. De productprijs zou dan niet onder de interventieprijs zakken. De mogelijkheid van interventieaankoop kon verplicht zijn gedurende het gehele jaar. Dit was voor zuivelproducten (boter en magere melkpoeder) het geval. Voor granen en ook voor bepaalde categorieën rundvlees stond interventie slechts gedurende bepaalde perioden open. Bedoelde interventieperioden werden soms vooraf vastgesteld (bijvoorbeeld bij granen) of afhankelijk van de marktsituatie tijdens het seizoen bepaald. Bij opname in interventie werden bepaalde kwaliteitseisen aan het product gesteld.

De in 1962 ingevoerde marktordening voor granen stond model voor de overige zware marktordeningen. In figuur 7.2 is dit model weergegeven.

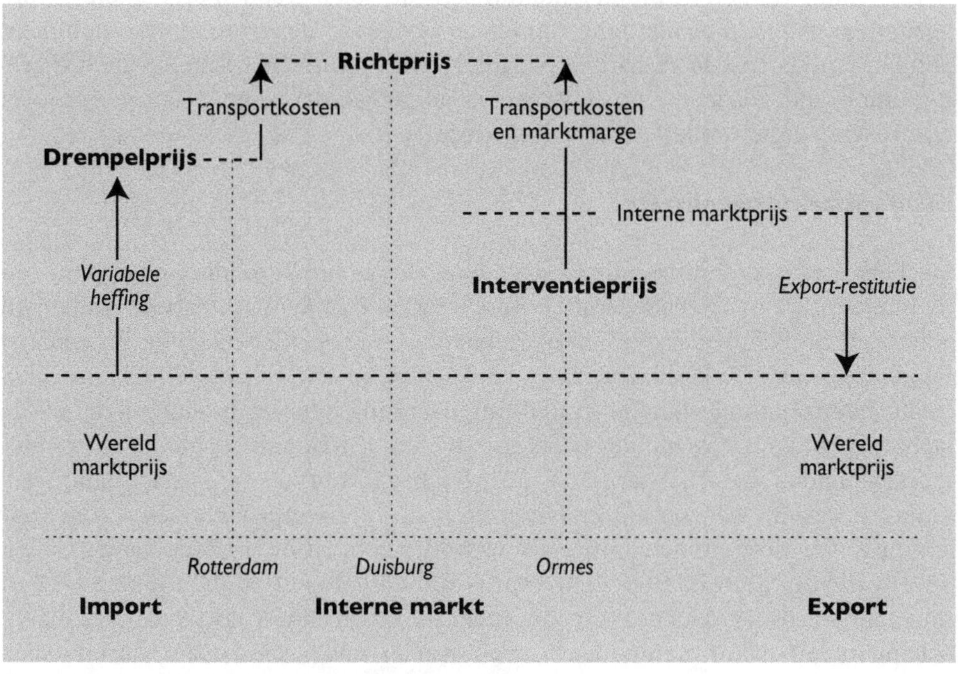

Figuur 7.2. Oorspronkelijke prijssteun voor granen.

Een ander instrument om marktevenwicht te bereiken was het verlenen van een vergoeding voor particuliere opslag. Anders dan bij interventie werd het product dan niet via bureaus in de lidstaten opgekocht, maar bleef het eigendom van het betrokken handels- of verwerkend bedrijf. Om te omvangrijke interventieaankopen en voorraden te voorkomen, werden ook regelmatig afzet- en verwerkingssubsidies verstrekt. Op continue basis is dit het geval geweest voor magere melkpoeder voor de kalverhouderij en kon de consument (via de banketbakker) van gesubsidieerde boter gebruik maken. Productie(verwerking)restituties golden voor zetmeel uit granen en aardappelen die industrieel (*non-food*) verwerkt werden, terwijl ook voor suiker verwerkt in de chemische industrie en voor caseïne een verwerkingstoeslag werd toegepast.

Indirecte steun

De betekenis van de zware marktordeningen bleef niet beperkt tot de producten waarvoor een dergelijke ordening van kracht was. Ook andere landbouwproducten ondervonden daarvan ondersteuning, doordat agrariërs hun grond kunnen gebruiken voor zware marktordeningproducten. Anders zou het areaal andere producten groter zijn en de prijs ervan lager. Voor zover er dus een keuzemogelijkheid bestond, zouden de producentenprijzen van beide groepen producten relatief gesproken niet veel of niet lang van elkaar afwijken. De zware marktordeningen konden zo dus een soort paraplu vormen voor producten waarvoor geen marktordening gold, zoals uien en consumptie- en pootaardappelen. Daarom werd wel gesproken van het 'spileffect' van de graanprijs.

Lichte marktordeningen

De 'lichte' marktordeningen onderscheidden zich in het bijzonder op het punt van de interventie van de zogenaamde 'zware' marktordeningen. Interventieaankopen waren bij de lichte marktordeningproducten als regel niet mogelijk, of zodanig incidenteel en/of op een zodanig laag prijsniveau dat er nauwelijks een inkomensondersteunende functie vanuit ging. Het ging hier om producten die bij de start van het GLB nog minder belangrijk waren of waarvan de productie minder grondgebonden was. Dit was onder meer het geval voor eieren en slachtpluimvee, varkensvlees en veel soorten groenten en fruit. Interventieaankopen waren voor sommige van deze producten minder wenselijk, omdat de productie gemakkelijk kon worden uitgebreid. Een garantieprijs zou dan al snel kunnen leiden tot een omvangrijke overproductie. Aan de andere kant maakten de genoemde eigenschappen een zware marktordening ook minder nodig, omdat het marktmechanisme voor deze producten voldoende functioneerde. Er bleven geen voorraden boven de markt hangen.

Om de producenten toch enigszins te vrijwaren van de onzekerheid van een volledig vrije markt, werden voor deze producten lichte marktordeningen in het leven geroepen. Deze marktordeningen lieten de prijsvorming op de gemeenschappelijke markt betrekkelijk vrij, maar vormden wel een bescherming tegen laaggeprijsde invoer uit derde landen. Aan de buitengrens werd daartoe de markt naar gelang de productgroep met bepaalde grensmaatregelen afgeschermd.

Bepaalde marktordeningen hingen duidelijk met elkaar samen. Zo vormden de lichte marktordeningen voor varkensvlees, pluimveevlees en eieren een complement van de graanmarktordening. Door de ondersteuning van de graanprijzen stegen de voerprijzen voor de intensieve veehouderij. Zou er geen marktordening zijn, dan was het aantrekkelijk om de producten van deze sector in te voeren uit derde landen, voor zover die althans konden produceren op basis van lagere graanprijzen. Het gevolg zou dan zijn een groter graanoverschot in de EU met alle daaraan verbonden problemen en een minder omvangrijke intensieve veehouderij. Voor een effectieve werking van de marktordening voor granen was het dus nodig om de invoer van de producten van de intensieve veehouderij te beperken en bij de uitvoer het effect van de hogere graanprijs op de kostprijs van deze producten te compenseren door middel van exportrestituties (hetgeen ook gebeurde met andere producten met granen of andere zware marktordeningproducten als één van de grondstoffen, zoals bier, whisky, koekjes en snoepjes).

Destijds is afgezien van een regeling ter beperking van de invoer van zogenaamde graanvervangers: producten die na menging en bewerking konden dienen als veevoeder. Er kwam dan ook vrij snel een stroom van deze producten op gang ('het gat van Rotterdam'), wat de afzet van graan op de interne markt verminderde, en de groei van de Nederlandse en ook Vlaamse intensieve veehouderij heeft bevorderd. De EU was niet gerechtigd om dit zelf op te lossen omdat in GATT-verband was afgesproken dat bij invoer in de EU voor graansubstituten, oliehoudende zaden en eiwitgewassen een laag tarief of zelfs nultarief zou worden gehanteerd. Dit was een concessie geweest in de Dillon-ronde, in ruil voor de hoge graanprijs. Toen de EU deze concessie ongedaan probeerde te maken, stuitte dit op ernstige bezwaren van de GATT-partners. Daarom deed de EU verschillende concessies. Zo ontving Thailand de rechten (dus de *rents*) van de later ingevoerde tapioca-quotering, terwijl de VS uiteindelijk tevreden werden gesteld met een beperking van het Europese areaal oliehoudende zaden, dit in ruil voor het toestaan van hectaretoeslagen voor deze producten (zie verder paragraaf 7.5).

'Vrije' producten

De betekenis van de verschillende producten in de Europese landbouw loopt per lidstaat vrij sterk uiteen. Voor wat betreft de marktordeningproducten valt een relatief groot deel van de Nederlandse productie onder lichte marktordeningen. Verder zijn in de Nederlandse land- en tuinbouw producten zonder gemeenschappelijke marktordening, de zogenaamde vrije producten, in verhouding zeer belangrijk. Daarbij gaat het behalve om uien en consumptie- en pootaardappelen, vooral om sierteeltproducten. In België ligt het aandeel van de zware marktordeningproducten in dezelfde orde van grootte als in Nederland, maar het aandeel van de lichte marktordeningproducten is aanzienlijk groter en dat van de vrije producten ongeveer de helft kleiner. In Vlaanderen liggen de verhoudingen trouwens dichter bij die in Nederland dan in Wallonië.

7.5 Hervorming van de marktordeningen

Het zware marktordeningsysteem kan soepel werken als het aanbod van de betrokken producten bij de nagestreefde prijs binnen redelijke marges is afgestemd op de afzetmogelijkheden. Wanneer, zoals in de beginperiode van de EU voor granen en rundvlees, en na de uitbreiding met Denemarken, Ierland en het Verenigd Koninkrijk in 1973 ook voor suiker en zuivelproducten het geval was, er invoer uit derde landen nodig is om in de behoefte te voorzien, roept het stelsel vrij weinig problemen op. De opbrengst van de invoerheffingen is dan een bron voor de financiering van het landbouwbeleid. Wordt echter de situatie structureel gewijzigd door (interne) productiegroei en een hierbij achterblijvende consumptieontwikkeling, dan resulteert dat in toenemende landbouwuitgaven. Wanneer de markt niet langer 'schoon' kan worden gehouden met interne afzetsubsidies en exportrestituties, ontstaan groeiende interventievoorraden. De marktprijzen zullen dan niet meer het richt- of oriëntatieprijsniveau bereiken, maar dalen naar het interventieprijspeil. Het marktprijsniveau kan zelfs lager worden dan het interventieprijspeil, als de interventie geen onbeperkt en permanent karakter heeft en als hierbij hoge kwaliteitseisen voor de betrokken producten gelden. Deze ontwikkeling in de richting van onevenwichtige marktsituaties, stijgende landbouwuitgaven en ook toenemende handelspolitieke spanningen met derde landen, heeft zich vanaf de beginperiode voorgedaan. Onder druk daarvan is het klassieke beleid dan ook verschillende malen aangepast. De volgende subparagrafen zijn gewijd aan specifieke wijzigingen in de belangrijkste marktordeningen.

Granen, oliehoudende zaden en eiwitgewassen

Voor granen werd eind jaren 1980, toen de EU hiervoor meer dan zelfvoorzienend werd, een zogenaamde garantiedrempel ingevoerd. Als de graanproductie daarboven kwam, zou een korting bij de prijsvaststelling volgen. Eerder is uitgelegd waarom de invoer van bepaalde graanvervangende producten, in tegenstelling tot granen, nagenoeg vrij van tarieven en heffingen kon plaatsvinden. Die invoer nam in de loop van de jaren sterk toe, terwijl het EU-graanverbruik jaarlijks met 1,5 tot 2% terugliep. Omstreeks 1980 werd de al genoemde afspraak met Thailand van kracht ter stabilisatie van de invoer van tapioca. De overige graanvervangers, zoals citruspulp en maïsgluten, kwamen vooral uit de VS en Latijns- Amerikaanse landen. Om het evenwicht op de graanmarkten te herstellen werd in 1986 een medeverantwoordelijkheidsheffing op granen ingevoerd. Toen die onvoldoende hielp werd in 1988 besloten tot een prijskorting van maximaal 3% die afhankelijk was van (de mate van) overschrijding van de garantiedrempel. Overschrijding van de drempel leidde tot een prijsverlaging van 3% in het volgende jaar. Vergelijkbare garantiedrempelformules (stabilisatoren) werden voor oliehoudende zaden (koolzaad, zonnebloemzaad, soja) en eiwitrijke veevoedergrondstoffen (erwten, bonen) ingesteld. Deze zogenaamde stabilisatorenbesluiten van 1988 hielden ook een vrijwillige regeling in voor het braakleggen van akkerbouwareaal (*set-aside*). Ook deze maatregelen bleken niet toereikend: de Europese graanproductie bleef stijgen. Bovendien riepen ze grote politieke weerstanden op (die in Nederland zelfs leidden tot een drie weken durende blokkade door akkerbouwers van wegen en gebouwen).

Hectarepremies

Dit gegeven vormde een belangrijke aanleiding voor de Mac Sharry-hervorming van het landbouwbeleid in 1992, genoemd naar de toenmalige Europese landbouwcommissaris. Daarbij waren verschillende aspecten aan de orde, zoals herstel van het marktevenwicht voor landbouwproducten, versterking van de internationale concurrentiepositie (in het bijzonder voor granen ten opzichte van ingevoerde graanvervangende producten in het veevoer), een meer evenwichtige verdeling van de landbouwondersteuning, verbetering van de relatie met het milieu (extensivering) en behoud van de werkgelegenheid op het platteland. De uiteindelijk overeengekomen hervorming hield een fundamentele wijziging in van het EU-landbouwbeleid: een overgang van prijssteun, die per definitie productgebonden is, naar lagere prijzen met directe inkomenscompensaties in de vorm van hectaretoeslagen. De hervormingsbesluiten kwamen voor granen neer op een verlaging van de EU-prijzen met ongeveer 30% in een periode van drie jaar. De verwachte marktprijsdaling werd voor 100% gecompenseerd door een hectarepremie. Telers met een productie van granen, koolzaad, genoemde eiwitgewassen en snijmaïs boven de 92 ton moesten hiervoor ten minste 15% van het areaal van deze producten braakleggen dan wel betelen met non-food gewassen.

Zetmeelregeling

Onderdeel van de graanmarktordening was een regeling voor de verwerking van granen en zetmaalaardappelen tot zetmeel en derivaten hiervan. Uitgaande van de prijssteun voor granen werden voor deze verwerking productierestituties vastgesteld. Voor zetmeelaardappelen was er een specifieke minimum uitbetalingsprijs en in verband daarmee een zogeheten evenwichtspremie om de betreffende industrie in staat te stellen bedoelde prijs te realiseren. In samenhang met de in 1992 overeengekomen graanprijsverlagingen werden de productierestituties verlaagd; ter compensatie werd een tegemoetkoming per kg vastgesteld die verrekend werd met het verwerkende bedrijf. De zetmeelaardappelteelt werd niet opgenomen in de regeling voor braaklegging. Wel werden referentiehoeveelheden vastgesteld (totaal 1,5 miljoen ton). Voor hoeveelheden boven deze referentie golden geen exportrestituties, geen evenwichtspremies en evenmin compensatiebedragen in verband met de graanprijsverlaging.

Oliehoudende zaden en eiwitgewassen

De braaklegregeling gold ook voor oliehoudende zaden (onder meer kool- en raapzaad, zonnebloemzaad en soja) en voor erwten en bonen bestemd voor veevoeder. Tot de genoemde Mac Sharry-hervorming was het karakter van deze marktordeningen duidelijk anders dan de graanmarktordening: voor zowel oliehoudende zaden als eiwitgewassen werden sinds het begin van de jaren 1970 verwerkingstoeslagen aan de betreffende industrie toegekend om een bepaalde minimumprijs voor de telers te kunnen garanderen. Uitgangspunt voor dit stelsel was de eerder genoemde, bij het ontstaan van het markt- en prijsbeleid in GATT-verband gemaakte afspraak om de invoer van deze producten tegen een laag tarief dan wel vrij van invoerheffingen of douanerechten te laten plaatsvinden. Die verwerkingstoeslagen leidden eind jaren 1980 tot een GATT panel dat door de EU werd verloren: ze deden naar het oordeel van het panel de in de Dillon-ronde gegeven concessies op de invoerrechten ervan te niet. De hervormingsbesluiten van 1992 betekenden dat nu aan de telers ook voor deze producten hectaretoeslagen werden uitbetaald zonder opnieuw met GATT-partners in conflict te komen. Het in 1992 met de VS overeengekomen en later door de GATT bekrachtigde Blair House akkoord voorzag voor oliehoudende zaden wel in een maximum-areaal van circa 5 miljoen hectare voor deze teelten in de EU.

Verdere hervormingen

Voor de hierboven besproken akkerbouwproducten was de hervorming in het kader van Agenda 2000 (Berlijn 1999) minder ingrijpend dan die van 1992. Nu werden de graanprijzen nog eens met 15% verlaagd. Terwijl de prijsverlaging van de Mac Sharry-hervorming in principe nog volledig gecompenseerd werd met directe inkomenstoeslagen, bleef de compensatie bij Agenda 2000 beperkt tot circa 50% van de bruto prijsverlaging. Mede onder invloed van de wereldmarktontwikkelingen werd het braakpercentage in 2007 verlaagd naar 0% en in de Health Check besluiten in 2008 afgeschaft. Mede als gevolg van de hervormingsbesluiten zijn de landbouwprijzen in de EU steeds meer in lijn gekomen met die van de leidende exporteurs (zie hiervoor ook hoofdstuk 21, in het bijzonder figuur 21.3).

Suiker

Vanaf de start van de suikermarktordening in de jaren 1960 heeft de EU de prijsgaranties tot een bepaalde productieomvang beperkt. De voor suiker geldende productiequota A en B[70] werden lang niet gewijzigd. Suiker die boven deze quota werd geproduceerd, de zogenaamde C-suiker, moest in beginsel zonder steun worden afgezet op de wereldmarkt en bracht dus niet meer op dan de wereldmarktprijs. Deze bedroeg in de regel niet meer dan 30 tot 50% van de prijs in de EU. De suikermarktordening voorzag in een stringente invoerbescherming. In het kader van de overeenkomst van Lomé heeft de EU wel een preferentiële invoerregeling voor suiker getroffen met de zogenaamde ACS-landen: landen in Afrika, het Caribische gebied en de Stille Oceaan. Deze invoerregeling bestaat uit een heffingvrij invoerquotum (1,3 miljoen ton), waarvoor deze landen dus de EU-suikerprijs ontvangen. De uitwerking van het EU-suikerbeleid in de lidstaten is wat betreft de quotatoedeling aan de telers grotendeels een verantwoordelijkheid van het betrokken bedrijfsleven.

In 2006 werd besloten tot een ingrijpende hervorming. In 2004 oordeelde de WTO dat de suikermarktordening in strijd was met de regels die in de Uruguay-ronde waren overeengekomen. Daarnaast had de EU toegezegd dat de minst ontwikkelde ontwikkelingslanden vanaf 2009 suiker zonder importheffing op de EU-markt mochten afzetten. Eén van de twee pijlers van de hervorming was daarom een

[70] Voor het B-quotum gold een veel hogere financieringsheffing dan voor het A-quotum.

daling van de suikerprijs met 36%. Het inkomensverlies van de bietentelers werd grotendeels gecompenseerd met een ontkoppelde inkomenstoeslag. De tweede pijler van het hervormingsakkoord werd gevormd door de opkoop van productierechten. Voor de lidstaten waarin meer dan de helft van het nationale productiequotum ter opkoop werd aangeboden, werd ruimte gecreëerd om het inkomensverlies extra te compenseren. Deze compensatie mocht in een overgangsperiode van vijf jaar worden gekoppeld aan de productie. Voor de regio's die werden getroffen door het verdwijnen van de suikerindustrie werd bovendien een extra enveloppe van vijftien procent van de opkoopsom ter beschikking gesteld voor economische diversificatie. De prijsdaling in combinatie met de opkoop heeft er toe geleid dat de Europese suikerproductie met één derde is gekrompen ten opzichte van 2006. Hierdoor is de EU van een grote netto-exporteur van suiker in korte tijd een belangrijke netto-importeur geworden.

Het huidige EU-suikerbeleid, dat vooralsnog tot eind september 2015 geldt, kent quota nog als hoofdelement. Bij de hervorming van 2006 is besloten de quotaregeling af te schaffen, maar onder druk van sommige lidstaten werd de discussie heropend. In het akkoord over het GLB van eind juni 2013 is echter besloten de suikerquotering per 2017 te beëindigen.

Voor de suikerquota verleent de EU een prijsgarantie. Voor de telers gaat dit in de vorm van een minimumprijs voor de suikerbieten en voor de suikerproducenten (de bietenverwerkende industrie) in de vorm van een referentieprijs. De bietenverwerkende industrie is verplicht (ten minste) de genoemde minimum bietenprijs uit te betalen aan de teler. De interventieprijs voor suiker is afgeschaft. In principe is de prijs van surplussuiker gelijk aan de wereldmarktprijs. De bieten die voor de productie van deze surplussuiker zijn geleverd worden in beginsel afgerekend op basis van de 'vrije' wereldmarktprijs.

Het quotastelsel is in 2006 vereenvoudigd door het oorspronkelijke onderscheid tussen A- en B-quota te laten vervallen; deze zijn nu samengevoegd tot één quotum. Er bestaat dus ook geen C-suiker meer. Voor de boven het quotum geproduceerde suiker kan naast verkoop tegen wereldmarktprijzen gekozen worden voor doorschuiven (of overboeken) naar het volgende seizoen. Dat gaat dan wel ten laste van het quotum in dat jaar. De toepassing van de doorschuifmogelijkheid vindt elk jaar in overleg tussen telers en verwerkende industrie plaats. Bij de beslissing hierover speelt de actuele suikerprijs een rol, omdat deze bepalend is voor de prijs die 'overschotbieten' zullen opbrengen in dat jaar.

Zuivel

Vrijwel vanaf de start van de marktordening leverde de zuivel problemen op door een te sterk stijgende productie. In de loop van de jaren zijn verschillende maatregelen getroffen, zoals afzetsubsidies, omschakelings- en slachtpremies, (medeverantwoordelijkheids)heffingen en prijsverlagingen. Omdat deze maatregelen onvoldoende effect sorteerden, werd in 1984 de melkquotering ingevoerd. Deze was officieel bedoeld als 'tijdelijke' maatregel maar werd na verschillende eerdere verlengingen in juni 2003 opnieuw verlengd en wel tot 2015. In eerste instantie werd het melkquotum gelijkgesteld aan de melkafleveringen in 1981 plus 1%. Voor Nederland betekende dit al een forse daling ten opzichte van 1983. Al heel snel bleek een substantiële (extra) reductie nodig, waardoor het totale quotum uiteindelijk uitkwam op de productie van 1981 minus 13%. Afgezien van kleine aanpassingen, onder andere voor Portugal dat vanaf 1991 ging meedoen aan het GLB en vanwege de Duitse hereniging, werd het quotum pas tegen het eind van de jaren 1990 iets verruimd. De uitgaven voor het zuivelbeleid vertonen vanaf het begin van de jaren 1990 een sterk dalende lijn.

De quotaregeling is effectief vanwege de superheffing, een boete op teveel geleverde melk die 115% van de prijs bedraagt. Quota (melk- en vetreferentie) zijn toebedeeld aan individuele bedrijven. De quota zijn binnen veel lidstaten verhandelbaar, maar niet tussen lidstaten. Veel lidstaten zien in de quota een belangrijke maatregel om de melkproductie te behouden in kwetsbare gebieden.

Een belangrijke voorwaarde voor de aanvaarding van de quota door de sector is een relatief hoge melkprijs. Om ook in de toekomst de concurrentie vanuit de wereldmarkt aan te kunnen in een situatie waarin exportsteun niet meer gegeven wordt en de importbescherming wordt verlaagd, is in 2003 besloten om de interventieprijzen voor magere melkpoeder en boter te verlagen met respectievelijk 15 en 25%. Hiervoor wordt ongeveer 60% compensatie betaald. Met deze maatregelen daalde de melkprijs, waardoor niet alleen de economische noodzaak maar ook het politieke draagvlak voor de quotaregeling afnam.

Prijsondersteunende maatregelen zoals exportsubsidies, interne afzetmaatregelen (bakkersboter, melkpoeder voor veevoer) en interventie konden dankzij de genoemde prijsverlagingen en de sterke vraag naar zuivelproducten op de wereldmarkt in 2007 versneld worden afgebouwd.

Deze gunstige situatie werd echter snel verstoord door sterke prijsbewegingen op de zuivelmarkt in de jaren erna. Naar aanleiding daarvan werd in 2009 een

High Level Group Zuivel gevormd die zich moest beraden op mogelijkheden om de prijzen op de EU-zuivelmarkt op (middel)lange termijn te stabiliseren, rekening houdend met de afschaffing van de melkquota in 2015. Dit heeft geleid tot het *Milk Package* dat vanaf najaar 2012 van kracht is. Met dit pakket bevordert de EU het gebruik van contracten met afspraken over levering, prijs en volume van rauwe melk tussen melkveehouders en de verwerkende industrie. Dergelijke contracten hoeven niet te worden gebruikt door zuivelcoöperaties. Daarnaast krijgen producentenorganisaties het recht om collectief over die contracten te onderhandelen om zo te komen tot een beter machtsevenwicht tussen boeren en zuivelindustrie. De brancheorganisaties moeten zich met vertegenwoordigers van melkveehouders, verwerkers, handelaren en detaillisten in gaan zetten voor onderzoek, kwaliteitsverbetering en promotie van goede veehouderijpraktijken. Verder wordt de transparantie van de keten verbeterd via het publiceren van statistische gegevens over prijzen, volumes en contracten.

Rundvlees

Het gemeenschappelijk rundvleesbeleid heeft tot begin jaren 1980 betrekkelijk weinig problemen gekend; de EU was importerend voor dit product. De introductie van de superheffing voor melk met een versnelde vermindering van de melkveestapel en de overschakeling op meer gespecialiseerde rundvleesproductie heeft echter een grote invloed op de marktsituatie en de kosten van het beleid gehad. Het toegenomen rundvleesaanbod leidde tot grote interventievoorraden en exporthoeveelheden naar derde landen, en in verband hiermee tot stijgende EU-uitgaven. Bij het ontstaan van de marktproblemen is eerst de invoering van een uniform classificatiesysteem toegepast, mede om het interventiebeleid in de lidstaten te harmoniseren. Verder zijn wijzigingen in het interventiebeleid aangebracht voor wat betreft kwaliteitseisen, aankoopperioden en prijsniveau.

Toen dat allemaal maar beperkt hielp zijn in 1992 verdergaande hervormingen doorgevoerd, vergelijkbaar met die voor granen. Deze besluiten kwamen neer op een verlaging in drie jaar van het interventieprijsniveau met 15%, de instelling van plafonds voor de interventieaankopen (aflopend tot 350.000 ton in 1997) en gedeeltelijke compensatie van de prijsdaling door verhoging van de al bestaande premies voor stieren, ossen en zoogkoeien. Bij deze laatste golden maxima per bedrijf (90 stieren en ossen, en voor zoogkoeien het aantal in 1990, 1991 of 1992) en per hectare (veedichtheid), de laatste aflopend tot 2 grootvee-eenheden in 1996. Hiermee werd beoogd de rundvleesproductie te extensiveren en relatief meer mogelijkheden te geven aan de veehouderij in 'door de natuur benadeelde gebieden', waaronder bergstreken. De genoemde interventieprijsverlaging werd mede beargumenteerd met de graanprijsverlaging en de hieruit voortkomende prijsverlaging voor veevoer. De hervorming van het rundvleesbeleid leidde, net als bij granen, tot een verhoging van de EU-uitgaven. De uitgaven voor interventies en restituties liepen drastisch terug, maar die voor de directe toeslagen namen vanaf 2000 fors toe. Vanwege een uitbraak van 'gekke koeienziekte' (BSE, bovine spongiforme encefalopathie) ging in 2000 de consumptie van rundvlees in verschillende EU-landen plotseling drastisch omlaag. Dit leidde tot een ernstige verstoring van de rundvleesmarkt in de EU, die alleen met kunstgrepen en tegen hoge kosten weer in goede banen kon worden geleid.

7.6 De stap naar bedrijfstoeslagen

Door de interventieprijsdalingen en de verleende compensaties is het prijs- en inkomensbeleid geleidelijk omgezet van prijssteun naar directe toeslagen. Bij de besluiten in het kader van Agenda 2000 werden daarnaast nieuwe beleidslijnen zichtbaar. Zo werd een deel (maximaal 10%) van het per lidstaat voor toeslagen beschikbare budget in een 'nationale enveloppe' gestopt, waarmee de lidstaten binnen zekere grenzen een eigen toeslagenbeleid kunnen voeren. Daarnaast werd de zogenaamde *cross compliance* ingevoerd, waarmee de toeslagen werden verbonden aan voorwaarden in de sfeer van milieu, dierenwelzijn en dergelijke. Ook werd de mogelijkheid van 'modulatie' geopend, wat er op neer komt dat een beperkt deel van de compenserende toeslagen kan worden afgeroomd en aangevuld met nationale middelen ingezet voor de tweede pijler van het GLB, het plattelandsbeleid.

Ontkoppeling

De besluiten in het kader van de Mid-Term Review van 2003 (en voor een aantal producten in de jaren erna) brachten opnieuw belangrijke wijzigingen. Sindsdien is de directe inkomenssteun, althans een groot deel daarvan, stapsgewijs volledig ontkoppeld van de productie. Daartoe zijn de verschillende toeslagen per bedrijf samengevoegd tot één bedrijfstoeslag (*single payment scheme* of SPS). Deze is in Nederland berekend op basis van historische rechten en omgezet naar een bedrag per hectare (goed onderhouden) landbouwgrond. Bij verkoop of verandering van bestemming van de grond kan de betrokkene zijn toeslagrechten niet meer verzilveren op deze grond. De bedrijfstoeslagen vervangen de traditionele inkomenssteun via prijsgaranties en de sinds de jaren negentig ingevoerde aan de afzonderlijke producten gekoppelde premies per hectare en per dier. Wel hebben verschillende lidstaten gebruik gemaakt van de mogelijkheid om een deel van de toeslagen, althans in eerste instantie, nog gekoppeld te houden aan de werkelijke productie.

Door de omslag naar inkomenssteun via bedrijfstoeslagen hebben de meeste marktordeningen een belangrijk deel van hun betekenis verloren voor wat betreft de prijs- en inkomenssteun, al blijven ze belangrijk voor de spelregels op de interne markt. Overigens zijn de tot dan bestaande aparte basisverordeningen voor de afzonderlijke producten in 2007 samengevoegd in een enkelvoudige gemeenschappelijke marktordening (Verordening (EG) 1234/2007; herzien door Verordening (EG) 72/2009), in de praktijk vaak aangeduid met gmo (niet te verwarren met het in hoofdstuk 14 besproken beleid voor genetisch gemodificeerde organismen die met de Engelstalige afkorting ook gmo worden genoemd!).

Vormgeving bedrijfstoeslagen

De lidstaten hebben bij de invoering van de bedrijfstoeslagen kunnen kiezen voor individuele bedrijfstoeslagen, gebaseerd op de historische rechten van het betreffende bedrijf (historisch model) of voor geregionaliseerde toeslagen (regionaal model). Met het historisch model zijn, zoals in het voorgaande al kort aangeduid, de in het verleden ontvangen aan afzonderlijke producten gekoppelde premies ontkoppeld en omgezet in een toeslagrecht per hectare. Deze toeslagrechten kunnen dus sterk verschillen tussen individuele bedrijven, afhankelijk van de productie en het recht op toeslag in eerdere jaren. In het regionale model wordt de gemiddelde toeslag per hectare voor een bepaalde regio berekend en toegekend aan alle hectares (*flat rate*). Een toenemend aantal lidstaten heeft van deze mogelijkheid gebruik gemaakt, waaronder vanaf het begin het Verenigd Koninkrijk voor het landsdeel Engeland; in Noord-Ierland, Schotland en Wales wordt het historische model toegepast.

Administratief gezien heeft een regionaal model veel voordelen, maar ze leidt, afhankelijk van de indeling van de regio's, tot een forse herverdeling van de toeslagen, waarbij bedrijven met een hoge gemiddelde toeslag per hectare inleveren ten gunste van de bedrijven met een lager gemiddeld bedrag. Diverse lidstaten hebben er daarom voor gekozen om een zogenaamd dynamisch hybride model te hanteren, waarbij een stapsgewijze overgang plaatsvindt van een systeem gebaseerd op een historisch model naar een volledig regionaal model. Duitsland is hiervan een belangrijk voorbeeld. Eindresultaat in deze lidstaat is dat er per 2013 een flat rate per deelstaat is gerealiseerd.

Voor nieuwe lidstaten was de toepassing van een historisch model zeer problematisch vanwege het veelal ontbreken van historische productiegegevens op individueel niveau. Zij kregen daarom de mogelijkheid, waarvan ze bijna alle gebruik hebben gemaakt, om het zogenaamde *single area payment scheme* (ofwel SAPS) toe te passen. Aan de hand van de bij de toetredingsonderhandelingen overeengekomen nationale enveloppe wordt jaarlijks een gelijke hectarebetaling voor alle landbouwers vastgesteld.

Nederland en België hebben, evenals bijvoorbeeld Frankrijk, vooralsnog gekozen voor individuele toeslagen op basis van een historische referentie. Nederland heeft in 2004 daarbij in beginsel besloten tot een volledige ontkoppeling van de directe inkomenssteun in de jaren daar op volgend. Een aantal sectoren is hiervan toen echter uitgezonderd, omdat een abrupte ontkoppeling tot ongewenste distorsies zou kunnen leiden. Het ging daarbij om de slachtpremies voor kalveren en volwassen runderen en om lijnzaad (vlas). Deze sectoren kregen een overgangsperiode om te anticiperen op een volledige ontkoppeling per 2010. Ook voor aardappelzetmeel bleef de premie nog gedeeltelijk aan de productie gekoppeld. Deze was echter, evenals de steun voor groenvoederdrogerij en de teelt van noten, op EU-niveau verankerd, terwijl de keus voor ontkoppeling van de premies voor kalveren, volwassen runderen en lijnzaad nationaal genomen kon worden. In België bleven de premies voor zoogkoeien en zaaizaden gekoppeld, en in Vlaanderen ook de slachtpremies voor kalveren.

7.7 Health Check 2008

In november 2007 presenteerde de Commissie een Mededeling over de implementatie van het hervormde GLB. Deze *Health Check* of 'Gezondheidscontrole' ging vooral over de directe inkomensondersteuning, de marktondersteunende beleidsinstrumenten en enkele nieuwe uitdagingen. In november 2008 vond de besluitvorming plaats, waarmee het kader van het GLB werd vastgelegd, in principe tot en met 2013.

Directe inkomensondersteuning

De keuzevrijheid in de uitvoering van de directe inkomenssteun heeft tot grote verschillen tussen en ook binnen de lidstaten geleid. De Commissie wilde tot verdere vereenvoudiging en uniformering komen. Inzet was daarbij het principe van volledige ontkoppeling van inkomenssteun en het (verder) doorvoeren van regionalisering. De Commissie stelde daarbij dat naarmate de tijd voortschrijdt, een historische basis voor het betalen van ontkoppelde inkomenssteun moeilijker te rechtvaardigen is: de Commissie wil daarom '*towards a flatter rate*'.

De overstap van het historische model naar een regionaal model ligt voor de hand. Een regionale verdeling van inkomenssteun biedt betere aangrijpingspunten om in bepaalde gebieden extra betalingen te doen voor het collectief in stand houden of realiseren van specifieke waarden die van maatschappelijk belang zijn, bijvoorbeeld op het terrein van landschap, natuur en milieu. Ondanks deze voordelen heeft geen enkele lidstaat gebruik gemaakt van de mogelijkheid om met behulp van de nieuwe verordening de overstap te maken van het historische naar het regionale model. Blijkbaar wogen de nadelen te zwaar, zoals het al eerder gememoreerde gevolg dat er een aanzienlijke verschuiving plaats zou vinden van bedrijven met hoge toeslagen naar bedrijven met lage toeslagen, met alle inkomensgevolgen van dien. Dit geldt in het bijzonder als nadeel in landen met grote verschillen tussen de toeslagen van individuele bedrijven, zoals in Nederland. Zo varieert in Nederland de toeslag per hectare van enkele tientallen euro's voor zeer extensieve graasdierbedrijven tot circa duizend euro voor sommige zetmeelaardappelbedrijven en intensieve melkveehouderijen. Vleeskalverbedrijven kennen een bedrijfstoeslag die soms uit meerdere duizenden euro's per hectare kan bestaan, omdat deze bedrijven bij een premie oplopend tot ongeveer 40 euro per kalf vaak maar beschikken over een klein areaal landbouwgrond.

Artikel 68

Naast het voornoemde 'gebiedsbrede' spoor van vermaatschappelijking van het GLB werd het mogelijk gemaakt om duurzame productie op bedrijfs- en sectorniveau te stimuleren. Door herbestemming van maximaal 10% van de inkomenssteun konden lidstaten al vóór de Health Check-middelen binnen de nationale enveloppe voor inkomenssteun herverdelen voor het stimuleren van bijvoorbeeld milieuvriendelijke landbouw of 'kwaliteitslandbouw'. Nederland maakte daarvan geen gebruik. Met de Health Check werden de mogelijkheden voor toepassing hiervan echter stevig verruimd, dit met het doel de inkomenssteun sterker aan maatschappelijke waarden te koppelen. Hiernaast was een meer opportunistische reden voor deze verruiming de problematiek van de zogenaamde 'onbenutte middelen'. In veel lidstaten, waaronder Nederland, bleef een deel van de toeslagrechten ongebruikt. De hiervoor bestemde middelen 'bleven liggen' in Brussel, wat politiek op weerstand stuitte. Het nieuwe 'artikel 68' bevatte niet alleen de uitgebreide mogelijkheden ten opzichte van de al bestaande regeling uit de Mid-Term Review, maar ook de mogelijkheid voor lidstaten om daarvoor de 'onbenutte middelen' in te zetten. Dit heeft sterk bijgedragen aan het gebruik van dit artikel.

Een grote meerderheid van de lidstaten gebruikte artikel 68 in veel gevallen overigens voor vormen van gekoppelde betalingen. Nederland heeft de mogelijkheden van artikel 68 onder meer aangegrepen voor maatregelen op het gebied van dierenwelzijn, precisielandbouw en risicoverzekeringen.

Verdere ontkoppeling

In de Health Check-besluiten werd ook een verdere ontkoppeling doorgezet. Zo werden de runder- en kalverslachtpremies beëindigd, evenals de steun voor de teelt en de verwerking van zetmeelaardappelen, voor de groenvoederdrogerij, voor de verwerking van vlas en voor de teelt van noten. Daarmee werden per 2012 ook in Nederland alle betalingen ontkoppeld. Een belangrijke gekoppelde betaling die in Europa nog mogelijk is, is de zoogkoeienpremie. Nederland past deze niet toe, België wel. Deze beslaat zowel in Vlaanderen als in Wallonië zelfs meer dan 10% van de totale nationale enveloppe.

Cross-compliance

Het in 2003 geïntroduceerde randvoorwaardenbeleid (cross-compliance) koppelt toekenning van bedrijfstoeslagen aan de naleving van communautaire voorschriften voor voedselveiligheid, milieu en dierenwelzijn. Met de Health Checkbesluiten werden doel en reikwijdte van de cross-compliance verder aangescherpt. In hoofdstuk 8 wordt onder andere verder ingegaan op deze vorm van 'vergroening'.

Boven- en ondergrens inkomenssteun

De Commissie wilde met de Health Check zowel een boven- als een ondergrens voor inkomenssteun introduceren. Een gestaffelde bovengrens voor inkomenssteun, zoals de Commissie suggereerde, is niet eenvoudig. Zo kunnen bedrijven zich splitsen of bedrijven met een hoge bedrijfstoeslag kunnen een deel van hun toeslagrechten verkopen aan kleinere bedrijven. Grote bedrijven zouden ook een deel van hun toeslagrechten kunnen verhuren. Daarnaast is van belang dat een eventueel voorstel voor aftopping van inkomenssteun enkele nieuwe lidstaten met, als gevolg van collectivisatie tijdens hun communistische periode, zeer grote bedrijven waarvan meerdere gezinnen afhankelijk zijn, relatief zwaar zou treffen. Mede hierom is deze staffeling dan ook zeer beperkt gebleven. Bedrijfstoeslagen boven 300.000 euro worden afgeroomd met een beperkt percentage.

Wel is een ondergrens ingesteld om ontvangers van zeer kleine bedragen uit te kunnen sluiten. Dit geeft een belangrijke besparing op de uitvoeringskosten en op de controle- en handhavingsinspanning. Nederland heeft de mogelijkheden voor de uitsluiting van lage bedrijfstoeslagen maximaal benut door de ondergrens op het hoogst toegestane bedrag van 500 euro per bedrijf vast te stellen. Hierdoor zijn in Nederland duizenden mogelijke ontvangers buiten het systeem van toeslagrechten geplaatst (kader 7.1).

Kader 7.1. Bedrijfstoeslagen in Nederland.

Vanaf 2006 beschikt minstens de helft van de Nederlandse agrarische bedrijven over toeslagrechten. Alleen de 'pure' tuinbouwbedrijven en de varkens- en pluimveehouders zonder premiewaardige gewassen en dieren zijn er van verstoken. Voor veel van de toenmalig ongeveer 65.000 agrariërs die wel de beschikking over toeslagrechten hebben gekregen, vormde de toeslag in veel gevallen een substantieel deel van het inkomen, waarmee het een belangrijk element werd in de overwegingen om in de toekomst boer te kunnen en willen blijven. Het gaat voor Nederland in 2013 om een bedrag van in totaal circa 830 miljoen euro. Dat betreft dan alle toeslagen die nu bestaan, na aftrek van de modulatie. Bij het huidige aantal bedrijven in Nederland met bedrijfstoeslagen (inmiddels gedaald tot ongeveer 56.000, onder andere door bedrijfsbeëindiging) komt dit neer op gemiddeld circa 15.000 euro per bedrijf. Gezien de inkomens in de betreffende landbouwsectoren over de afgelopen jaren is het toeslagrecht al gauw de helft of meer van het inkomen. Voor enkele bedrijfstypen, in het bijzonder de vleeskalverhouders en de Veenkoloniale akkerbouwbedrijven, kan het niveau van het toeslagrecht het inkomen uit het bedrijf zelfs overtreffen. Vergelijkbaar met wat er met de melkquota is gebeurd, wordt de waarde van dat recht onderkend en niet gemakkelijk losgelaten. Overigens is het recht op een toeslag verhandelbaar gesteld, net als de melkquota.

7.8 Hoe verder na 2013?

In november 2010 heeft de Europese Commissie haar Mededeling gepubliceerd over de hervorming van het GLB voor de periode 2014-2020. Na discussies in Raad en Parlement is deze Mededeling bijna een jaar later gevolgd door Wetgevingsvoorstellen. Deze voorstellen bevatten twee hoofdlijnen. Ten eerste wilde de Commissie, na de goeddeels mislukte poging in de Health Check, nu wel naar een flat rate binnen een lidstaat of binnen regio's in een lidstaat. Doel hiervan was een eind te maken aan de verschillende systemen die in de EU worden gehanteerd en die leiden tot een ongelijke behandeling van producenten. Ten tweede wilde de Commissie de directe betalingen doelgerichter maken. De betalingen moesten bijdragen aan het oplossen van verschillende problemen in de Europese landbouw zoals het lage aantal bedrijfsopvolgers en het gebrek aan duurzaamheid van de productiemethoden. Hiermee wenste de Commissie ook de legitimiteit van de directe betalingen te versterken.

De onderhandelingen over het pakket voorstellen hebben ten tijde van het schrijven van dit hoofdstuk nog niet tot definitieve besluitvorming geleid. Wel is er in juni 2013 een politiek akkoord bereikt over de vormgeving van het GLB voor de periode 2014-2020. Maar enkele elementen die gerelateerd zijn aan de besluitvorming over het Meerjarig Financieel Kader (MFK) over deze zelfde periode in de Europese Raad van februari 2013, zijn door het Europees Parlement vooralsnog aangehouden. De onderhandelingen waren gecompliceerd. Voor het eerst was met het van kracht worden van het Verdrag van Lissabon het Europees Parlement volledig mede-beslissingsbevoegd op het terrein van het GLB. Dit vergde gewenning van Commissie, Raad en niet in het minst van het Europees Parlement zelf. Daarnaast waren in de discussies over het MFK voor de periode 2014-2020 niet alleen het totale GLB-budget voor deze jaren aan de orde, maar ook het aandeel vergroening binnen de directe betalingen, de aftopping van de directe betalingen per bedrijf en de mogelijkheid om middelen over te hevelen van de eerste naar de tweede pijler en omgekeerd. Het Europees Parlement heeft over MFK-gerelateerde elementen als een al dan niet verplichte nationale cofinanciering van overgehevelde middelen en over de afroming van hoge toeslagen niet willen besluiten in het 'juni-akkoord' over het GLB. Het wil in september 2013 hierover verder onderhandelen.

De belangrijkste onderdelen van het nieuwe GLB zijn de volgende:

- *GLB-budget en verdeling over lidstaten.* De hoogte van het budget en de verdeling daarvan over de lidstaten was wat betreft het GLB het belangrijkste onderwerp in het MFK. Het GLB-budget stond onder (grote) druk door de gevoelde noodzaak ook in de Europese begroting te snijden, dit mede om tegemoet te komen aan de wensen van lidstaten waaronder Nederland die netto-betaler zijn aan de EU. Tegelijkertijd stond de verdeling over de lidstaten van de middelen voor inkomenssteun ter discussie. Er zijn grote verschillen tussen de toeslagen per hectare per lidstaat. Zo kennen Nederland en België een gemiddelde toeslag van ongeveer 450 euro per hectare, terwijl de Baltische staten (ruim) een factor 4 lager zitten. Deze verschillen zijn verklaarbaar vanuit historisch perspectief en ook (op zijn minst deels) te rechtvaardigen onder verwijzing naar in hoogte sterk verschillende kosten voor bijvoorbeeld grond en arbeid. Toch staat deze verdeling onder druk, ook al vallen de middelen voor het plattelandsbeleid, de structuurfondsen en het Cohesiefonds juist in het voordeel uit van de lidstaten die onderbedeeld zijn met de directe betalingen. Dit discussiepunt is beslecht in de MFK-onderhandelingen, waarbij besloten is tot een kleine verlaging van het GLB-budget voor de periode 2014-2020, ten opzichte van de vorige periode (zie hoofdstuk 3 voor de precieze getallen). Tevens is besloten tot een herverdeling van de middelen voor de directe betalingen over de lidstaten. Het effect van deze besluitvorming is weergegeven in figuur 7.3, waarin de gemiddelde hectarebetaling per lidstaat is vergeleken in 2013 en 2020. Duidelijk is dat de lidstaten met de hoogste hectarebetalingen in 2013 per hectare het meest hebben ingeleverd ten gunste van met name de lidstaten met de laagste hectarebetalingen in 2013.

- *Overheveling tussen de pijlers.* In het MFK-besluit in de Europese Raad van februari 2013 is opgenomen dat een lidstaat maximaal 15% van de enveloppe voor directe betalingen uit de eerste pijler kan overhevelen naar de tweede pijler. Overhevelen van maximaal 15% van de tweede pijler naar de eerste mag ook; in sommige lidstaten met relatief lage directe betalingen mag dit getal oplopen tot 25%. Nationale cofinanciering van middelen die worden overgeheveld van de eerste naar de tweede pijler is één van de hangpunten die in september 2013 weer worden opgepakt. Het Europees Parlement wil een verplichte cofinanciering, terwijl de Raad dit niet wil.

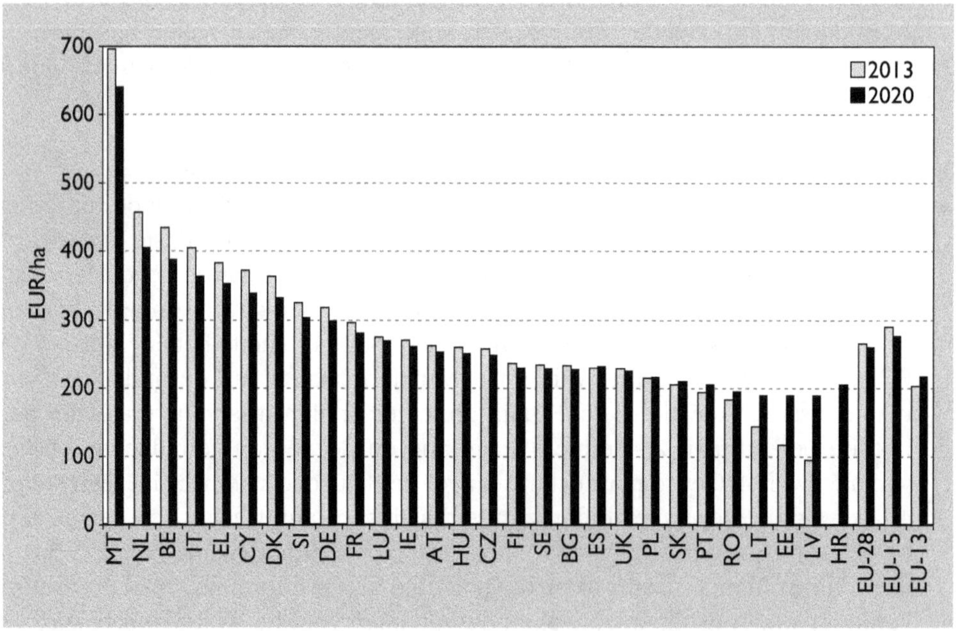

Figuur 7.3. Gemiddelde hectarebetalingen per lidstaat (directe betalingen) in 2013 en 2020 (voorlopige eigen berekeningen op basis van akkoord Europese Raad 7-8 februari 2013).

- *Aftopping.* Onderdeel van het MFK-besluit is dat lidstaten op vrijwillige basis mogen besluiten om een maximum te stellen aan de directe betalingen voor grote ontvangers. Het Europees Parlement heeft grote moeite met dit besluit en wenst op zijn minst een verplichte afroming van hoge betalingen. Ook over dit element zal in september 2013 de discussie voortgezet worden. Het (laatste?) bod van de Raad is dat lidstaten worden verplicht om betalingen hoger dan 150.000 euro per bedrijf verplicht af te romen met minimaal 5%. Lidstaten mogen er voor kiezen om een hogere afroming toe te passen en daarbij eventueel verschillende tranches te hanteren, bijvoorbeeld boven 150.000 euro 5% korting en boven 300.000 euro een hoger percentage. Voorwaarde van de Raad bij dit (eind)bod was dat dan ook de overige hangpunten, zoals de hiervoor genoemde cofinanciering bij overheveling, van de agenda moeten worden gehaald.
- *Gelijke hectarebetaling.* In principe zal elke lidstaat per 2019 de gelijke hectarebetaling (flat rate) binnen de lidstaat of binnen regio's invoeren. Vanwege de mogelijk grote inkomensgevolgen is dit voorstel op grote bezwaren van vele lidstaten gestuit. Om hieraan tegemoet te komen zijn de volgende afwijkingen van dit principe toegestaan:
  - Lidstaten mogen de convergentie naar een flat rate per 2019 beperken. Vereist is dat de waarde van elk toeslagrecht minimaal 60% is van het landelijke (of regionale) gemiddelde. Daarnaast mogen lidstaten er voor kiezen om de verliezen in 2019 voor ontvangers van hoge inkomenstoeslagen te beperken tot 30% ten opzichte van 2015.
  - Ook mogen lidstaten er voor kiezen om de vergroeningspremie vast te stellen op 30% van de individuele bedrijfstoeslag. Hiermee wordt dan afgeweken van de grondregel dat de vergroeningspremie vanaf het eerste jaar van het nieuwe GLB wordt gebaseerd op 30% van de nationale envelop voor directe betalingen, gelijkelijk verdeeld over alle hectares.
  - Hiernaast mogen lidstaten een hogere betaling toepassen voor de eerste hectares van een bedrijf. Deze toepassing is beperkt tot 30 hectares per bedrijf of tot de gemiddelde grootte van een bedrijf in de betreffende lidstaat indien dit hoger is.
  - Tot slot mogen lidstaten er voor kiezen om het aantal nieuwe toeslagrechten per bedrijf te beperken en om een reductiecoëfficiënt toe te passen op toeslagrechten voor grasland op hooggelegen berggebieden.
- *Voortzetting van de enkelvoudige hectarebetaling.* Op sterk aandringen van de nieuwe lidstaten blijft het voor deze lidstaten mogelijk de SAPS (single area payment scheme) te blijven toepassen tot 2020. Daarnaast krijgen ook deze lidstaten de mogelijkheid om de betalingen enigszins te variëren in hoogte om aan specifieke (sector)problemen tegemoet te komen.

- *Vergroening*. Zie hoofdstuk 8.
- *Jonge boeren*. Lidstaten moeten extra steun geven aan jonge boeren. Naast de al bestaande mogelijkheden in het plattelandsbeleid is een extra hectarebetaling voorzien binnen de directe betalingen. Lidstaten dienen hiervoor tot 2% van de envelop voor directe betalingen te reserveren. In Nederland en België betekent dit naar verwachting maximaal 2.000 euro per bedrijf per jaar extra gedurende maximaal 5 jaar.
- *Gekoppelde betalingen*. Gekoppelde betalingen zijn mogelijk voor een brede reeks van sectoren en teelten. Wel moeten deze betalingen zich richten op sectoren en/of regio's die sociaal, economisch of ecologisch van belang zijn en problemen ondervinden. Lidstaten die de gekoppelde betalingen (vrijwel) volledig hadden beëindigd mogen hieraan maximaal 8% van de enveloppe voor directe betalingen spenderen. De overige lidstaten (incl. de nieuwe lidstaten) mogen tot 13% gaan, en in speciale gevallen zelfs hoger, dit na toestemming van de Commissie. Beide groepen van lidstaten mogen daarenboven 2% besteden voor gekoppelde steun aan eiwitgewassen.
- *Overige betalingen*. Naast het voorgaande zijn er mogelijkheden voor lidstaten geschapen om, binnen de eerste pijler, lump-sum betalingen te richten op kleine bedrijven (en deze tegelijkertijd vrij te stellen van de cross-compliance verplichtingen) en om bedrijven in benadeelde gebieden een extra hectarebetaling te verstrekken.

Na de definitieve besluitvorming in de tweede helft van 2013 over de formele wetsteksten die voortvloeien uit het politieke akkoord in juni, hebben de lidstaten nog maar weinig tijd om de invoering per 2014 goed voor te bereiden. Eerst moeten daartoe de Brusselse uitvoeringsverordeningen worden vastgesteld en moeten de lidstaten besluiten over de nationale keuzes. Vervolgens kan aan de hand van nog op te stellen nationale uitvoeringsregelgeving de implementatie van het hervormde GLB definitief gestalte krijgen. Daarom is besloten het nieuwe GLB met betrekking tot de directe betalingen in plaats van 2014 pas in 2015 in werking te laten treden.

Literatuur

Burrell, A. en A.J. Oskam (red.), 2000. Agricultural policy and enlargement of the European Union. Wageningen Academic Publishers, Wageningen, Nederland.

Harris, S., A. Swinbank en G. Wilkinson, 1983. The food and farm policies of the European Community. John Wiley & Sons, Chichester, UK.

OECD, 2002. Agricultural Policies in OECD countries: a positive reform agenda. OECD, Parijs, Frankrijk.

Ritson, C. en D. Harvey (red.), 1997. The common agricultural policy. CAB-International, Wallingford, UK.

Silvis, H.J., L.H.G. Slangen, H.J. Bremmers, W.J.M. Heijman en R.A. Jongeneel, 2002. Handboek agrarische economie: bedrijven, ketens en groene ruimte. Stenfert Kroese, Groningen, Nederland.

Internet

Landbouw Economisch Instituut, Wageningen Universiteit: www.wageningenur.nl/nl/Expertises-Dienstverlening/Onderzoeksinstituten/lei.htm.

Toekomst gemeenschappelijk landbouwbeleid: http://www.toekomstglb.nl.

Website Europese Commissie: http://ec.europa.eu/index_nl.htm.

8. Vergroening van het gemeenschappelijk landbouwbeleid

Anne van Doorn en Jan Gerrit Deelen

8.1 Inleiding

De hervorming van het Europese landbouwbeleid is een majeure operatie zoals beschreven in voorgaand hoofdstuk. Het invoeren van verplichte vergroeningsmaatregelen als voorwaarde voor de toekenning van de directe betalingen, de zogenaamde vergroening, vormde één van de grootste discussiepunten. Met de vergroening van de directe betalingen wordt de keuze gemaakt om een belangrijk deel van het gemeenschappelijk landbouwbeleid (GLB) om te vormen naar doelgerichte betalingen door deze te koppelen aan maatregelen op het terrein van milieu, biodiversiteit en klimaat.

Deze verdergaande integratie van milieudoelstellingen in bestaand beleid past binnen een EU-brede trend. De Europese strategie voor duurzame ontwikkeling (EU-SDS) benadrukt het belang van het behoud van biodiversiteit, de noodzaak van een duurzaam beheer van de natuurlijke hulpbronnen en de noodzaak om de klimaatverandering te stoppen. Volgens de EU-SDS moeten deze doelstellingen worden geïntegreerd in *alle* beleidsterreinen van de EU. Europese milieudoelstellingen zijn vastgelegd in een aantal programma's die gericht zijn op behoud en herstel van ecologie, landschap, flora en fauna, zoals het 6^{e} Milieuactieprogramma (2001-2012) (Europese Commissie, 2001) en diens opvolger (Europese Commissie, 2012), en de EU-biodiversiteitsstrategie (Europese Commissie, 2011).

Binnen het GLB hebben milieudoelstellingen via een reeks van hervormingen een steeds prominentere plek gekregen. De zogenaamde Less Favoured Areas- (LFA) of bergboerenregeling uit de jaren 1970 had als doel om de landbouw in perifere gebieden te behouden; het behoud van landbouwgrond had als secundair doel de bescherming van het agrarische landschap (Richtlijn 75/268/EEG). Vanaf 1989 kregen lidstaten de mogelijkheid om natuur- en milieurandvoorwaarden te stellen aan het ontvangen van de LFA-betaling. Deze koppeling is onder meer door Nederland toegepast. In 1992 zorgden de begeleidende maatregelen van de Mac Sharry-hervorming er voor dat landbouwers actiever konden bijdragen aan het behoud van het platteland en de biodiversiteit, en aan een duurzaam gebruik van natuurlijke hulpbronnen. Sinds deze hervorming zijn lidstaten verplicht landbouwmilieumaatregelen aan te bieden, deelname door de landbouwbedrijven was echter vrijwillig (zie ook hoofdstuk 9).

Met de hervorming van het GLB in 1999 (Agenda 2000) werd de tweepijlerstructuur van het GLB ingevoerd en zijn milieudoelstellingen sterker verankerd. Binnen de eerste pijler kwam een mogelijkheid om bij bepaalde teelten milieurandvoorwaarden te stellen aan het ontvangen van directe betalingen (*cross-compliance*); de landbouwmilieumaatregelen werden binnen de tweede pijler ondergebracht en uitgebreid. Met de Mid-Term Review van 2003 werd besloten cross-compliance voor het gehele bedrijf verplicht te stellen en de hoogte van de directe betalingen afhankelijk te maken van de naleving van deze randvoorwaarden. Bij een onvoldoende naleving van de cross-compliance voorwaarden worden de directe betalingen gekort. De GLB Health Check zorgde in 2008 voor meer aandacht voor de zogenaamde nieuwe uitdagingen, zoals het behoud van biodiversiteit, klimaatverandering, waterbeheer en hernieuwbare energie. Door modulatie, overheveling van budget uit de eerste pijler naar de tweede pijler, kwam er binnen de tweede pijler meer geld beschikbaar om voor die doelen gericht maatregelen te treffen.

De afgelopen 20 jaar hebben de opeenvolgende hervormingen van het GLB geleid tot een steeds verdergaande integratie van milieudoelen in het landbouwbeleid (kader 8.1). Er vond een verschuiving plaats van financiële steun gebaseerd op productievolume, naar financiële steun met randvoorwaarden voor de productieomgeving. De integratie van doelstellingen op het gebied van milieu, klimaat en biodiversiteit in het GLB was daarmee niet af. Vanuit de maatschappij groeide de vraag naar een nieuwe rechtvaardiging van de algemene inkomensondersteuning van de landbouw. De op historische gronden gebaseerde ondersteuning van het landbouwinkomen was steeds moeilijker te rechtvaardigen nu de referentieperiode enkele decennia achter ons ligt. De Europese Commissie wilde het nieuwe GLB 2014-2020 gericht inzetten om een belangrijke bijdrage te leveren aan de EU 2020-doelstellingen, waaronder het duurzamer beheer en gebruik van natuurlijke hulpbronnen, en aan doelstellingen met betrekking tot biodiversiteit, milieu, bodem, water en klimaat.

Kader 8.1. Een stukje voorgeschiedenis.
In de EU ontstond aan het eind van de jaren tachtig een groeiend draagvlak om milieuvoorwaarden te verbinden aan het prijs- en inkomensbeleid. Dit leidde ertoe dat in de Mac Sharry-hervorming van 1992 besloten werd om een vrijwillige vorm van cross-compliance op te nemen. In deze hervorming werd de klassieke prijssteun deels vervangen door directe inkomenstoeslagen. De lidstaten konden er voor kiezen om aan het ontvangen van deze toeslagen randvoorwaarden te verbinden, of met andere woorden er bepaalde maatschappelijke tegenprestaties aan te koppelen. Zo kon aan de inkomensoverdrachten, die feitelijk werden ingevoerd om de boeren te compenseren voor de prijsverlagingen, een maatschappelijke legitimatie worden gegeven. Door het vrijwillige karakter bleef de reikwijdte van het concept aanvankelijk heel beperkt. Slechts enkele landen, in het bijzonder het Verenigd Koninkrijk, verbonden milieuvoorwaarden aan de dierpremies voor rundvee en schapen. De verdere hervorming in Agenda 2000 leidde ertoe dat lidstaten maatregelen konden nemen om alleen landbouwactiviteiten te ondersteunen die voldoen aan de nationaal geldende milieueisen. De mogelijkheid om randvoorwaarden aan directe toeslagen te verbinden werd zo verder uitgebreid. Een beperkt aantal lidstaten (waaronder Denemarken, Frankrijk, Griekenland, Nederland en het Verenigd Koninkrijk) specificeerde dergelijke randvoorwaarden. In Nederland ging het in de periode 2000-2004 om maatregelen bij de teelt van zetmeelaardappelen (het gebruik van chemische loofdoding), de teelt van maïs (het gebruik van onkruidbestrijdingsmiddelen) en op braakgelegde gronden (het ontmoedigen van 'zwarte' braak ten gunste van 'groene' braak en natuurbraak).

8.2 Cross-compliance sinds 2003 [71]

Sinds de Mid-Term Review van 2003 geldt voor elke GLB-betaling dat de ontvanger zich moet houden aan bepaalde minimumeisen op het gebied van milieu: de zogenaamde randvoorwaarden van de cross-compliance. Hiervoor wordt verwezen naar Verordening (EG) 1259/1999 (artikel 3). Deze verordening bepaalt dat lidstaten maatregelen dienen te nemen om zeker te stellen dat landbouwactiviteiten die steun krijgen in het kader van het GLB, voldoen aan de nationaal geldende milieueisen. Voor Nederland geldt bijvoorbeeld dat de *Flora- en faunawet* en het *Lozingenbesluit bodembescherming* zijn opgenomen in de cross-compliance randvoorwaarden. De Europese Commissie hanteert hierbij de volgende strategie voor de integratie van eisen inzake milieubescherming in het GLB:

[71] Gebaseerd op het hoofdstuk Cross-compliance van Roel Jongeneel en Hans Brandt uit de 2e en 3e druk van dit boek.

- Landbouwers moeten voldoen aan minimumnormen op het gebied van milieu om voor volledige betaling van steun in aanmerking te komen (dit betreft zowel steun in de eerste als in de tweede pijler van het GLB).
- Als de samenleving vindt dat landbouwers moeten voldoen aan verdergaande normen, moet ze bereid zijn voor die diensten te betalen (via de landbouwmilieu-betalingen in de tweede pijler van het GLB).

Met de maatregelen wil de EU zeker stellen dat landbouwers die Europese steun ontvangen, zich aan de Europese milieuregels houden. Cross-compliance functioneert zo als een ondergrens voor milieurandvoorwaarden voor GLB-betalingen.

De cross-compliance voorwaarden bestaan sinds de Mid-Term Review uit drie onderdelen. Ten eerste moeten landbouwers de wettelijke eisen ('beheereisen') naleven. Het gaat om eisen op het gebied van milieu, volksgezondheid, diergezondheid, plantgezondheid en dierenwelzijn. De eisen komen voort uit 19 Europese richtlijnen of verordeningen. De eisen zijn voor alle landbouwers in de Europese Unie gelijk.

Ten tweede zijn landbouwers verplicht zich te houden aan de normen om de landbouwgrond in een goede landbouw- en milieuconditie (GLMC) te houden. Lidstaten hebben daarbij een zekere ruimte om de invulling van de GLMC-normen zelf te bepalen, waarbij het mogelijk is om rekening te houden met specifieke lokale omstandigheden. Nederland heeft hier bestaande wettelijke normen voor gebruikt. Sommige andere lidstaten hebben naast bestaande regels (gedeeltelijk) nieuwe regelgeving ingevoerd.

De derde randvoorwaarde voor de ontvangers van GLB-subsidiesis dat hun aandeel blijvend grasland (in relatie tot het totale landbouwareaal) op het niveau van 2003 in stand moet worden gehouden. Nederland heeft ervoor gekozen deze verplichting op nationaal niveau in te vullen en niet op individueel bedrijfsniveau. De ontwikkeling van het aandeel blijvend grasland wordt landelijk nauwkeurig gevolgd aan de hand van de jaarlijkse areaalopgaven van de boeren. Pas als het referentieaandeel te laag wordt, neemt de overheid maatregelen. Er kan dan bijvoorbeeld sprake zijn van een vergunningplicht voor het mogen scheuren van blijvend grasland of de verplichting om gras in te zaaien voor blijvend grasland.

Per 1 januari 2007 gelden de cross-compliance randvoorwaarden ook voor grondgebonden maatregelen uit de tweede pijler van het GLB, het plattelandsbeleid. In Nederland gaat het om de volgende regelingen:

- de agrarisch natuurbeheermaatregelen;
- maatregelen voor de eerste bebossing van landbouwgrond;
- bijdragen aan probleemgebieden of gebieden met natuurlijke handicaps.

Controle en sanctionering

Landbouwers worden gekort op de directe betalingen, indien zij niet (volledig) voldoen aan de cross-compliance randvoorwaarden. De overheid moet tenminste 1% van alle landbouwers die een aanvraag voor steun indienen ter plaatse, dat wil zeggen op het bedrijf, controleren op het voldoen aan de randvoorwaarden (de 1%-controle). Aangezien de 19 randvoorwaarden betrekking hebben op heel verschillende zaken, ligt de uitvoering en controle bij verschillende instanties.

Ondanks uitgebreide voorlichting en begeleiding wordt cross-compliance veelal door boeren ervaren als een ingewikkeld en complex systeem van controle en sancties, met een hoge controledruk. Vanuit de groene maatschappelijke organisaties is er ook kritiek. Omdat cross-compliance betrekking heeft op bestaande wet- en regelgeving, geeft het nauwelijks een extra stimulans voor duurzaamheid. Het is in hun ogen niet meer dan een extra check op een goede naleving, zij het dat de controle nu op EU-niveau uniform is geregeld.

8.3 Naar een groener gemeenschappelijk landbouwbeleid

In het discussiedocument van de Europese Commissie uit 2010 over het GLB in de periode 2014-2020 (Europese Commissie, 2010), kreeg de verantwoordelijkheid voor en afhankelijkheid van de landbouwsector van klimaat, milieu en natuurlijke hulpbronnen een prominente plaats. Om de strategische discussie te richten werden 3 beleidsopties voorgelegd:

1. Geleidelijke verandering van het bestaande beleid en een gelijkmatiger verdeling van de bedrijfstoeslagen over de lidstaten.
2. Een verschuiving naar een duurzamer GLB en een evenwichtiger verhouding tussen beleidsdoelen, boeren en lidstaten door gerichte betalingen, gekoppeld aan groene voorwaarden.
3. Radicale hervorming van het GLB door het uitfaseren van de directe betalingen en het invoeren van beperkte betalingen voor maatschappelijke diensten en natuurlijke handicaps.

Op basis van daarop volgende intensieve discussies in de Raad, Parlement en andere fora, formuleerde de Commissie in oktober 2011 haar definitieve voorstel

tot aanpassing van het GLB. De Commissie bouwde daarin voort op de in 2010 geformuleerde hoofddoelen van het GLB, te weten:
1. een economisch duurzame voedselproductie;
2. een duurzaam beheer van natuurlijke hulpbronnen;
3. een evenwichtige gebiedsgerichte ontwikkeling.

Er werd aldus in het definitieve voorstel van de Commissie een duidelijke keuze gemaakt voor de tweede optie uit het discussiedocument uit 2010, namelijk om de betalingen in het kader van het GLB deels om te vormen naar doelgerichte betalingen. Dit betekende concreet dat aan de directe betalingen aanvullende doelen en randvoorwaarden zouden worden gesteld. Het volledig afscheid nemen van inkomensondersteunende maatregelen (optie 3), zoals directe betalingen en marktbeheer, werd politiek als een stap te ver beoordeeld.

De aanpassing van de directe betalingen was de kern van het voorstel en was in het Commissievoorstel gebaseerd op enerzijds de uitfasering van het historische model (zie hoofdstuk 7) en anderzijds op de vergroening van de directe betalingen. Met de vergroening zou een direct verband gelegd worden tussen het ontvangen van de directe betalingen en het leveren van maatschappelijk gewenste prestaties: als deze prestaties niet worden geleverd, vervalt in principe het recht op de directe betalingen.

De vergroeningsmaatregelen beoogden bij te dragen aan doelen op het gebied van milieu, klimaat en biodiversiteit. Om een uniforme toepassing in de EU mogelijk te maken, werd gekozen voor eenvoudige, algemene en niet-meerjarige agro-milieu-inspanningen. Er werden 3 vergroeningsmaatregelen voorgesteld:
- Gewasdiversificatie: op het bedrijf moesten minimaal 3 gewassen worden geteeld. Om monoculturen te voorkomen werd voorgesteld dat elk van deze teelten minimaal 5% en maximaal 70% van het bedrijfsareaal zou mogen uitmaken. Gewasrotatie, waarbij niet dezelfde gewassen jaar in jaar uit op dezelfde grond mogen worden geteeld, heeft weliswaar een beter effect op milieu en bodemkwaliteit, maar viel om controle-technische redenen af.
- Permanent grasland: het aandeel permanent grasland op een bedrijf moest minimaal gelijk blijven (marge ± 5%).
- Ecologische aandachtsgebieden (*Ecological Focus Areas*, EFA): 7% van de landbouwgrond (minus het permanente grasland) zou moeten worden aangewend voor ecologisch beheer (= geen productie). Hierbij valt te denken aan heggen, slootranden of andere braakstroken.

Biologische bedrijven hoefden niet aan de bovengenoemde voorwaarden te voldoen. Zij zijn per definitie groen. Daarmee zou een 'generieke beloning' gegeven worden voor biologische bedrijfsvoering.

Tenslotte stelde de Europese Commissie voor dat lidstaten vrijwillig gebruik konden maken van de mogelijkheid om binnen de eerste pijler extra financiële ondersteuning te bieden aan bedrijven in gebieden met natuurlijke handicaps, naast de reeds bestaande regeling voor 'probleemgebieden' uit de tweede pijler.

8.4 Achtergrond en effectiviteit van de voorstellen[72]

Om groene doelen zo breed mogelijk in het GLB te integreren, stelde de Europese Commissie voor om de vergroeningsmaatregelen te koppelen aan de ontvangers van directe betalingen uit de eerste pijler. Immers, vrijwel alle boeren in de EU ontvangen deze directe betalingen. De keuze voor een generieke aanpak betekende echter ook dat de maatregelen moesten voldoen aan een aantal voorwaarden, zoals:

- binnen een jaar potentiële voordelen genereren voor het milieu, daar het bij de eerste pijler om jaarlijkse betalingen gaat in plaats van meerjarige contracten;
- toepasbaar op de landbouw in alle lidstaten;
- uitvoerbaar en controleerbaar;
- compatibel met andere GLB-doelstellingen en/of maatregelen.

Door deze restricties aan de vergroeningsmaatregelen zijn uiteindelijk eenvoudige, generieke maatregelen voorgesteld. Het is de vraag of dergelijke maatregelen het meest geschikt zijn voor het leveren van effectieve bijdragen aan milieu, klimaat en biodiversiteit (Polakova, 2012; PBL, 2010; Van Zeijts *et al.*, 2011). Vanuit het oogpunt van natuur en biodiversiteit zijn meer op maat gesneden maatregelen doeltreffender: hoe specifieker de maatregelen en hoe langduriger de contracten, des te effectiever en efficiënter doelstellingen worden bereikt. Dit betekent dat de vergroeningsmaatregelen zeker geen vervanging konden zijn van de huidige landbouwmilieumaatregelen. De drie vergroeningsmaatregelen van de eerste pijler zouden in feite een ondergrens voor de milieurandvoorwaarden voor alle geleverde GLB-steun vormen. Op deze basis kunnen dan de landbouwmilieumaatregelen, zoals de *Subsidieregeling Natuur en Landschap* (SNL), van pijler 2 bouwen. Op die manier zouden de vergroeningsmaatregelen vanuit de eerste pijler het casco

[72] Deze paragraaf bespreekt en analyseert de oorspronkelijke hervormingsvoorstellen van de Europese Commissie. In de volgende paragraaf is het onderhandelingstraject en de uitkomst hiervan beschreven.

vormen, terwijl de SNL-pakketten uit de tweede pijler cruciaal zijn voor de aankleding en het onderhoud en beheer.

Het potentiële effect op milieu, klimaat en/of biodiversiteit verschilt per vergroeningsmaatregel. De maatregel voor gewasdiversificatie heeft naar verwachting een positief effect op de bodemvruchtbaarheid en gaat bodemerosie tegen. In Nederland is een goede gewasrotatie en diversificatie, met een minimum van drie verschillende gewassen, al een veel voorkomende praktijk. Behalve in gebieden met veel snijmaïs, waar gewasdiversificatie minder algemeen is, zou deze vergroeningsmaatregel in Nederland weinig meerwaarde voor klimaat, milieu en biodiversiteit genereren (Van Zeijts *et al.*, 2011).

De vergroeningsmaatregel 'behoud van permanent grasland' is in feite afgeleid van de derde cross-compliance randvoorwaarde, behoud van permanent grasland. De lidstaten konden er bij de invoering van deze maatregel voor kiezen om het behoud van permanent grasland op nationaal niveau te garanderen, dan wel een meer strikte naleving op bedrijfsniveau te vereisen. In Nederland werd de randvoorwaarde op nationaal niveau gehanteerd; landelijk mocht het areaal permanent grasland niet dalen, maar dit werd niet op bedrijfsniveau afgerekend. De vergroeningsvoorwaarde permanent grasland komt nu EU-breed op bedrijfsniveau te liggen. Het behoud van permanent grasland is om verschillende redenen gunstig voor een het milieu: bodemkoolstof blijft behouden, waardoor er minder uitstoot van broeikasgassen is; het is goed voor de waterkwaliteit en beter voor de biodiversiteit. Wel is de, binnen het huidige en nieuwe GLB gebruikte, definitie van permanent grasland (grasland dat 5 jaar of langer niet in de rotatie meedoet) zo breed dat allerlei soorten grasland, van intensief beweid en elke 5 jaar geploegd tot semi-natuurlijke weilanden die nooit geploegd worden, er onder vallen. Dat het effect op de biodiversiteit niet zo veel zal verschillen met de oude cross-compliance randvoorwaarde moge duidelijk zijn. Om de permanente graslanden met echt hoge biodiversiteitswaarden te beschermen zijn extra beleidsinspanningen nodig.

De maatregel voor de ecologische aandachtsgebieden, die stelt dat elke boer 7% van zijn areaal (exclusief het permanente grasland) moet bestemmen voor ecologische doeleinden, wordt beschouwd als de maatregel die het meest zou kunnen bijdragen aan natuur- en milieudoelen. Zo kunnen landschapselementen, akkerranden (voor bijvoorbeeld biologische plaagbestrijding), natuurvriendelijke oevers en randen met opgaande begroeiing, bufferstroken en vanggewassen onder de EFA vallen. Op die manier kunnen EFA een rol spelen bij het versterken van de agrobiodiversiteit en de groen/blauwe dooradering van het landelijk gebied, ze kunnen worden benut voor natuurlijke plaagbestrijding en voor het versterken van de landschappelijke kwaliteit. EFA genereren de meeste meerwaarde voor agro-biodiversiteit en landschap wanneer ze meerjarig dan wel permanent uit productie zijn, doelgericht beheerd worden, een ruimtelijke samenhangend netwerk vormen en als bij de aanleg rekening wordt gehouden met de regionale omstandigheden (Van Doorn *et al.*, 2012).

Tenslotte is een extra betaling voor boeren in gebieden met natuurlijke beperkingen opgenomen in de voorstellen van de Europese Commissie voor de directe GLB-betalingen. Deze regeling is aanvullend op de betalingen in het kader van de probleemgebiedenregeling uit de tweede pijler. De regeling behoort niet tot de drie vergroeningsmaatregelen, maar heeft wel als doel om in gebieden met natuurlijke beperkingen de landbouw in stand te houden en tegelijkertijd de natuurlijke beperkingen te respecteren. In Nederland betreft dit bijvoorbeeld de gebieden met een hoge grondwaterstand, deze gebieden vallen samen met grote delen van belangrijke weidevogelgebieden. Het behoud van een hoge grondwaterstand (gedurende een deel van het jaar) is een gunstige randvoorwaarde voor de populatie van weidevogels. Wanneer Nederland besluit gebruik te maken van deze regeling, kunnen boeren in deze gebieden in aanmerking komen voor extra inkomensondersteuning, onder andere om de grondwaterstand hoog te houden. Dit is gunstig voor de weidevogels.

8.5 De Europese besluitvorming voor de periode 2014-2020

Door vergroeningsmaatregelen te koppelen aan de directe betalingen zou een belangrijke stap gezet kunnen worden naar doelgerichte betalingen in de eerste pijler van het GLB. Dit gaat in essentie verder dan bij cross-compliance. Cross-compliance gaat om het borgen van een goede naleving van de bestaande regelgeving op het terrein van milieu, klimaat en biodiversiteit. De vergroeningspremie daarentegen is een beloning voor 'gewenste' inzet die verder gaat dan de wettelijke voorschriften. De premie bedraagt 30% van de directe betalingen en zal daarmee de bedrijfsvoering meer gaan beïnvloeden.

De Europese Commissie heeft in haar voorstellen gekozen voor 3 maatregelen die eenvoudig zijn en EU-breed kunnen worden toegepast. In de discussies in de Landbouwraad en het Europees Parlement was er grote steun voor de vergroening van de directe betalingen, maar over de inhoud van de maatregelen (en daarmee de effectiviteit) liepen de meningen behoorlijk uiteen. Flexibiliteit is een woord dat veel werd gebruikt in de discussie. Maar hoe legitiem flexibiliteit ook is, het heeft het risico in zich dat ze uitmondt in maatregelen die de facto niet leiden tot meer duurzaamheid. Hiervoor wordt de term *greenwashing* gebruikt. Daarmee is tegelijk de kern van de Europese discussie weergegeven. Welke maatregelen zijn gewenst en hoe kan er voor gezorgd worden dat er een (zeker) *level playing field* komt? Of, hoe is te voorkomen dat er in lidstaat X een 'slappe' invulling wordt gegeven en in lidstaat Y de boeren worden 'gedwongen' om hun bedrijfsvoering aan te passen en dus extra kosten te maken?

Om die reden heeft de Europese Commissie zich lange tijd verzet tegen aanpassingen van haar vergroeningsvoorstel. Wensen van lidstaten voor meer flexibiliteit op bedrijfsniveau werden rigoureus van de hand gewezen. Wel is de Commissie in de discussie met Raad en Parlement akkoord gegaan met kleine aanpassingen. Voor de ecologische aandachtsgebieden en gewasdiversificatie zal een ondergrens gelden. De lijst met soorten grondgebruik die mee mogen tellen voor de EFA-verplichting is uitgebreid. Zo mogen landschapselementen die grenzen aan landbouwgrond meetellen; hetzelfde geldt voor bepaalde vormen van agrarisch natuurbeheer. Verder is het mogelijk om in collectief verband aan een deel van de EFA-verplichting te voldoen. Dat wil zeggen dat de EFA-verplichting niet op bedrijfsniveau zal gelden, maar door een groep bedrijven (op lokaal niveau) wordt aangegaan. De bedrijven leggen onderling vast welke percelen worden aangewezen voor de collectieve EFA-verplichting. Om te grote concentraties van EFA-verplichtingen te voorkomen, geldt een limiet aan het aantal bedrijven dat hun EFA-verplichting kan bundelen.

Een ander discussiepunt was de optie *green by definition*. De Commissie heeft oorspronkelijk voorgesteld om alleen biologische bedrijven per definitie in aanmerking te laten komen voor de vergroeningspremie. Onder druk van lidstaten bleek de Commissie op dit punt enige flexibiliteit te bieden: bedrijven met een gecertificeerde productie kunnen per definitie ook groen zijn, mits ze minimaal dezelfde (bovenwettelijke) duurzaamheid realiseren. Een heet hangijzer betrof de omvang van de sanctie indien niet wordt voldaan aan de vergroeningseisen. De Commissie stelde zich van het begin af aan op het strikte standpunt dat niet-naleving betekent dat zowel de vergroeningspremie als de directe betaling komen te vervallen. Een overgrote meerderheid van lidstaten vond dit evenwel te rigoureus.

De noodzaak om vergroening te introduceren in het GLB is breed ondersteund door de Landbouwraad èn het Europees Parlement. Wel was er een verschil in toonzetting. De meerderheid van het Europees Parlement was op een aantal punten meer 'gereserveerd' dan de Landbouwraad. Dit bleek onder meer in zijn opstelling over de ecologische aandachtsgebieden. Het Europees Parlement wilde starten met 3% oplopend tot 5%, en na evaluatie in 2017 het percentage eventueel laten groeien tot

7%. De Raad koos er voor om te starten met 5%, met eveneens een evaluatiemoment in 2017. De Landbouwraad wilde lidstaten de gelegenheid geven om middels duurzaamheidscertificaten te voldoen aan de vergroening (mits deze aantoonbaar equivalent zijn aan de vergroeningseisen). Het Europees Parlement was geen voorstander van dergelijk maatwerk. Wat de andere vergroeningseisen betreft liepen Europees Parlement en Landbouwraad niet ver uit elkaar. Zo waren beide voor meer ruimte bij de maatregelen gewasdiversificatie en permanent grasland.

Na maandenlange discussies hebben de Raad en het Europees Parlement in maart 2013 hun positie bepaald over het nieuwe GLB. Op basis hiervan werd een zogeheten triloog gestart: een onderhandelingstraject waaraan de Raad, het Europees Parlement en de Europese Commissie deelnamen. De triloog heeft eind juni 2013 geresulteerd in een politiek akkoord. Wat betreft vergroening moesten er in de laatste onderhandelingsfase nog wel enkele hordes genomen worden.

Zo heeft het Europees Parlement ingestemd om met de ecologische aandachtsgebieden te beginnen met 5%. De sanctie bij niet-naleving van de vergroeningseisen is minder streng dan de Europese Commissie lange tijd bepleitte. Nu vervalt (enkel) de vergroeningspremie en komt er een aanvullende sanctie van maximaal 25% van de vergroeningspremie. De maatregel voor het behoud van grasland is aangescherpt. Lidstaten moeten gevoelige graslanden die gelegen zijn in Natura 2000-gebieden extra beschermen. Aanvullend hierop kunnen lidstaten maatregelen nemen ter bescherming van grasland in koolstofrijke gebieden, zoals bijvoorbeeld de veenweiden.

Met betrekking tot *green by definition* en duurzaamheidscertificaten heeft de Raad iets van haar ambities moeten inleveren. Lidstaten krijgen weliswaar de mogelijkheid om equivalente vergroeningsmaatregelen te nemen, maar de lijst van alternatieven die de Europese Commissie hiervoor gaat opstellen zal naar verwachting dicht tegen de algemene vergroeningsmaatregelen liggen. Daarmee lijkt de oorspronkelijke ruimte die de Commissie bood voor meer brede duurzaamheidscertificering (met bijvoorbeeld milieucomponenten of een ketenaanpak) geslonken te zijn.

Het nieuwe GLB, met name de onderdelen directe betalingen en vergroening, betekent een substantiële aanpassing van het stelsel. Om de nationale betaalorganen voldoende tijd te geven om deze aanpassing goed voor te bereiden, zullen deze onderdelen niet zoals het plan was in 2014 van kracht worden, maar pas in 2015. Het nieuwe Plattelandsbeleid start wel per 2014.

8.6 Implementatie in Nederland: relatie met agrarisch natuurbeheer

In Nederland staat de vergroening van de directe betalingen niet los van andere dossiers. Er is een directe koppeling met het agrarisch natuurbeheer. Het agrarisch natuurbeheer vormt een belangrijke pijler om te voldoen aan Europese biodiversiteitsverplichtingen. Daarnaast kan het agrarisch natuurbeheer een goede bijdrage leveren aan het voldoen aan de eisen van bijvoorbeeld de Kaderrichtlijn Water.

De herziening van het gemeenschappelijk landbouwbeleid 2014-2020 lijkt dan ook goede mogelijkheden te bieden om de effectiviteit en efficiëntie van het huidige agrarisch natuurbeheer te verbeteren. De vergroeningsmaatregelen zijn te zien als een generieke onderlaag, waarop gebiedsspecifieke agro-natuurmaatregelen kunnen worden gestapeld. Aanvullend hierop kan de doelmatigheid versterkt worden door een collectieve aanpak. Door de aanpak met collectieven kan samen met andere overheden integraal sturing worden gegeven aan streekgebonden ontwikkelingen en kunnen bijvoorbeeld biodiversiteitsdoelen beter worden verankerd.

Verwacht mag worden dat deze aanpak effectiever, goedkoper en simpeler in de uitvoering wordt. Daarbij wordt aangesloten bij de trend om maatschappelijke actoren en burgers zelf meer verantwoordelijkheid te geven voor hun omgeving. Voor het agrarisch natuurbeheer heeft dat geleid tot de gedachte om meer te werken met collectieven, bijvoorbeeld Agrarische Natuurverenigingen (ANV). In Nederland bestaan ANV's in veel verschillende soorten en maten. Sommige bestaan al 20 jaar, andere zijn net opgericht. Een ANV kan bestaan uit een paar boeren, maar de meeste hebben ook 'gewone' burgers onder hun leden – sommige zelfs meer dan de helft van hun leden. Het is ook mogelijk dat andere organisaties zich aansluiten als lid van een collectief, of er een samenwerking mee aangaan. De leden van een collectief maken gezamenlijk een plan voor de toekomst van hun gebied en beoordelen welk beheer daarvoor nodig is. Op basis van dat plan worden agrarisch natuurbeheersubsidies aangevraagd, en waar mogelijk gecombineerd met het collectief beheer van EFA-gronden.

In dergelijke gebiedsplannen zullen niet alleen natuur- en landschapsdoelen een plaats kunnen krijgen, maar ook doelen op het gebied van water, milieu, recreatie, etc. De collectieven sluiten dan een gebiedscontract met de overheid wier doelen ze willen realiseren (rijk en/of provincie en/of waterschap). Het collectief is zelf verantwoordelijk voor het maken van het plan voor het gebied, voor de uitvoering, voor de verdeling van vergoedingen over de leden en voor de sanctionering wanneer leden hun afspraken niet nakomen.

Het toenmalige ministerie van Landbouw (LNV, nu EZ) heeft in 2010 4 pilots gestart met ANV's in Nederland, om te ervaren hoe een ANV als collectief kan gaan werken voor een fysiek gebied/regio. Uit de ervaringen komt naar voren dat het collectief een goede vorm is om mee te werken. In EU-verband zet Nederland daarom in op het spoor van collectieven. De EU geeft hiervoor in de wetgeving voor het GLB de benodigde ruimte. Zoals het er nu naar uitziet zal over enkele jaren agrarisch natuurbeheer in Nederland dan ook (voor een belangrijk deel) via collectieven gaan.

8.7 Ten slotte

De vergroening van het GLB is een stap in de goede richting om een belangrijk deel van de directe betalingen om te vormen naar doelgerichte betalingen ten behoeve van klimaat, milieu en biodiversiteit. Vanwege het globale karakter zijn ze zeker geen vervanger van de huidige agro-milieumaatregelen; ze fungeren eerder als (extra) ondergrens of basis voor de milieu- en natuurrandvoorwaarden voor alle geleverde GLB-steun. Ze kunnen juist extra waarde krijgen in combinatie met gebiedspecifieke agro-milieumaatregelen. Voor Nederland is het een impuls om het agrarisch natuurbeheer op een nieuwe leest te schoeien. Al jaren is het duidelijk dat de prestaties van SNL alleen ontoereikend zijn, onder andere als gevolg van een (te) laag budget, te weinig continuïteit, onvoldoende focus op kansrijke gebieden en te veel administratieve lasten. De uitdaging is dus om de vergroeningsmaatregelen van de eerste pijler, en dan vooral de EFA-maatregel en de betaling voor gebieden met natuurlijke handicaps, zo in te zetten dat deze integraal onderdeel gaan uitmaken van een collectief gebiedsplan. Op die manier kan de potentie van zowel de vergroeningsmaatregelen als het agrarisch natuurbeheer optimaal benut worden. Zo kan ook de vergroening van het GLB een wezenlijke bijdrage leveren aan het verbeteren van de milieukwaliteit en aan het agrarisch natuurbeheer.

Literatuur

Europese Commissie, 2001. Zesde milieuactieprogramma van de Europese Gemeenschap, 'Milieu 2010: Onze toekomst, onze keuze'. Mededeling van de Commissie aan het Europees Parlement, de Raad, het Europees Economisch en Sociaal Comité en het Comité van de Regio's. COM (2001) 31 final. Brussel, België.

Europese Commissie, 2010. The CAP towards 2020: meeting the food, natural resources and territorial challenges of the future. Communication from the Commission to the European Parliament, the Council, the European Social and Economic Committee and the Committee of the Regions Council. COM(2010) 672 final, 18.11.2010, Brussel, België.

Europese Commissie, 2011. Onze levensverzekering, ons natuurlijk kapitaal: een EU-biodiversiteitsstrategie voor 2020. Mededeling van de Commissie aan het Europees Parlement, de Raad, het Europees Economisch en Sociaal Comité en het Comité van de Regio's. COM(2011) 0244 final. Brussel, België.

Europese Commissie, 2012. Goed leven binnen de grenzen van onze planeet. Voorstel voor een nieuw algemeen milieuactieprogramma voor de Europese Unie. Mededeling van de Commissie aan het Europees Parlement, de Raad, het Europees Economisch en Sociaal Comité en het Comité van de Regio's. COM (2012) 710 final. Brussel, België.

PBL (Planbureau voor de Leefomgeving), 2010. Bijdrage GLB aan beleidsdoelen milieu, natuur en landschap. Een verkenning van de mogelijke inzet van het gemeenschappelijk landbouwbeleid. Planbureau voor de Leefomgeving, Bilthoven, Nederland.

Poláková, J., G. Tucker, K. Hart, J. Dwyer en M. Rayment, 2011. Addressing biodiversity and habitat preservation through measures applied under the Common Agricultural Policy. Report Prepared for DG Agriculture and Rural Development, Contract No. 30-CE-0388497/00-44. Institute for European Environmental Policy, Londen, UK.

Van Doorn, A.M., T.C.P. Melman, W. Geertsema, B.S. Elbersen, H. Prins, A.H.F. Stortelder en R.A. Smidt, 2012. Vergroening van het GLB door Ecological Focus Areas: verkenning van doelen, randvoorwaarden, kosten en baten. Alterra, rapport 2296, Wageningen, Nederland.

Van Zeijts, H., K. Overmars, W. Van der Bilt, N. Schulp, J. Notenboom, H. Westhoek, J. Helming, I. Terluin en S. Janssen, 2011. Greening the Common Agricultural Policy: impacts on farmland biodiversity on an EU scale. PBL Netherlands Environmental Assessment Agency, Bilthoven, Nederland.

9. EU-plattelandsbeleid en structuurfondsen

Petra Berkhout en Willem Schoustra

9.1 Inleiding

Dit hoofdstuk beschrijft de ontwikkeling van het Europese plattelandsbeleid in relatie tot de Europese structuurfondsen. Wat begon als het co-financieren door de EU van nationale, op zichzelf staande projecten op het gebied van de landbouwproductie en de handel en verwerking in landbouwproducten, is uitgegroeid tot een benadering die uitgaat van de problemen in een regio en daar een samenhangend pakket aan maatregelen op inzet.

Na een historisch overzicht van het landbouwstructuurbeleid sinds het inwerkingtreden van het Verdrag van Rome en de Stresa-conferentie in 1958 wordt ingegaan op recente ontwikkelingen en ervaringen rond de (kader)verordening plattelandsontwikkeling en de daarop gebaseerde Nederlandse plattelandsontwikkelingsprogramma's. Het hoofdstuk sluit af met een beschouwing, waarin een aantal algemene aspecten van het plattelandsbeleid de revue passeert.

9.2 Landbouwstructuurbeleid als startpunt

Conferentie van Stresa

Het Europese plattelandsbeleid vindt zijn oorsprong in het Europese landbouwstructuurbeleid. Dit kwam pas begin jaren 1970 aarzelend tot stand, ondanks de voornemens die daarover reeds op de in 1958 gehouden Conferentie van Stresa werden geformuleerd (Europese Commissie, 1958). Op deze conferentie werden de volgende doelstellingen voor het landbouwstructuurbeleid benadrukt:

- handhaving van een nauwe relatie tussen marktbeleid en landbouwstructuurbeleid;
- vergroting van de productiviteit van arbeid en kapitaal, met het gezinsbedrijf als norm;
- aanmoediging van regionale industrialisatie om alternatieve werkgelegenheid te creëren, met speciale hulp voor regio's met een ontwikkelingsachterstand.

Uiteindelijk leverde 'Stresa' weinig op voor het landbouwstructuurbeleid en beperkte dit beleid zich tot afspraken over de onderlinge harmonisering van nationale landbouwstructuurmaatregelen. Tevens zijn vanaf 1964 afzonderlijke projecten in de lidstaten meegefinancierd uit de afdeling Oriëntatie van het toenmalige Europees Oriëntatie- en Garantiefonds voor de Landbouw (EOGFL).

Plan Mansholt

De eerste duidelijke voorzet om een gemeenschappelijk landbouwstructuurbeleid van de grond te krijgen is het Plan Mansholt (Europese Commissie, 1968). Het plan beoogde de toen al aanwezige landbouwoverschotten, in het bijzonder voor zuivel, tegen te gaan door een versnelde aanpassing van de landbouwstructuur. Daartoe beoogde het plan een forse vermindering van de agrarische inputs in de periode 1970-1980:

- 50% minder arbeid (door omscholing en vervroegde pensionering);
- 7% minder cultuurgrond (circa 5 miljoen hectare, vooral door bebossing);
- verkleinen van de melkveestapel en rooien van boomgaarden.

Wat over zou blijven van de landbouw moest bovendien grondig gemoderniseerd worden, zodat grote bedrijven zouden ontstaan met een hoge arbeidsproductiviteit. Dit hele pakket van maatregelen zou na tien jaar moeten leiden tot een agrarische sector die weer op eigen benen kon staan. Het plan onderscheidde daarnaast diverse typen regio's naar hun mate van industrialisatie en ontwikkelingsachterstand, en het ontwikkelde ideeën voor de creatie van arbeidsplaatsen in andere sectoren van de economie om zo de overtollige arbeid uit de landbouw te kunnen opnemen. Er is veel over het Plan Mansholt gediscussieerd, maar de enige concrete besluiten die eruit voortvloeiden, zijn drie structuurmaatregelen geweest die vanaf 1972 van kracht werden en gericht waren op modernisering van bedrijven, vervroegde uittreding van boeren en scholing (zie hierna).

Gemeenschappelijke acties (1972-1988)

Vanaf 1972 werd met de zogenaamde 'gemeenschappelijke acties' een nieuw type regelgeving ingevoerd die in de plaats kwam van de eerdergenoemde cofinanciering van nationale projecten. Een groot aantal richtlijnen en verordeningen kwam tot stand, waarvan sommige geldig waren voor de hele EU, en andere specifiek gericht waren op bepaalde lidstaten of regio's (Van der Stelt-Scheele, 1990). Daarbij was sprake van een zekere wildgroei van regelingen met een beperkte reikwijdte, aangezien deze niet zelden werden gebruikt om bepaalde lidstaten te 'troosten' voor de uitkomst van de prijsonderhandelingen.

De belangrijkste gemeenschappelijke acties waren drie richtlijnen, en wel voor de modernisering van landbouwbedrijven (72/159/EEG), de vervroegde uittreding van boeren, hun gezinnen en hun werknemers (72/160/EEG) en voor sociaal-economische voorlichting en scholing van personen werkzaam in de landbouw (72/161/EEG). Deze richtlijnen kwamen alle voort uit het Plan Mansholt. Ze maakten geen onderscheid tussen regio's, maar het cofinancieringspercentage van de EU kon variëren op basis van de relatieve welvaart van de lidstaat en de regio. Alle lidstaten waren verplicht de richtlijnen te vertalen naar nationale regelingen, die ter goedkeuring aan de Europese Commissie moesten worden voorgelegd. De deelname van de agrariërs was echter vrijwillig. Geen van deze drie richtlijnen heeft echt goed gewerkt. Vaak duurde het jaren voordat de richtlijnen waren omgezet in nationale regelingen; bovendien kwam met name in de regio's waar de richtlijnen het hardst nodig waren, de toepassing moeilijk van de grond (Van der Stelt-Scheele, 1994). Een andere gemeenschappelijke actie was Verordening (EG) 355/77 voor de verwerking en afzet van landbouw- en visserijproducten.

In 1975, na de toetreding van het Verenigd Koninkrijk, Ierland en Denemarken, kwam de zogenaamde bergboerenregeling (Richtlijn 75/268/EEG) tot stand ten gunste van de landbouw in bergstreken en bepaalde probleemgebieden die te lijden hebben van een combinatie van permanente natuurlijke handicaps en ontvolking. Door het geven van directe inkomenssteun (per hectare of per grootvee-eenheid) moest de maatregel bijdragen aan het handhaven van de landbouw in deze gebieden, het tegen gaan van ontvolking en het behoud van het landschap. In deze periode werd ook het Europees Fonds voor Regionale Ontwikkeling (EFRO) opgericht. Dit fonds ging projecten ondersteunen in de armere regio's van de Unie, waaronder plattelandsregio's, in niet-landbouwsectoren en op het gebied van infrastructuur.

Naar meer geïntegreerde programma's

In de jaren 1970 en 1980 begon men voorzichtig te experimenteren met de zogenaamde programmabenadering. De regelingen van 1972 gaven alleen steun op het niveau van individuele projecten en gingen voorbij aan de regionale dimensie van de problemen van een individueel landbouwbedrijf. Een programma dat uitgaat van de problemen van een (agrarische) regio en een coherente mix van beleidsinstrumenten inzet, kan deze nadelen omzeilen en juist van synergie-effecten profiteren. Bij wijze van proef werd in de Schotse Eilanden, Wallonië en Lozère een geïntegreerd programma opgezet, waarbij agrarische structuurmaatregelen dienden te worden uitgevoerd in samenhang met acties van de algemene structuurfondsen van de EU. Het programma omvatte het Europees Fonds voor Regionale Ontwikkeling (EFRO) en de Europese Investeringsbank (EIB), en het al in 1958 opgerichte Europees Sociaal Fonds (ESF) dat maatregelen subsidieert om werklozen aan een baan te helpen (bijvoorbeeld door scholing).

Ook de Geïntegreerde Mediterrane Programma's, die in 1986 werden gestart om de economisch zwakke regio's in Zuid-Frankrijk, Italië en Griekenland te helpen zich voor te bereiden op de toetreding van Spanje en Portugal tot de EU, volgden deze aanpak. In Nederland werd voor het eerst in 1987 een geïntegreerd programma vastgesteld voor de regio's Oost-Groningen en Oost-Drenthe.

9.3 Hervorming van de structuurfondsen

Pakket Delors I

Naast de specifiek voor de landbouw bedoelde fondsen van het EOGFL kent de Europese Unie ook de al eerder genoemde algemene structuurfondsen EFRO en ESF. Naar aanleiding van de Europese Akte in 1986 werden deze in 1988 hervormd. De achterliggende gedachte van het zogenoemde Pakket Delors I was dat de structuurfondsen moesten bijdragen aan het vergroten van de sociale en economische cohesie in de Unie, vooral ook met het oog op de totstandbrenging van de interne markt die in 1993 een feit moest zijn. Daarom werd een groter bedrag ter beschikking gesteld om de zwakke regio's van de EU te helpen zich hierop voor te bereiden. Deze zwakke regio's werden in principe aangewezen op basis van bepaalde sociaal-economische criteria, bijvoorbeeld het aantal werklozen in een regio ten opzichte van het Europese gemiddelde (doelstelling 2), of het aandeel van de agrarische werkgelegenheid in de totale werkgelegenheid van een regio (doelstelling 5b). Daarnaast waren er drie zogenaamde horizontale doelstellingen (3, 4 en 5a) die in de gehele EU van toepassing waren.

Om de fondsen effectiever in te zetten werden de programmatische aanpak en de integratie van maatregelen, zoals eerder uiteengezet, over de gehele linie ingevoerd. Daartoe werden vijf algemene doelstellingen geformuleerd waaraan de structuurfondsen (en in samenwerking daarmee ook de communautaire leningsinstrumenten van de Europese Investeringsbank en van de Europese Gemeenschap voor Kolen en Staal) gezamenlijk moesten werken. Tabel 9.1 geeft de doelstellingen weer met hun middelen en de fondsen die erbij betrokken waren.

In principe moesten alle middelen van de structuurfondsen binnen het kader van deze doelstellingen worden uitgegeven. Daarop waren enkele belangrijke uitzon-

Tabel 9.1. Doelstellingen, fondsen en middelen (miljard euro) van de structuurfondsen na de hervormingen van 1988 en 1993 (Bron: Europese Commissie, 1990, 1992).

Doelstelling		Fondsen	Middelen	
			1989-1993 [3]	1994-1999 [4]
1	Regio's met minder dan 75% van het gemiddelde EU-inkomen per inwoner	EFRO, ESF, FIOV[1], EOGFL-Oriëntatie, Cohesiefonds	38,3	93,8
2	Regio's met werkloosheid door industrie in verval	EFRO, ESF	7,2	7,0
3	Langdurige werkloosheid (hele EU)	ESF	7,5	13,9
4	Jeugdwerkloosheid (hele EU)			
5a	Aanpassing landbouw- en visserijstructuur (hele EU)	EOGFL-Oriëntatie, FIOV[1]	3,4	5,4
5b	Agrarische regio's met een ontwikkelingsachterstand	EOGFL-Oriëntatie, EFRO, ESF	2,8	6,1
6	Gebieden met geringe bevolkingsdichtheid[2]	EFRO, ESF, EOGFL-Oriëntatie		1,1
Communautaire initiatieven				10,1

[1] Financieringsinstrument voor de Oriëntatie van de Visserij, van kracht per 1 januari 1994.
[2] Van kracht per 1 januari 1994.
[3] Prijzen 1989.
[4] Prijzen 1994.

deringen, waaronder de zogenaamde Communautaire Initiatieven. Dit waren programma's met een bepaald thema die door de Commissie werden geïnitieerd en die niet altijd onder een doelstelling vielen; voor het EOGFL-Oriëntatie was er met name LEADER voor het steunen van centra voor plattelandsontwikkeling.

Nederland had in de periode 1989-1993 drie doelstelling-2 regio's: Oostelijk Zuid-Limburg, Twente, en een deel van Groningen en Drenthe. Er was één doelstelling-5b regio, die een deel van Friesland besloeg. Doelstellingen 3, 4 en 5a golden ook voor Nederland, omdat deze van kracht waren voor de hele EU. Doelstelling 1 gold alleen voor gebieden met een inkomen per hoofd van minder dan 75% van het EU-gemiddelde; daarvoor kwam Nederland in de eerste periode niet in aanmerking.

Pakket Delors II – tweede hervorming structuurfondsen

Zoals het pakket Delors I nodig was om de interne markt te kunnen realiseren, zo was Delors II het wisselgeld om de Europese Monetaire Unie tot stand te kunnen brengen. Het Verdrag van Maastricht van 1992 voorzag in de oprichting van een nieuw structuurfonds, het Cohesiefonds. Lidstaten met een Bruto Nationaal Product (BNP) per hoofd van minder dan 90% van het gemiddelde van de EU kwamen voor steun in aanmerking. Het betrof in de praktijk Griekenland, Ierland, Portugal en Spanje. Het doel van het Cohesiefonds is het versterken van de sociale en economische cohesie in de EU. Het Cohesiefonds draagt daartoe bij aan de financiering van projecten op het gebied van milieu en trans-Europese netwerken voor vervoersinfrastructuur.

Daarnaast voorzag het Verdrag van Maastricht in een nieuwe hervorming van de structuurfondsen en besteedde het speciale aandacht aan het milieu. Er vond een herdefiniëring van de doelstellingen plaats. De oude doelstellingen 3 en 4 werden samengevoegd; een nieuwe doelstelling 4 voorzag in de aanpassing van werknemers aan de gewijzigde omstandigheden in het bedrijfsleven . Het Cohesie-instrument werd geïntegreerd in doelstelling 1. Een nieuw financieringsinstrument voor de Oriëntatie van de Visserij (FIOV) werd onderdeel van doelstelling 5a. Ten slotte namen de beschikbare middelen verder toe (tabel 9.1). De toetreding van Finland en Zweden in 1995 leidde tot een nieuwe doelstelling 6, ten behoeve van regio's met een zeer geringe bevolkingsdichtheid (acht inwoners of minder per km^2).

De voorwaarden voor medefinanciering werden versoepeld. Bij doelstelling 1 werd de lijst van gebieden die voor steun in aanmerking komen fors uitgebreid (voor Nederland kwam Flevoland er bij). Voor doelstelling 2 werden de voorwaarden voor projecten op het vlak van infrastructuur verder versoepeld. Voor doelstelling 5b werden de gebieden eveneens uitgebreid (in Nederland met Groningen, Drenthe, Limburg, Overijssel en Zeeland). Nieuw was de meer expliciete aandacht bij doelstelling 5b voor plattelandsontwikkeling (de relatie tussen de landbouw en de rest van de economie) en voor milieu en natuur.

Begeleidende maatregelen Mac Sharry-hervorming

De aandacht voor de rol die de landbouw kan spelen op het gebied van milieu en natuur, kwam in het landbouwstructuurbeleid vooral tot uiting in de zogenaamde begeleidende maatregelen van de Mac Sharry-hervorming van het markt- en prijsbeleid uit 1992. Dit pakket maatregelen bestond uit:

- een 'landbouwmilieupakket' met diverse steunstelsels voor milieuvriendelijke productiemethoden en braakregelingen ten bate van de natuur;
- aanmoediging van bosteelt op landbouwgrond, met name steun voor bebossing en onderhoud;
- bevordering van vervroegde uittreding uit de landbouw door personen ouder dan 55 jaar.

EOGFL-Garantie droeg voor 50% bij in de kosten van deze maatregelen, maar in doelstelling-1 gebieden voor 75%. De keuze voor financiering uit Garantie was ingegeven door het feit dat deze maatregelen de hervorming van het markt- en prijsbeleid moesten 'begeleiden'. Dit betekende een breuk met de tot dan toe traditiegetrouwe financiering van markt- en prijsbeleid uit EOGFL-Garantie en structuurbeleid uit EOGFL-Oriëntatie. Ook werden lidstaten verplicht om landbouwmilieumaatregelen aan te bieden. Alhoewel ook de eerste drie Richtlijnen uit 1972 verplicht omgezet moesten worden in nationale regelingen, gold voor alle latere landbouwstructuurmaatregelen dat de lidstaat de keuze had de steun al dan niet aan te bieden.

9.4 Agenda 2000

Structuurfondsen

In het kader van de zogenaamde Agenda 2000 zijn zowel de structuurfondsen als het landbouwstructuurbeleid wederom herzien. De wijzigingen in het algemene structuurbeleid behelsden vooral vereenvoudiging en concentratie. Vereenvoudiging door het reduceren van het aantal doelstellingen; en concentratie door de steun daar te concentreren waar deze het meest nodig is, dat wil zeggen in de armste gebieden van de Unie. De zeven doelstellingen uit het pakket Delors II werden gereduceerd tot drie:

- Doelstelling 1 bleef ongewijzigd; wel werd doelstelling 6 in deze doelstelling opgenomen.
- Doelstelling 2 moest de regio's met structurele problemen, op het gebied van landbouw of industrie, hulp bieden; deze doelstelling werd derhalve een samenvoeging van de oude doelstellingen 2 en 5b.
- Doelstelling 3 was gericht op het bestrijden van werkloosheid en werd gevormd door de samenvoeging van de oude doelstellingen 3 en 4.

Het Cohesiefonds bleef bestaan voor die lidstaten die een BNP per hoofd hebben dat lager is dan 90% van het EU-gemiddelde. Voor de periode 2000-2006 was een bedrag beschikbaar van 213 miljard euro (prijzen 1999), waarvan bijna 64% naar doelstelling 1 ging en circa 11% naar zowel doelstelling 2 als 3 (tabel 9.2). Nederland ontving in deze periode overgangssteun voor Flevoland, dat ondertussen een inkomen per inwoner had van meer dan 75% van het EU-gemiddelde. Voor doelstelling 2 kwam maximaal 15% van de inwoners van Nederland in aanmerking. Nederland heeft onder andere delen van de zandgebieden die vielen onder de Reconstructiewet Concentratiegebieden als doelstelling 2 gebied aangemerkt. Daarnaast ontving Nederland geld uit hoofde van doelstelling 3 en enkele Communautaire Initiatieven.

Plattelandsbeleid

In Agenda 2000 is besloten de instrumenten voor de ontwikkeling van landbouwbedrijven en platteland te reorganiseren vanuit de idee om plattelandsontwikkeling tot de tweede pijler van het GLB te maken. De basis hiervoor is gelegd op een door de Europese Commissie georganiseerde conferentie over plattelandsontwikkeling in november 1996 in Cork, Ierland. Deze conferentie mondde uit in de verklaring van Cork, waarin de Europese beleidsmakers werden opgeroepen rurale ontwikkeling in de EU hoog op de politieke agenda te zetten. Tevens bevatte de verklaring aanbevelingen voor een meer geïntegreerde en vereenvoudigde aanpak van het bestaande Europese beleid voor landbouw en platteland. De verklaring van Cork en de discussies die daarop volgden, hebben uiteindelijk geresulteerd in het samenvoegen van de steunmaatregelen onder de doelstellingen 5a en 5b, alsook de begeleidende maatregelen in één kaderverordening plattelandsontwikkeling ((EG) 1257/1999).

Tabel 9.2. Doelstellingen, fondsen en middelen (prijzen 1999, miljard euro) van de structuurfondsen na Agenda 2000, 2000-2006 (Bron: Europese Commissie, 2000).

Doelstelling		Fondsen	Middelen
1	Regio's met een ontwikkelingsachterstand (per inwoner minder dan 75% van het gemiddelde EU-inkomen)	EFRO, ESF, FIOV EOGFL-Oriëntatie, Cohesiefonds	135,9 18,0
2	Door omschakeling gekenmerkte regio's	EFRO, ESF	22,5
3	Onderwijs, opleiding en werkgelegenheid	ESF	24,1
Communautaire initiatieven			10,4

Ook de principes van programmering en evaluatie - bekend van de algemene structuurfondsen - werden geïntroduceerd in het plattelandsbeleid. Per plattelandsregio moesten de maatregelen op een samenhangende wijze worden ingezet ten behoeve van de ontwikkeling van deze regio. De lidstaten stelden hiervoor een plattelandsontwikkelingsplan (POP) op - waarin ze aangaven waarom welke maatregelen uit de kaderverordening zouden worden omgezet in nationale maatregelen - en legden dit ter goedkeuring aan de Commissie voor. Hiermee wilde de EU bevorderen dat de bedrijfsgerichte (doelstelling 5a en de begeleidende maatregelen) en gebiedsgerichte (doelstelling 5b) maatregelen elkaar versterkten in de ontwikkeling van een plattelandsgebied, in plaats van elkaar tegenwerkten of overlapten. Een en ander werd grotendeels gefinancierd door de afdelingen Garantie en Oriëntatie van het EOGFL. Zo werd - 42 jaar na 'Stresa' - het landbouwstructuurbeleid alsnog geïntegreerd met 'regionaal' beleid, zij het dat de reikwijdte van dit regionale beleid beperkt was.

De kaderverordening was van toepassing in de gehele Unie, omdat voor alle plattelandsgebieden in de Unie een beleid nodig is om het platteland vitaal te houden aldus Agenda 2000. De gebiedsgerichte maatregelen onder 5b, die voorheen enkel in daartoe aangewezen gebieden werden medegefinancierd door de EU, kwamen nu op basis van deze verordening in de gehele EU voor cofinanciering in aanmerking. Wel bleef in de armere regio's (de landelijke gebieden die op basis van de nieuwe doelstelling 2 waren geselecteerd) de Unie meer in de financiering van de programma's bijdragen dan in de rijkere regio's.

De rol van de landbouwer als beheerder van het landelijk gebied en als hoeder van natuur en milieu was via het landbouwmilieupakket uit 1992 ook al benadrukt, maar kreeg in Agenda 2000 een extra accent, onder andere door ook aan de toeslagen die werden gegeven op grond van de bergboerenregeling milieueisen te stellen. De kaderverordening voor plattelandsontwikkeling kwam zo tegemoet aan de zorg van velen in Europa dat de kwaliteit van het platteland en de agrarische cultuurlandschappen achteruit liep en dat gewaakt moest worden over het unieke karakter van de Europese landbouw in al haar verschijningsvormen.

Mid-Term Review

De Mid-Term Review (MTR) van het GLB in 2003 leidde er toe dat nieuwe maatregelen werden toegevoegd aan het plattelandsbeleid, gericht op het versterken van de concurrentiepositie van de boeren. Deze nieuwe maatregelen waren net als de oude facultatief. De lidstaten konden zelf besluiten of de maatregelen wel of niet in eigen land werden toegepast. Uitwerking van de nieuwe maatregelen moest plaatsvinden in het kader van het plattelandsontwikkelingsplan.

In de Mid-Term Review werd ook afgesproken om per 2005 jaarlijks een percentage af te romen van de bedrijfstoeslagen die worden uitgekeerd in het kader van het markt- en inkomensbeleid (de zogenaamde modulatie). De zo verkregen middelen kwamen ten goede aan de budgetten voor plattelandsontwikkeling en pasten bij de wens van de Unie het belang van de tweede pijler te vergroten. Het 'afroompercentage' liep op van 3% in 2005, tot 5% in 2007 en volgende jaren. Voor Nederland ging het om een totaalbedrag van 9,1 miljoen euro (Regiebureau POP, 2009).

9.5 Naar een nieuwe plattelandsverordening

De kaderverordening uit 1999 leidde tot een behoorlijke (administratieve) vereenvoudiging van het Europese plattelandsbeleid. Toch viel er nog wel wat te verbeteren; met name de financiering van het beleid uit twee fondsen (Oriëntatie en Garantie) gaf problemen, omdat beide fondsen hun eigen administratieve en financiële eigenaardigheden kenden. Tijdens een in 2003 door de Europese Commissie georganiseerde conferentie in Salzburg over plattelandsontwikkeling - bedoeld om lessen te trekken uit het vigerende beleid ter voorbereiding van de volgende programmaperiode - werd dan ook nadrukkelijk gepleit voor verdere (administratieve) vereenvoudiging. In juli 2004 presenteerde de Europese Commissie (2004) daartoe haar voorstellen voor een nieuwe verordening plattelandsontwikkeling en een verordening over financiering van het plattelandsbeleid in de periode 2007-2013.

Beide verordeningen ((EG) 1698/2005 en (EG) 1290/2005) traden in oktober 2005 in werking en waren vanaf 1 januari 2007 van toepassing op communitair steunniveau. De (co)financiering vond in de periode 2007-2013 plaats uit één fonds, het Europees Landbouwfonds voor Plattelandsontwikkeling (ELFPO). De verdeling van de verantwoordelijkheden tussen de lidstaten en de Commissie werd verduidelijkt. Tevens probeerde de Europese Commissie, meer dan in de eerste programmeringsperiode, grip te krijgen op de nationale uitvoering door voorschriften op het gebied van controle, evaluatie en rapportage. Ten slotte was het de bedoeling het plattelandsbeleid meer 'bottom-up' te organiseren dan voorheen. Inhoudelijk kon niet worden gesproken van nieuw beleid. De reikwijdte van de verordening, dat wil zeggen het type maatregelen dat wordt gecofinancierd, was niet wezenlijk anders. Op basis van de nieuwe verordeningen schreven de lidstaten de plattelandsontwikkelingsprogramma's 2007-2013 (het POP2).

Verordening (EG) 1698/2005 voorzag in cofinanciering van maatregelen die zijn onderverdeeld naar vier assen:

1. concurrentievermogen van de landbouw- en bosbouwsector;
2. milieu en landschap;
3. leefkwaliteit op het platteland en de plattelandseconomie;
4. LEADER-benadering: bottom-up aanpak van plattelandsproblematiek.

De eerste drie assen kwamen overeen met de drie (hoofd)doelstellingen van het plattelandsbeleid in de periode 2000-2006. Ze waren breed gedefinieerd om recht te doen aan de uiteenlopende situaties in de lidstaten. Bij de financiering moesten de lidstaten minimaal 10% van de nationale middelen aan as 1 besteden, 25% aan as 2, 10% aan as 3 en 5% aan LEADER. Door deze bestedingscriteria hadden de lidstaten bij het maken van hun nieuwe POP's minder (beleids)vrijheid dan in de periode 2000-2006, althans, wat betreft de maatregelen die door de EU gecofinancierd werden.

De thema's van de vier assen – aangevuld met 'zorgen voor samenhang in de programmering' en 'zorgen voor complementariteit van de communautaire instrumenten' – kwamen ook terug in de zes strategische richtlijnen die door de Raad van ministers waren opgesteld voor de nationale strategische plannen van de lidstaten. Deze richtlijnen moesten bijdragen aan het identificeren van gebieden waar EU-steun voor plattelandsontwikkeling de meeste toegevoegde waarde zou hebben, zij het dat harde toewijzingscriteria hiervoor ontbraken. Daarnaast waren ze gekoppeld aan de prioriteiten van het EU-beleid, zoals neergelegd in de Lissabonstrategie ter bevordering van economische groei en werkgelegenheid in de EU en de Göteborg-doelstellingen inzake milieu. Verder moesten de richtlijnen zorgen voor meer consistentie met het overige EU-beleid. Op grond van deze communautaire koers voor het Europese plattelandsbeleid, stelden de lidstaten een nationale strategie vast voor plattelandsontwikkeling, welke onderdeel vormde van hun POP2.

De rol van evaluatie in het plattelandsbeleid is aanzienlijk toegenomen. Met ingang van de programmeringsperiode 2007-2013 geldt een zogenaamd gemeenschappelijk toezicht- en evaluatiekader. Dit houdt in dat lidstaten de voortgang moeten monitoren en de effecten moeten evalueren op basis van een aantal gemeenschappelijk voorgeschreven indicatoren, aangevuld met indicatoren die specifiek zijn voor het betreffende programma. Deze systematiek sluit aan bij die van de algemene structuurfondsen.

Cohesiebeleid – verdere vereenvoudiging

Tegelijk met de voorstellen voor het EU-plattelandsbeleid 2007-2013 ontvouwde de Europese Commissie haar plannen voor wijzigingen in de overige structuurfondsen. Na moeizame besluitvorming over de Europese meerjarenbegroting en de financiering van het cohesiebeleid, werd in 2006 overeenstemming bereikt. In de periode 2007-2013 concentreerde het Cohesiebeleid zich op de volgende drie doelstellingen:

1. convergentie;
2. regionale concurrentiekracht en werkgelegenheid;
3. Europese territoriale samenwerking, feitelijk een voortzetting van het communautaire initiatief INTERREG dat zich richtte op grensoverschrijdende samenwerking.

Binnen deze hoofddoelstellingen konden de lidstaten zelf hun prioriteiten en specifieke doelen verder invullen en uitwerken. Voor de eerste doelstelling bleef gehandhaafd dat alleen regio's met een per capita inkomen van minder dan 75% van het EU-gemiddelde in aanmerking kwamen. Nieuw was dat de tweede doelstelling, evenals de derde, 'horizontaal' werd ingezet. Lidstaten konden zelf bepalen welke landsdelen in aanmerking kwamen voor steun. Er waren geen communautaire criteria meer voor aanwijzing, evenmin was er een maximum aan areaal of aantal inwoners dat voor deze doelstelling in aanmerking kon komen. Dit gaf lidstaten veel vrijheid, maar het betekende ook dat de achterstandsgebieden in de meer welvarende lidstaten niet langer aanspraak konden maken op speciale 'potjes uit Brussel'. Verreweg het grootste deel, ruim 251 miljard euro oftewel ruim 81%, van de financiële middelen van de Structuurfondsen voor de jaren 2007-2013 was bestemd voor doelstelling 1 (tabel 9.3).

Tabel 9.3. Doelstellingen, fondsen en middelen (prijzen 2004; miljard euro) van de structuurfondsen, 2007-2013 (Bron: Europese Commissie, 2004).

	Doelstelling	Fondsen	Middelen
1	Convergentie (regio's met per inwoner minder dan 75% van het gemiddelde EU-inkomen)	EFRO, ESF	177,10
		Cohesiefonds	61,50
2	Regionaal concurrentievermogen en werkgelegenheid	EFRO, ESF	49,13
3	Territoriale samenwerking	EFRO	7,75

Nederland had enkel nog doelstelling 2 gebieden, het geld voor deze doelstelling werd verdeeld over vier regio's: Noord, Oost, Zuid en West.

Met deze hervorming van de structuurfondsen zijn tevens de communautaire initiatieven gesneuveld (URBAN, EQUAL), dan wel opgenomen in de 'reguliere' programmering (LEADER en INTERREG).

9.6 Toepassing in Nederland

Het eerste plattelandsontwikkelingsprogramma (POP1)

Het eerste Nederlandse plattelandsontwikkelingsplan voor de periode 2000-2006 was erop gericht de landbouw met het oog op nieuwe uitdagingen te herstructureren via innovatie, diversificatie van de landbouwactiviteiten, bevordering van natuurbehoud, verbetering van het waterbeheer, en ontwikkeling van voorzieningen ten behoeve van de plattelandsgemeenschappen en van toerisme en recreatie (LNV, 2000). Daartoe was een relatief ingewikkeld programma samengesteld, met een 'rijksdeel' en een 'provinciaal' deel. Het rijksdeel bevatte meer dan 30 regelingen; het provinciale deel bestond uit de provinciale programma's, op basis waarvan projecten werden gefinancierd die pasten bij de provinciale prioriteiten. De diverse regelingen van rijk en provincies waren weer gegroepeerd onder zes verschillende nationale prioriteiten, die zijn weergegeven in tabel 9.4. De regelingen zijn vervolgens weer ondergebracht onder de maatregelen die in de Europese kaderverordening genoemd staan.

Met deze opzet werd vooral geprobeerd zoveel mogelijk bestaand Nederlands beleid onder de Brusselse cofinanciering te brengen en zo tot optimale benutting van de Europese middelen te komen. Het leidde tot allerlei verwrongen constructies om het POP door de Europese Commissie goedgekeurd te krijgen. Uiteindelijk is het financiële doel wel gehaald, de totale overheidsuitgaven voor het programma voor de periode 2000-2006 bedroegen 1.042,6 miljoen euro.

Nederlandse POP 2007-2013 (POP2)

Het doel van het tweede POP was vooral de ontwikkeling van ondernemerschap, wat hand in hand moest gaan met het vergroten van duurzaamheid. Dit gold voor de maatregelen in alle assen – dus zowel maatregelen bedoeld voor het versterken van de concurrentiekracht als maatregelen gericht op het beheer van natuur en landschap en diversificatie van de regionale economie – en sloot aan op de Neder-

Tabel 9.4. Financiële toewijzing (miljoen euro) per prioriteit in het Nederlandse POP, periode 2000-2006 (Bron: Algemene financiële tabel POP Nederland, Regiebureau POP. Wijzigingsvoorstel 2006, versie 12102006).

Hoofdprioriteit	Begroting		Realisatie	
	Totale overheids-uitgaven	EU-bijdrage	Totale overheids-uitgaven	EU-bijdrage
1. Ontwikkelen van een duurzame landbouw	312,76	113,62	361,4	142,9
2. Verhogen van de kwaliteit van natuur en landschap	368,70	141,81	361,2	140,1
3. Omschakelen naar duurzaam waterbeheer	107,92	41,58	192,4	72,5
4. Bevorderen diversificatie economische dragers	32,36	8,09	33,8	8,9
5. Bevorderen van recreatie en toerisme	32,70	16,35	43,9	22,1
6. Bevorderen van leefbaarheid	62,30	27,96	86,6	44,1
Andere acties	140,64	67,59	8,2	4,5 [2]
Totaal[1]	1.057,39	417,00	1.042,5	435,1

[1] Inclusief nog lopende vroegere maatregelen en technische hulp.
[2] Inclusief terugontvangen gelden 1,3 miljoen euro.

landse overheidsfilosofie 'Van zorgen voor, naar zorgen dat'. Ondernemers maakten de keuzes, de overheid kon hier in sommige gevallen in ondersteunen, aldus het tweede POP (LNV, 2007: 34). Boeren waren de belangrijkste begunstigden van het POP2. De maatregelen sloten evenals in POP1 aan bij het al vigerende (rijks)beleid, zoals vastgelegd in verschillende rijksnota's (Agenda Vitaal Platteland (LNV, 2004), Nota Ruimte (VROM, 2004), Kiezen voor landbouw (LNV, 2005)) en provinciale meerjarenprogramma's (pMJP's).

Uit het POP2 blijkt dat Nederland voor de periode 2007-2013 zo'n 973 miljoen euro heeft begroot voor het plattelandsbeleid. De EU-bijdrage hierin was ruim 486 miljoen euro. Van dit budget wilde Nederland 30% besteden aan elk van de assen 1, 2 en 3, en 10% aan de LEADER-as. Maatregelen in as 1 waren gericht op het versterken van het fysiek en menselijk kapitaal en op kwaliteitsverhoging van producten en productieprocessen; maatregelen in as 2 betroffen met name de probleemgebieden, agrarisch landschapsbeheer en het verbeteren van milieu- en watercondities; maatregelen in as 3 tenslotte probeerden het cultureel erfgoed in stand te houden, en het economische draagvlak op het platteland te verbreden. Met de LEADER-as werd gepoogd 31 LEADER-groepen in Nederland te ondersteunen, drie meer dan onder het POP1.

Naast overheidssteun die werd gecofinancierd door de EU, kon een lidstaat aanvullende nationale financiering geven, de zogenaamde top-ups. Nederland trok hiervoor nog bijna 620 miljoen euro uit voor de gehele periode. Als met deze top-ups rekening wordt gehouden, verschoof het zwaartepunt van POP2 naar as 2, waarvoor dan 45% van het overheidsbudget werd ingezet. De percentages voor as 1, as 3 en as 4 waren dan respectievelijk 30%, 19% en 6%.

In 2009 is het POP2 uitgebreid op basis van het zogenaamde Health Check-akkoord van het GLB, waarin is afgesproken om het GLB verder te moderniseren. Een onderdeel hiervan was een verhoging van de in 2003 vastgestelde modulatiepercentages, om zo vanuit de eerste pijler extra geld vrij te maken voor de tweede pijler[73]. Deze verschuiving was nodig omdat er geen extra geld voor de tweede pijler was binnen het EU-budget[74]. De zo verkregen middelen moesten ten goede komen aan de nieuwe uitdagingen op het gebied van biodiversiteit, hernieuwbare energie, waterbeheer, klimaatverandering, innovatie en breedband internetinfrastructuur. Hierdoor was ongeveer 97,5 miljoen euro aan EU-middelen extra beschikbaar voor POP2 (Regiebureau, 2010). De nationale cofinancieringsverplichting voor dit geld was 25%, waardoor er in totaal zo'n 120 miljoen euro extra beschikbaar was. De extra middelen werden hoofdzakelijk ingezet voor investeringen in duurzame landbouwinnovaties, in waterkwaliteit en waterbeheer, voor extra agrarisch natuurbeheer – vooral in de vorm van akkerranden en voor investeringen in de productie van hernieuwbare energie.

In vergelijking met het POP1 waren er geen grote verschuivingen wat betreft de inhoud. Wel was de organisatie aanzienlijk gewijzigd. Deze verandering was niet alleen het gevolg van de aanbevelingen uit de midterm-evaluatie van het POP1, waarin werd geconstateerd dat de opzet van het programma complex en ondoor-

[73] Het eerder vastgestelde modulatiepercentage van 5%, ging omhoog van 7% in 2010 tot 10% in 2013. Daarnaast is het sinds 2007 mogelijk om als lidstaat nog extra, zogenaamde vrijwillige, modulatie toe te passen, tot maximaal 20%. Enkel het Verenigd Koninkrijk maakte gebruik van deze mogelijkheid.
[74] Zie overweging 10 van Verordening 73 uit 2009.

zichtig was (Ecorys-Grontmij, 2003). Ze vloeide ook voort uit de in Agenda Vitaal Platteland opgenomen opvatting over de rol van de rijksoverheid in het landelijk gebied. Kern daarvan is 'decentraal wat kan, centraal wat moet'. Anders gezegd, de rijksoverheid regelt alleen datgene dat noodzakelijk is op centraal niveau; gemeenten en provincies krijgen een grotere rol bij onderwerpen op regionaal en lokaal niveau. Op rijksniveau heeft dit zijn beslag gekregen in het Investeringsbudget Landelijk Gebied (ILG), waarvan de Wet Inrichting Landelijk Gebied (WILG) de wettelijke basis vormde. In het ILG zijn de verschillende rijksbudgetten voor het landelijk gebied samengevoegd. Alle (gebiedsgerichte) rijksdoelen voor het landelijk gebied werden via het ILG uitgevoerd. Daartoe sloot de rijksoverheid meerjarige overeenkomsten met de provincies, waarin werd vastgelegd welke doelen gehaald moesten worden en hoeveel budget het rijk daarvoor beschikbaar stelde. De provincies – in samenwerking met gemeenten en waterschappen – waren vervolgens aan zet voor de realisatie en het rapporteren over de voortgang aan de rijksoverheid.

In het POP2 was sprake van een keuzemenu van 24 maatregelen waarbij het onderscheid tussen rijks- en provinciale regelingen was komen te vervallen. Dit voorkwam tevens overlap tussen rijks- en provinciale maatregelen, waarvan bij het POP1 nog sprake was. Het Europese plattelandsfonds cofinancierde de maatregelen uit het POP2. Deze maatregelen vloeiden enerzijds voort uit de afspraken in het kader van ILG, maar gaven anderzijds ruimte aan rijk en provincies om hun eigen prioriteiten te verwezenlijken. Voor provincies gold dat zij met name bij as 3 en as 4 hiertoe de mogelijkheid hadden. De doelen in as 2, het gebiedsgerichte spoor, kwamen grotendeels voort uit rijksdoelen zoals vastgelegd in het ILG en Agenda Vitaal Platteland. As 1 werd grotendeels door het Rijk uitgevoerd via de Regeling LNV Subsidies. De Health Check-middelen werden besteed binnen het bestaande keuzemenu, waarbij de provincies verantwoordelijk waren voor de Health Check-maatregelen in as 2, 3 en 4 en het Rijk voor de maatregelen in as 1.

9.7 Hoe verder na 2013?

In het najaar van 2011 heeft de Europese Commissie nieuwe wetgevingsvoorstellen voor het GLB voor de periode 2014-2020 gepresenteerd. Het streven van de Commissie was het GLB eenvoudiger te maken en in lijn te brengen met de doelen en prioriteiten van de EU 2020-Strategie. De EU 2020-Strategie is de langetermijnstrategie van de Europese Unie voor een sterke en duurzame economie in 2020. Deze strategie bevat vijf kerndoelstellingen op het gebied van werkgelegenheid, van onderzoek, ontwikkeling en innovatie, van klimaatverandering en energie, van onderwijs en van armoede en sociale uitsluiting.

In de wetgevingsvoorstellen voor het GLB bleef er naast de eerste pijler van het GLB een tweede pijler gericht op plattelandsontwikkeling, gefinancierd via het ELFPO. Naast aparte verordeningen voor de eerste en de tweede pijler, werd voorgesteld de samenhang tussen beide pijlers te borgen in een zogenaamde horizontale verordening, met daarin de regels omtrent de financiering, het beheer en de monitoring van het GLB. Om meer samenhang en afstemming te garanderen tussen een vijftal Europese fondsen, stelde de Commissie een Gemeenschappelijk Strategisch Kader (GSK) voor, waarin vastgelegd zou worden op welke manier de vijf fondsen moesten bijdragen aan de EU 2020-strategie. Een nieuwe verordening legde algemene bepalingen vast voor het Europese Landbouwfonds voor Plattelandsontwikkeling (ELFPO) en voor de vier structuurfondsen, het EFRO, het ESF, het Cohesiefonds en het Europees Fonds voor Maritieme Zaken en Visserij (EMVF) (figuur 9.1).

Een belangrijk onderdeel van het GSK was dat elke lidstaat een partnerschapsovereenkomst sluit met de Europese Commissie, waarin de lidstaat zou aangeven op welke manier de betreffende Europese fondsen in de lidstaat bijdragen aan het GSK. De Commissie streefde naar een meer doelgerichte benadering van de fondsen,

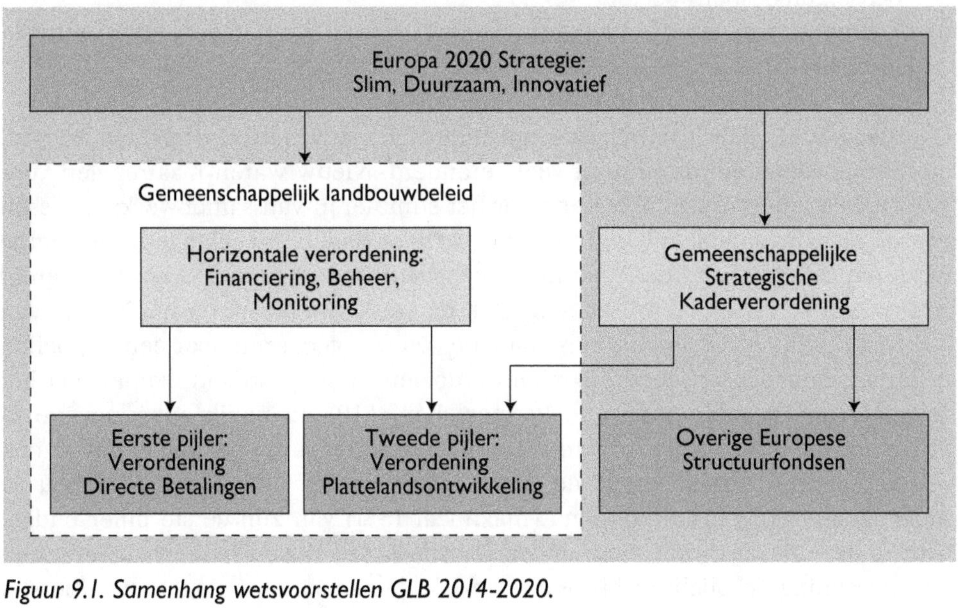

Figuur 9.1. Samenhang wetsvoorstellen GLB 2014-2020.

gericht op het uitvoeren van de doelstellingen van de Europa 2020-strategie. De vijf hiervoor genoemde kerndoelstellingen zouden daartoe vertaald worden naar nationale doelstellingen per lidstaat, rekening houdend met de specifieke omstandigheden in de diverse lidstaten.

Deze meer strategische en doelgerichte aanpak zou er in de voorstellen voor de tweede pijler toe leiden dat de vier voorgeschreven prioritaire assen met daarbij behorende verplichte bestedingspercentages komen te vervallen. In plaats daarvan zou het Europese plattelandsbeleid uitgaan van 6 prioriteiten, die de desbetreffende thematische doelstellingen in het GSK weerspiegelen. De lidstaten zouden hierdoor meer flexibiliteit krijgen om te bepalen welke Europese doelen zij belangrijk vinden. Het ging om:

1. bevordering van de kennisoverdracht en innovatie in de landbouw- en de bosbouwsector en de plattelandsgebieden;
2. versterking van het concurrentievermogen van alle landbouwtypen en verbetering van de rentabiliteit van de landbouwbedrijven;
3. bevordering van de organisatie van de voedselketen en van het risicobeheer in de landbouw;
4. herstel, instandhouding en verbetering van ecosystemen die aangewezen zijn op de landbouw en de bosbouw;
5. bevordering van het efficiënte gebruik van hulpbronnen en steun voor de omslag naar een koolstofarme en klimaatbestendige economie in de landbouw-, voedsel, en bosbouwsector;
6. bevordering van sociale inclusie, armoedebestrijding en economische ontwikkeling in plattelandsgebieden.

Overigens was in de Commissievoorstellen het menu aan maatregelen waaruit de lidstaten kunnen kiezen niet veel veranderd. Nieuw waren maatregelen voor risicobeheer, meer mogelijkheden voor het stimuleren van samenwerking tussen boeren en extra aandacht voor innovatie. De door Nederland al langer gekoesterde wens om collectief agrarisch natuurbeheer via de tweede pijler te cofinancieren, zou zo een stapje dichterbij komen. Ook de sterkere nadruk op het belang van innovatie paste in het Nederlandse straatje. Dit zou gebeuren door een koppeling te leggen tussen de tweede pijler en de doelen die nagestreefd worden via het zogenaamde Europese Innovatie Partnerschap (EIP), namelijk om innovatie in de landbouw verder te bevorderen. De nieuwe wetgevingsvoorstellen gaven ook een aantal directe relaties met de eerste pijler van het GLB. Een lidstaat zou de mogelijkheid krijgen om een deel (maximaal 15%) van zijn eerste pijler budget over te hevelen naar de tweede pijler. Daarnaast lag er een indirecte relatie met de vergroeningsverplichting bij de directe inkomensondersteuning. In het voorstel van de Europese Commissie voor de eerste pijler bestonden deze maatregelen uit gewasdiversificatie, het in stand houden van grasland en het ecologisch beheer van landbouwgrond. Hier raakte de eerste pijler aan de subsidie voor landbouwmilieumaatregelen binnen de tweede pijler. Deze vergroeningsmaatregelen zouden niet langer meer subsidiabel zijn in het kader van de tweede pijler.

Nederlandse visie

Het Nederlandse kabinet heeft in een eerste reactie op de wetsvoorstellen van de Europese Commissie aangegeven het GLB als samenhangend pakket van maatregelen te zien, waarbij de tweede pijler en de eerste pijler elkaar aanvullen. Door het loslaten van de vier prioritaire assen met verplichte minimum bestedingspercentages, zou in de tweede pijler meer flexibiliteit en een meer doelgerichte inzet van de plattelandsmiddelen ontstaan. Dit is positief, want op deze manier is het beter mogelijk in te spelen op de nationale situatie en zo bij te kunnen dragen aan de Europese doelen.

Bij de invulling van het POP3 zou op basis hiervan vooral gekeken moeten worden op welke manier met innovatie bijgedragen kan worden aan het behalen van Europese doelen en verplichtingen op het gebied van duurzaamheid. Het zou dan vooral gaan om de rol die de agrariërs hierbij kunnen spelen.

Eind juni 2013 is een principe akkoord bereikt over de hervorming van het landbouwbeleid. Dit principeakkoord volgt wat betreft de tweede pijler in grote mate de wetgevingsvoorstellen van de Europese Commissie zoals hiervoor beschreven. Dit akkoord komt dan ook goed overeen met de Nederlandse visie. Belangrijke elementen zoals het werken met gebiedscollectieven bij agrarisch natuurbeheer, de vrijwillige overheveling van middelen van de eerste naar de tweede pijler, en hogere cofinancieringspercentages voor maatregelen gericht op klimaat en milieu zijn onderdeel van het akkoord gebleven.

9.8 Tenslotte

De vele hervormingen van de afgelopen jaren hebben zowel het EU-plattelandsbeleid als het bredere algemene structuurbeleid vereenvoudigd en daardoor beter inzetbaar gemaakt, alhoewel nog meer mogelijk is wat dit betreft. Het nu overeengekomen GSK zal verder kunnen bijdragen aan een doelmatige en op elkaar afgestemde inzet van de diverse fondsen in de EU.

In de beginfase van het EU-landbouwstructuurbeleid heeft men sterk voor ogen gehad de landbouw zodanig te herstructureren dat de agrarische bevolking zonder grote overheidssteun een redelijk inkomen zou kunnen verdienen. In de loop der tijd is dit doel aanmerkelijk verbreed tot de zes prioriteiten voor de periode 2014-2020, die aansluiten bij de thema's van het GSK. Desondanks is de tweede pijler van het gemeenschappelijk landbouwbeleid nog altijd sterk gericht op de landbouwsector en zijn de instrumenten ten behoeve van de bredere economie beperkter. Dit ontneemt lidstaten overigens geenszins de mogelijkheid op dit punt nationaal aanvullend beleid te voeren.

Sinds 1992, met de introductie van de landbouwmilieumaatregelen, is de aandacht voor de rol van de landbouw als beheerder van het landelijk gebied – of anders gesteld, voor zijn rol als leverancier van zogenaamde groene en blauwe diensten (waterbeheer, landschap, natuur) – verbreed naar de gehele EU. Gezien de geleidelijke afbouw van de steun in het kader van de eerste pijler van het GLB en de voortgaande trends van schaalvergroting en intensivering, mag verwacht worden dat vooral dit onderdeel van het plattelandsbeleid van groot belang zal blijven. Ook de introductie van vergroeningsmaatregelen in de eerste pijler, waarmee voorwaarden gesteld worden aan directe inkomensondersteuning, geeft aan dat er stappen gezet worden richting meer op publieke doelen gerichte betalingen binnen het GLB. Daarnaast worden vrijwillige mogelijkheden geboden om eerste pijler middelen in te zetten in de tweede pijler, tekenen dat ook in de toekomst het plattelandsbeleid een belangrijk onderdeel van het Europese landbouwbeleid zal blijven.

Voor het beleid blijft het daarbij wel zoeken naar de balans tussen de inzet van fondsen primair gericht op de belangrijkste grondgebruikers, de boeren, en fondsen die ten bate komen aan de gehele regionale economie. De inzet voor het platteland loopt tot nu toe vooral via de agrarische fondsen. Gezien de trends van een dalend aantal boeren en een steeds kleiner wordend aandeel van de agrarische sector in de regionale economie, in combinatie met de nieuwe uitdagingen voor het landelijk gebied (zoals klimaatverandering) en de noodzaak om natuur en landschap te beschermen, zal in de toekomst die balans mogelijk anders uit moeten slaan.

Literatuur

Ecorys-NEI en Grontmij, 2003. Mid-term evaluatie van het Plattelandsontwikkelingsprogramma Nederland 2000 - 2006. Eindrapport. Rotterdam, Nederland.

Europese Commissie, 1958. Documenten van de landbouwconferentie van de Lidstaten van de Europese Economische Gemeenschap te Stresa van 3 tot 12 juli 1958. Publikatiedienst van de EG, Luxemburg, Luxemburg.

Europese Commissie, 1968. Memorandum inzake de hervorming van de landbouw in de Europese Economische Gemeenschap. Supplement bij het Bulletin van de EG, no. 1. Brussel, België.

Europese Commissie, 1990. Annual report on the implementation of the structural funds 1989. COM (90) 516 final. Brussel, België.

Europese Commissie, 1992. Van de Europese Akte naar de Post-Maastrichtse periode - de middelen voor onze ambities. Commissie van de Europese Gemeenschappen. Document COM(92) 2000 definitief. 11 februari 1992. Brussel, België.

Europese Commissie, 2000. Structuurbeleid 2000-2006. Toelichtend commentaar en verordeningen. Gids 1999. Publikatiedienst van de EG, Luxemburg, Luxemburg.

Europese Commissie, 2004. Proposal for a Council Regulation on on support to Rural Development by the European Agricultural Fund for Rural Development (EAFRD). Commission of the European Communities. COM(2004)490 final. Brussel, België.

LNV, 2000. Plattelandsontwikkelingsprogramma Nederland 2000-2006. Ministerie van Landbouw, Natuur en Voedselkwaliteit, Den Haag, Nederland.

LNV, 2004. Agenda voor een Vitaal Platteland. Ministerie van Landbouw, Natuur en Voedselkwaliteit, Den Haag, Nederland.

LNV, 2005. Kiezen voor Landbouw; Een visie op de toekomst van de Nederlandse agrarische sector, Den Haag, Nederland.

LNV, 2007. Basisdocument Plattelandsontwikkelingsprogramma 2007 - 2013. Ministerie van Landbouw, Natuur en Voedselkwaliteit, Den Haag, Nederland.

Regiebureau POP, 2009. Jaarverslag 2008. http://www.regiebureau-pop.eu/nl.

Regiebureau POP, 2010. Jaarverslag 2009. http://www.regiebureau-pop.eu/nl.

Van der Stelt-Scheele, D.D., 1990. Regionaal beleid voor de landelijke gebieden van de EG: inventarisatie en evaluatie. Werkdocument W 46 Wetenschappelijke Raad voor het Regeringsbeleid, Den Haag, Nederland.

Van der Stelt-Scheele, D.D., 1994. Het EG-landbouwstructuurbeleid van Mansholt tot Mac Sharry. In: J. De Hoogh en H.J. Silvis (red.) EU-landbouwpolitiek van binnen en van buiten. Wageningen Pers, Wageningen, Nederland.

VROM, 2004. Nota ruimte; ruimte voor ontwikkeling. Deel 3, Kabinetsstandpunt PKB Nationaal Ruimtelijk Beleid, Den Haag, Nederland.

10. Diergezondheid

Monique Mourits

10.1 Inleiding

Besmettelijke dierziekten leiden tot een productieverlies van de landbouwhuisdieren die er door getroffen worden. De ernst van de ziekte en de economische gevolgen variëren met de aard van het infectieuze agens en de interactie ervan met de gastheer. Zonder een gerichte controle kunnen besmettelijke ziekten zich snel verspreiden en resulteren in een hoge sterfte of een sterke verzwakking van landbouwhuisdieren, met daaruit resulterende ernstige gevolgen voor de economie op landsniveau. Voorbeelden van dergelijke ziekten zijn mond-en-klauwzeer (MKZ) en Aviaire Influenza (AI). Ziekten met een meer aspecifiek ziekteverloop, zoals tuberculose en brucellose, kunnen daarentegen leiden tot chronische productieverliezen. Besmettelijke ziekten die tevens kunnen leiden tot ziekten bij de mens (zoönosen) - zoals salmonellose (voedselvergiftiging) of bovine spongiforme encefalopathie (BSE) - vormen daarnaast een serieuze dreiging voor de volksgezondheid.

Om dierziekten effectief te kunnen voorkomen en bestrijden, en daarmee de gevolgen ervan te beperken, is wetenschappelijk inzicht betreffende de infectieuze agentia noodzakelijk. Kennis over de wijze waarop ziekteverwekkers overleven in het milieu, over hun mechanismen van infectie, en over de manier waarop zij zich verspreiden is essentieel voor de ontwikkeling van een effectief diergezondheidsbeleid. Dierziekten kunnen rechtstreeks verspreid worden door contact tussen dieren of indirect via kleding en schoeisel van personen, voertuigen, materieel en diervoeders indien deze besmet zijn met een besmettelijk agens. Ziekten kunnen ook worden verspreid door dierlijke producten zoals vlees, vleesproducten, melk, melkproducten, sperma, eicellen en embryo's, die ofwel afkomstig zijn van besmette dieren of met het infectieuze agens zijn verontreinigd. De huidige bestrijdingsmaatregelen (zoals het instellen van gebieden met vervoersverboden) zijn daarom vooral gericht op het voorkomen van deze verspreidingsroutes. Specifieke verspreidingsmechanismen bij sommige ziekten veroorzaken echter problemen qua bestrijding; zo kan MKZ bijvoorbeeld door de wind over afstanden van meer dan 200 kilometer worden verspreid. Andere ziekten worden overgedragen door insecten (vectoren), zoals bij Blauwtong en Afrikaanse Paardenpest het geval is. Ook kunnen ziekten overslaan van wilde naar gedomesticeerde dierpopulaties (*vice versa*); zo kunnen wilde zwijnen een reservoir vormen voor de Klassieke Varkenspest en vogels voor Aviaire Influenza.

Vanaf het midden van de negentiende eeuw zijn – met de groeiende epidemiologische kennis alsook de intensivering binnen de veehouderij – de inspanningen in Europa om besmettelijke dierziekten te controleren toegenomen. De insleep van besmettelijke dierziekten zorgde voor een toenemende bedreiging van de dierlijke productie. Uitbraken van dierziekten kregen een dergelijke omvang dat ze niet langer meer gecontroleerd konden worden zonder tussenkomst van de overheid. Bij de bestrijding van dierziekten richtten de overheden zich daarbij op het bereiken van de hoogste diergezondheidsstatus, de 'vrij-van-ziekte' status. Zodra een bestrijdingsprogramma was geïmplementeerd of de 'vrij-van-ziekte' status was bereikt, vormde de preventie tegen de introductie van de ziekte een speerpunt binnen het diergezondheidsbeleid door het instellen van importcontroles op dieren en dierlijke producten. Veterinaire controles konden daarbij fungeren als een belemmering voor de handel. De noodzaak voor internationale overeenkomsten nam hierbij toe, dit om ervoor te zorgen dat de toegepaste maatregelen alleen voor de bescherming van de diergezondheid en niet als ongerechtvaardigde handelsbelemmeringen werden gebruikt (Landeg *et al.*, 2011).

10.2 Het wettelijke kader rondom diergezondheid

Internationaal kader

Het internationale karakter van besmettelijke dierziekten resulteerde in 1924 in de oprichting van de *Office International des Epizooties*[75] (OIE). De OIE zet zich in voor wereldwijde voorschriften ter beperking van infectieuze dierziekten. In totaal zijn 178 landen bij de OIE aangesloten, waaronder alle EU-lidstaten (OIE, 2013). De aangesloten landen zijn onder meer verplicht de door de OIE vastgestelde meldingsplichtige ziekten onmiddellijk te rapporteren en met de grootst mogelijke inzet te bestrijden (OIE, 2013). Meldingsplichtige ziekten, zoals MKZ, Klassieke Varkenspest en AI, betreffen dierziekten die zich bij een uitbraak zeer snel kunnen verspreiden, die grote sociaaleconomische gevolgen hebben en/of een gevaar vormen voor de volksgezondheid. Een uitbraak van dergelijke ziekten houdt in ieder geval in dat er voor het internationale handelsverkeer in dieren en dierlijke producten maatregelen getroffen dienen te worden die de verspreiding van de ziekte naar andere landen moeten voorkomen.

[75] In 2003 is de naam gewijzigd in World Organisation for Animal Health met behoud van het originele acroniem OIE.

De internationale handelsrechten of -verplichtingen van een land zijn voornamelijk ontleend aan de WTO-SPS-overeenkomst (hoofdstuk 4). Middels deze overeenkomst erkent de WTO, de OIE als de autoriteit op het gebied van de ontwikkeling en bevordering van de internationale normen, richtlijnen en aanbevelingen op het gebied van diergezondheid. WTO-leden dienen zodoende de OIE-normen te respecteren en eventueel getroffen maatregelen ter bescherming van de diergezondheid (zoals importrestricties) die afwijken van de OIE normen te onderbouwen met een risicoanalyse op basis van wetenschappelijke gegevens.

EU-kader

De door de OIE vastgestelde normen en richtlijnen vormen zodoende mede het kader voor EU-beleid betreffende de diergezondheid. Dit beleid omvat algemene bepalingen betreffende bewaking, kennisgeving en behandeling van besmettelijke ziekten en van organismen die dergelijke ziekten kunnen overbrengen, en specifieke bepalingen betreffende bepaalde ziekten zoals BSE, MKZ en AI. Verder zijn er ook regels voor het gebruik van diergeneesmiddelen. Elk lidstaat dient de Europese verordeningen en richtlijnen die dit beleid vormen, te implementeren in het nationale diergezondheidsbeleid. In Nederland vindt deze implementatie plaats door middel van (1) *de Gezondheids- en welzijnswet voor dieren*; (2) *de Regeling preventie, bestrijding en monitoring van besmettelijke dierziekten en zoönosen en TSE's*[76]; en (3) *het Besluit verdachte dieren* (NVWA, 2013).

Dagelijks worden vele zendingen levende dieren en dierproducten verhandeld binnen de EU of ingevoerd vanuit derde landen. Om te bevorderen dat deze zendingen veilig kunnen worden vervoerd zonder overdracht van ziekten op mensen (zoönosen) of op andere dieren, heeft de EU een reeks eisen betreffende de diergezondheid vastgesteld. Daarbij wordt een duidelijk onderscheid gemaakt tussen intracommunautair handelsverkeer en invoer uit derde landen (Europese Commissie, 2013a, b):

- Diergezondheidseisen betreffende het intracommunautaire handelsverkeer zijn sinds 1964 vastgelegd in richtlijn 64/432/EEG. Deze richtlijn is in de tussentijd meerdere malen aangepast. Het harmoniseert de intracommunautaire handelsregels en stelt de garanties ten aanzien van de diergezondheid vast die noodzakelijk zijn voor een veilig en ongehinderd transport van dieren binnen de EU.
- Invoerregels en algemene diergezondheidscondities voor de EU-import uit derde landen zijn neergelegd in richtlijn 2004/68/EG voor hoefdieren en in 2009/158/EG voor pluimvee.

[76] TSE staat voor transmissible spongiforme encefalopathieën en is een verzamelterm voor besmettelijke hersenziekten als BSE en scrapie.

Met de totstandkoming van de interne markt werd binnen de EU vrij verkeer van goederen, personen en kapitaal beoogd. Daartoe was een vergaande harmonisatie van wet- en regelgeving vereist. Zo werden de diergezondheidseisen in alle lidstaten op een gelijk niveau getrokken, waarbij de hoogste kwaliteitseisen richtinggevend werden voor het gehele Europese grondgebied. Om dit doel te bereiken past de EU sindsdien een non-vaccinatie beleid toe ten aanzien van de meeste besmettelijke dierziekten. Zo is te voorkomen dat de besmetting in de gevaccineerde populatie ongemerkt blijft bestaan, wat de verspreiding van de ziekte kan bevorderen. Deze non-vaccinatie status is daarnaast van belang als voorwaarde voor behoud van de positie van de EU op internationale markten.

Ten gevolge van het non-vaccinatiebeleid behoorden de in veel lidstaten toegepaste preventieve vaccinaties tegen varkenspest en MKZ tot het verleden. Indien een lidstaat toch geconfronteerd wordt met een uitbraak van een besmettelijke dierziekte, dient deze te reageren conform de Europese regelgeving omtrent dierziektebestrijding wil ze toegang blijven houden tot de interne markt. Hierbij zijn diverse richtlijnen aan de orde:

- Ziektespecifieke bestrijdingsrichtlijnen – zoals richtlijn 2003/85/EG ter bestrijding van MKZ en richtlijn 2005/94/EG ter bestrijding van AI – stellen de minimale communautaire maatregelen vast die bij het uitbreken van een besmettelijke dierziekte moeten worden toegepast, onverminderd de bepalingen voor het intracommunautaire handelsverkeer. Deze maatregelen omvatten het afmaken van de dieren op de besmette bedrijven en het vernietigen van de karkassen om de besmettingsketen zo snel mogelijk te verbreken. Om een verdere verspreiding van de ziekte te voorkomen wordt daarnaast een vervoersverbod ingesteld met een radius van tenminste 10 km rondom de getroffen bedrijven (toezichtgebied). Naast de verplichte maatregelen kunnen nationale overheden besluiten om additionele maatregelen te treffen zoals het preventief ruimen van of het toepassen van noodvaccinatie op buurtbedrijven in een bepaalde straal rondom de getroffen bedrijven (Europese Commissie, 2013c).
- Veterinaire controles in het intracommunautaire handelsverkeer in producten van dierlijke oorsprong (Richtlijn 97/78/EG). Deze richtlijn bevat het belangrijke vrijwaringsartikel 9, dat zegt dat lidstaten elkaar moeten vrijwaren van dierziekten door bij een uitbraak onmiddellijk de andere lidstaten en de Europese Commissie te informeren en direct alle voorgeschreven bestrijdingsmaatregelen of elke passend geachte maatregel te nemen (Europese Commissie, 2013a, b).
- Veterinaire en zoötechnische controles in het intracommunautaire handelsverkeer van levende dieren (Richtlijn 90/425/EEG). Ook deze richtlijn bevat een vrijwaringsartikel (artikel 10) dat zich in beginsel uitstrekt over alle zaken die

besmetting kunnen overdragen. De verplichting om andere lidstaten te vrijwaren wordt niet uitsluitend door dit artikel gevormd, maar dient gelezen te worden in samenhang met het beginsel van de Gemeenschapstrouw (Europese Commissie, 2013a, b).

Naast bovenstaande richtlijnen is het juridische kader van het diergezondheidsbeleid nader uitgewerkt in verschillende beschikkingen van de Europese Commissie. Zo regelt beschikking 2009/470/EG de voorschriften betreffende de financiële bijdrage van de Unie in de maatregelen die moeten worden getroffen op basis van de bestrijdingsrichtlijn. Over het algemeen vergoedt de EU momenteel nog 50% van de schadeloosstellingen aan veehouders voor de geruimde dieren en 50% van de uitvoeringskosten die samenhangen met de bestrijding zoals tracering, screening, ruiming, vaccinatie, reiniging en ontsmetting en destructie van geruimde dieren. Zo bedroeg in de periode 1997-2010 de financiële bijdrage van de EU ter bestrijding van besmettelijke dierziekten in totaal 1.109 miljoen euro (Bergevoet, 2011).

De wijze waarop het resterende deel van de bestrijdingskosten gefinancierd wordt, varieert per EU-lidstaat. Waar in enkele lidstaten (waaronder het Verenigd Koninkrijk) de resterende bestrijdingskosten door de overheid gefinancierd worden, hebben de meeste lidstaten hiervoor een statutair cofinancieringssysteem in het leven geroepen. Door nationale wetgeving worden alle veehouders verplicht bij te dragen aan een dergelijk financieringssysteem. Nederland heeft hiervoor het Diergezondheidsfonds. De bijdrage van het bedrijfsleven berust op het *Convenant Financiering bestrijding besmettelijke dierziekten* dat in 2000 is gesloten tussen de rijksoverheid en de Productschappen voor Zuivel (PZ) en Vee, Vlees en Eieren (PVE). De betalingsverplichting vanuit het bedrijfsleven is daarbij gemaximeerd voor een periode van vijf jaar en wordt vijfjaarlijks herzien. Voor de periode van januari 2010 tot januari 2015 bedragen deze plafonds voor de rundveesector 19,5 miljoen euro, voor de varkenssector 68 miljoen euro, voor de schapen- en geitensector 4,52 miljoen euro en voor de pluimveesector 26 miljoen euro. Het Rijk draagt in het algemeen zorg voor de financiering van de uitgaven die niet kunnen worden doorbelast aan de productschappen en niet in aanmerking komen voor vergoeding door de EU (PVE, 2013). Voor exporterende landen als Nederland zijn de economische gevolgen van een uitbraak vanwege leegstand, handelsrestricties en imagoschade vaak vele malen hoger dan de daadwerkelijke bestrijdingskosten. Deze schade wordt echter niet door de EU of de lidstaat vergoed, maar volledig door de sector zelf gedragen.

10.3 De nieuwe strategie binnen het Europese diergezondheidsbeleid

Eind 2004 heeft de Europese Commissie het Europese diergezondheidsbeleid extern laten evalueren om de behaalde resultaten van het beleid te beoordelen en de koers van het beleid voor de toekomst te bepalen. De noodzaak van deze evaluatie kwam voort uit een aantal relevante ontwikkelingen zoals de uitbreiding van de EU (een groot deel van het beleid is opgesteld tussen 1988 en 1995 toen er slechts 12 lidstaten tot de EU behoorden), het optreden van nieuwe zoönosen en bedreigende ziekten als SARS en de sterke toename in de handel van dierlijke producten, en daarmee het risico op introductie en verspreiding van ziekten. Daarnaast is sinds de basisformulering van het beleid het institutionele kader van de EU sterk veranderd en is aanzienlijke vooruitgang geboekt in de wetenschap en de technologie.

De belangrijkste problemen die in de evaluatie naar voren kwamen, waren de complexiteit van het geformuleerde beleid, het ontbreken van een algemene strategie en met name het feit dat er te weinig aandacht was voor ziektepreventie. De ontwikkeling van het diergezondheidsbeleid heeft voor een groot deel *ad hoc* plaatsgevonden naar aanleiding van een opeenvolging van ernstige ziekte-uitbraken die zich door de tijd hebben voorgedaan. Het beleid is daardoor gefragmenteerd en soms ondoorzichtig. Dit heeft vervolgens geleid tot een gebrek aan consistentie en samenhang met aanverwant ander EU beleid als het volksgezondheids- en voedselveiligheidsbeleid. Andere zaken die uit de evaluatie naar voor kwamen, waren de noodzaak van betere communicatie, een grotere betrokkenheid van de belanghebbenden bij de beleidsvorming en de behoefte aan meer duidelijkheid over de taken en verantwoordelijkheden. Daarnaast werd gewezen op problemen in verband met het huidige financieel kader en met de uitvoering van invoercontroles op het niveau van de lidstaten (Europese Commissie, 2007).

Op basis van de resultaten van de evaluatie en na een uitvoerige raadpleging van belanghebbenden presenteerde de Commissie in 2007 het voorstel voor een nieuwe strategie voor diergezondheid voor de EU (2007-2013) (*EU Animal Health Strategy 2007-2013*) met als motto 'Voorkomen is beter dan genezen'. Op basis van dit strategievoorstel en de naar aanleiding daarvan gevoerde discussies heeft de Commissie op 6 mei 2013 een voorstel voor een verordening (COM(2013) 260 final) aan Raad en Parlement voorgelegd die in de plaats zou moeten komen van alle momenteel nogal versnipperde EU-regelgeving over diergezondheid. De verordening zou in 2016 van kracht moeten worden.

De voorgestelde strategie is gebaseerd op het reeds ontwikkelde rechtskader voor diergezondheid in de EU en beslaat de gezondheid van alle dieren in de EU, variërend van huisdieren en landbouwhuisdieren tot wilde dieren. Gestreefd wordt naar consistentie met ander EU-beleid en met de internationale verplichtingen van de EU. De nieuwe strategie dient als leidraad bij de ontwikkeling van nieuw beleid of nieuwe richtlijnen en zal de bestaande diergezondheidsregelingen in de EU op basis van wetenschappelijke risicobeoordelingen verbeteren, waarbij rekening wordt gehouden met sociale, economische en ethische overwegingen van de verschillende belanghebbenden (Europese Commissie, 2007).

De algemene doelstellingen binnen de nieuwe strategie voor diergezondheid zijn gericht op het garanderen van een hoog niveau van volksgezondheid, het bijdragen tot de economische groei en het concurrentievermogen, en het bevorderen van goede productiemethoden die de kans op de overdracht van dierziekten verkleinen en die in overeenstemming zijn met de dierenwelzijnsnormen zodat wordt bijgedragen tot duurzame ontwikkeling. Ter verwezenlijking van deze doelstellingen richt de strategie zich op de volgende vier pijlers (Europese Commissie, 2008):

- pijler 1: prioriteitstelling voor het EU-optreden;
- pijler 2: een modern EU-kader voor diergezondheid;
- pijler 3: preventie, surveillance en crisisparaatheid;
- pijler 4: wetenschap, innovatie en onderzoek.

Pijler 1: Prioriteitstelling voor het EU-optreden

Het EU-diergezondheidsbeleid dient zich in het vervolg vooral te richten op dierziekten die relevant zijn voor de EU. Op basis van een risicobeoordeling moet worden bepaald hoe relevant een besmettelijke dierziekte is voor de doelstellingen van de EU-strategie, wat een 'aanvaardbaar risiconiveau' voor de EU is, en welke prioriteit gegeven wordt aan maatregelen om het risico te verminderen. In dit kader moet gestreefd worden naar het reduceren van het risico tot een minimum; een nulrisico is namelijk niet haalbaar.

Als zich een dreiging met hoge prioriteit voordoet, dienen de kostenbatenverhouding en de kosteneffectiviteit van de mogelijke bestrijdingsmaatregelen geanalyseerd te worden om de optimale interventie te bepalen. Op deze wijze wordt een optimaal gebruik van de beperkte (financiële) middelen gegarandeerd, zowel wat EU-financiering als de kosten (gevolgschade) voor de producenten betreft.

Beslissingen dienen daarbij gebaseerd te zijn op gedegen wetenschappelijk onderzoek. De geschiedenis heeft geleerd dat er altijd nieuwe dierziekten zullen optreden.

Voor dergelijke situaties waarin de wetenschappelijke kennis nog ontbreekt, neemt de EU het voorzorgsbeginsel in acht. Dit houdt in dat er tijdelijke maatregelen worden genomen als er een potentieel ernstig gevaar voor de gezondheid wordt vastgesteld, om een hoog niveau van gezondheidsbescherming te garanderen tot er meer wetenschappelijke informatie beschikbaar is over de omvang van het risico.

Pijler 2: Een modern kader voor diergezondheid

Deze pijler richt zich op een aantal initiatieven waaronder de ontwikkeling van een eenduidig regelgevingskader, de ontwikkeling van regelingen voor een efficiënte verdeling van de kosten en verantwoordelijkheden, versterking van de invloed van de EU op de internationale diergezondheidsnormen en versterking van de EU export.

Met de herziening van het diergezondheidsbeleid streeft de EU er naar om de huidige reeks gefragmenteerde beleidsmaatregelen te vervangen door één duidelijk regelgevingskader dat zo veel mogelijk aansluit op aanverwant beleid op het gebied van voedselveiligheid, volksgezondheid, milieubescherming, farmaceutische producten, gemeenschappelijk landbouwbeleid en de internationale normen en richtlijnen van de OIE en de Codex Alimentarius zodat de wetgeving meer effect kan sorteren. Daarnaast streeft de Commissie een geharmoniseerd EU-kader na voor de verdeling van de verantwoordelijkheden en de kosten zodat alle betrokkenen partijen hun verantwoordelijkheid nemen en een taak hebben in het opsporen en uitroeien van een ziekte. Een geharmoniseerde verdeling zou de lidstaten stimuleren om grote financiële risico's te vermijden door prikkels te bieden om diergerelateerde gevaren te voorkomen. Bovendien zou een dergelijke verdeling de economische en sociale cohesie in de EU versterken en de ongelijkheden in het niveau van de diergezondheid in de diverse regio's verder reduceren (Europese Commissie, 2008).

Enerzijds is voor regeringen een belangrijke rol weggelegd bij het beschermen van de buitengrenzen tegen de insleep van ziekten en bij het nemen van bestrijdingsmaatregelen in het geval van een epidemie. Ook het bieden van overheidscompensatie is belangrijk als het gaat om particulier eigendom dat in het openbaar belang wordt vernietigd. Anderzijds ligt de verantwoordelijkheid voor de gezondheid van de dieren in de eerste plaats bij de eigenaren en bij de veehouderijsector in het algemeen. De eigenaren, sector en industrie verkeren bij uitstek in een goede positie om veel van de risico's van dierziekten aan te pakken. De beoogde strategie staat of valt dan ook met de volledige medewerking en betrokkenheid van alle partijen, waaronder ook de verzekeringsbranche (Europese Commissie, 2008).

De praktische problemen bij de invoering van een EU-breed initiatief ter verdeling van de kosten en verantwoordelijkheden moeten echter niet onderschat worden (Landeg *et al*, 2011). De meningen over wat er wel of niet gecompenseerd dient te worden, variëren sterk tussen de verschillende lidstaten. In de ene lidstaat wordt momenteel de financiering van de bestrijding van de uitbraak van een dierziekte grotendeels doorbelast naar de sector, in de andere lidstaat worden de kosten uit de algemene middelen betaald. Om eventuele problemen bij implementatie te ondervangen is een haalbaarheidsstudie uitgevoerd (Europese Commissie, 2007; Bergevoet, 2011) om tot concrete voorstellen te komen voor een geleidelijke ontwikkeling van een geharmoniseerd stelsel betreffende de financiering van het Europese diergezondheidsbeleid. Dit voorstel wordt eind 2013 verwacht.

De OIE en de WTO-SPS-overeenkomsten vormen de centrale ijkpunten voor Europese wetgeving op het gebied van dierziekten. De EU moedigt andere landen aan om deze waarden ook als uitgangspunt te beschouwen. Voorts overweegt de EU de mogelijkheid om zelf lid te worden van de OIE ter versterking van de invloed van de EU op de internationale diergezondheidsnormen; momenteel treedt de EU op als een officiële waarnemer van de OIE (OIE, 2013).

Wanneer dieren in een betere gezondheid verkeren, heeft dat een positief effect op het concurrentievermogen van Europese bedrijven. Harmonisering van de regelgeving maakt eerlijke concurrentie op de Europese markt mogelijk en kan gemakkelijk worden toegepast op invoer. Door een betere definitie van de prioriteiten met betrekking tot sanitaire barrières moet de toegang tot exportmarkten verbeterd worden. Daarnaast wil de Commissie een sterkere positie krijgen in de onderhandelingen over exportvoorwaarden voor de EU en de bestrijding van exportproblemen, door waar nodig lokale EU-markttoegangsteams te ontwikkelen binnen delegaties van de Commissie, ambassades van de lidstaten en bedrijfsorganisaties (Europese Commissie, 2008).

Pijler 3: Preventie, surveillance en crisisparaatheid

Binnen deze pijler richt de strategie zich onder meer op het ondersteunen en stimuleren van doeltreffende bio-veiligheidsmaatrelen op bedrijven ter voorkoming van dierziekten. Doeltreffende bio-veiligheidsmaatregelen vormen een belangrijk criterium voor procedures omtrent zonering en compartimentering met het oog op ziektebestrijding en/of voor handelsdoeleinden.

Met de toename van het risico op insleep van ziekten zullen de kosten voor het toepassen van bio-veiligheidsmaatregelen stijgen. Hierdoor neemt het belang van een proactieve bestrijdingshouding alsook van een samenwerking met derde landen toe om nieuwe ziekten te bestrijden op de plaats van herkomst. Vernieuwende wetenschap (pijler 4) in de vorm van een vooruitgang in detectie, monitoring en modellering van bedreigingen voor de diergezondheid vormt een belangrijk aspect bij deze onvermijdelijke ontwikkeling in bio-veiligheidssystemen (Europese Commissie, 2008).

Pijler 3 heeft ook betrekking op identificatie en tracering van dieren (essentieel voor ziektepreventie en -bestrijding), traceerbaarheid van voedsel voor menselijke consumptie, bio-veiligheidscontrole aan de grens, surveillance en crisisparaatheid. Veterinaire controle is een essentieel onderdeel van een diergezondheidsstrategie. In het geval van epidemische ziekten zoals MKZ is een vroegtijdige detectie van de aanwezigheid van de ziekte de sleutel tot een snelle toepassing van bestrijdingsmaatregelen en daarmee tot een beperking van de uiteindelijke omvang van een epidemie. In het geval van overdraagbare zoönoses zoals salmonellose, tuberculose en brucellose, is een programma van laboratoriumtests nodig voor de detectie van ziekten. Surveillance is echter duur en vereist daarom een aanpak op basis van prioriteitsstelling zoals gedefinieerd in pijler 1.

Pijler 4: Wetenschap, innovatie en onderzoek

De nieuwe strategie is er ten slotte op gericht het diergezondheidsbeleid van de EU een sterkere wetenschappelijke basis te geven. Een versterkte basis is cruciaal om de status van de EU op het internationale toneel te vergroten en een sterk consumentenvertrouwen in de EU te behouden. Pijler 4 heeft dan ook tot doel het stimuleren en coördineren van wetenschap, innovatie en onderzoek om bij te dragen aan een hoog niveau van diergezondheid en aan het concurrentievermogen van Europese bedrijven die op het gebied van diergezondheid werkzaam zijn. De verwachte resultaten hierbij zijn onder andere een versterking van de samenwerking tussen Europese agentschappen en nationale autoriteiten, een herziening en waar nodig een uitbreiding van de activiteiten van EU-referentielaboratoria, definiëring van een actieplan voor onderzoek in samenwerking met industrie en belanghebbenden ter identificatie van prioriteiten in diergezondheidsbedreigingen en hiaten in bestaande controle-instrumenten, en de ondersteuning van onderzoek in derde landen door middel van internationale samenwerking (Europese Commissie, 2008).

Innovatieve ontwikkelingen zijn tevens gericht op de ontwikkeling van alternatieve benaderingen voor ziekte-preventie en bestrijding in de EU om zo de bestrijding van besmettelijke ziekten middels massaslachting van besmette dieren te voorkomen.

10.4 Conclusies

In de afgelopen decennia heeft het diergezondheidsbeleid in de EU zich ontwikkeld tot een volledig geharmoniseerd juridisch kader betreffende de invoer van en handel in levende dieren en dierlijke producten. Deze harmonisering op EU niveau is van cruciaal belang geweest om goede voedselveiligheids- en gezondheidsnormen te kunnen garanderen, hetgeen de intracommunautaire handel vergemakkelijkte en de diergezondheid in het algemeen ten goede kwam. Door het toenemende risico op insleep van dierziekten van buiten de EU alsook het ontstaan van nieuwe bedreigende dierziekten, blijven besmettelijke dierziekten echter een continue dreiging voor de EU vormen. De (financiële) middelen waarover de EU beschikt zijn beperkt, waardoor bestrijdingsinspanningen beperkt moeten worden tot ziekten die de grootste dreiging vormen voor de gezondheid van mens en dier. Afwegingen dienen daarbij gebaseerd te zijn op risicobeoordelingen van de ziekten en kosten-batenanalyses en doeltreffendheidsanalyses van de beoogde bestrijdingsmaatregelen. De nieuwe EU-strategie op het gebied van de diergezondheid is een ambitieus programma ter bescherming van de handel en de voedselveiligheid voor de komende decennia. Een succesvolle realisatie van de strategie vraagt om een eerlijke verdeling van kosten en verantwoordelijkheden tussen overheid, de veehouderij en de burgers.

Literatuur

Bergevoet, R. , 2011. Feasibility study on the revision of Council Decision 2009/470/EC (ex 90/424/EEC) on expenditure in the veterinary field with a view to develop a harmonized EU framework for cost and responsibility sharing schemes for animal diseases. European Commission Funded Project Directorate-General for Health and Consumers. http://ec.europa.eu/food/animal/diseases/strategy/pillars/docs/653006_final_report_08062011.pdf.

Europese Commissie, 2007. A new animal health strategy for the European Union (2007-2013) where Prevention is better than Cure. Communication COM 539 (2007). http://ec.europa.eu/food/animal/diseases/strategy/animal_health_strategy_en.pdf.

Europese Commissie, 2008. Action plan for the implementation of the EU Animal Health Strategy. Communication COM 545 (2008). Brussel, België. http://www.eubusiness.com/topics/agri/animal-health-guide.03.

Europese Commissie, 2013a. Trade and imports of live animals - introduction. http://ec.europa.eu/food/animal/liveanimals/index_en.htm.

Europese Commissie, 2013b. Trade and imports of products of animal origin - introduction. http://ec.europa.eu/food/animal/animalproducts/index_en.htm.

Europese Commissie, 2013c. Eradication, control and monitoring programmes. http://ec.europa.eu/food/animal/diseases/index_en.htm.

Landeg, F., N. Coulson en M.C.M., Mourits, 2011. Animal health policy. In: A. Oskam, G. Meester, en H. Silvis (red.), EU policy for agriculture, food and rural areas. Wageningen Academic Publishers, Wageningen, Nederland, pp. 225-235.

Internet

NVWA, Nederlandse Voedsel- en Warenautoriteit: http://www.vwa.nl.

OIE, World Organisation of Animal Health: http://www.oie.int.

PVE, Productschap Vee Vlees en Eieren: http://www.pve.nl.

11. Plantgezondheid

Monique Mourits, Jan Schans en Alfons Oude Lansink

11.1 Inleiding

Binnen de plantaardige productiesystemen wordt een verscheidenheid aan preventieve en curatieve maatregelen toegepast ter voorkoming en bestrijding van plantenziekten en plagen. Preventieve maatregelen hebben daarbij betrekking op het kweken van rassen met weerstand tegen ziekten en plagen, op de gecontroleerde productie van ziektevrije zaden en uitgangsmateriaal, en op de toepassing van productiemethoden zoals vruchtwisseling. Ter bestrijding van bestaande ziekten en plagen wordt steeds meer een geïntegreerde bestrijdingsaanpak of *Integrated Pest Management* (IPM) uitgevoerd, waarvan het gebruik van gewasbeschermingsproducten een onderdeel vormt. In de afgelopen decennia is met de toename in het handels- en toeristenverkeer over grotere afstanden het risico op de introductie en verspreiding van invasieve plantenziekten en plagen uit andere gebieden in de wereld toegenomen. Individuele producenten zijn niet in staat dergelijke invasies te bestrijden dan wel te controleren, hetgeen de noodzaak voor wetgeving op het gebied van invasieve plantenziekten en plagen vergroot.

De huidige EU-plantgezondheidswetgeving richt zich op de kwaliteit en veiligheid van voedsel afkomstig van planten, en het behoud van natuurlijke ecosystemen en biodiversiteit door (1) op een duurzame wijze de plantgezondheid te beschermen; (2) te zorgen voor concurrentievermogen binnen de landbouw; (3) bij te dragen aan de bescherming van de natuurlijke omgeving; (4) te zorgen voor voedselzekerheid in alle lidstaten. Om deze doelen te realiseren regelt de wetgeving het toezicht op de verkoop en het gebruik van gewasbeschermingsmiddelen en stelt ze normen ter beperking van residuen ervan in of op voedsel van plantaardige oorsprong. Daarnaast bevat de wetgeving kwaliteitsvoorwaarden bij de verkoop van zaaizaad en teeltmateriaal binnen de EU, regelt ze de instandhouding en het gebruik van genetische hulpbronnen en beschermt ze de eigendomsrechten van nieuw ontwikkelde plantenrassen. Met betrekking tot schadelijke plantenziekten en plagen is de wetgeving gericht op het voorkomen van de introductie en verspreiding van invasieve, uitheemse ziekten en plagen (Europese Commissie, 2013), ter bescherming van de plantaardige productiesystemen en natuurlijke ecosystemen binnen de EU. Hoewel het EU-plantgezondheidsbeleid duidelijk meerdere aandachtsvelden omvat, wordt de term 'plantgezondheidsbeleid' vaak enkel geassocieerd met de fytosanitaire maatregelen gericht tegen deze invasieve ziekten en plagen.

Dit hoofdstuk analyseert het EU-plantgezondheidsbeleid in engere zin, ofwel het fytosanitaire beleid, gepositioneerd binnen het internationale kader voor de plantgezondheidswetgeving. Eerst wordt de noodzaak voor fytosanitaire wetgeving nader toegelicht, gevolgd door een beschrijving van de internationale normen die daarbij van toepassing zijn. Daaropvolgend worden enkele hoofdkenmerken van het EU-beleid op invasieve ziekten en plagen nader beschreven, alsook de wijze waarop het EU-beleid in Nederland wordt toegepast. Het hoofdstuk wordt afgesloten met een beschrijving van de door de Europese Commissie voorgestelde aanpassingen binnen het EU-plantgezondheidsbeleid, die gezien de toenemende bedreigingen voor de toekomstige plantgezondheid noodzakelijk worden geacht.

11.2 De noodzaak voor fytosanitaire wetgeving

Plantaardige productiesystemen alsook natuurlijke ecosystemen worden bedreigd door een grote verscheidenheid aan ziekten en plagen, veroorzaakt door schimmels, insecten, bacteriën, virussen, nematoden en onkruiden. Onder een plantenpest, c.q. schadelijke plantenziekte of plaag, valt elke plant, elk dier of elk pathogene agens schadelijk voor planten of plantaardige producten (FAO, 2008). Dit geldt zelfs als de gevolgen indirect schade opleveren, zoals bij de concurrentie met een onkruid om licht, water of mineralen. De schade veroorzaakt door een plantenpest varieert van effecten voor individuele producenten middels een vermindering in productiehoeveelheid en kwaliteit, en daarmee in de opbrengst van het gewas, tot effecten voor de maatschappij door schade aan ecosystemen en waardevolle landschappen, en in extremere gevallen door het ontstaan van voedselschaarste.

Een Europees voorbeeld van een dergelijk extreme casus is de hongersnood die Ierland in de jaren 1845-1850 trof als gevolg van de uitbraak van de aardappelziekte *Phytophthora infestans*. Door deze ziekte mislukte de aardappeloogst, terwijl de Ierse voedselvoorziening daarvan grotendeels afhankelijk was. Als gevolg van de daaruit voortvloeiende voedselschaarste stierven uiteindelijk meer dan een miljoen Ieren de hongerdood.

Recentere bedreigingen voor de Europese aardappelteelt vormen de ziekten aardappelringrot en aardappelbruinrot, die beide door bacteriële pathogenen veroorzaakt worden (EPPO, 2013; Smith *et al.*, 1997). Een nieuwe bedreiging binnen de Europese landbouw vormt de westerse maïswortelboorder (*Diabrotica virgifera*). De larven van deze kever beschadigen de wortels van de maïsplant zodanig dat het de opbrengst van het maïsgewas ernstig reduceert (EPPO, 2013).

Niet alleen voor de land- en tuinbouw, maar ook voor planten in natuurlijke ecosystemen kunnen invasieve ziekten en plagen een belangrijke maatschappelijke en, potentieel, economische impact hebben. Een historisch voorbeeld is de introductie en verspreiding van de iepziekte (*Dutch elm disease*) in Europa (Brasier en Buck, 2001). Van recentelijk belang is de plantenziekte *Phytophthora ramorum* beter bekend als de *sudden oak death*, die binnen Europa een bedreiging vormt voor een toenemend aantal plantensoorten (Webber *et al.*, 2010), alsook het dennenaaltje (*Pinewood nematode*) dat een bedreiging vormt voor alle EU conifeerachtige boompopulaties (EPPO, 2013).

In principe worden beslissingen over preventie en bestrijding van inheemse ziekten en plagen genomen op het bedrijf van de individuele producent. Dit kan onder meer het gebruik van gewasbeschermingsmiddelen omvatten, hoewel het gebruik van pesticiden is onderworpen aan een scala van wetten. De introductie van een uitheemse plantenpest vormt echter een ernstige bedreiging voor de plantaardige productie in het algemeen, waardoor deze niet effectief kan worden bestreden door de individuele producent. Dit maakt gereglementeerde interventies voor preventie en bestrijding onvermijdelijk. Dit is met name belangrijk bij ziekten en plagen in gebieden met natuurlijke ecosystemen, aangezien grote delen van deze gebieden vaak niet beheerd worden door producenten.

Het risico van introductie en verspreiding van uitheemse, invasieve plantenziekten en plagen binnen de EU is voornamelijk als gevolg van de groeiende globalisering van de handel in plantaardig materiaal in de afgelopen decennia gestaag toegenomen (Waage *et al.*, 2005). Eenmaal gevestigd in een nieuw gebied zijn deze schadelijke pathogenen in de regel niet uit te roeien en moeilijk te controleren en kunnen ze grote opbrengstverliezen veroorzaken.

Met behulp van fytosanitaire maatregelen trachten individuele landen hun grondgebied te beschermen tegen de introductie en verspreiding van deze uitheemse ziekten en plagen. Het recht en de noodzaak om deze fytosanitaire maatregelen te treffen worden internationaal erkend in de WTO-overeenkomst inzake sanitaire en fytosanitaire maatregelen (SPS-overeenkomst) en de daaraan ten grondslag liggende *International Plant Protection Convention* (zie ook hoofdstuk 4).

11.3 Het internationale kader

Het internationale kader voor fytosanitaire aangelegenheden wordt gevormd door de in 1952 opgerichte International Plant Protection Convention (IPPC). De IPPC is een internationale plantgezondheidsovereenkomst gericht op het voorkomen van invoer en verspreiding van schadelijke plantenziekten en plagen. In 1997 is de overeenkomst geactualiseerd in overeenstemming met de WTO-SPS-overeenkomst. Om niet gerechtvaardigde handelsbelemmeringen te voorkomen verplicht deze actualisatie de deelnemende landen om eventueel getroffen maatregelen ter bescherming van de plantgezondheid (zoals importrestricties) te onderbouwen met een risicoanalyse op basis van wetenschappelijke gegevens. De IPPC omvat momenteel meer dan 170 deelnemende landen, waaronder de EU en haar individuele lidstaten (IPPC, 2013).

De rechten en plichten binnen het IPPC verdrag worden vormgegeven in de zogenaamde *International Standards for Phytosanitary Measures* oftewel ISPM. Binnen de IPPC is de *Commission on Phytosanitary Measures* (CPM) verantwoordelijk voor de ontwikkeling van de ISPM waaraan de deelnemende landen zich dienen te conformeren. Sinds de oprichting van de ISPM-ontwikkelingsprocedure in 1993 zijn er 36 ISPM door de CPM goedgekeurd (IPPC, 2013).

De ISPM zijn ontwikkeld als een reeks van samenhangende normen. De eerste ISPM binnen deze reeks bestaan uit zogenaamde 'horizontaal' gedefinieerde normen ofwel algemene richtlijnen voor de ontwikkeling en uitvoering van plantgezondheidsprocedures. Binnen dit 'horizontaal' gedefinieerde kader zijn in een latere fase de 'verticale' of productspecifieke normen ontwikkeld die aangeven hoe met specifieke situaties (zoals de bestrijding van een pest) moet worden omgegaan (Ebbels, 2003).

De *Principles of Plant Quarantine as Related to International Trade* zoals weergegeven in ISPM nr. 1 vormen de belangrijkste 'horizontale' normen. Deze algemene normen zorgen voor de coherentie met de WTO-SPS-overeenkomst (Ebbels, 2003; IPPC, 2013) en zijn gericht op het begeleiden van autoriteiten in het terugdringen en/of elimineren van ongerechtvaardigde fytosanitaire maatregelen. Specifiekere 'horizontale' normen omvatten de algemene aspecten van gezondheidsprocedures als risico-analyses (ISPM nrs. 2 en 11), surveillance en bestrijding (ISPM nrs. 6 en 9), het instellen van pestvrije gebieden (ISPM nr. 4), certificering (ISPM nrs. 7 en 12), het melden van een gereglementeerde pest (ISPM nr. 17) en de kennisgeving op het gebied van *non-compliance* (ISPM nr.13) (IPPC, 2013).

De recentere 'verticale' normen richten zich op specifieke instructies met betrekking tot de maatregelen die getroffen dienen te worden bij (1) bepaalde ziekten en plagen; (2) het gebruik van specifieke technieken of technologieën; of (3) specifieke planten en of plantaardige producten. ISPM nr. 15 omvat bijvoorbeeld richtlijnen ter regulering van het gebruik van houten verpakkingsmateriaal in de internationale handel ter voorkoming van de introductie en verspreiding van een breed scala aan boomplagen, waaronder het dennenaaltje (IPPC, 2013).

Het totale pakket aan ISPM dient niet alleen als uitgangspunt voor de ontwikkeling van fytosanitaire maatregelen door nationale plantgezondheidsautoriteiten, maar ook als een referentiepunt ter evaluatie van bestaande maatregelen. Door de ISPM te gebruiken bij de ontwikkeling en implementatie van fytosanitair beleid, kunnen landen besparen op de benodigde analytische onderbouwing ervan en kunnen ze makkelijker voldoen aan de plantgezondheidseisen van handelspartners en aan hun verplichtingen binnen de IPPC en de WTO-SPS-overeenkomst (Schrader en Unger, 2003).

Ter bevordering van interregionale samenwerking omvat de IPPC bepalingen voor het oprichten van regionale plantbeschermingsorganisaties (RPBO). RPBO opereren op intergouvernementeel niveau zonder enige rechtskracht, hoewel hun raadgevende bevoegdheden dwingend kunnen zijn. Momenteel zijn er negen RPBO, waarvan de *European and Mediterranean Plant Protection Organisation* (EPPO) betrekking heeft op de Europese regio. Een van de belangrijkste prioriteiten van de EPPO is 'door samenwerking tussen de autoriteiten van de lidstaten planten en plantaardige producten beschermen tegen een internationale verspreiding van invasieve plantenziekten en plagen'. Daartoe heeft EPPO lijsten opgesteld met plantenziekten en plagen die een onaanvaardbaar risico vertegenwoordigen en waarvoor nationale regelgeving binnen het EPPO gebied van belang wordt geacht. Deze lijsten omvatten in 2013 meer dan 350 schadelijke ziekten en plagen (EPPO, 2013).

De IPPC beoogt introductie en verspreiding van invasieve, uitheemse soorten die schadelijk zijn voor planten te voorkomen. Het internationale verdrag inzake biologische diversiteit (*Convention on Biological Diversity*, CBD) is gericht op een bredere definitie met betrekking tot invasieve uitheemse soorten. Het CBD heeft tot doel de instandhouding van de biologische diversiteit en het duurzame gebruik ervan. Het CBD richt zich daartoe niet alleen op uitheemse soorten, maar ook op genetisch gemodificeerde organismen (CBD, 2013). Alleen wanneer dergelijke organismen als invasieve plantenziekten of plagen worden beschouwd, liggen de doelstellingen van het CBD en de IPPC in elkaars verlengde. Sinds 2012 is het CBD door 168 landen ondertekend, waaronder de EU en al haar lidstaten (CBD, 2013).

Aangezien CBD-activiteiten in verband met invasieve exoten tot op zekere hoogte overeenkomen met die van de IPPC, bestaat er sinds 2004 een samenwerkingsverband tussen beide verdragen om overlapping van activiteiten, tegenstrijdige benaderingen en verwarring over bevoegdheden te voorkomen. Dit heeft bijvoorbeeld geresulteerd in een gezamenlijke herziening van de ISPM nr. 11 omtrent de uitvoering van risico-analyses (Brunel *et al.*, 2009).

11.4 De Europese Fytorichtlijn

De Fytorichtlijn (Richtlijn 2000/29/EG) vormt de kern van de fytosanitaire wetgeving van de EU. Ter preventie van de invoer en verspreiding van schadelijke plantenziekten en plagen reguleert deze richtlijn de handel van planten en plantaardige producten binnen de EU alsmede de invoer uit de rest van de wereld volgens de internationale normen en verplichtingen zoals overeengekomen binnen de IPPC. Enkele hoofdkenmerken van het EU plantgezondheidsbeleid worden hieronder nader beschreven.

Invoer vanuit derde landen

Via de invoer van planten en plantaardige producten uit landen buiten de EU kunnen schadelijke plantorganismen worden geïntroduceerd. Voor een aantal planten en plantaardige producten, vaak van een specifieke oorsprong, wordt dit risico zo hoog verondersteld dat er voor deze producten een algeheel invoerverbod geldt (Annex III, Richtlijn 2000/29/EG). In de meeste gevallen is de invoer van planten en plantaardige producten naar de EU wel toegestaan, mits deze aan bepaalde voorwaarden voldoet.

Zo geldt er voor alle planten bestemd voor opplant of verdere teelt, alsook voor een aantal gespecificeerde plantproducten als snijbloemen, groenten en fruit een inspectieplicht (Annex V, Richtlijn 2000/29/EG). Dit betekent dat deze producten moeten worden geïnspecteerd voordat ze binnen de EU worden gebracht. Deze inspectie bestaat uit een documentcontrole, een identiteitscontrole en een fytosanitaire controle.

De documentcontrole omvat een check van de begeleidende documenten van de zending, in het bijzonder het in het land van herkomst afgegeven fytosanitair certificaat. Dit certificaat verklaart dat het materiaal in de zending passende controles heeft ondergaan en voldoet aan de plantgezondheidvoorwaarden voor invoer, zoals gedefinieerd binnen de IPPC. Bij de identiteitscheck wordt gecontroleerd of de zending overeenkomt met de gegevens zoals weergegeven op het fytosanitair certificaat. Tijdens de fytosanitaire controle bekijkt de keuringsdienst of de zending vrij is van schadelijke organismen. Uitgangspunt in de regelgeving is dat de fytosanitaire controle gebeurt aan de buitengrens. Op grond van douanewetgeving mag de zending pas worden ingevoerd nadat de fytosanitaire controle is afgerond. Indien de zending wordt afgekeurd, dient deze vernietigd te worden of buiten de grenzen van de EU te worden gebracht. In het laatste geval kan de zending naar een land met andere eisen dan de EU worden getransporteerd (NVWA, 2013). In het geval van herhaalde non-compliance kan het Permanent Fytosanitair Comité van de EU besluiten om noodmaatregelen te nemen in de vorm van een verbod, een bijzondere beperking of aanvullende eisen voor de invoer van producten uit het desbetreffende land (Unger, 2005).

Intra-EU handel

Het handelsverkeer tussen en binnen de EU-lidstaten van planten en plantaardige producten die in potentie drager van schadelijke organismen kunnen zijn (Annex V, Richtlijn 2000/29/EG) moet vergezeld gaan van een plantenpaspoort. Het plantenpaspoort garandeert dat de gezondheidsstatus van de zending voldoet aan de eisen van de EU en dat de zending bij inspecties vrij is bevonden van de in de EU gereglementeerde schadelijke organismen. Daarnaast maakt het plantenpaspoort het mogelijk om de herkomst van de zending te traceren middels een identificatie- en registratiesysteem.

De afgifte van de plantenpaspoorten is de verantwoordelijkheid van de lidstaat waarin de verhandelde planten of plantaardige producten zijn geproduceerd of ingevoerd vanuit een land buiten de EU. De plantenpaspoorten worden in de praktijk uitgegeven door de officieel verantwoordelijke keuringsdienst van een lidstaat, of door producenten of handelaren die geautoriseerd zijn om dit te doen. Een specifieke code op het plantenpaspoort maakt het mogelijk om de keuringsdienst die verantwoordelijk is voor de controle van de producenten en handelaren in een specifieke regio te traceren. Daarnaast bevat het paspoort een uniek registratienummer van de producent of de handelaar en wordt het land van herkomst weergegeven als de plantaardige producten uit een derde land zijn ingevoerd. Alle producenten en handelaren van 'plantenpaspoortplichtige' planten en plantaardige producten moeten bij de verantwoordelijke keuringsdienst geregistreerd staan en moeten regelmatig door deze dienst worden bezocht en gecontroleerd.

Controlemaatregelen

Lidstaten die binnen hun grondgebied de aanwezigheid van een in de regelgeving vermelde plantenpest waarnemen, zijn verplicht om deze te melden aan de Europese Commissie en de benodigde bestrijdingsmaatregelen te nemen om de verspreiding ervan te voorkomen (onder andere het vernietigen van geïnfecteerd materiaal, het instellen van bufferzones en het uitvoeren van extra inspecties). Deze handelingen zijn verplicht, ongeacht of het een eventuele vondst van een pest op handelsproducten afkomstig uit een andere lidstaat of een uitbraak in een eigen gewas betreft.

Wanneer een niet-gereglementeerde plantenpest een acuut gevaar vormt voor de plantgezondheid vanwege introductie of verspreiding, mag een lidstaat tijdelijk noodmaatregelen treffen. De Europese Commissie heeft de verplichting om een dergelijke acute situatie zo spoedig mogelijk te onderzoeken. Zoals gedefinieerd in de internationale handelsregels moet elke controlemaatregel die genomen wordt ter preventie van de invoering en verspreiding van nieuwe ziekten en plagen gerechtvaardigd zijn door een wetenschappelijk onderbouwde risicoanalyse. Op verzoek van de Commissie evalueert het *Wetenschappelijk Panel voor de gezondheid van gewassen* (PLH) van de Europese Autoriteit voor voedselveiligheid (EFSA) momenteel de risicoanalyses die uitgevoerd zijn door de EU-lidstaten of derde partijen (niet-EU-landen) om de Commissie te voorzien van de vereiste wetenschappelijke adviezen. EU controlemaatregelen kunnen worden aangepast indien uit risicoanalyses op EU-niveau blijkt dat verdere maatregelen tegen de niet-gereglementeerde plantenpest noodzakelijk zijn.

De kosten van controlemaatregelen worden momenteel tot een maximum van 50% van de subsidieerbare uitgaven (d.w.z. kosten van de officiële keuringsdienst) gecompenseerd door de EU; de rest wordt gedragen door de getroffen lidstaat. Het verlies van het plantaardige product dat vernietigd dient te worden en de kosten van herstelmaatregelen komen voor rekening van de eigenaar van het product. Dit in tegenstelling tot de EU-financiering van de diergezondheid, waar de waarde van privé-eigendom dat vernietigd is voor het algemeen belang (namelijk de controle van een besmettelijke ziekte) ten minste gedeeltelijk wordt gecompenseerd door de EU. Een compensatieregeling gesterkt door een grotere financiële solidariteit tussen de lidstaten is één van de aanbevelingen voor herziening van het EU plantgezondheidsbeleid die momenteel wordt overwogen (zie paragraaf 11.6).

11.5 Toepassing in Nederland

De eerdergenoemde Europese richtlijn (2000/29/EG) is in Nederland uitgewerkt in de Plantenziektenwet. Door de grote verscheidenheid in schadelijke organismen, teeltomstandigheden en plantensoorten zijn de te nemen maatregelen tegen een bepaald schadelijke organisme vaak te specifiek om in een formele wet te regelen. De Plantenziektenwet heeft zodoende het karakter van een kaderwet middels een algemene omschrijving van de toe te passen bestrijdingsmaatregelen. Nadere uitwerkingen zijn terug te vinden in de *Algemene maatregelen van bestuur*, zoals het Besluit Bestrijding Schadelijke Organismen met ondermeer de uitwerking van de meldingsplicht, en in de *Ministeriële regelingen en Beschikkingen*, zoals de Regeling Bestrijding Schadelijke Organismen en de Regeling Invoer, Uitvoer en Verkeer met casus specifieke omschrijvingen van de te nemen maatregelen.

Vanwege het grote exportbelang van pootaardappelen hanteert de Nederlandse overheid voor bepaalde schadelijke aardappelziekten (bruinrot en ringrot) een strengere aanpak dan de EU-bestrijdingsrichtlijnen voorschrijven. Nederland zet daarbij naast de verplichte bestrijding en uitroeiing vooral in op zeer intensieve opsporing, in combinatie met een strenge toepassing van het verbod op het gebruik van besmet verklaard water via beregeningsverboden.

Bij waarneming van een vermoedelijke besmetting met EU gereglementeerde plantpathogenen zijn betrokkenen verplicht deze te melden aan de Nederlandse Voedsel- en Warenautoriteit (NVWA). De NVWA richt zich als kennis- en toezicht-autoriteit op het vergaren en behouden van kennis op het gebied van plantgezondheid. In Nederland heeft het laboratorium van de NVWA als nationaal fytosanitair referentielaboratorium een centrale functie in het ontwikkelen en borgen van kennis over de biologie van schadelijke organismen voor de natuur en de groene sector. De NVWA zet haar kennis in om beleidsdirecties van het ministerie van Economische Zaken te adviseren op het gebied van (inter)nationale beleidsontwikkeling en implementatie van het gewasbeschermingsbeleid. Daarnaast houdt de autoriteit toezicht op de uitvoering van de import- en exportinspecties van plantaardige producten door de vier keuringsdiensten (de Nederlandse Algemene Keuringsdienst (NAK) voor zaaizaad en pootgoed van landbouwgewassen, de Nederlandse Algemene Kwaliteitsdienst Tuinbouw (NAKtuinbouw), de Bloembollenkeuringsdienst (BKD), en het Kwaliteits Controle Bureau (KCB)) (NVWA, 2013).

11.6 Toekomstige ontwikkelingen

De verdergaande uitbreiding van de mondiale markten alsook het toenemende gebruik van landbouwgrond voor de productie van biobrandstof vragen in de toekomst om een toename in de plantaardige productieniveaus. In Europa zal deze toename gerealiseerd moeten worden op dezelfde of verminderde hoeveelheid beschikbare landbouwgrond, wat vraagt om een verder geïntensiveerde vruchtwisseling op basis van een beperkt aantal hoogproductieve gewassen. Daarnaast zal de handel in plantaardig materiaal vanuit derde landen blijven toenemen. Al deze ontwikkelingen dragen bij aan een toenemend risico op introductie en verspreiding van uitheemse plantenziekten en plagen in de EU (Waage *et al.*, 2005).

Om de verhoogde plantgezondheidsrisico's in de toekomst het hoofd te kunnen bieden, bereidt de Europese Commissie momenteel een voorstel tot herziening van de Europese wetgeving voor ter bescherming van de plantgezondheid. Daartoe is in 2010 het huidige plantgezondheidsbeleid geëvalueerd, hetgeen resulteerde in de aanbeveling tot een modernisering van het systeem door (1) een verbeterde preventie; (2) het tijdig herkennen van nieuwe risico's en het identificeren van prioriteiten in de aanpak daarvan; en (3) meer solidariteit tussen lidstaten middels een aanpak van plantgezondheidsrisico's op EU niveau in plaats van een aanpak op het niveau van de individuele lidstaten (FCEC, 2010; NVWA, 2013).

De wetsvoorstellen voor het hernieuwde beleid zijn begin november 2012 door de Europese Commissie bekend gemaakt (Europese Commissie, 2013). Met de voorgestelde beleidsaanpassingen streeft de Commissie naar een plantgezondheidsbeleid dat robuust, efficiënt en doeltreffend genoeg is om de toekomstige uitdagingen te weerstaan. De behandeling van de wetsvoorstellen door de Raad en het Parlement alsook de verdere uitwerking van de uitvoeringsbepalingen, vergen echter een aantal jaren. Implementatie van het hernieuwde beleid wordt zodoende pas vanaf 2015 verwacht.

Literatuur

Brasier, C.M. en K.W. Buck, 2001. Rapid evolutionary changes in a globally invading fungal pathogen (Dutch Elm Disease). Biological Invasions 3: 223-233.

Brunel, S., F. Petter, E. Fernandez-Galiano en I. Smith, 2009. Approach of the European and Mediterranean plant protection organization to the evaluation and management of risks presented by invasive alien plants. In: Inderjit (red.) Management of invasive weeds. Springer, Berlijn, Duitsland, pp. 319-343.

Ebbels, D.L., 2003. Principles of plant health and quarantine. CABI, United Kingdom.

Europese Commissie, 2013. Plant health regulations. http://ec.europa.eu/food/plant/index_en.htm.

FAO, 2008. Glossary of phytosanitary terms. ISPM Publication no. 5. FAO, Rome, Italië.

FCEC, 2010. Evaluation of the Community Plant Health Regime. Food Chain Evaluation Consortium, Brussel, België. http://ec.europa.eu/food/plant/strategy/docs/final_report_eval_en.pdf.

Schrader, G. en J.-G. Unger, 2003. Plant quarantine as a measure against invasive alien species: the framework of the International Plant Protection Convention and the plant health regulations of the European Union. Biological Invasions 5: 357-364.

Smith, I.M., D.G. McNamara, P.R. Scott en M. Holderness (red.), 1997. Quarantine pests for Europe, 2nd edition. CABI/EPPO, Wallingford, UK.

Unger, J.-G., 2005. Identification of risks and management of invasive alien species using the IPPC framework. Proceedings of the workshop on invasive alien species and the International Plant Protection Convention, Braunschweig, Germany, 22-26 September 2003. FAO, Rome, Italië, xii + 301 pp.

Waage, J.K., R.W. Fraser, J.D. Mumford, D.C. Cook en A. Wilby, 2005. A new agenda for biosecurity. Horizon Scanning Programme, Department for Environment, Food and Rural Affairs, Londen, UK, 198 pp.

Webber, J.F., M. Mullett en C.M. Brasier, 2010. Dieback and mortality of plantation Japanese larch (*Larix kaempferi*) associated with infection by *Phytophthora ramorum*. New Disease Reports 22: 19.

Internet

CBD, Convention on biological diversity: http://www.cbd.int.

EPPO, European and Mediterranean Plant Protection Organization: http://www.eppo.org.

EFSA, European Food Safety Authority: http://www.efsa.europa.eu.

IPPC, International Phytosanitary Portal (IPP), the official website for the International Plant Protection Convention: https://www.ippc.int.

NVWA, Nederlandse Voedsel- en Warenautoriteit: http://www.vwa.nl.

12. Dierenwelzijn[77]

Ferry Leenstra, Leon Arnts en Geert van der Peet

12.1 Inleiding

De EU heeft een vijftal conventies van de Raad van Europa over dierenwelzijn onderschreven en inmiddels gedetailleerde regelgeving voor diverse aspecten van dierenwelzijn geïmplementeerd. Er is EU-beleid voor productiedieren, proefdieren en wilde dieren. De 'Vijf Vrijheden', oorspronkelijk geformuleerd door de Britse *Farm Animal Welfare Council* (FAWC), zijn de basis voor welzijnsbeleid voor gehouden dieren. De Europese regelgeving heeft als uitgangspunt dat dieren erkend worden als wezens met gevoel en dat daar ook naar gehandeld wordt. Dierenwelzijn is daarmee een (deels) publieke verantwoordelijkheid geworden. De EU heeft inmiddels de *Strategie bescherming en welzijn van dieren 2012-2015* in uitvoering genomen (Europese Commissie, 2012). Het EU-beleid voor dierenwelzijn raakt direct aan het diergezondheidsbeleid en het gemeenschappelijk landbouwbeleid. Daarnaast zijn er directe raakvlakken met internationale afspraken op het gebied van handel en diergezondheid, zoals die tot stand komen via de Wereldhandelsorganisatie (WTO) en de Wereldorganisatie voor Diergezondheid (OIE).

12.2 Voorgeschiedenis

Dierenwelzijn is (in delen van) Europa al heel lang een onderwerp dat maatschappelijk in de belangstelling staat. Wetgeving op het vlak van dierenwelzijn bestond in diverse landen al in de negentiende eeuw. Uitgangspunt toen was niet zozeer het dier op zich, maar dat het leed van dieren als kwetsend werd beschouwd voor mensen. Pas in de jaren 1960 kwam het dier zelf centraal te staan en werd in eerste instantie erkend dat dieren wezens met gevoel, vermogen tot plezier en lijden zijn. Dat begrip werd geoperationaliseerd door de 'vijf vrijheden' (FAWC, 2009):

- vrij van honger en dorst;
- vrij van slecht comfort (temperatuur, ligplek, loopoppervlak);
- vrij van ziekte en verwondingen;
- vrij van angst en stress;
- vrij om natuurlijk gedrag te vertonen.

[77] Dit hoofdstuk is mede gebaseerd op Bennett en Appleby (2011).

Later kwam daar in sommige landen het begrip 'intrinsieke waarde' van het dier bij: een dier heeft niet alleen waarde als bezit, maar ook een eigen waarde, los van alle financiële aspecten. Het begrip dierenwelzijn wordt soms strikt beschouwd (alleen die zaken, die het welbevinden van dieren direct raken) en soms veel breder (wat mogen mensen met dieren doen). Bijvoorbeeld, genetische modificatie en klonen kunnen direct het welzijn van de betrokken dieren raken; maar de discussie beweegt zich meer op het vlak of het ethisch acceptabel is dergelijke technieken op dieren toe te passen, ongeacht of het dier daar wel of niet hinder van ondervindt. In dit hoofdstuk over dierenwelzijn blijven klonen en genetische modificatie verder buiten beschouwing.

Dieren komen in verschillende hoedanigheden in onze samenleving voor: als productiedier (voedsel, wol, huiden), om te werken (trekkracht, entertainment), in de sport, als gezelschapsdier, proefdier, of wild. In dit hoofdstuk staan productiedieren centraal, met enkele verwijzingen naar andere categorieën dieren. Vermogen tot lijden en intrinsieke waarde spelen voor al deze hoedanigheden. In alle landen van de EU staat dierenwelzijn hoog op de publieke agenda; wel wordt in zuidelijke landen dierenwelzijn meer gekoppeld aan voedselkwaliteit dan in noordelijke landen (Eurobarometer, 2007).

Europa staat niet op zich als het om dierenwelzijnsbeleid gaat. Het mondiale beleid op het vlak van diergezondheid kwam veel eerder tot stand - gegeven de economische risico's die de nasleep van ziekten met zich mee kan brengen - dan op het vlak van dierenwelzijn, waar culturele en religieuze verschillen de complexiteit voor beleid verhogen. Voor melding van dierziektes heeft de OIE regels opgesteld die direct benut worden voor de afspraken in WTO-verband. Voor dierenwelzijn beginnen pas de laatste jaren voorzichtig initiatieven te ontstaan voor mondiale harmonisatie.

12.3 Ontwikkeling van EU-regelgeving voor dierenwelzijn

Vrij snel na de oprichting in 1949 besteedde de Raad van Europa[78] aandacht aan dierenwelzijn en kwam tot conventies, die beogen onnodig lijden en verwondingen bij dieren te voorkomen en rekening te houden met fundamentele fysiologische en gedragsmatige behoeften van het dier:

- conventie ter bescherming van dieren bij internationaal transport (1968);
- conventie ter bescherming van productiedieren (1976);

[78] Niet te verwarren met de Europese Raad en de Raad van de Europese Unie (zie hoofdstuk 2).

- conventie ter bescherming van slachtdieren (1979);
- conventie ter bescherming van proefdieren (1986);
- conventie ter bescherming van gezelschapsdieren (1987).

De EU heeft deze conventies onderschreven. Commissies van de Raad van Europa hebben aanbevelingen gedaan voor het huisvesten en verzorgen van varkens, runderen, schapen, kippen, kalkoenen, struisvogelachtigen, muskus- en pekingeenden, ganzen, vissen, fazanten en pelsdieren.

In 1989 werd dierenwelzijn onderdeel van het gemeenschappelijk landbouwbeleid, in eerste instantie door richtlijnen met als doel 'behoud, bescherming en verbetering van de natuurlijke omgeving en dierenwelzijn, met name door voorkomen van ongewenste intensieve veehouderij'. Milieu en dierenwelzijn werden vaak gekoppeld en gezamenlijk bediscussieerd. De verklaring over de bescherming van dieren uit het Verdrag van Maastricht (1992) geeft dierenwelzijn een eigen positie:

> *De Conferentie verzoekt het Europees Parlement, de Raad, de Commissie en de Lidstaten bij de opstelling en de tenuitvoerlegging van de communautaire wetgeving inzake het gemeenschappelijk landbouwbeleid, het vervoer, de interne markt en onderzoek ten volle rekening te houden met de vereisten inzake het welzijn van dieren.*

In het Verdrag van Lissabon (2007) werd dat aangescherpt tot:

> *Bij het formuleren en uitvoeren van het beleid van de Unie op het gebied van landbouw, visserij, vervoer, interne markt en onderzoek, technologische ontwikkeling en de ruimte, houden de Unie en de lidstaten ten volle rekening met wat vereist is voor het welzijn van dieren als wezens met gevoel, onder eerbiediging van de wettelijke en bestuursrechtelijke bepalingen en gebruiken van de lidstaten met betrekking tot met name godsdienstige riten, culturele tradities en regionaal erfgoed.*

Hiermee werd in het Europese recht opgenomen dat dieren wezens zijn met gevoel en in staat tot ervaren van plezier en pijn en dat welzijn van dieren de volle aandacht verdient, maar dat dat beïnvloed kan worden door cultuur en religie en bestaande wet- en regelgeving van lidstaten.

De basis voor de EU-regelgeving op het gebied van dierenwelzijn is Richtlijn 98/58/EG, die de kaders geeft voor meer specifieke richtlijnen voor huisvesting, verzorging en andere handelingen. Dergelijke specifieke richtlijnen geven minimumeisen, die door de lidstaten met nationale regelgeving moeten worden geïmplementeerd[79]. De nationale regelgeving mag strikter zijn dan de EU-richtlijn. De richtlijnen worden regelmatig aangepast. Momenteel belangrijke richtlijnen zijn onder andere:

- Leghennen: Richtlijn 99/74/EG stelt minimumeisen aan de beschikbare oppervlakte en voorzieningen per hen en heeft conventionele kooihuisvesting verboden per 01-01-2012.
- Kalveren: Richtlijn 91/629/EEG, aangepast in 1997/2/EG en 2008/119/EG, verbiedt het gebruik van individuele huisvesting voor kalveren en stelt minimumeisen aan onder andere oppervlakte en voeding.
- Varkens: Richtlijn 91/630/EEG, aangepast in 2001/93/EG en 2008/120/EG, bevat een groot scala aan eisen zoals (groeps)huisvesting voor zeugen, minimum leefoppervlak, vloertype, wroet- en afleidingsmateriaal, lichtintensiteit, geluid, ingrepen, beschikbaarheid van drinkwater en speenleeftijd.
- Vleeskuikens: Richtlijn 2007/43/EG stelt eisen aan de maximale bezettingsgraad voor vleeskuikens en aan onder andere uitval, licht, voeding, strooisel en ventilatie.
- Diertransport: Richtlijn 2005/1/EG stelt eisen aan transport van alle gewervelde dieren, incl. laden en lossen en rusttijden, voor zover dat gerelateerd is aan economische bedrijvigheid.
- Slachten van dieren: Richtlijn 93/119/EG en Verordening (EG) 1099/2009 geven aan hoe dieren voor het slachten verdoofd moeten worden en welke werkwijzen bij het doden van dieren in diverse omstandigheden moeten worden toegepast.
- Bescherming van dieren die voor wetenschappelijke doeleinden worden gebruikt: Richtlijn 2010/63/EU gaat over de voorwaarden waaronder dieren als proefdier of voor onderwijsdoeleinden ingezet mogen worden.

Voor gezelschapsdieren heeft de EU nog geen specifieke richtlijn, voor dierentuindieren wel. Alle lidstaten zijn verplicht de richtlijnen te implementeren, maar nieuwe lidstaten hebben in diverse gevallen een overgangstermijn gekregen, soms wel tot tien jaar.

De Europese Commissie agendeert regelmatig voorstellen tot verdere verbetering van dierenwelzijn. Zulke voorstellen zijn openbaar en belanghebbenden kunnen hun zienswijze geven. De voorstellen en daaruit voortkomende regelgeving zijn gestoeld op wetenschappelijk onderzoek en advies van panels van experts. De *European Food Safety Authority* (EFSA) heeft een wetenschappelijk panel op het gebied van diergezondheid en dierenwelzijn. Dit panel heeft de verantwoordelijkheid om wetenschappelijke en technische vragen over diergezondheid en dieren-

[79] Zie voor een samenvatting van de regelgeving over landbouwhuisdieren Dwinger *et al.* (2011).

welzijn te adresseren. Door of in opdracht van het panel worden wetenschappelijke rapporten en opinies gepubliceerd. Uit de opdracht van EFSA blijkt de nauwe relatie tussen voedselveiligheid, diergezondheid en dierenwelzijn.

Handhaving van regelgeving is de verantwoordelijkheid van de lidstaten. Het EU-bureau voor Voedsel en Veterinaire aangelegenheden (FVO) monitort het niveau van handhaving in de lidstaten. Onvoldoende handhaving kan met een infractieprocedure (zie hoofdstuk 2) bij het Europese Hof van Justitie aanhangig gemaakt worden. EFSA en FVO spelen geen directe rol bij het doen van voorstellen door de Europese Commissie, maar hun bevindingen zijn voor de Europese Commissie wel een belangrijke bron als het gaat om verbetering van dierenwelzijn, dan wel verbetering van het handhavingsbeleid.

12.4 Waarom dierenwelzijnsbeleid en op welk niveau

Dierenwelzijn is tot op zekere hoogte een maatschappelijk goed, omdat (veel) mensen dierenwelzijn belangrijk vinden en zich beter voelen bij goed en slechter bij slecht dierenwelzijn; dierenwelzijn is daarmee direct gerelateerd aan het welzijn van mensen (Eurobarometer, 2007). Dierenwelzijn is lastig in marktwaarde uit te drukken, hoewel steeds meer dierlijke producten op de markt gebracht worden met een claim op verbeterd dierenwelzijn en veelal een hogere prijs. In Noordwest-Europa zijn *Freedom Food* (Verenigd Koninkrijk) en *Beter Leven-kenmerk* (Nederland) voorbeelden daarvan (zie ook hoofdstuk 15). Strengere normen voor diverse aspecten van huisvesting en verzorging van dieren zijn ook aan de orde bij biologische producten (Verordening (EG) 834/2007) en het private *Label Rouge* in Frankrijk. Deze beide systemen hebben echter voedselkwaliteit als geheel als uitgangspunt en niet alleen dierenwelzijn. De markt werkt echter onvoldoende om het niveau van dierenwelzijn te borgen dat maatschappelijk vereist wordt (Eurobarometer, 2005, 2007; EconWelfare, 2011). Regulering vanuit de overheid blijft dan ook noodzakelijk. Dierenwelzijn motiveert mensen om zich te organiseren in belangen- en lobbygroepen, die verbetering van dierenwelzijn in de volle breedte of voor specifieke groepen dieren beogen. Voorbeelden van zulke groepen, die op EU-niveau actief zijn, zijn *World Society for Protection of Animals*, *Compassion in World Farming* en *Eurogroup for Animals*. Er zijn ook meer formele adviesorganen als de *EuroFAWC*, een associatie van dierenwelzijnsgroepen uit ruim 13 Europese landen en de *Intergroup on Welfare and Conservation of Animals*, een samenwerkingsverband van leden van het Europees Parlement. Niet alleen de attitude van de maatschappij, maar ook de relatie met milieu, diergezondheid en voedselkwaliteit, en via die route met volksgezondheid, maakt dat dierenwelzijn een belangrijke politieke dimensie heeft.

Beleid maken voor dierenwelzijn is uitdagend. Met dierlijke productie zijn grote economische belangen gemoeid, ook door de internationale handel en de eisen die aan producten en productiewijzen mogen worden gesteld. De WTO stelt dat landen bij import wel eisen aan het product mogen stellen, maar dan gaat het om eisen op grond van plant-, dier- en volksgezondheid. De internationale regelgeving biedt weinig ruimte voor eisen aan productieprocessen op gebied van bijvoorbeeld milieu en dierenwelzijn, uit vrees dat dit leidt tot oneigenlijke handelsbarrières (zie ook hoofdstuk 4). Daarmee is het moeilijk om via regelgeving dierenwelzijnseisen te stellen aan producten van buiten de EU.

Internationale afspraken zijn er wel als het gaat om dierziekten en de bestrijding daarvan. Daarvoor is de OIE opgericht, een organisatie waarvan 178 landen lid zijn. De diergezondheidsstandaarden van de OIE worden door de WTO gerespecteerd en als referentie beschouwd bij de internationale handel (zie ook hoofdstuk 4). De OIE beperkt zich niet tot zuiver dierziekten, maar heeft ook standaarden voor dierenwelzijn bij transport en slachten en doden van dieren, alsmede een eerste dierenwelzijnshoofdstuk, gericht op huisvesting en verzorging van vleesrunderen (OIE, 2013). Binnen OIE gaan steeds meer stemmen op voor het verder ontwikkelen van dierenwelzijnsstandaarden. In het najaar van 2012 is mede in verband daarmee een werkgroep van de *International Organization for Standardization* (ISO) gestart, die beoogt technische specificaties voor dierenwelzijn op te stellen. Er bestaat bij de deelnemende partijen, waaronder ook vertegenwoordigers van belangenorganisaties, nog wel bezorgdheid over het (onterecht) gebruiken van dierenwelzijnsnormen om handelsbarrières op te werpen en/of over de verhoging van kostprijzen als gevolg van scherpere standaarden, wat de productie in bepaalde landen minder concurrerend maakt.

De Europese Commissie heeft diverse institutionele arrangementen om dierenwelzijn te promoten bij en input te leveren aan de OIE en de WTO. De Raad van Europa ontplooit vanwege gebrek aan financiering momenteel geen activiteiten meer op dit vlak.

Ook in het gemeenschappelijk landbouwbeleid wordt in toenemende mate aandacht besteed aan dierenwelzijn; het GLB werd er in het verleden van 'beschuldigd' te veel gericht te zijn op intensivering en daardoor negatieve effecten te hebben op dierenwelzijn (Winter *et al.*, 1998). Verordening (EG) 950/97 van de Raad was de eerste Europese regelgeving op basis waarvan investeringen in dierenwelzijn door veehouderijbedrijven gesubsidieerd konden worden. Sinds de Midterm Review van 2003 is het GLB duidelijk gericht op minimaal rekening houden met dierenwelzijn via 'cross-compliance', waardoor bedrijven alleen inkomenstoeslagen kunnen ontvangen als ze zich aan alle regels houden. Sinds 2005 is het in het Plattelands Ontwikkelings Plan (POP) mogelijk geworden bedrijven niet alleen te compenseren voor investeringen in stallen en inrichting, maar ook voor extra arbeid die direct gerelateerd is aan bovenwettelijke voorzieningen voor dierenwelzijn. In 2006 kwam het eerste EU *Actieplan Dierenwelzijn* tot stand, waarmee dierenwelzijn een centrale plaats in het GLB kreeg (Europese Commissie, 2006). Inmiddels is de *Strategie Bescherming en Welzijn van Dieren (2012-2015)* opgesteld en in werking getreden (Europese Commissie, 2012).

12.5 Opties en instrumenten voor beleid

Er zijn veel meer beleidsinstrumenten dan wet- en regelgeving om dierenwelzijn te bevorderen. Voor het uiteindelijk effect moet een juiste mix van instrumenten worden ingezet. Grofweg zijn in de beleidsinstrumenten drie categorieën te onderscheiden: 'afdwingen' (wet- en regelgeving), 'verleiden' (subsidies en andere voordelen) en 'informeren' (communicatie, adviezen, kennis). In de praktijk komen vaak mengvormen voor.

Wet- en regelgeving was en is een belangrijk beleidsinstrument op het gebied van dierenwelzijn, zoals hiervoor is beschreven. Nationale overheden zijn verantwoordelijk voor handhaving van de wetten en regels. De eis van cross compliance in het EU-beleid zit tussen afdwingen en stimuleren in: alleen als aan de wettelijke dierenwelzijnseisen en met name de richtlijnen 91/629/EEG (kalveren), 91/630/EEG (varkens) en 98/58/EG (voor dieren gehouden voor landbouwkundige doeleinden) is voldaan, komt een producent in aanmerking voor EU-steunmaatregelen op andere aspecten.

Sterke punten van wet- en regelgeving zijn de transparantie en de duidelijke ondergrens. Wet- en regelgeving is echter in het algemeen ook een star en loginstrument, kostbaar in de uitvoering, en de handhaving in de praktijk is vaak een zwak punt. Dierenwelzijn heeft een hoog emotioneel gehalte. Verleiden en informeren kunnen daarom effectievere instrumenten zijn.

Stimuleren van een hogere standaard voor dierenwelzijn verloopt via het Plattelands Ontwikkelings Plan (POP), op te stellen in het kader van de tweede pijler van het GLB. Via het POP kunnen lidstaten investeringen gericht op het voldoen aan (pas ingevoerde) normen subsidiëren. Ook bestaat de mogelijkheid om de kosten te vergoeden, waaronder die voor extra arbeid, die het gevolg zijn van een niveau van dierenwelzijn dat verder gaat dan wat wettelijke vereist is. Zo wordt met relatief beperkte uitvoeringslasten gewenst gedrag economisch gestimuleerd. Vanwege de onderliggende regelgeving kan ook dit instrument star zijn en de resultaten zijn niet eenvoudig te voorspellen.

Wat betreft informeren is er een ruim scala aan EU-instellingen die een rol spelen. De EFSA heeft een specifieke werkgroep voor dierenwelzijn en diergezondheid, waarin expertise gebundeld is en op basis waarvan verantwoording over beleidskeuzes kan worden afgelegd. De werkgroep publiceert over veel aspecten van dierenwelzijn. Deze publicaties zijn vooral op beleidsmakers gericht, maar wel publiek beschikbaar en vaak voorzien van samenvattingen die voor een meer algemeen publiek zijn geschreven. Nadeel is dat een dergelijke gespecialiseerde groep een te nauwe focus op dierenwelzijn kan hebben en de integraliteit van EU-beleid uit het oog kan verliezen.

In diverse EU-richtlijnen worden eisen gesteld aan opleiding en vaardigheden van mensen die met dieren werken, zoals veehouders en ook slachterijpersoneel. Educatie en training zijn een belangrijk instrument om te zorgen dat de door de maatschappij gewenste kennis inderdaad aanwezig is. Een vastgelegd stelsel van educatie en training heeft echter als nadeel dat het star en inflexibel kan zijn.

Informeren van en voorlichting aan producenten en consumenten is een belangrijke route ter bevordering van dierenwelzijn. De overheidsbemoeienis kan bij de uitvoering gering zijn, maar de controle op de juiste interpretatie is dan een zwak punt.

In de uitvoering moet steeds een evenwicht gezocht worden tussen overheidsbemoeienis en private stelsels, waarbij zelfregulering via die private (kwaliteit) stelsels de voorkeur heeft vanwege het nemen van eigen verantwoordelijkheid, effectiviteit en kostenbeheersing en meer in het algemeen vanwege een terugtredende overheid.

Informeren van specifieke doelgroepen is ook van belang om met name een goede marktwerking mogelijk te maken. Labelen speelt dan een belangrijke rol. Wat betreft labelen kent de EU met het verplicht identificeren (stempelen) van eieren naar huisvestingsysteem al een goed voorbeeld. De EU-labeling van biologische producten is een ander voorbeeld.

Ten slotte heeft de EU veel geïnvesteerd in onderzoek over dierenwelzijn. Welfare Quality en EconWelfare zijn slechts twee voorbeelden van grote, op dierenwelzijn gerichte onderzoeksprogramma's. In het eerste *Actieplan Dierenwelzijn* voor 2006-2010 was onder andere het introduceren van diergerichte indicatoren voor dierenwelzijn een belangrijk onderwerp. Het onderzoeksprogramma *Welfare Quality* was daar sterk op gericht en heeft protocollen opgeleverd waarmee dierenwelzijn op veehouderijbedrijven in beeld gebracht kan worden. Deze protocollen worden nog op praktijkschaal uitgetest en voor praktijktoepassing aangepast. Het onderzoeksprogramma *EconWelfare* onderzocht in hoeverre marktmechanismen beter benut kunnen worden voor dierenwelzijn. Momenteel wordt in enkele landen geëxperimenteerd met het benutten van de Welfare Quality-protocollen in de praktijk. Vooralsnog lijken de protocollen vooral waarde te hebben in het benchmarken en verbeteren van het management van bedrijven.

Met onderzoek komt kennis beschikbaar voor beleidsmakers, producenten en consumenten, echter onderzoek geïnitieerd vanuit de overheid (onder andere de EU) kan concurrerend en/of duplicerend zijn met private initiatieven en daarmee de publieke budgetten onnodig belasten.

12.6 Verdere ontwikkeling van het EU-beleid voor dierenwelzijn

In de *Strategie Bescherming en Welzijn van Dieren (2012-2015)* beschrijft de Europese Commissie de grote manco's voor verbetering van het dierenwelzijn in de EU:

- gebrek aan handhaving van EU-wetgeving door lidstaten;
- kosten van dierenwelzijn worden niet evenredig over de voedselketen verdeeld;
- gebrek aan voorlichting aan consumenten over dierenwelzijnsaspecten; weliswaar vindt 64% van de EU-bevolking dierenwelzijn belangrijk, maar uiteindelijk bepalen consumenten hun keus vooral op basis van prijs en direct aan het product waarneembare kenmerken (FCEC, 2009);
- veel belanghebbenden hebben onvoldoende kennis over dierenwelzijn. Veel EU-onderzoekfinanciering gaat naar alternatieven voor dierproeven, maar de resultaten worden onvoldoende over lidstaten verspreid;
- de noodzaak om de beginselen voor dierenwelzijn te vereenvoudigen en te verduidelijken; de formuleringen uit Richtlijn 98/58/EG zijn te algemeen om praktische uitwerking te kunnen hebben; er zijn vakbekwaamheidseisen geïntroduceerd voor personen die met dieren omgaan, maar niet voor alle diersoorten en situaties.

Uit de analyse door de Commissie volgen als strategische actiepunten:

1. Onderzoek of een vereenvoudigd EU-wetgevingskader haalbaar is, waar alle dieren onder vallen. Stel resultaatgerichte dierenwelzijnsindicatoren op (zie Welfare Quality), en kijk of - bijvoorbeeld met dergelijke indicatoren - consumenten beter en duidelijker geïnformeerd kunnen worden; zet een Europees netwerk van referentiecentra voor dierenwelzijn op (onder andere voor bovengenoemde indicatoren); stel gemeenschappelijke eisen voor de bekwaamheid van personeel dat met dieren omgaat.
2. De lidstaten ondersteunen in en maatregelen nemen voor een betere naleving.
3. Internationale samenwerking ondersteunen (onder andere dierenwelzijn in bilaterale handelsovereenkomsten, actief blijven in overlegorganen van OIE en FAO, integreren van dierenwelzijnsbeleid in het overleg met landen die grenzen aan de EU, promoten van de EU-visie op dierenwelzijn).
4. Consumenten en het publiek van de nodige informatie voorzien.
5. Synergiën van GLB optimaal benutten.
6. Het welzijn van kweekvis onderzoeken.

12.7 Conclusie

Dierenwelzijn is een integraal onderdeel van het EU-beleid. In regelgeving is en blijft het een weerbarstig onderwerp. Dit komt deels door het grote economische belang van dierlijke productie en de internationale handel in dieren en dierlijke producten, deels door culturele verschillen in de attitude ten opzichte van dierenwelzijn binnen en buiten Europa en door de sterke betrokkenheid van diverse groepen belanghebbenden. Voor dieren die professioneel gebruikt worden (dierlijke productie, proefdieren) is aanzienlijk meer regelgeving opgesteld en geïmplementeerd dan voor dieren die als gezelschapsdier of voor sport worden gehouden.

Dierenwelzijn wordt meer en meer ook in private kwaliteitsstelsels opgenomen, maar regelgeving blijkt (vooralsnog) de meest bepalende factor voor het realiseren van een maatschappelijk gevraagd minimumniveau van dierenwelzijn. Handhaving van de EU-regelgeving voor dierenwelzijn (en *level playing field* daarin) is een zorgpunt.

Literatuur

Bennett, R. en M. Appleby, 2011. Animal welfare policy in the European Union. In: A. Oskam, G. Meester en H. Silvis (red.) EU policy for agriculture, food and rural areas. Wageningen Academic Publishers, Wageningen, Nederland, pp. 249-261.

Dwinger, R.H., E. Lambooij en I. Arendzen, 2011. A short overview of the European laws concerning animal welfare. Tijdschrift voor Diergeneeskunde 136: 100-105.

Eurobarometer, 2005. Attitudes of consumers towards the welfare of farmed animals. http://europa.eu.int/comm/food/animal/welfare/euro_barometer25_en.pdf.

Eurobarometer, 2007. Attitudes of EU citizens towards animal welfare. http://ec.europa.eu/public_opinion/archives/ebs/ebs_270_en.pdf.

Europese Commissie, 2006. Communication from the Commission to the European Parliament and the Council on a EU Action Plan on the Protection and Welfare of Animals 2006-2010. http://europa.eu/legislation_summaries/food_safety/animal_welfare/f82003_en.htm.

Europese Commissie, 2012. Mededeling van de Commissie aan het Europees Parlement, de Raad en het Europees Economisch en Sociaal Comité over de Strategie van de Europese Unie voor de Bescherming en het Welzijn van Dieren 2012-2015. http://ec.europa.eu/food/animal/welfare/actionplan/docs/aw_strategy_19012012_nl.pdf.

FAWC, 2009. Five freedoms. http://www.fawc.org.uk/freedoms.htm.

FCEC, 2009. Food chain evaluation consortium, DG-Sanco, Brussel, België. http://ec.europa.eu/food/animal/welfare/farm/aw_labelling_report_part2.pdf.

Winter, M., C. Fry en S.P. Carruthers, 1998. European agricultural policy and farm animal welfare. Food Policy 23: 305-323.

Internet

EconWelfare: http://www.econwelfare.eu/Default.aspx.

World Organization for Animal Health, OIE: http://www.oie.int/animal-welfare/animal-welfare-key-themes/.

13. Voedselkwaliteit en voedselveiligheid

Wim Verbeke

13.1 Inleiding

Consumenten zijn geleidelijk aan kritischer geworden als het gaat over voedselkwaliteit en voedselveiligheid. Die evolutie is te verklaren door de stijgende welvaart tijdens de voorbije decennia, waardoor de vraag naar kwaliteit en naar productkenmerken die met kwaliteit geassocieerd worden sterk is gestegen. Verschillende voedselschandalen en -crisissen die veel media aandacht kregen, verklaren mede de interesse voor kwaliteit en veiligheid (Verbeke *et al.*, 2007). Het doel van de EU en nationale overheden in de EU-lidstaten is om de volksgezondheid te beschermen door garanties te bieden voor de kwaliteit en veiligheid van voedingsmiddelen, en door correcte en begrijpelijke communicatie over deze concepten.

Maar hoe worden voedselkwaliteit en -veiligheid precies gedefinieerd, gegarandeerd en gesignaleerd; wat is de rol van certificering, veiligheidsstandaarden, organisaties en wetgeving in dit verhaal; en welke implicaties heeft dit voor producenten en consumenten? Dit hoofdstuk geeft een overzicht van enkele recente inzichten over de concepten voedselkwaliteit, voedselveiligheid en certificeringstrategieën, samen met de uitdagingen die bestaan om deze concepten toe te passen in de hedendaagse landbouw- en voedselketen.

13.2 Voedselkwaliteit en voedselveiligheid

Wat is voedselkwaliteit?

Kwaliteit kan gedefinieerd worden als 'geschiktheid voor gebruik' of – meer toepasselijk voor voedingsmiddelen vanuit consumentenperspectief – 'geschiktheid voor consumptie'. Deze benadering van kwaliteit leidt tot wat specialisten in ISO (*International Organisation for Standardization*) standaarden klanten- of consumententevredenheid noemen. Kwaliteit kan dus omschreven worden als de eisen of kenmerken die nodig zijn om de behoeften, verlangens en verwachtingen van de eindgebruiker te bevredigen.

Voedselkwaliteit is subjectief, multidimensioneel en de resultante van verschillende attributen die in een product verenigd zijn. Attributen zijn product- of proceskenmerken die op verschillende manieren geclassificeerd kunnen worden. Tabel 13.1 illustreert de twee manieren om kwaliteitsattributen te classificeren. De eerste manier maakt onderscheid tussen intrinsieke en extrinsieke attributen, de tweede manier tussen zoek-, ervarings- en geloofwaardigheidsattributen. Zoekattributen zijn attributen die beschikbaar zijn vóór het moment van de aankoop. Typische voorbeelden zijn prijs, uiterlijk, merk en verpakking. Een consument kan tijdens het koopproces actief op zoek gaan naar deze attributen om zijn of haar koopbeslissing vorm te geven. Ervaringsattributen kunnen enkel geëvalueerd worden tijdens of na de aankoop en/of het gebruik van het product. Voorbeelden hier zijn smaak en textuur. Zonder het product te ervaren, te gebruiken of te proeven kan de aanwezigheid van het ervaringsattribuut niet geëvalueerd worden. Geloofwaardigheidsattributen ten slotte zijn attributen die consumenten niet zelf direct kunnen evalueren of controleren. In plaats daarvan moeten ze vertrouwen op personen of organisaties, zoals overheden of bedrijven die door middel van certificering, merken, labels en claims de aanwezigheid van het geloofwaardigheidsattribuut signaleren. Net zoals kenmerken van het productieproces (bijvoorbeeld biologisch, milieu- en diervriendelijk) is voedselveiligheid in de meeste gevallen een voorbeeld van een geloofwaardigheidsattribuut.

Tabel 13.1. Overzicht van attributen van voedselkwaliteit: 'geschiktheid voor consumptie'.

	Intrinsiek	**Extrinsiek**
Zoekattributen	• Beschikbaarheid • Prijs • Verpakking • Functionaliteit • Samenstelling • Uiterlijk	• Productiestandaarden • Ethische standaarden • Certificering • Merken • Kwaliteitslabels
Ervaringsattributen	• Sensorische attributen: smaak, textuur, geur • Gebruiksgemak	
Geloofwaardigheidsattributen	• Veiligheid • Gezondheid • Overeenstemming met productstandaarden	• Traceerbaarheid • Veiligheidsgarantie • Overeenstemming met productiestandaard • Duurzaamheid

Veiligheid is een integraal deel van het concept kwaliteit en speelt aldus een rol bij het bepalen van aankoopintentie en voedselkeuze (Grunert, 2005). Kwaliteit is echter een veel ruimer en multidimensioneel begrip. Vanuit consumentenperspectief is kwaliteit in feite een algemene beoordeling of een overkoepelend concept dat ruimte laat voor (subjectieve) interpretatie. Het gevolg hiervan is dat kwaliteit een geschikt middel is voor productdifferentiatie in de voedselketen en gecommuniceerd kan worden via kwaliteits-, herkomst- of oorsprongslabels of via merken. Labels en merken worden steeds belangrijker om de consument te informeren over voedselkwaliteit, maar brengen tezelfdertijd ook bepaalde uitdagingen met zich mee. Het ontwikkelen en het beheren van een betrouwbaar label of een sterk merk zijn dure en tijdrovende bezigheden. Daartegenover staat dat labels of merken voor consumenten een gemakkelijke beslissingsregel kunnen zijn om een moeilijke keuze tussen veel mogelijke alternatieven gemakkelijk en snel te maken. Er moet bovendien vermeden worden dat consumenten overladen worden met informatie, aangezien dit een tegenovergesteld effect kan hebben. Wanneer consumenten geconfronteerd worden met te veel informatie kan dit leiden tot onverschilligheid, verveling of onzekerheid. Het bepalen van de optimale balans tussen eenvoud en detail, en tussen voldoende en transparant informeren versus overladen met informatie vormt dus een specifieke uitdaging, en zal wellicht verschillen per individu en per product. Als gevolg hiervan is het belangrijk om een goed inzicht te verwerven in de noden van verschillende consumentensegmenten, deze segmenten te identificeren en ze vervolgens op een gepaste manier te benaderen (Verbeke, 2005).

Voedselkwaliteit in de Europese wetgeving

De Europese wetgeving dekt niet alle aspecten van voedselkwaliteit en kan deze ook niet allemaal dekken. Toch omvat ze standaarden voor voedselveiligheid, milieu, dierenwelzijn en de kwaliteit van agro-voedingsproducten (Europese Commissie, 2009). Ook de nutritionele waarde van voeding is onderworpen aan regels inzake etikettering en gezondheidsbeweringen, ook al heeft de wetgever minder controle op de uiteindelijke inname van nutriënten door de invloed van persoonlijke voedingsgewoonten en consumptiekeuzes. Andere aspecten van kwaliteit zijn dan weer niet gereguleerd omdat ze een subjectieve component bevatten en afhangen van de voorkeur van consumenten, zoals smaak, textuur, kleur en geur.

Bepaalde producten hebben een (reële of gepercipieerde) toegevoegde waarde omdat ze geproduceerd zijn in een bepaalde regio, door middel van een traditionele productiemethode, of omdat hun productiemethode voldoet aan bepaalde voorwaarden met betrekking tot het milieu of het dierenwelzijn. Voor dergelijke producten heeft de EU specifieke (kwaliteits)labels ontwikkeld. Deze staan bekend als de Beschermde Oorsprongsbenaming (BOB of *Protected Designation of Origin* (PDO)), de Beschermde Geografische Aanduiding (BGA of *Protected Geographical Indication* (PGI)) en de Gegarandeerde Traditionele Specialiteit (GTS of *Traditional Speciality Guaranteed* (TSG)) (figuur 13.1). Dit systeem voor de valorisatie en bescherming van agro-voedingsproducten heeft als doel de differentiatie van landbouwproducten te bevorderen en de productbenamingen te beschermen tegen onrechtmatig gebruik en namaak. Daarnaast moet dit systeem consumenten informeren over de specifieke kenmerken van landbouwproducten en voedingsmiddelen (Europese Commissie, 2009).

Dergelijke herkomst- en oorsprongslabels worden vaak gebruikt als marketinginstrumenten om bepaalde kenmerken van voedingsproducten te signaleren en te benadrukken, eerder dan om objectieve signalen te geven voor een premiumkwaliteit. Behalve als een aanduiding van de oorsprong en van een bepaalde kwaliteit (die niet noodzakelijk premium is) zijn de extra differentiatie en afzetmogelijkheden van geografische aanduidingen niet steeds duidelijk. Op basis van een overzicht van empirische consumentenstudies vonden Verbeke en Roosen (2009) zowel studies waarin een geografische aanduiding positief bijdroeg aan de consumentenacceptatie en/of waardering van het product, als studies die dit effect niet konden bevestigen. De bekendheid van deze logo's verschilt sterk van logo tot logo en van land tot land. De belangrijkste drijfveren voor consumenten om deze logo's te gebruiken bij het maken van een voedingskeuze zijn de persoonlijke overtuigingen dat de labels een betere kwaliteit signaleren en dat ze tegemoet komen aan een verhoogde interesse in de herkomst van voedingsmiddelen (Verbeke *et al.*, 2012).

Figuur 13.1. Erkende EU logos voor geografische aanduiding of traditionele productiewijze van voedingsmiddelen.

13.3 Certificering en certificeringschema's

Certificering is de (vrijwillige) beoordeling en goedkeuring, meestal door een derde partij, op een standaard die kan worden geaccrediteerd (Meuwissen *et al.*, 2003). Het doel van certificering is om een vastgelegde prestatie van het product en het proces te realiseren en dit kenbaar te maken aan anderen, zoals consumenten, overheden, partijen die risico financieren zoals banken en verzekeringmaatschappijen, en de maatschappij als geheel. Certificering van voedselveiligheid- en traceerbaarheidssystemen biedt voedingsbedrijven een tastbare goedkeuring van goede praktijken (*good practice*) en een hulpmiddel bij de verdediging van de door hen toegepaste zorgvuldigheid (*due diligence*) in geval van incidenten met de productveiligheid (Buzby en Frenzen, 1999; Henson en Holt, 2000).

Goedkeuring van goede praktijken onderscheidt zich van certificering van activiteiten van nationale toezicht- en controlediensten, welke enkel evalueren of de geïmplementeerde systemen voldoen aan de wettelijke standaarden. Onafhankelijke certificering door derden wordt steeds meer gebruikt als een voorwaarde om toe te treden tot bepaalde distributiekanalen of als een middel om in deze distributiekanalen een plaats te blijven behouden. In sommige gevallen is certificering eerder 'quasivrijwillig', bijvoorbeeld als het eisen van klanten betreft (Crandall *et al.*, 2012) of als er grote prijsnadelen zijn wanneer men er niet slaagt om zich te (laten) certificeren voor een bepaald schema, wat uiteindelijk kan leiden tot uitsluiting van de markt (Bredahl *et al.*, 2001; Payne *et al.*, 1999). Organisaties die risico financieren, zoals banken en verzekeringsmaatschappijen, kunnen ook een vorm van certificering eisen als onderdeel van hun klantenbeleid (Bullens *et al.*, 2002; Skees *et al.*, 2002). Dit is gerelateerd aan het feit dat certificering het risico op aansprakelijkheidsclaims vermindert in het geval er iets fout gaat. Als een bedrijf een erkende kwaliteitsstandaard heeft geïmplementeerd en via certificering kan bewijzen dat alle eisen correct zijn nageleefd, kan dit gebruikt worden als verdediging van hun gepaste zorgvuldigheid in aansprakelijkheidsrecht.

In de praktijk gaan standaarden die gebruikt worden voor certificering verder dan wat wettelijk is voorzien. Als gevolg daarvan schuiven overheden steeds meer verantwoordelijkheden door naar bedrijven, in de veronderstelling dat gecertificeerde producten, processen en systemen minstens in overeenstemming zijn met de wettelijke normen. Dit gaat zelfs zover dat overheden de mogelijkheid van zogenaamde auto- of zelfcontrolesystemen toelaten, zoals bijvoorbeeld GMP+ in de diervoedersector, systemen van toezicht op controle in de levensmiddelensector zoals ToC Ei in de Nederlandse eiersector, of diverse zogenaamde autocontrolesystemen zoals beschreven in Belgische autocontrolegidsen. In deze systemen ziet de overheid of een geaccrediteerde derde partij toe op de kwaliteitsnormen en de controlesystemen binnen organisaties zoals voedselproducenten, detailhandelaren of voedselketens, zonder de activiteiten voor de controle van de voedselveiligheid zelf uit te voeren. Het mogelijke voordeel is efficiëntie voor de controle-instanties van de overheid, maar ook voor de industrie. Hoofdstuk 15 gaat verder in op de wisselwerking tussen private standaarden en regelgeving in de voedselketen.

13.4 Voedselveiligheidstandaarden

Voedselveiligheid is de garantie dat voedsel geen nadelige gevolgen heeft voor de gezondheid van de eindgebruiker wanneer het wordt bereid en gegeten, rekening houdend met het doel en de manier van de consumptie ervan. Maar wat is een aanvaardbaar niveau van voedselveiligheid? Voor sommige stoffen is een nultolerantie van toepassing terwijl dit voor andere onrealistisch is. Om de volksgezondheid te beschermen wordt veel onderzoek verricht met het oog op het wetenschappelijke onderbouwen van een verbod op verschillende stoffen in de voedselproductie, zoals het modelleren van risicobeoordeling, of het uitvoeren van laboratoriumexperimenten en dierproeven. Op basis van dergelijk onderzoek worden criteria voor de verschillende stoffen opgesteld en gecontroleerd.

Voedselveiligheidslimieten

De hoeveelheid giftige stoffen of voedselpathogenen die een menselijk lichaam aankan voordat er gezondheidsrisico's ontstaan hangt af van de stof, het pathogeen en de persoon. Bij het bepalen en het vastleggen van een limiet wordt het effect van de stof op kwetsbare personen zoals (jonge) kinderen, patiënten en ouderen in rekening gebracht om te verzekeren dat de voedingsproducten in principe veilig zijn voor iedereen.

Er bestaan verschillende types van voedselveiligheidslimieten. Er kunnen microbiologische criteria gebruikt worden, zoals de minimale infectieuze dosis: dit is het minimale aantal microben (kolonievormende eenheden of KVE) per gram voedsel dat nodig is om een ziekte te veroorzaken. Het louter microbiologisch testen van voedingsproducten is echter onvoldoende om de voedselveiligheid te garanderen, dit omwille van de steekproefmethode, de testmethodiek en de ongelijke verdeling van micro-organismen over een product. Er dient rekening gehouden te worden met de gehanteerde analytische methoden, het aantal genomen monsters, de omvang van de monsters, de geschikte microbiologische eenheid en de specifieke schakel in de voedselketen. Omwille van deze moeilijkheden wordt (microbiologische) voedselveiligheid mede verzekerd door een meer preventieve aanpak, zoals een goed product- en procesdesign en de toepassing van goede hygiëne- en fabricagepraktijken en de principes van de gevarenanalyse en controle van kritische punten (*Hazard Analysis and Critical Control Points* of HACCP), in combinatie met microbiologische risicoanalyses zoals bepaald door de *Codex Alimentarius*.

Er bestaan ook verschillende toxicologische limieten voor voedselveiligheid. De toegestane dagelijkse inname (TDI) is een maat voor de hoeveelheid van een specifieke substantie die doelbewust gebruikt wordt in het productieproces (zoals voedingsadditieven, geneesmiddelen of pesticiden in voedsel of drinkwater) en die kan worden ingenomen gedurende het ganse leven zonder een merkbaar gezondheidsrisico te vormen.

De voorlopige maximale toegestane dagelijkse inname (voorlopige TDI) is het maximale dagelijkse blootstellingniveau aan toxische substanties die van nature voorkomen in voedsel en drinkwater, zoals bepaalde milieuverontreinigende stoffen. De aanwezigheid van deze substanties in voeding zal over de tijd verminderen of ze zullen worden uitgescheiden door het lichaam. Voor andere toxische substanties die accumuleren in het lichaam, zoals zware metalen of dioxines (als gevolg van milieuverontreiniging), wordt de voorlopig maximale toegestane wekelijkse inname gebruikt. Dit is de maximale hoeveelheid van een substantie die kan ingenomen worden gedurende een week zonder een nadelig gezondheidseffect op lange termijn te veroorzaken. De term 'voorlopig' in beide benamingen wijst erop dat de veiligheidsniveaus voor deze substanties nog niet volledig bepaald zijn en dat ze regelmatig worden herbekeken.

In het specifieke geval van pesticideresiduen worden maximale residuniveaus (de zogenaamde MRLs of *Maximum Residue Levels*) vastgelegd. Dat zijn wettelijke limieten die gebaseerd zijn op al de voorgaande limieten, inclusief een extra veiligheidsmarge zodat zelfs personen die overmatige hoeveelheden van een specifiek product consumeren deze limiet niet bereiken. Soms is het maximale residuniveau gebaseerd op het maximale residuniveau van pesticiden in de omgeving, omdat dit niveau vaak lager is dan het niveau dat een toegenomen gezondheidsrisico voor mensen inhoudt.

Voedselveiligheidslimieten in lange termijn perspectief

Naast deze limieten is er ook behoefte aan lange termijn doelstellingen voor voedselveiligheid, zowel nationaal als internationaal. Daarom heeft de Codex Alimentarius de term 'voedselveiligheidsdoelstelling' geïntroduceerd (*Food Safety Objec-*

tive, FSO). Een voedselveiligheidsdoelstelling wordt gedefinieerd als de maximale frequentie en/of concentratie van een (microbiologisch) risico in voeding op het moment van consumptie dat een gepast niveau van gezondheidsbescherming verzekert. De eerste stap in de ontwikkeling van een voedselveiligheidsobjectief is om dit passend niveau van gezondheidsbescherming te bepalen, dat wil zeggen de ziektefrequentie die toelaatbaar wordt geacht. Hiervoor worden aparte beschermingsniveaus voor verschillende subpopulaties bepaald (bijvoorbeeld voor jonge kinderen en ouderen). Ten tweede zal de voedselveiligheidsdoelstelling gekoppeld moeten worden aan de verschillende voedingsproducten (afhankelijk van het consumptiepatroon van de subpopulatie) om het beschermingsniveau te bepalen. Bovendien moet de berekening of simulatie bij voorkeur cumulatief en probabilistisch gebeuren, dat wil zeggen gebaseerd op waarschijnlijkheidsverdelingen eerder dan op puntschattingen, en moet ze rekening houden met de geaggregeerde blootstelling vanuit verschillende bronnen. Dit is geen eenvoudige opdracht en de ontwikkeling van deze standaarden verloopt bijgevolg zeer traag.

Op wereldvlak werken veel landen samen aan verdere harmonisatie, en veiligheidslimieten worden voortdurend bijgesteld op basis van nieuwe wetenschappelijke kennis, overleg, lobbywerk door externe partijen en politieke discussies. Binnen de EU zijn de grenzen voor voedselveiligheid volledig geharmoniseerd en beslissingen over nieuwe standaarden worden genomen door de Europese Commissie (zie hoofdstuk 14). Tezelfdertijd behandelt de FAO/WHO Codex Alimentarius Commissie deze zaken op wereldvlak en dient ze als globale referentie voor voedselstandaarden, richtlijnen en gedragscodes. Meer dan 185 landen, inclusief de EU, zijn lid van de Codex Alimentarius Commissie, en meer dan 200 internationale en intergouvernementele organisaties hebben een waarnemende status. Binnen de EU is het de specifieke taak van de Europese Autoriteit voor Voedselveiligheid (*European Food Safety Authority*, EFSA) om alle risico's geassocieerd met de voedselketen te evalueren en erover te communiceren. Dat gebeurt in antwoord op vragen van de Europese Commissie, het Europese Parlement of van individuele EU lidstaten. Op die manier vervult de EFSA een adviserende rol ten aanzien van beleidsbeslissingen met betrekking tot voedselveiligheid. Op nationaal niveau zijn de Nederlandse Voedsel- en Warenautoriteit (NVWA) en het Belgische Federaal Agentschap voor de Veiligheid van de Voedselketen (FAVV) verantwoordelijk voor het toezicht en de controle op de uitvoering en de handhaving van de Europese en nationale regelgeving inzake voedselkwaliteit en -veiligheid.

13.5 Organisatie en wetgeving

Organisatie binnen de voedselketen en wetgeving zijn nauw verbonden, aangezien elke regelgevende beslissing om voedselveiligheid te verbeteren gevolgen heeft zowel voor bedrijven als voor consumenten. Over het algemeen wordt ervoor gekozen om bedrijven de vrijheid te geven om zelf de manier te kiezen waarop zij de specifieke doelstellingen behalen, waardoor bedrijven de kosten voor het naleven van deze doelstellingen kunnen minimaliseren en innovatie in technologieën die deze naleving bevorderen wordt gepromoot (zie ook hoofdstuk 14 en 15 en bijlage 15a).

Een interessante trend in recente jaren is dat de publieke regelgeving de eisen van de private regelgeving overneemt. Een goed voorbeeld zijn de vereiste HACCP-controlesystemen die een alledaags verschijnsel zijn geworden in publieke regelgeving inzake voedselveiligheid. HACCP was oorspronkelijk ontwikkeld voor astronauten, maar werd later gebruikt als een vrijwillig procesgeoriënteerd beheersinstrument voor het behoud van voedselveiligheid. Een belangrijke eigenschap van deze benadering is zijn inherente flexibiliteit: het gaat om een aantal beheersprincipes die kunnen worden aangepast naargelang de situatie en de omgeving waarin het systeem wordt toegepast.

Als goede praktijken door de landbouwers, andere producenten of de markt zelf niet kunnen leiden tot een aanvaardbaar niveau van veiligheid voor de samenleving, moet de wetgever zich wenden tot bindende instrumenten zoals minimale veiligheidsnormen, etikettering (inclusief certificering) en aansprakelijkheid. Terwijl de economische literatuur het in het algemeen eens is dat ondernemingen geen sociaal optimale veiligheidskeuzes maken, bestaat er controverse over de optimale combinatie en inzet van wetgevende instrumenten.

Het volgende voorbeeld toont de complexe constructie tussen verplichte etikettering die als doel heeft om de consument te informeren en de minimum veiligheidsnormen. De autoriteiten voor voedselveiligheid van de OESO-landen hebben destijds waarschuwingen geformuleerd voor zwangere vrouwen om de consumptie van langlevende roofvissen, zoals tonijn, haai en zwaardvis te vermijden. Deze vissen worden als gevaarlijk beschouwd voor de ontwikkeling van de foetus en voor kinderen vanwege de aanwezigheid van hoge niveaus van methylkwik. Deze aanbeveling heeft voor verwarring gezorgd aangezien consumenten moeite hadden met het herinneren van de soorten met een hoog kwikgehalte (Roosen *et al.*, 2009), met als gevolg dat de consumptie van vis in het algemeen dreigde af te nemen. Een alternatieve strategie zou zijn om de bestaande minimum veiligheidsnormen voor alle producten strenger te maken en het aanvaardbare kwikniveau in verkochte vis te verminderen, maar dit zou een heel duur en moeilijk te realiseren alternatief zijn voor de industrie.

De naleving van de veiligheids- en kwaliteitsnormen verhoogt de productiekosten, zowel de variabele kosten (wegens bijkomende activiteiten) als de vaste kosten (wegens bijkomende noodzakelijke investeringen die niet direct vergoedbaar zijn na uitvoering). Een stijging van de variabele kosten wordt doorberekend aan de volgende schakels in de keten en uiteindelijk aan de consument via hogere prijzen. Als de naleving van de veiligheids- en kwaliteitsnormen om grote investeringen vraagt, kunnen deze vaste kosten vaak niet doorberekend worden via de verkoopprijs. Hierdoor worden schaalvoordelen een belangrijke troef in de industrie. Vaste kosten verbonden aan de strenger wordende wetgeving kunnen uitgroeien tot een toetredingsdrempel en een beslissende factor zijn voor de structurele ontwikkeling van een bedrijfstak. Niet alle bedrijven zullen in staat zijn om te voldoen aan de nieuwe normen. Hierdoor kan de structuur van de industrie ingrijpend veranderen als gevolg van nieuwe productie-eisen eigen aan de markt. Bijvoorbeeld Babcock en Clemens (2005) benadrukken dat de normen inzake voedselveiligheid een verklarende factor zijn voor de concentratie in de vleesverpakkingsindustrie in de Verenigde Staten.

13.6 Implicaties voor de producenten, ketens en consumenten

Voedselkwaliteit, veiligheidsvoorschriften, controles en certificering leiden zowel tot een aantal kansen als uitdagingen voor de verschillende partijen betrokken bij de hedendaagse voedselketen.

Vanuit het standpunt van consumenten is voedselveiligheid een typisch voorbeeld van een niet-onderhandelbaar productkenmerk. Geïnformeerde consumenten zouden nooit uit eigen wil onveilig voedsel consumeren, hoewel individuele reacties van de consumenten aanzienlijk kunnen verschillen. In het algemeen worden consumenten geconfronteerd met onzekerheid en kosten om specifieke informatie op te zoeken bij het ontbreken van geloofwaardige veiligheidssignalen (Hobbs, 2004). Dit geldt vooral in situaties waar productdifferentiatie beperkt is, hetgeen het geval is bij de meeste verse voedingsproducten, en hoofdzakelijk gebaseerd is op geloofwaardigheidsattributen. Typische voorbeelden hiervan zijn veiligheid, gezondheid of duurzaamheid. Hierdoor ontstaan situaties waarbij individuen niet genoeg informatie hebben om de veiligheid of kwaliteit van een product te beoordelen, zelfs na de consumptie van het product, en hiernaast verplicht zijn te vertrouwen op de verstrekte informatie. Marktfalen ontstaat wanneer verkopers of producenten meer kennis hebben dan kopers of consumenten, bijvoorbeeld met betrekking tot het productieproces, de oorsprong van producten, hun voedingswaarde of veiligheidsaspecten (Verbeke, 2005). Dit verklaart ook waarom voedselveiligheid vaak gezien wordt als een publiek goed, en daarom sterk gereguleerd en gecontroleerd moet worden door de overheid, terwijl het niet gebruikt wordt als een manier om een product te differentiëren door producenten of de agrovoedingssector.

Ook vanuit het perspectief van de landbouwsector en de voedselproducent hebben voedselkwaliteit en voedselveiligheid een duidelijke betekenis. Terwijl kwaliteit een mogelijk middel is voor productdifferentiatie, wat vaak getoond wordt door middel van een privaat label of door collectieve en vrijwillige etiketteringprogramma's, is voedselveiligheid een absolute voorwaarde voor toegang tot de markt en dus geen vrijwillige keuze voor een speler die betrokken is bij de agro-voedselketen.

De huidige wetgeving over voedselkwaliteit en veiligheid staat voor een aantal problemen bij producenten. Investeren in voedselveiligheid brengt op de korte termijn vaak niets op. Beloningen zijn meestal indirect en het resultaat van lagere transactiekosten, bijvoorbeeld bij kwaliteitsonderhandelingen. Andere indirecte voordelen van een strikte naleving van kwaliteits- en veiligheidsvoorschriften zijn het resultaat van verlaagde administratieve kosten, bevoordeelde relaties met leveranciers en klanten en een verbeterde reputatie (Ransom, 2007). Elke voedingsproducent weet dat incidenten als gevolg van onveilig voedsel met bijbehorende negatieve publiciteit en imagoverlies fataal kunnen zijn voor het bedrijf en de ganse keten. Een bijzondere uitdaging bestaat in het ontwikkelen van een gedeelde visie en consensus ten opzichte van voedselkwaliteit en -veiligheid onder alle belanghebbenden die betrokken zijn bij de productieketen.

13.7 Conclusie

Dit hoofdstuk geeft een inleiding over de belangrijkste concepten en uitdagingen in verband met voedselkwaliteit, voedselveiligheid en certificeringstrategieën. Vier belangrijke uitdagingen werden geïdentificeerd voor de toekomstige ontwikkeling van voedselkwaliteit, voedselveiligheid en certificering in de EU. De eerste uitdaging houdt verband met het bepalen van het optimale niveau van de verplichte normen in verband met voedselveiligheid en controle, en daarbij het vinden van een optimale balans tussen verplichte regulering, private of zelfregulering, en vrijwillige initiatieven en certificering. De tweede uitdaging houdt verband met de normen inzake voedselveiligheid waar verdere harmonisatie, verdere afstemming van de lange termijndoelstellingen en ontwikkelingen met betrekking tot het modelleren van voedselveiligheid nodig zijn. De adoptie van nieuwe technologieën voor het bereiken en garanderen van het gewenste niveau van voedselveiligheid voor diverse bevolkingsgroepen binnen de EU zal van cruciaal belang zijn in de toekomst. De derde uitdaging is dat er een beter begrip en een grondige analyse nodig is van de micro- en macro-economische gevolgen van ontwikkelingen op het vlak van voedselkwaliteit, voedselveiligheid en certificering in termen van de internationale handel, de structurele organisatie en het concurrentievermogen van de EU agro-voedingssector. Een laatste uitdaging bestaat in het analyseren van de gevolgen voor Europese burgers en consumenten. Zij verwachten kwaliteitsvolle en veilige producten evenals eerlijke en betrouwbare informatie, om op basis daarvan hun beschikbare middelen zo goed mogelijk te kunnen besteden in overeenstemming met hun voorkeur.

Literatuur

Babcock, B. en R. Clemens, 2005. Beef packaging concentration: limiting branded product opportunities? Iowa Agricultural Review 11: 8-11.

Bredahl, M. E., J. R. Northen, A. Boecker en M. A. Normile, 2001. Consumer demand sparks the growth of quality assurance schemes in the European food sector. In: A. Regmi (red.) Changing structures of global food consumption and trade. Economic Research Service USDA, Washington, DC, USA, pp. 92-109.

Bullens, A.C.J., M.A.P.M. Van Asseldonk en M.P.M. Meuwissen, 2002. Risk management in agriculture from a mutual insurance perspective. Paper in 13th Conference on International Farm Management in Agriculture, Wageningen, Nederland.

Buzby, J.C. en P.D. Frenzen, 1999. Food safety and product liability. Food Policy 24: 637-651.

Crandall, P., E.J. Van Loo, C.A. O'Bryan, A. Mauromoustakos, F. Yiannas, N. Dyenson en I. Berdnik, 2012. Companies' opinions and acceptance of Global Food Safety Initiative benchmarks after implementation. Journal of Food Protection 75: 1660-1672.

Europese Commissie, 2009. Agricultural product quality policy. Communication to the European Parliament COM(2009) 234 final. Europese Commissie, Brussel, België.

Grunert, K.G., 2005. Food quality and safety: consumer perception and demand. European Review of Agricultural Economics 32: 369-391.

Henson, S. en G. Holt, 2000. Exploring incentives for the adoption of food safety controls: HACCP implementation in the UK dairy sector. Review of Agricultural Economics 22: 407-420.

Hobbs, J.E., 2004. Markets and metamorphosis: the rise and fall of policy institutions. In: G. Van Huylenbroeck, W. Verbeke and L. Lauwers (red.) Role of Institutions in rural policies and agricultural markets. Elsevier, Amsterdam, Nederland, pp. 199-212.

Meuwissen, M.P.M., A.G.J. Velthuis, H. Hogeveen en R.B.M. Huirne, 2003. Traceability and certification in meat supply chains. Agribusiness 21: 167-181.

Payne, M., C.M. Bruhn, B. Reed, A. Scearce en J. O'Donnell, 1999. On-farm quality assurance programs: a survey of producer and industry leader opinions. Journal of Dairy Science 82: 2224-2230.

Ransom, E., 2007. The rise of agricultural animal welfare standards as understood through a neo-institutional lens. International Journal of Sociology of Food and Agriculture 15: 26-44.

Roosen, J., S. Marette, S. Blanchemanche en P. Verger, 2009. Does health information matter for modifying consumption? A field experiment measuring the impact of risk information on fish consumption. Review of Agricultural Economics 31: 2-20.

Skees, J.R., A. Botts en K. Zeuli, 2002. The potential for recall insurance to improve food safety. International Food and Agribusiness Management Review 4: 99-111.

Verbeke, W., 2005. Agriculture and the food industry in the information age. European Review of Agricultural Economics 32: 347-368.

Verbeke, W., L.J. Frewer, J. Scholderer en H.F. De Brabander, 2007. Why consumers behave as they do with respect to food safety and risk information. Analytica Chimica Acta 586: 2-7.

Verbeke, W. en J. Roosen. 2009. Market differentiation potential of origin, quality and traceability labeling. Estey Centre Journal of International Law and Trade Policy 10: 20-35.

Verbeke, W., Z. Pieniak, L. Guerrero en M. Hersleth, 2012. Consumers' awareness and attitudinal determinants of European Union quality label use on traditional foods. Bio-based and Applied Economics 1: 89-105.

14. Europees voedselveiligheidsrecht

Bernd van der Meulen en Harry Bremmers

14.1 Inleiding

In de vormgeving van het hedendaagse Europese levensmiddelenrecht heeft de Europese wetgever het belang van de consument, in het bijzonder de bescherming van diens leven en gezondheid, centraal gesteld. Levensmiddelenrecht is daarom tegenwoordig in belangrijke mate voedsel*veiligheids*recht.

Deze veiligheidsoriëntatie is zwaar aangezet in reactie op de dierziekte- en voedselveiligheidscrises die de Europese Unie eind jaren 1990 op haar grondvesten deed schudden (Vos, 2000, 2004; Van der Meulen en Van der Velde, 2008: 229-250). De Europese Commissie heeft toen in het *Witboek Voedselveiligheid* een integrale visie neergelegd op een regelgevend kader dat de Europese instituties de juridische instrumenten zou moeten verschaffen om de veiligheid van voedsel in de EU te garanderen (Europese Commissie, 1999). Bestaande instrumenten zouden moeten worden vervangen, uitgebreid, aangescherpt en aangevuld met nieuwe instrumenten om te komen tot een sluitend systeem.

Op basis van deze blauwdruk in het Witboek is de herstructurering van het Europese levensmiddelenrecht voortvarend ter hand genomen. Deze herstructurering heeft ertoe geleid dat het Europese voedselveiligheidsbeleid juridisch handen en voeten heeft gekregen, maar ook dat de levensmiddelensector één van de meest gereguleerde economische sectoren in de Europese Unie is geworden (Wijnands *et al.*, 2007).

De grondslagen van het hervormde systeem zijn neergelegd in *Verordening (EG) 178/2002 tot vaststelling van de algemene beginselen en voorschriften van de levensmiddelenwetgeving, tot oprichting van een Europese Autoriteit voor voedselveiligheid en tot vaststelling van procedures voor voedselveiligheidsaangelegenheden*, beter bekend als de Algemene levensmiddelenverordening of de *General Food Law* (hierna: GFL). Primair doel van het hedendaagse Europese levensmiddelenrecht is bescherming van het leven en de gezondheid van de consument, alsmede de consument in staat te stellen met kennis van zaken keuzes te maken ten aanzien van zijn consumptie (artikel 5, lid 1, GFL). Dit doel wordt overigens op de voet gevolgd door de ambitie het vrije verkeer van goederen te realiseren, ook voor levensmiddelen (artikel 5, lid 2, GFL).

In dit hoofdstuk beperken wij onze bespreking tot het instrumentarium dat is ingericht om de voedsel*veiligheid* te beschermen.[80] Doel van dit hoofdstuk is het systeem van Europese regelgeving voor voedselveiligheid over het voetlicht te brengen. Onder systeem verstaan wij de onderlinge samenhang in de verschillende regels en voorschriften die erop zijn gericht een bijdrage te leveren aan de bescherming van voedselveiligheid.

Wij onderscheiden materiële en procedurele voedselveiligheidsvoorschriften. De materiële voorschriften betreffen de vraag aan welke eisen een levensmiddel moet voldoen, de procedurele voorschriften de vraag wat de verschillende betrokkenen moeten doen. Of met andere woorden, de materiële voorschriften geven het doel van de regeling aan, de procedurele voorschriften de middelen in termen van activiteiten om dat doel te bereiken. In paragrafen 14.7 en 14.8 wordt een overzicht van deze materiële en procedurele voorschriften gegeven. Uiteraard bestaat er een belangrijke mate van onderlinge samenhang tussen beide.

Na een algemene inleiding over verantwoordelijkheid wordt eerst het concept voedselveiligheid besproken, en vervolgens de instrumenten die in het leven zijn geroepen om deze veiligheid te verzekeren. De vragen die daarbij centraal staan, zijn: Op welk aspect van veiligheid heeft de regeling betrekking? Wie is verantwoordelijk? Wie bepaalt preventief of het levensmiddel veilig is? Wie houdt het proces onder controle? Wie controleert repressief? Welke middelen staan ter beschikking wanneer zich (toch) voedselveiligheidsproblemen voordoen? Deze bespreking is gebaseerd op een eigen analyse van de toepasselijke primaire rechtsbronnen (met name Europese, soms ook nationale, wet- en regelgeving en rechtspraak) aangevuld met literatuurstudie.

14.2 Verantwoordelijkheidsverdeling

Bij de zorg voor veiligheid gaat het niet alleen om de vraag 'wat' die zorg moet inhouden, maar ook 'wie' daarvoor moet zorgen. De General Food Law stelt als

[80] Het belangrijkste onderwerp dat daarmee voor het grootste deel buiten de bespreking wordt gelaten is het voedselinformatierecht, dat regels omvat over etikettering en reclame waaronder over voeding- en gezondheidsclaims. Het Europese voedselkwaliteitsbeleid kwam in hoofdstuk 13 aan de orde.

beginsel voorop dat het bedrijfsleven primair verantwoordelijk is en bepaalt daartoe in artikel 17, lid 1:

> *De exploitanten van levensmiddelenbedrijven en diervoederbedrijven zorgen ervoor dat de levensmiddelen en diervoeders in alle stadia van de productie, verwerking en distributie in de bedrijven onder hun beheer voldoen aan de voorschriften van de levensmiddelenwetgeving die van toepassing zijn op hun bedrijvigheid en controleren of deze voorschriften metterdaad worden nageleefd.*

De Europese Commissie (2000: 9) heeft in haar voorstel dat heeft geleid tot deze bepaling uiteengezet dat de levensmiddelenwetgeving zich moet beperken tot het vaststellen van de doelen; ze moet niet onnodig verantwoordelijkheid bij de bedrijven weghalen door voor te schrijven op welke wijze deze doelen moeten worden nagestreefd, wil de exploitant deze verantwoordelijkheid kunnen waarmaken. De GFL zelf trekt deze gedachtelijn in rechtsoverweging 30 verder door:

> *Daarom dient de primaire wettelijke verantwoordelijkheid voor de voedselveiligheid bij de exploitant te liggen. Hoewel dit beginsel in sommige lidstaten en sommige onderdelen van de levensmiddelenwetgeving bestaat, is het in andere onderdelen niet uitdrukkelijk vastgelegd of wordt deze verantwoordelijkheid overgenomen door de bevoegde autoriteiten van de lidstaat door middel van door hen uitgevoerde controles.*

Blijkbaar moeten in de visie van de Europese wetgever zowel de normstelling als de controles ruimte laten voor een eigen verantwoordelijkheid van het bedrijfsleven. In de nadere invulling van het levensmiddelenrecht is er echter een voortdurende spanning tussen dit uitgangspunt en de neiging van de wetgever om in detail in te vullen wat er moet gebeuren. Deze gedetailleerde invulling betreft zowel de zorgplicht van bedrijven voor de voedselveiligheid als de controles door de lidstaten.

De verantwoordelijkheid voor de handhaving, de secundaire verantwoordelijkheid, legt de GFL bij de lidstaten[81] (artikel 17, lid 2, GFL). Maar ook hier heeft de Europese wetgever op onderdelen gedetailleerd aangegeven op welke wijze de lidstaten deze verantwoordelijk vorm moeten geven[82]. De Europese overheid treedt pas naar voren in geval van zeer ernstige voedselveiligheidsproblemen (artikel 53 GFL).

Bij deze verdeling van verantwoordelijkheden tussen bedrijfsleven en overheid zou een taakverdeling passen waarbij bedrijven *preventief* beoordelen of de producten die zij in het verkeer brengen veilig zijn en de nationale overheid er *repressief* op

[81] Want zij dienen ervoor te zorgen dat bedrijven hun verantwoordelijkheid naleven.
[82] Zie met name de verordeningen (EG) 882/2004 en (EG) 854/2004.

toeziet of zij dat goed hebben gedaan. Zoals hierna zal blijken, is het voor de meeste situaties inderdaad op deze manier georganiseerd, maar er zijn ook uitzonderingen.

14.3 Wat is voedselveiligheid

Wat bepaalt in de opvatting van de Europese wetgever of een levensmiddel veilig of onveilig is? Het gaat hierbij om de beoordeling van het risico dat een levensmiddel kan veroorzaken voor de consument. Het begrip risico is in artikel 3, lid 9, GFL gedefinieerd als '*functie van de kans op een nadelig gezondheidseffect en de ernst van dat effect, voortvloeiend uit een gevaar*'.

Het begrip 'gevaar' op zijn beurt is in artikel 3, lid 14, GFL gedefinieerd als '*biologisch, chemisch of fysisch agens in een levensmiddel of diervoeder, of de toestand van een levensmiddel of diervoeder, met mogelijk nadelige gevolgen voor de gezondheid*'.

Bij het concept 'gevaar' en het daaraan verbonden concept 'risico' gaat het met andere woorden om biologisch gevaar (zoals microbiële besmetting), chemisch gevaar (zoals toxiciteit of allergeniciteit) en fysisch gevaar (zoals radioactiviteit[83]). Of een gevaar een risico oplevert, hangt vooral af van de blootstelling. Hoe meer levensmiddelen een bepaalde gevaarlijke stof bevatten, des te groter is de kans dat een consument daardoor gezondheidsschade zal oplopen. Zorg voor voedselveiligheid bestaat daarom uit een combinatie van weten waar gevaar zit en maatregelen treffen om blootstelling zoveel mogelijk te voorkomen.

Bij de vraag of een product onveilig is om als levensmiddel te worden geconsumeerd kunnen twee sub-vragen worden onderscheiden: namelijk of het *naar zijn aard* - bijvoorbeeld omdat het van nature toxisch is - of door *de toestand* waarin het verkeert - zoals bederf - een risico vormt. Dit onderscheid heeft tot gevolg dat veiligheid van een concreet levensmiddel voor consumptie niet alleen een oordeel omvat over de *categorie* waartoe het levensmiddel behoort, maar ook over de *conditie* waarin het verkeert.

14.4 Algemene uitgangspunten

Eén van belangrijkste bijdragen van de GFL aan het voedselveiligheidsgebouw in de Europese Unie is een algemeen aanvullende voedselveiligheidsnorm die

[83] Maar bijvoorbeeld ook het gevaar dat harde of scherpe deeltjes kunnen vormen voor onder meer gebit en ingewanden.

is neergelegd in artikel 14, lid 1, GFL: '*Levensmiddelen worden niet in de handel gebracht indien zij onveilig zijn*'.

Vóór de GFL regelde de wet[84] een groot aantal specifieke aspecten van voedselveiligheid, maar bevatte lacunes voor de niet geregelde onderdelen. Door de algemene veiligheidsnorm zijn er geen lacunes meer in het wettelijk systeem. Als er specifieke normen zijn in de nationale of Europese wetgeving die bepaalde veiligheidsaspecten regelen, neemt de GFL aan dat producten die aan die specifieke normen voldoen, voor wat betreft die aspecten veilig zijn (artikel 14, leden 7 en 9, GFL). De GFL laat echter ruimte voor voortschrijdend inzicht. Artikel 14, lid 8 bepaalt dat het feit dat een levensmiddel voldoet aan de voor dat levensmiddel geldende specifieke bepalingen, de bevoegde autoriteiten niet belet de nodige maatregelen te nemen om beperkingen op te leggen aan het in de handel brengen of te eisen dat het uit de handel wordt genomen indien er redenen zijn om te vermoeden dat het levensmiddel onveilig is.

Voor de toepassing van deze bevoegdheid en van de algemene veiligheidsnorm is het van belang wat precies moet worden verstaan onder onveilig voedsel zoals bedoeld artikel 14, lid 1, GFL. Artikel 14, lid 2, GFL geeft antwoord op die vraag: '*Levensmiddelen worden geacht onveilig te zijn indien zij worden beschouwd als: (a) schadelijk voor de gezondheid; (b) ongeschikt voor menselijke consumptie*'. Het is belangrijk dat lid 2 sub a het (te verwachten) effect van een levensmiddel centraal stelt en niet de vraag of *normen* zijn nageleefd. Daarmee is het (on)veiligheidsbegrip in essentie een natuurwetenschappelijk begrip, niet een strikt juridisch begrip. Een strikt juridisch begrip onveiligheid zou een product als onveilig kwalificeren wanneer er veiligheidsvoorschriften veronachtzaamd zijn.[85]

Bij de beoordeling of een levensmiddel onveilig is, worden volgens artikel 14, lid 3, GFL het normale gebruik en de informatie die aan de consument wordt verstrekt in aanmerking genomen. Wanneer bijvoorbeeld bepaalde veiligheidsmaatregelen moeten worden getroffen bij bewaring of gebruik, dan moet dit op het etiket worden vermeld.[86] Ook voor de aanwezigheid van allergenen geldt dat het voor de beoordeling van de veiligheid van het product alles uitmaakt of de consument er wel of niet van op de hoogte is gesteld via het etiket.

[84] In dit hoofdstuk gebruiken wij het woord 'wet' in een ruime betekenis die alle soorten algemeen verbindende voorschriften omvat, inclusief Europese verordeningen en richtlijnen.

[85] Een hiermee vergelijkbare benadering kennen wij bijvoorbeeld in de Verenigde Staten waar een product als 'adulterated' wordt gekwalificeerd wanneer tijdens de productie hygiënevoorschriften zijn veronachtzaamd. Ook artikel 19 GFL verbindt gevolgen aan onwetmatigheid en niet in de eerste plaats aan verwachte effecten.

[86] Artikel 9, lid 1 sub g, GFL en artikel 25 Verordening (EU) 1169/2011.

Bij de beoordeling of het levensmiddel schadelijk is voor de gezondheid wordt rekening gehouden met zowel vermoedelijke onmiddellijke effecten als met effecten die zich pas op korte of lange termijn of pas in de volgende generatie voordoen (artikel 14, lid 4, GFL). Dat laatste kan vooral het geval zijn wanneer de consument ten tijde van het nuttigen van het onveilige levensmiddel zwanger is, of wanneer het levensmiddel aan of via het reproductiemechanisme schade toebrengt.

Een levensmiddel is ongeschikt voor menselijke consumptie in de zin van artikel 14, lid 2, GFL wanneer het als gevolg van verontreiniging, verrotting, bederf en dergelijke onaanvaardbaar is. In een dergelijke situatie behoeft niet afzonderlijk te worden stilgestaan bij de vraag of consumptie schadelijk zou zijn voor de gezondheid.[87]

Een levensmiddelenbedrijf dat een levensmiddel in de handel brengt draagt een *zorgplicht* voor de veiligheid. Het moet zich aan de hand van de criteria van artikel 14 GFL een oordeel vormen of het levensmiddel veilig is. Dit betekent ook dat het zich op de hoogte moet houden van de ontwikkeling van wetenschappelijke opvattingen op dit punt.[88]

Eerder in deze paragraaf is onderscheid gemaakt tussen twee aspecten van veiligheid: de aard en de toestand van het levensmiddel. De algemene veiligheidsnorm van artikel 14 GFL hanteert dit onderscheid niet. De algemene veiligheidsnorm richt zich op de vermoedelijke effecten van een concreet levensmiddel ongeacht de vraag of deze teweeg gebracht worden door de intrinsieke eigenschappen van het product of door de toestand waarin het zich bevindt. De relevantie van het onderscheid treedt aan het licht bij een analyse van veiligheidsvoorschriften die

[87] In de literatuur wordt verschillend gedacht over de vraag of dit betekent dat er een afzonderlijke categorie bestaat van levensmiddelen die niet schadelijk zijn voor de gezondheid maar die wel als onveilig gelden (bijvoorbeeld SCoFCAH, 2010), of dat het betekent dat in deze situaties de schadelijkheid wordt verondersteld zonder dat daarvoor nader bewijs nodig is (Van der Meulen, 2012a,b). Deze discussie kan praktisch belang hebben ten aanzien van de vraag of het verantwoordelijke levensmiddelenbedrijf tegenbewijs van schadelijkheid kan leveren. Daarnaast speelt de vraag naar schadelijkheid natuurlijk een rol bij het bepalen van aansprakelijkheid.

[88] Erg ver in deze richting gaat een strafzaak die diende voor de Rechtbank Leeuwarden en in hoger beroep voor het Gerechtshof in die plaats. In die zaak werd een verontreiniging van kruidenpreparaten met polycyclische aromatische koolwaterstofverbindingen (PAKs, in dit geval benz(a)pyrene) als strafbaar feit aangemerkt. Er was geen wettelijke limiet vastgesteld. De gemeten hoeveelheid PAKs lag beneden een grenswaarde die enige tijd in de wetenschap als veiligheidsnorm was aangehouden, maar deze grenswaarde was verouderd. De wetenschappelijke opvattingen over wat veilig is, waren namelijk inmiddels aangescherpt. De ondernemer die door was gegaan zich op een verouderde opvatting te baseren, werd gestraft (Rechtbank Leeuwarden, 2004; Gerechtshof Leeuwarden, 2006).

op specifieke aspecten betrekking hebben. Deze komen in de volgende paragrafen aan de orde.

14.5 Specifieke normstelling algemeen

In de General Food Law is de keuze neergelegd om het levensmiddelenrecht wetenschappelijk te verankeren. Daartoe definieert de GFL de methode van de risicoanalyse (artikel 3, leden 9 t/m 14) en heeft zij de Europese Autoriteit voor Voedselveiligheid (EFSA) in het leven geroepen (artikel 22 e.v. GFL). Voorts bepaalt zij dat de levensmiddelenwetgeving wordt gebaseerd op risicoanalyse, tenzij dit wegens de omstandigheden of de aard van de maatregel niet toepasselijk is (artikel 6, lid 1, GFL). Risicoanalyse is een besluitvormingsproces dat uit drie elementen bestaat: *risicobeoordeling*, *risicomanagement* en *risicocommunicatie* (artikel 3, lid 10, GFL).

De risicobeoordeling is de wetenschappelijke fase van het proces (artikel 3, lid 11, GFL). In deze fase speelt EFSA een belangrijke rol. Ondanks de naam is EFSA geen *autoriteit* in de juridische zin van het woord. Aan EFSA is namelijk geen bevoegdheid toegekend om bindende besluiten te nemen, maar uitsluitend om wetenschappelijke opinies te verzorgen.

Risicomanagement is het *'van risicobeoordeling te onderscheiden proces waarin de beleidsalternatieven in overleg met de belanghebbenden tegen elkaar worden afgewogen, rekening houdende met de risicobeoordeling en andere legitieme factoren, en, zo nodig, de passende preventie- en beheersingsmaatregelen worden gekozen'* (artikel 3, lid 12, GFL). Het risicomanagement kan wel de vorm aannemen van bindende maatregelen zoals Europese of nationale wetgeving, dan wel concrete besluiten van de Europese Commissie of van een nationale autoriteit. Artikel 6 GFL bepaalt dat bij risicomanagement rekening wordt gehouden met de resultaten van de risicobeoordeling, in het bijzonder met de adviezen van EFSA, maar ook met andere ter zake dienende factoren en met het voorzorgsbeginsel indien aan de voorwaarden daarvoor is voldaan. Het risicomanagement moet erop gericht zijn de algemene doelstellingen van de levensmiddelenwetgeving te bereiken waaronder in elk geval de bescherming van het leven en de gezondheid van de consument (artikel 5, lid 1, GFL).

Het *voorzorgsbeginsel* is van toepassing wanneer de uitkomst van de risicobeoordeling niet eenduidig is. Dat wil zeggen dat de mogelijkheid van schadelijke gevolgen voor de gezondheid is geconstateerd, maar er nog wel wetenschappelijke onzekerheid heerst. Op grond van artikel 7 GFL mag in zo'n geval worden uitgegaan van een *worst case* scenario in de zin dat voorlopige maatregelen voor risicomanagement mogen worden getroffen om een hoog niveau van gezondheidsbescherming te waarborgen (zie Szajkowska, 2010, 2012; Defares en Van der Meulen, 2009).

Risicoanalyse wordt in het bijzonder toegepast in procedures waarin wordt beoordeeld of bepaalde categorieën van nieuwe levensmiddelen kunnen worden toegelaten tot de markt (paragraaf 14.6) of waarin limieten worden vastgesteld voor bepaalde verontreinigingen van levensmiddelen (paragraaf 14.7).

Onder risicocommunicatie wordt volgens artikel 3, lid 13 GFL verstaan de

> *interactieve uitwisseling van informatie en standpunten gedurende het hele risicoanalyseproces betreffende gevaren en risico's, met de risico's verband houdende factoren en risicopercepties, tussen risicobeoordelaars, risicomanagers, consumenten, levensmiddelen- en diervoederbedrijven, de academische wereld en andere belanghebbenden, met inbegrip van de toelichting van de resultaten van de risicobeoordeling en de grondslag voor risicomanagementbeslissingen.*

14.6 Specifieke normstelling voor de inherente eigenschappen van een product

Algemeen uitgangspunt is dat het een producent van levensmiddelen vrij staat om de ingrediënten te gebruiken die hem of haar goed dunken. Met de ontwikkeling van moderne wetenschappen en technologieën is dit uitgangspunt onder druk komen te staan. In de eerste helft van de twintigste eeuw zijn grote sprongen gemaakt in de chemie. Dit heeft mede tot gevolg gehad dat allerlei nieuwe stoffen in de voedselproductie worden gebruikt. Dat weer leidde tot bezorgdheid, onder andere over mogelijk kankerverwekkende eigenschappen. In reactie daarop is eind jaren 1950 in de Verenigde Staten de regel ingevoerd dat additieven pas aan levensmiddelen mogen worden toegevoegd nadat de veiligheid daarvan ofwel is komen vast te staan in een toelatingsprocedure ofwel blijkt uit consensus onder deskundigen. In dat laatste geval kan de producent ermee volstaan het voornemen het levensmiddel in de handel te brengen aan de autoriteiten mee te delen (te notificeren[89]). Een additief is in de Amerikaanse benadering in beginsel alles[90] wat aan een levensmiddel wordt toegevoegd.

[89] Zoals hierna zal blijken is notificatie zeldzaam in Europa.

[90] Op deze wijze wordt bijvoorbeeld een discussie over het begrip ingrediënt en de afbakening ervan vermeden.

Het Amerikaanse voorbeeld is in Europa deels gevolgd; eerst alleen voor kleurstoffen, later ook voor andere additieven. Het begrip 'additief' is in Europa echter minder ruim omschreven dan in de VS. Het betreft stoffen die gewoonlijk niet als levensmiddelen worden geconsumeerd en die worden toegevoegd om een technologische functie te vervullen. Producten die om andere dan technologische redenen worden toegevoegd vallen buiten de reikwijdte van het begrip additief, en daarmee ook van het toelatingsvereiste en de daarbij behorende veiligheidsbeoordeling vooraf. In de loop van de tijd werd dit onvoldoende gevonden, met name onder invloed van de introductie van genetisch gemodificeerde levensmiddelen vanaf de jaren 1990.[91] In 1997 is daarom de zogenaamde *Novel Foods* Verordening[92] van kracht geworden. Deze verordening breidde het vereiste van voorafgaande toelating uit tot alle producten die niet vóór 1997 in de EU een geschiedenis van veilig gebruik in levensmiddelen hebben opgebouwd.

Sinds 1997 geldt dus als *algemene* norm dat nieuwe stoffen pas in (of als) levensmiddelen mogen worden gebruikt nadat eerst de veiligheid in een toelatingsprocedure is aangetoond. Voor allerlei specifieke producten, zoals additieven, voedingssupplementen (vitamines en mineralen), genetisch gemodificeerde levensmiddelen en dergelijke gelden sindsdien afzonderlijke toelatingsprocedures.

Een mogelijkheid zoals de VS die kent om aan het vereiste van toelating te ontkomen wanneer er wetenschappelijke consensus bestaat dat het desbetreffende product veilig is,[93] bestaat in de EU nagenoeg niet. Slechts in één situatie kan worden volstaan met een notificatie in plaats van een aanvraag om toelating. Dat is wanneer een *novel food* wezenlijk gelijkwaardig is aan een ander levensmiddel (zie over dit concept Unland, 2002). In de praktijk is daarvan met name sprake wanneer een nieuw levensmiddel exclusief is toegelaten voor een bepaalde aanvrager en een andere aanvrager ook een toelating wil.[94]

De toelatingsprocedures verschillen in details, maar zij hebben gemeenschappelijk dat de onderneming die een product op de markt wil brengen ten overstaan van deskundigen moet aantonen dat het product veilig is. Zolang dit bewijs niet is geleverd, is gebruik van het product in voedsel verboden. De toetsing gebeurt soms door nationale deskundigen, in Nederland de Commissie Veiligheidsbeoordeling Nieuwe Voedingsmiddelen (VNV) die deel uitmaakt van het College ter Beoorde-

[91] De tomaat 'Flavr Savr' werd in 1994 als eerste GGO in de Verenigde Staten op de markt gebracht.
[92] Verordening (EG) 258/97.
[93] In de VS wordt zo'n product aangemerkt als 'GRAS': Generally Recognized As Safe.
[94] Een voorbeeld is het Indiase product nonisap dat door verschillende ondernemingen in de EU op de markt wordt gebracht (zie: http://ec.europa.eu/food/food/biotechnology/novelfood/notif_list_en.pdf#page=71).

ling van Geneesmiddelen (CBG), maar in de meeste gevallen toetst de EFSA. De toelating kan gebonden zijn aan gebruiksvoorschriften en andere eisen. Met name voor additieven wordt aangegeven in welke levensmiddelen zij mogen worden gebruikt en in welke hoeveelheden.

Een belangrijk verschil tussen de diverse procedures betreft de vraag wat er precies aan wie wordt toegestaan. In het geval van additieven is de toelating op het *product* gericht. Wanneer een additief is opgenomen in de lijst van toegelaten additieven dan mag ieder levensmiddelenbedrijf dit additief volgens de daarvoor blijkens die lijst geldende voorwaarden gebruiken. In het geval van een genetisch gemodificeerd organisme (ggo) of een *novel food* geldt een toelating exclusief voor de *aanvrager*. Deze heeft het recht verkregen het product in de handel te brengen. Aan anderen is dat recht niet toegekend. Wanneer een ander ook met het desbetreffende product op de markt wil komen, moet deze ander of handelen met toestemming van de toelatinghouder of een eigen toelating aanvragen.

Uit empirisch onderzoek blijkt dat toelatingsprocedures dermate zwaar zijn dat de overgrote meerderheid van de levensmiddelenbedrijven het zich niet kan veroorloven met nieuwe levensmiddelen op de markt te komen wanneer daarvoor eerst een toelatingsprocedure moet worden doorlopen (Brookes, 2007; Wijnands *et al.*, 2007). De wetgever doet er daarom goed aan niet lichtvaardig naar dit instrument te grijpen, maar zorgvuldig af te wegen in welke gevallen het ter bescherming van de veiligheid van de consument werkelijk nodig is dit markttoegangsvereiste te stellen.

Voor wat betreft de inherente eigenschappen van levensmiddelen(ingrediënten) leidt één en ander ertoe dat het ondernemingen vrij staat conventionele ingrediënten te gebruiken; dit zijn ingrediënten die een geschiedenis van veilig gebruik hebben van vóór 1997. Deze ingrediënten worden geacht veilig te zijn tenzij er aanwijzingen zijn dat dit niet het geval is. Het is aan de levensmiddelenbedrijven zich ervan te vergewissen of bepaalde handelingen nodig zijn om veilig gebruik te verzekeren[95], dan wel bepaalde maximumhoeveelheden in acht te moeten nemen. Deze vrijheid van ondernemingen brengt daarom de last met zich ter zake kundig te zijn en te blijven. Andere dan conventionele ingrediënten mogen slechts worden gebruikt nadat zij uitdrukkelijk zijn toegelaten en met inachtneming van eventueel aan de toelating verbonden voorschriften. Ze worden hierna gereguleerde ingrediënten (of producten) genoemd.

---

[95] Zie ook artikel 25 van Verordening (EU) 1169/2011

Bij conventionele, hierna te noemen niet gereguleerde, ingrediënten (of producten) geldt op grond van artikel 14 GFL dat de preventieve beoordeling van hun intrinsieke veiligheid uitsluitend plaats vindt door de betrokken ondernemingen zelf. Bij gereguleerde ingrediënten (of producten) vindt de preventieve beoordeling van de intrinsieke veiligheid plaats door de overheid in een toelatingsprocedure.

Toegelaten levensmiddelen gelden voor wat betreft hun intrinsieke eigenschappen als veilig (zie ook artikel 14, lid 7, GFL). Zij kunnen echter nog steeds door hun conditie (bederf) onveilig zijn of worden. De overheid behoudt daarom de bevoegdheid om van de veronderstelling van veiligheid af te wijken en op te treden tegen het product wanneer uit voortschrijdend inzicht volgt dat er reden is te twijfelen aan de inherente veiligheid (artikel 14, lid 8, GFL).

Een interessante tussencategorie vormen allergenen. Allergenen kunnen schadelijke gevolgen hebben voor sommige consumenten, maar niet voor andere. In de etiketteringregelgeving[96] is een lijst opgenomen van allergenen die de meest voorkomende of ernstigste allergieën betreffen. Als een product één of meer van deze stoffen bevat, moet dat in de ingrediëntenlijst zijn vermeld.[97] Wanneer de vermelding ontbreekt, geldt het product als onveilig. Wanneer een consument gevoelig is voor een stof die niet is opgenomen op de allergenenlijst, maakt het een levensmiddel vermoedelijk niet onveilig wanneer deze stof niet op het etiket is vermeld. Dit geldt zeker in situaties wanneer afgezien van zijn allergene eigenschappen, de aanwezigheid van deze stof niet ook op het etiket had hoeven te worden vermeld. Het is minder duidelijk wanneer de aanwezigheid op grond van de algemene etiketteringregels wel vermeld had moeten zijn.

In het etiketteringsrecht geldt een algemene verplichting alle ingrediënten te vermelden. Op deze verplichting gelden diverse uitzonderingen, die echter voor de erkende allergenen ongedaan zijn gemaakt.

[96] Artikel 9, lid 1 sub c j° bijlage II van Verordening (EU) 1169/2011.

[97] Op basis van voortgaand wetenschappelijk onderzoek is de lijst verschillende keren uitgebreid, maar ook ingeperkt.

14.7 Specifieke normstelling voor de conditie van een product

Toestand van het product

Levensmiddelen(ingrediënten) die voor wat betreft hun intrinsieke eigenschappen als veilig gelden, kunnen een veiligheidsrisico hebben vanwege verontreiniging of bederf. Voor een steeds verder uitdijende groep van micro-organismen en chemische contaminanten stelt de wetgever grenswaarden voor de hoeveelheid die aanwezig mag zijn. Algemene regels daarvoor zijn neergelegd in de Kaderverordening (EG) 315/93. Deze algemene regels zijn nader uitgewerkt in specifieke verordeningen. Voorbeelden daarvan zijn Verordening (EG) 1881/2006 die limieten stelt voor mycotoxines en chemicaliën, Verordening (EG) 396/2005 voor residuen van gewasbeschermingsmiddelen, Verordening (EG) 470/2009[98] voor residuen van diergeneesmiddelen, Richtlijn 96/22/EG voor hormonen, Verordening (EURATOM) 3954/87 en Verordening (EURATOM) 944/89 voor radioactieve besmetting.

De vaststelling van grenswaarden voor giftige stoffen gaat in grote lijnen als volgt in zijn werk (zie ook De Meulenaer, 2006). Giftigheid van een stof wordt bepaald door een combinatie van eigenschappen van de stof en de dosis. In beginsel geldt voor elke stof (zelfs zuiver water) dat deze boven een bepaalde dosis een schadelijk effect heeft op het menselijk lichaam, maar ook dat er een ondergrens is waar beneden de desbetreffende stof geen kwaad kan.[99] Bij de vaststelling van toxiciteit spelen dierproeven een belangrijke rol. Eerst wordt bij een hoge dosis vastgesteld welke schadelijke effecten de stof veroorzaakt die wordt onderzocht. Vervolgens wordt de dosis telkens verlaagd om de hoogste dosis te vinden waarbij de schadelijke effecten zich ook bij langdurige blootstelling niet meer voordoen. Dit wordt wel de NOAEL (*no observed adverse effect level*) genoemd. Beneden deze waarde is het product onschadelijk voor het proefdier.

Omdat mensen gevoeliger kunnen zijn dan de gebruikte proefdieren, wordt de gevonden waarde door 10 gedeeld. Omdat bovendien het ene individu gevoeliger is dan het andere, wordt de gevonden waarde nog eens door 10 gedeeld. Deze waarde, 1% van de NOAEL, wordt geacht mensen ook bij levenslange blootstelling geen schade te berokkenen. Vervolgens wordt rekening houdend met de consumptie van het desbetreffende product en met de kans dat de stof ook in andere producten

[98] Verder uitgewerkt in Verordening (EU) 37/2010 van de Europese Commissie.
[99] Dit geldt als gezegd voor giftigheid. Voor bijvoorbeeld kankerverwekkendheid kan niet altijd een benedengrens worden aangegeven.

voorkomt, een limiet vastgesteld voor de aanwezigheid van de stof waarbij verzekerd is dat de blootstelling van mensen ook bij extreme consumptiepatronen beneden de vastgestelde grenswaarde blijft.

Wanneer het gaat om residuen van stoffen die opzettelijk worden gebruikt, zoals gewasbeschermingsmiddelen en diergeneesmiddelen, heet deze limiet MRL (*maximum residue level*), in andere gevallen ML (*maximum level*). Zolang besmettingen beneden de M(R)L blijven, geldt het levensmiddel als veilig. Bij *incidentele* overschrijding van een M(R)L hoeft nog geen sprake te zijn van een risico voor de (volks)gezondheid. De limiet bepaalt immers een veilig niveau bij *levenslange* blootstelling. Zo'n overschrijding heeft daarom niet automatisch tot gevolg dat het levensmiddel schadelijk is voor de gezondheid en om die reden onveilig in de zin van artikel 14 GFL. Er is echter wel sprake van strijd met de wet, namelijk met de bepaling waarbij de limiet is gesteld. Vaak bepaalt die wet ook dat een levensmiddel dat boven de limiet is besmet, niet op de markt mag worden gebracht.

Ook bij de vaststelling van deze veiligheidslimieten speelt wetenschap een centrale rol. Bij gewasbeschermingsmiddelen en diergeneesmiddelen geldt net als bij nieuwe levensmiddelen dat zij moeten worden toegelaten. In de toelatingsprocedure moet het bedrijf dat de toelating vraagt ervoor zorgen dat het wetenschappelijk bewijs van veiligheid voorhanden is, met name ook de veiligheid van residuen van het product in levensmiddelen.

Bij de vaststelling van andere limieten is er geen aanvrager. Niemand wil immers verontreinigingen of besmettingen in de handel brengen. In die situatie moeten de autoriteiten er daarom zelf voor zorgen dat het wetenschappelijk bewijs voorhanden is.

Wanneer een levensmiddel verontreinigd is met een stof of besmet met een microorganisme waarvoor geen limiet is vastgesteld, moet de producent zich aan de hand van de algemene criteria van artikel 14 GFL zelf een oordeel vormen over de vraag of het al dan niet veilig is en op de markt mag komen. Hetzelfde geldt vervolgens voor de toezichthouder. Het eerder genoemde voorzorgsbeginsel rechtvaardigt om bij twijfel uit te gaan van een *worst case* scenario.

Houdbaarheid van het product

In vrijwel alle gevallen bederven levensmiddelen na verloop van tijd. Uit oogpunt van voedselveiligheid is dat niet altijd een probleem, maar diverse producten kunnen door bederf schadelijk worden voor de gezondheid. De wetgever heeft de levensmiddelenbedrijven opgedragen zich te vergewissen van de levensduur van hun producten. Zij moeten op het etiket een datum vermelden.[100]

Wanneer het product na betrekkelijk korte tijd onveilig kan worden, moet de producent kiezen voor de *´te gebruiken tot´* datum. Wanneer deze datum is verstreken, geldt het product als onveilig en mag het niet meer in de handel zijn.[101] In gevallen waarin alleen de kwaliteit achteruit gaat, kiest de producent de *´ten minste houdbaar tot´* ('THT') datum. Overschrijding van deze datum heeft veiligheidsrechtelijk geen gevolgen. Verkoop is gewoon toegestaan[102]. Indien na verloop van tijd een product dat 'THT' is gedateerd alsnog onveilig wordt door bederf, dan moet de situatie worden beoordeeld aan de hand van de criteria van artikel 14.

Kruisbesmetting met allergenen

Allergenen moeten op het etiket vermeld zijn wanneer zij als ingrediënt zijn gebruikt. Deze verplichting geldt niet wanneer zij niet als ingrediënt zijn gebruikt, maar bijvoorbeeld als gevolg van kruisbesmetting toch aanwezig zijn. Van kruisbesmetting is sprake wanneer in een bedrijf productiestromen zodanig door elkaar lopen dat sporen van ingrediënten die in de ene stroom worden gebruikt, in producten uit de andere stroom terecht (kunnen) komen. Om allergische consumenten te beschermen en het risico van aansprakelijkheid voor schade te ontgaan[103], kiezen veel bedrijven ervoor de mogelijkheid van kruisbesmetting op het etiket te vermelden. Zulke 'voorzorgsetikettering'[104] kan de vorm aannemen van mededelingen dat het product ´sporen van´ (bijvoorbeeld) noten kan bevatten, of ´is geproduceerd in een bedrijf waar´ ook (bijvoorbeeld) pinda´s worden verwerkt', en dergelijke.

Reguleringsmodellen

Ook al behoort een levensmiddel tot een soort dat veilig kan worden gebruikt, dan nog kan het onveilig worden door verontreiniging met schadelijke stoffen of door de activiteit van schadelijke micro-organismen. Bij niet gereguleerde producten geldt dat de betrokken ondernemingen zelf aan de hand van de algemene criteria van artikel 14 GFL moeten beoordelen waar de grens ligt tussen veilig en onveilig.

[100] Artikel 9, lid 1, onder f van Verordening (EU) 1169/2011.
[101] Artikel 24 van Verordening (EU) 1169/2011.
[102] Of de consument ze zal willen kopen, is een andere vraag.
[103] Het is niet uitgesloten dat een product ook buiten het geval van schending van norm als gebrekkig geldt in de zin van het productaansprakelijkheidsrecht. Zie voor Nederland de artikelen 6:185-6:193 Burgerlijk Wetboek.
[104] In het Engels: 'may contain labelling' of 'precautionary labelling'.

Bij gereguleerde producten vindt de preventieve vaststelling van de grens tussen aanvaardbaar en niet-aanvaardbaar plaats volgens de wettelijk voorgeschreven procedures. Bij zowel niet gereguleerde als gereguleerde producten is het aan de onderneming om zich er van te vergewissen of de grens in acht is genomen.

Tabel 14.1 bevat een schematische weergave van de in de voorgaande paragrafen besproken reguleringsmodellen in het Europese voedselveiligheidsrecht. De tabel geeft samengevat weer waarop gecontroleerd moet worden (inherente eigenschappen, conditie), in welk stadium van het productieproces (preventief, tijdens het productieproces, repressief) welke controles moeten plaatsvinden en wie voor deze controles verantwoordelijk is (bedrijfsleven, overheid, dierenarts). Daarnaast is een onderscheid gemaakt tussen niet gereguleerde producten (dus producten die al vóór 1997 op de markt waren en vallen onder de algemene regels van artikel 14 GFL) en gereguleerde producten (dus producten die nadien op de markt zijn

Tabel 14.1. Reguleringsmodellen in het Europese voedselveiligheidsrecht.

Productveiligheid (doel) en controlestadium (middel)	**Niet gereguleerd product**	**Gereguleerd product**	
Controle op inherente eigenschappen	**Toetsen op effecten volgens artikel 14 GFL**	**Additieven, GMOs, Novel Foods**	**Vers vlees**
Preventief	Zelfbeoordeling	Toelating of notificatie	Zelfbeoordeling
Tijdens productieproces	Zelfbeoordeling (Vo 852/2004)	Zelfbeoordeling (Vo 852/2004)	Dierenarts (Vo 852/2004)
Repressief	Overheidstoezicht	Overheidstoezicht	
Controle op conditie	**Toetsen op effecten volgens artikel 14 GFL**	**MRLs, houdbaarheid**	
Preventief	Zelfbeoordeling	Zelfbeoordeling	
Tijdens productieproces	Zelfbeoordeling (Vo 852/2004)	Zelfbeoordeling (Vo 852-853/2004)	
Repressief	Overheidstoezicht	Overheidstoezicht	

gekomen en waarvoor aparte regels gelden). In de volgende paragraaf worden de procedurevoorschriften voor voedselveiligheid meer specifiek weergegeven.

Tabel 14.1 laat zien dat eigenlijk elke denkbare veiligheidssituatie wettelijk is afgedekt. In de meeste gevallen is het de verantwoordelijkheid van het bedrijfsleven om preventief – dus uiterlijk bij het in de handel brengen – te beoordelen of het product veilig is. Het levensmiddelenbedrijf heeft in de regel niet vooraf toestemming nodig om een product in het verkeer te brengen. De wetgever en toezichthouders zijn bereid aan te nemen dat dit in orde is bij niet gereguleerde levensmiddelen. Voor de inherente eigenschappen van een product moet bij gereguleerde levensmiddelen eerst in een toelatingsprocedure de veiligheid worden aangetoond. In een uitzonderlijk geval kan met een notificatie worden volstaan. Voor de conditie van het product (houdbaarheid, verontreinigingen) gelden naast de algemene voedselveiligheidsnorm van artikel 14 GFL specifieke regels voor bepaalde contaminanten. De overheid houdt repressief toezicht.

14.8 Procedurevoorschriften voor voedselveiligheid

De procedurevoorschriften over wat moet worden gedaan om voedselveiligheid te bereiken en te herstellen hebben betrekking op het *voorkomen* van, het *voorbereid zijn* op, en het *beheersen* van problemen van voedselveiligheid. Deze procedurevoorschriften zijn daarnaast te onderscheiden in communicatievoorschriften die tot doel hebben de juiste informatie op het juiste moment voor de juiste spelers beschikbaar te hebben, en voorschriften voor maatregelen die moeten worden getroffen om (potentiële) problemen te beheersen.

De voorschriften zijn schematisch weergegeven in tabel 14.2. Op de verticale as staan de spelers (bedrijf, lidstaat, Europese Commissie) en op de horizontale as de verschillende stadia (voorkomen, voorbereiden, beheersen). Per speler is per stadium aangegeven welke communicatieverplichtingen er gelden en welke maatregelen moeten worden getroffen. De voorschriften uit het vorige stadium blijven gelden in het latere stadium. Voor het beheersen van een eenmaal gerezen voedselveiligheidsprobleem is in de tabel onderscheid gemaakt naar de ernst van het probleem.

Tabel 14.2. Procedurele voedselveiligheidsvoorschriften in het Europese levensmiddelenrecht.

Wie doet wat	Voorkomen	Voorbereiden	Beheersen		
Criterium			Mogelijk incident	Ernstig incident	Noodsituatie
			Reden aan te nemen dat levensmiddel niet aan voorschriften voedselveiligheid voldoet (art. 19 GFL)	Ernstig (in)direct gezondheidsrisico	Ernstig gezondheidsrisico dat waarschijnlijk niet afdoende kan worden beheerst door betrokken lidstaten (art. 53 GFL)
Onderneming					
Communicatie	Registratie (Vo 853/2004)		• Overheid probleem meedelen (art. 19 GFL) • Consument nauwkeurig en doeltreffend informeren (art. 19 GFL) • Traceringinformatie op verzoek naar overheid (art. 18 GFL)	• Overheid probleem meedelen (art. 19 GFL) • Consument nauwkeurig en doeltreffend informeren (art. 19 GFL) • Traceringinformatie op verzoek naar overheid (art. 18 GFL)	• Overheid probleem meedelen (art. 19 GFL) • Consument nauwkeurig en doeltreffend informeren (art. 19 GFL) • Traceringinformatie op verzoek naar overheid (art. 18 GFL)
Maatregelen	Hygiëne (Vo 852-853/2004)	Beschikken over tracering-systeem (art. 18 GFL)	• Uit handel nemen, terugroepen van consument, andere maatregelen • Samenwerken met autoriteiten (art. 19 GFL)	• Uit handel nemen, terugroepen van consument, andere maatregelen • Samenwerken met autoriteiten (art. 19 GFL)	• Uit handel nemen, terugroepen van consument, andere maatregelen • Samenwerken met autoriteiten (art. 19 GFL)

Tabel 14.2. Vervolg.

Wie doet wat	Voorkomen	Voorbereiden	Beheersen		
Criterium			Mogelijk incident	Ernstig incident	Noodsituatie
Lidstaat					
Communicatie		Algemeen plan crisismanagement (art. 55 GFL)	• Consument zo volledig mogelijk aangeven welk (soort) levensmiddel, welk risico en welke maatregelen het betreft (art. 10 GFL)	• Consument zo volledig mogelijk aangeven welk (soort) levensmiddel, welk risico en welke maatregelen het betreft (art. 10 GFL)	• Consument zo volledig mogelijk aangeven welk (soort) levensmiddel, welk risico en welke maatregelen het betreft (art. 10 GFL)
Maatregelen	Toezicht (art. 17 GFL)		• Zorgen dat de exploitant de situatie rechtzet (Vo 882/2004)	• Informatie over risico aan Commissie (art. 50 GFL) • Zorgen dat de exploitant de situatie rechtzet (Vo 882/2004)	• Informatie over risico aan Commissie (art. 50 GFL) • Zorgen dat de exploitant de situatie rechtzet (Vo 882/2004)
Europese Commissie					
Communicatie				• Via Rapid Alert System for Food and Feed (RASFF) (art. 50 GFL)	• Informeren lidstaten en EFSA (art. 56 GFL)
Maatregelen		Algemeen plan crisismanagement (art. 55 GFL)			• Oprichten crisiseenheid (art. 56 GFL) • Blokkeren levensmiddel of andere maatregelen (art. 53 GFL)

Tabel 14.2. Vervolg.

Wie doet wat	Voorkomen	Voorbereiden	Beheersen		
Criterium			**Mogelijk incident**	**Ernstig incident**	**Noodsituatie**
Crisiseenheid					
Communicatie					• Publiek informeren over risico's en maatregelen
Maatregelen					• Mogelijkheden beheersing crisis onderzoeken

Voorkomen van veiligheidsproblemen

Hygiëne

De wetgever beperkt zich niet tot het voorschrijven dat levensmiddelen veilig moeten zijn, maar bepaalt ook dat bedrijfsprocessen zodanig onder controle moeten zijn, dat de veiligheidsdoelstellingen ook werkelijk worden gehaald. De Griekse en Romeinse mythologie vertelt ons dat Aesculapius - de god van de geneeskunst - twee dochters heeft: Panacea (behandeling) en Hygieia. Hygieia is de godin van het behoud van gezondheid en het voorkomen van ziekte. In het levensmiddelenrecht staat 'hygiëne' niet alleen voor zindelijkheid zoals in het algemeen spraakgebruik, maar voor alle maatregelen die voedselveiligheid verzekeren[105]. Levensmiddelenhygiëne is daarmee synoniem voor de zorg voor voedselveiligheid.

HACCP

Een aan de GFL gerelateerd pakket Europese en nationale regelgeving schrijft de maatregelen voor die tijdens de productie moeten worden getroffen[106] Centraal daarin staat het zogenaamde HACCP-systeem. Deze afkorting staat voor *Hazard Analysis and Critical Control Points*. Het systeem is ontwikkeld in de ruimtevaart. Het Amerikaanse ruimtevaartagentschap NASA realiseerde zich dat de gebruikelijke methoden om veiligheid van voedsel vast te stellen onvoldoende waren om te garanderen dat astronauten tijdens hun verblijf in de ruimte niet zouden worden getroffen door misselijkheid, overgeven, diarree of andere ongemakken die door besmet voedsel kunnen worden veroorzaakt.

De tot dan toe gebruikelijke methode om de veiligheid van levensmiddelen te bewaken was aan het eind van de productieketen steekproefsgewijs producten te testen op besmetting en bij gunstige resultaten op basis van extrapolatie aan te nemen dat deze resultaten ook golden voor de niet-geteste producten uit dezelfde productiepartij (de geteste producten zelf gaan immers verloren). Het gevolg was dat de controle nooit meer dan een vermoeden van veiligheid kon opleveren. Voor de ruimtevaart was echter een grotere mate van zekerheid vereist. Het HACCP-systeem is erop gericht de productie onder controle te hebben. De producent moet een analyse van het eigen proces maken zodanig dat hij of zij weet (a) waar zich besmettingen kunnen voordoen, (b) hoe hij of zij kan weten dat zich een besmetting

[105] Artikel 2 lid 1 sub a Verordening (EG) 852/2004.

[106] Waaronder de EU verordeningen (EG) 852/2004, (EG) 853/2004 en (EG) 854/2004, en in Nederland de Warenwetbesluiten Bereiding en behandeling van levensmiddelen en Hygiëne van levensmiddelen.

heeft voorgedaan, en (c) wat hij of zij moet doen om het probleem op te lossen en de gevolgen ervan weg te nemen. Het systeem moet voortdurend worden geijkt en waar nodig aangepast. De toepassing van het systeem moet continu worden gedocumenteerd. Het systeem is betrekkelijk eenvoudig en heeft al snel ook buiten de ruimtevaart opgang gemaakt. In 2004 is het opgenomen in de Europese wetgeving.

Aangezien de producent de verplichting draagt zelf te bepalen wat toepassing van HACCP in haar of zijn geval betekent, spreekt men wel van opgelegde zelfregulering. In het HACCP systeem komt zodoende de eigen verantwoordelijkheid van de producent fraai tot uitdrukking. Ook ten aanzien van hygiëne geldt echter dat de wetgever daarnaast veel detailvoorschriften heeft vastgesteld die de meest uiteenlopende onderwerpen betreffen, waaronder de inrichting van bedrijfsruimtes, het handhaven van lage temperatuur en het bestrijden van bepaalde organismen.[107]

Controle bij slacht

De belangrijkste uitzondering op de regel dat de procescontrole door de producent zelf wordt uitgevoerd betreft het slachtproces van voedselproducerende dieren. Tijdens dit slachtproces moet zowel de ante-mortem als de post-mortem keuring worden uitgevoerd door een officiële dierenarts. Deze uitzondering is neergelegd in Verordening (EG) 854/2004 en in de nationale uitvoeringsregelgeving. De hygiënevereisten zijn in tabel 14.1 opgenomen onder controle tijdens het productieproces. De uitzondering voor slacht is weergegeven in de meest rechter deelkolom. In tabel 14.2 zijn de hygiënevereisten opgenomen onder maatregelen van de onderneming voor het voorkomen van voedselveiligheidsproblemen.

Registratie en erkenning

Verordening (EG) 853/2004 bepaalt dat levensmiddelenbedrijven moeten zijn geregistreerd en dat bedrijven die werken met producten van dierlijke oorsprong waarop deze verordening van toepassing is, moeten worden erkend. De registratie verschaft de autoriteiten de informatie die zij nodig hebben om te weten waar controles moeten worden uitgevoerd, terwijl de erkenning de mogelijkheid tot preventieve toetsing geeft. Daarnaast geldt voor alle levensmiddelenbedrijven dat zij de werking van hun hygiënesysteem moeten documenteren[108]. Ook deze documentatie moet voor controle beschikbaar zijn.

[107] Zie daarvoor de in de vorige voetnoot genoemde verordeningen en in het bijzonder hun bijlagen.
[108] Verordening (EG) 852/2004 artikel 5, lid 2, onder g.

Private standaarden

De veiligheid van een levensmiddel hangt niet alleen af van het bedrijf zelf, maar ook van de toeleveranciers. Wanneer elke speler in de keten de voedselveiligheidsvoorschriften strikt naleeft, zullen zich aan het eind van de keten geen problemen voordoen. Wanneer een bedrijf werkt met materialen die eerder in de keten onvoldoende zorgvuldig zijn behandeld, kan het de eigen processen nog zo goed onder controle hebben, maar is de veiligheid niet verzekerd. In toenemende mate zijn bedrijven er daarom toe over gegaan maatregelen te treffen om zich ervan te verzekeren dat (ook) hun toeleveranciers en de toeleveranciers van die toeleveranciers hun processen onder controle hebben. Dit gebeurt door middel van private standaarden, die in detail uitwerken wat een producent moet doen om aan de wettelijke eisen te voldoen en waaraan vaak nog extra eisen worden toegevoegd. Bekende voorbeelden zijn het British Retail Consortium (BRC), de International Food Standard (IFS) en GlobalGAP.

Steeds meer afnemers stellen hun toeleveranciers de voorwaarde dat zij aantonen dat zij deze standaarden naleven. Dat aantonen gebeurt vooral door aan onafhankelijke gespecialiseerde bedrijven te vragen de toeleverancier te controleren en te certificeren wanneer alles in orde is bevonden. Deze private regulering kan worden gezien als een invulling die het bedrijfsleven geeft aan haar wettelijke verantwoordelijkheid voor voedselveiligheid. Het zou kunnen dat deze private standaarden in de toekomst meer invloed krijgen op de wijze van bedrijfsvoering van producenten van levensmiddelen dan de wet zelf (Van der Meulen *et al.*, 2011). Ook buiten het terrein van voedselveiligheid zijn private standaarden in opmars. Allerlei vormen van maatschappelijk verantwoord ondernemen zoals *fair trade*, dierenwelzijn en duurzaamheid, vinden een vertaling in private standaarden en certificeringsystemen. In de hoofdstukken 15 en 15a wordt nader ingegaan op publieke en private standaarden in de voedselketen.

Voorbereid zijn op veiligheidsproblemen

Hygiëne betreft vooral de processen *binnen* de onderneming. Ook de processen *tussen* ondernemingen moeten onder controle zijn. Ondernemingen moeten documenteren waar hun grondstoffen vandaan komen en waar hun producten naar toe gaan (artikel 18 GFL). Dit heet traceerbaarheid. Wanneer zich dan een voedselveiligheidsprobleem voordoet kan, zodra is vastgesteld welk levensmiddel de drager van het probleem is, de herkomst van dat levensmiddel worden achterhaald en worden nagegaan waarheen de besmette producten zijn verspreid. Daartoe moeten de ondernemingen hun informatie over traceerbaarheid op afroep beschikbaar stellen aan de voedselveiligheidsautoriteiten.

Ook de overheid moet voorbereid zijn. In de General Food Law is een al eerder bestaand informatienetwerk van een wettelijke basis voorzien en uitgebouwd tot een systeem voor snelle waarschuwingen (het Rapid Alert System for Food and Feed (RASFF), artikelen 50-52 GFL). De lidstaten, de Europese Commissie en EFSA zijn lid van het RASFF. Ook derde landen kunnen worden toegelaten. Wanneer een lid beschikt over informatie over het bestaan van een ernstig direct of indirect risico voor de gezondheid van de mens, verband houdend met een levensmiddel of diervoeder, moet dit lid deze informatie via het RASFF onverwijld ter kennis van de Europese Commissie brengen. De Commissie geeft deze informatie vervolgens onmiddellijk door aan de leden van het netwerk. De leden kunnen dan de nodige maatregelen treffen.

Beheersing van veiligheidsproblemen

Realisering van het doel van het levensmiddelenrecht, bescherming van de gezondheid (en andere belangen) van de consument, vereist naast het zoveel mogelijk voorkomen van voedselveiligheidsproblemen de mogelijkheid tot slagvaardig optreden wanneer problemen zich toch voordoen.

Op bedrijfsniveau

Op de exploitanten van levensmiddelenbedrijven rust de verplichting om onveilige levensmiddelen uit de handel te nemen en van consumenten terug te roepen. Daarbij geldt als criterium dat

> *een exploitant van een levensmiddelenbedrijf van mening is of redenen heeft om aan te nemen dat een levensmiddel dat hij ingevoerd, geproduceerd, verwerkt, vervaardigd of gedistribueerd heeft niet aan de voedselveiligheidsvoorschriften voldoet (artikel 19, GFL).*

Een aantal aspecten is hier van belang. Anders dan artikel 14 GFL verwijst artikel 19 GFL niet in de eerste plaats naar de verwachte *effecten* van een levensmiddel, maar naar het niet voldoen aan voedselveiligheids*voorschriften*. Dit maakt het toepassingscriterium primair juridisch en niet primair natuurwetenschappelijk zoals artikel 14 GFL. Natuurlijk komt een levensmiddel dat onveilig is volgens artikel 14 GFL binnen de reikwijdte van artikel 19 GFL. Daarmee wordt het natuurwetenschappelijke criterium niet buitengesloten maar telt het juist volop mee. Het echte belang van de keuze voor een juridisch criterium is dat artikel 19 GFL bovendien van toepassing is wanneer een levensmiddel niet voldoet aan andere voedselveiligheidsvoorschriften dan artikel 14 GFL, ook al is niet meteen duidelijk wat dat betekent uit een oogpunt van schadelijkheid voor de gezondheid.

Men kan hierbij denken aan de situatie waarin een novel food de toelatingsprocedure nog niet volledig heeft doorlopen (maar al wel een gunstige veiligheidsbeoordeling heeft gekregen); een dergelijk levensmiddel mag (nog) niet op de markt zijn, maar om nu te zeggen dat het schadelijk is voert wel erg ver. Of men kan denken aan een veiligheidslimiet die een klein beetje is overschreden. Ook hier geldt dat het product niet op de markt mag zijn, maar bij de vaststelling van zulke limieten wordt meestal een brede veiligheidsmarge in acht genomen, waardoor een kleine grensoverschrijding in de regel niet tot schadelijkheid zal leiden. Doordat artikel 19 GFL kiest voor een juridisch criterium, zijn de gevolgen van overtreding van voedselveiligheidsvoorschriften in theorie meteen duidelijk, ook in situaties waar het natuurwetenschappelijk erg moeilijk is met zekerheid vast te stellen waar een veilige situatie overgaat in een onveilige.

In Nederland lijkt het handhavingsbeleid de scherpe kantjes wat van het juridische systeem af te hebben geslepen, maar daarmee ook een stukje van de duidelijkheid. Rond 2006 deed zich bijvoorbeeld het geval voor dat in de EU rijst op de markt kwam waarin zich mogelijk sporen bevonden van een (nog) niet toegelaten genetisch gemodificeerde variëteit. De Europese Commissie drong erop aan dat de partij volledig van de markt zou worden genomen. De Nederlandse Voedsel- en Warenautoriteit (NVWA) echter koos voor een bestuurlijk ongehoorzame aanpak. Alvorens tot handhaving over te gaan heeft zij een risicobeoordeling laten verrichten. Daaruit bleek dat het risico voor de consument verwaarloosbaar klein was. Op grond daarvan heeft zij niet tot op nultolerantie-niveau ingegrepen. In beroep heeft de Rechtbank Rotterdam (2008) dit besluit in stand gelaten.

De verplichtingen uit artikel 19 GFL gelden voor *elk* levensmiddelenbedrijf dat het levensmiddel ingevoerd, geproduceerd, verwerkt, vervaardigd of gedistribueerd heeft. Het geldt dus niet alleen voor de producent[109] en niet alleen voor een bedrijf dat iets te verwijten valt. Een bedrijf kan zich niet aan zijn verantwoordelijkheid onttrekken door te wijzen naar een ander die het meer verantwoordelijk acht. Wanneer een ander verantwoordelijkheid neemt, kan het wel aan de eigen verantwoordelijkheid voldoen door met die ander mee te werken. Hetzelfde product hoeft dus niet door verschillende bedrijven afzonderlijk te worden teruggeroepen.

[109] Zelfs niet als wij dit begrip nemen in de ruime betekenis die het heeft in het productaansprakelijkheidsrecht.

De verplichtingen die artikel 19 GFL oplegt zijn ten eerste het levensmiddel uit de handel te nemen (maatregel) en ten tweede de autoriteiten op de hoogte te stellen (communicatie). Wanneer het levensmiddel de consument kan hebben bereikt, stelt de exploitant van het levensmiddelenbedrijf de consument nauwkeurig op de hoogte (communicatie). Bovendien roept hij het levensmiddel van de consument terug wanneer andere maatregelen niet volstaan om een hoog niveau van gezondheidsbescherming te verwezenlijken.

Op lidstaat niveau

De lidstaten zijn volgens artikel 17, lid 2, GFL verantwoordelijk voor de handhaving van het levensmiddelenrecht. Zij zijn verplicht toezicht te houden en zij moeten over bestuursdwanginstrumenten beschikken. Deze bevoegdheid strekt zich mede uit tot levensmiddelen die voldoen aan alle specifieke wettelijke bepalingen wanneer er (desondanks) reden is te vermoeden dat zij onveilig zijn (artikel 14, lid 8, GFL). In Nederland zijn toezicht en handhaving opgedragen aan de NVWA, die deel uitmaakt van het Staatstoezicht op de volksgezondheid, maar ressorteert onder het Ministerie van Economische Zaken waar het vanuit de LNV-boedel in is terechtgekomen. Toezicht en handhaving door de nationale overheid zijn als repressieve controle in tabel 14.1 opgenomen en onder de maatregelen door de lidstaat in tabel 14.2.

Verordening (EG) 882/2004 legt ten aanzien van de handhaving een hele serie verplichtingen op. Een kernbepaling is artikel 54 van deze verordening, namelijk dat wanneer de bevoegde autoriteit een geval van niet-naleving constateert, zij maatregelen moet treffen om ervoor te zorgen dat de exploitant de situatie rechtzet. De wetgever stelt hier herstel van de voedselveiligheid voorop. Maar de verordening schrijft in artikel 55 ook voor dat de lidstaten sancties moeten vaststellen die doeltreffend, evenredig en afschrikkend zijn. In Nederland is gekozen voor een gemengd stelsel van strafrechtelijke en bestuursrechtelijke handhaving. De NVWA houdt toezicht en zorgt voor herstel, de Minister van Volksgezondheid Welzijn en Sport kan bestuurlijke boetes opleggen. Voor ernstige gevallen is daarnaast de Wet Economische Delicten van toepassing.

Wanneer er redelijke gronden zijn te vermoeden dat een levensmiddel een risico voor de gezondheid inhoudt, zijn de autoriteiten afhankelijk van de aard, ernst en omvang van dat risico op grond van artikel 10 GFL verplicht om het publiek te informeren over de aard van het gezondheidsrisico. Daarbij geven zij zo volledig mogelijk aan welk (soort) levensmiddel het betreft, welk risico dat kan inhouden en welke maatregelen zijn genomen of zullen worden genomen om het risico te voorkomen, te beperken of weg te nemen.

Op niveau van de Europese Commissie

Het voortouw inzake crisisbeheersing ligt bij de lidstaten. Wanneer de lidstaat die het betreft het probleem niet kan oplossen, kan de Europese Commissie op basis van artikel 53 GFL noodmaatregelen treffen, waaronder het afkondigen van een handelsverbod (zie ook Berends en Carreno, 2005). Het is in principe niet de bedoeling dat lidstaten de grens sluiten voor elkaars producten. Pas als de Commissie ook na sommatie niet optreedt kunnen de lidstaten volgens artikel 54 GFL zelf noodmaatregelen treffen (jegens elkaar), waaronder het sluiten van hun grenzen voor bepaalde producten.

14.9 Tot slot

Het aantal mogelijke oorzaken van voedselveiligheidsproblemen is onbegrensd. Sedert de crises van de jaren 1990 staat voedselveiligheid hoog op de beleidsagenda van de Europese Unie. De Europese wetgever heeft zich ingespannen het voedselveiligheidsbeleid juridisch te instrumenteren met een zoveel mogelijk sluitend wettelijk kader.

Op basis van risicoanalyses uitgevoerd door de EFSA oordelen de Europese instituties over de toelaatbaarheid en de toelating van uiteenlopende soorten van nieuwe levensmiddelen. Gereguleerde en niet gereguleerde levensmiddelen gelden categoraal als veilig zolang er in concrete gevallen geen aanwijzingen zijn voor het tegendeel.

Levensmiddelen kunnen echter niet alleen vanwege hun intrinsieke eigenschappen, maar vooral ook vanwege de toestand waarin zij verkeren onveilig zijn. Op basis van risicoanalyses uitgevoerd door de EFSA heeft de Europese wetgever voor een toenemend aantal problemen (zowel van chemische en fysische als van biologische aard) wettelijke grenzen gesteld.

De Europese wetgever heeft het stelsel van materiële normen sluitend gemaakt door boven de specifieke normen een algemene veiligheidsnorm te plaatsen. Levensmiddelen mogen niet in de handel worden gebracht wanneer zij onveilig zijn.

De materiële normen die voortvloeien uit de specifieke veiligheidsregels en de algemene veiligheidsnorm vormen de doelstellingen van de levensmiddelenhygiëne en van het incidentmanagement. Levensmiddelenbedrijven zijn verantwoordelijk voor het halen van de doelstellingen opdat de veiligheid van consumenten is gewaarborgd. De lidstaten zijn verantwoordelijk voor het toezicht op de naleving van deze verplichting en voor de handhaving.

Zowel het bedrijfsleven als de overheid moet voorbereid zijn op incidenten door de informatievoorziening op orde te hebben om zo de geëigende maatregelen te kunnen nemen. Als zich een incident voordoet, moeten bedrijven de getroffen producten terughalen. De toezichthouders in de lidstaten moeten achterhalen waar het probleem vandaan is gekomen en waarheen het zich heeft verspreid en de nodige maatregelen ter beteugeling treffen. Daarnaast hebben zowel de bedrijven als de autoriteiten de taak de consument adequaat in te lichten. Als een probleem het vermogen van de lidstaat in kwestie te boven gaat, kan de Europese Commissie noodmaatregelen treffen.

Literatuur

Berends, G. en I. Carreno, 2005. Safeguards in food law – ensuring food scares are scarce. European Law Review 30: 386-405.

Brookes, G., 2007. Economic impact assessment of the way in which the EU novel foods regulatory approval procedures affect the EU food sector. Briefing paper for the Confederation of the Food and Drink Industries of the European Union (CIAA) & the Platform for Ingredients in Europe (PIE).

De Meulenaer, B., 2006. Chemical hazards. In: P.A. Luning, F. Devlieghere en R. Verhé (red.) Safety in the agrifood chain. Wageningen Academic Publishers, Wageningen, Nederland, pp. 145-208.

Defares K. en B. van der Meulen, 2009. Het voorzorgbeginsel: preadvies voor de Nederlandse Vereniging voor Levensmiddelenrecht. Sdu, Den Haag, Nederland.

Europese Commissie, 1999. Witboek Voedselveiligheid COM(1999) 719 def. Brussel, België.

Europese Commissie, 2000. Voorstel voor een verordening van het Europees Parlement en de Raad tot vaststelling van de algemene beginselen en vereisten van de levensmiddelenwetgeving, tot oprichting van een Europese Voedselautoriteit en tot vaststelling van procedures voor voedselveiligheidsaangelegenheden, COM(2000) 716 def. Brussel, België.

Gerechtshof Leeuwarden, 30 november 2006, LJN: AZ3591. http://www.wetboek-online.nl/jurisprudentie/ljnAZ3591.html.

Rechtbank Leeuwarden, 28 mei 2004, LJN: AP1271. http://www.wetboek-online.nl/jurisprudentie/ljnAP1271.html.

Rechtbank Rotterdam, 23 juni 2008, Greenpeace v. VWS, LJN BD 5791. http://ljn.rechtspraak.nl/BD5791.

SCoFCAH, 2010. Richtsnoeren voor de tenuitvoerlegging van de artikelen 11, 12, 14, 17, 18, 19 en 20 van verordening (EG) 178/2002 betreffende de algemene levensmiddelenwetgeving. conclusies van het permanent comité voor de voedselketen en de diergezondheid. http://ec.europa.eu/food/food/foodlaw/guidance/guidance_rev_7_nl.pdf.

Szajkowska, A., 2010. The impact of the definition of the precautionary principle in EU food law. Common Market Law Review 947: 173-196.

Szajkowska, A., 2012. Regulating food law: risk analysis and the precautionary principle as general principles of EU food law. Wageningen Academic Publishers, Wageningen, Nederland.

Unland, P., 2002. Die Auslegung des Begriffes ´gleichwertig´ in Art. 8 Novel Food-Verordnung. Verlag P.C.O, Bayreuth, Duitsland.

Van der Meulen, B.M.J. en M. van der Velde, 2008. European food law handbook. Wageningen Academic Publishers, Wageningen, Nederland.

Van der Meulen, B.M.J. (red.), 2011. Private food law: governing food chains through contracts law, self-regulation, private standards, audits and certification schemes. Wageningen Academic Publishers, Wageningen, Nederland.

Van der Meulen, B.M.J., 2012a. The core of food law. A critical reflection on the single most important provision in all of EU food. Law European Food and Feed Law Review 3: 117-125.

Van der Meulen, B.M.J., 2012b. The concept of unsafe food – a critical reflection on the tenet of EU food law. Stoffrecht 5: 195-201.

Vos, E., 2000. EU food safety regulation in the aftermath of the BSE crisis. Journal of Consumer Policy 23: 227-255.

Vos, E.I.L., 2004. Overcoming the crisis of confidence: risk regulation in an enlarged European Union. Oratie. Universiteit Maastricht, Maastricht, Nederland.

Wijnands, J H.M., B.M. J. Van der Meulen en K.J. Poppe (red.), 2007. Competitiveness of the European food industry. An economic and legal assessment. Office for Official Publications of the European Communities, Luxemburg, Luxemburg.

15. Private en publieke standaarden in de voedselketen

Frank Bunte

15.1 Inleiding

Tal van maatschappelijke aspecten van voedselproductie en -distributie zijn onderwerp van het publieke debat. In Nederland stelt de Partij voor de Dieren de consumptie van vlees en in het bijzonder de bio-industrie ter discussie, onder andere vanwege dierenwelzijn en duurzaamheid. Vleesproductie vergt grootschalige productie van veevoeder en legt een groot beslag op land en natuur. De consumptie van vis is goed voor de humane gezondheid, maar tegelijkertijd is er sprake van overbevissing en loopt de marine biodiversiteit gevaar. Bij cacao zijn kinderarbeid en slavenarbeid maatschappelijke thema's.

Het maatschappelijk debat blijft niet beperkt tot discussies in media en politiek. Diverse actoren - van consument tot toeleverancier - geven uitdrukking aan hun zorg. Consumenten kopen biologische producten, Max Havelaar koffie, Fair Trade kleding en MSC (*Marine Stewardship Council*) gecertificeerde vis. Supermarktketens stellen eisen aan leveranciers om te garanderen dat zij alleen duurzame producten in het assortiment hebben. Supermarkten ontwikkelen ook productlijnen met maatschappelijk verantwoorde producten (bijv. sterrensysteem voor vlees). De voedingsmiddelenindustrie signaleert gezonde producten met het 'Ik kies bewust' label. In de landbouw zijn diverse initiatieven genomen om de milieubelasting terug te dringen, denk bijvoorbeeld aan de vervanging van chemische bestrijdingsmiddelen door natuurlijke middelen in de glastuinbouw.

Overheden houden echter nadrukkelijk een rol bij het realiseren van een meer duurzame productie, bijvoorbeeld daar waar het de uitvoering van wetgeving betreft. Zo vloeit de verruiming van de leefoppervlakte voor leghennen uit Europese wetgeving voort. Ook bij het mestbeleid speelt de overheid nadrukkelijk een rol. Zowel private partijen als overheden spelen dus een rol bij de verduurzaming van de Nederlandse en Europese voedselketen. Private partijen en op een hoger niveau de markt weten meer duurzaamheid te realiseren, maar laten dit op andere punten toch liggen. Dit roept de vraag op wat de taakverdeling is tussen de private sector en de overheid. Wordt duurzaamheid vooral door overheidsregelingen bereikt of is het mogelijk de private sector meer verantwoordelijkheid te laten dragen voor de realisatie van maatschappelijke normen voor voedselveiligheid, milieu of dierenwelzijn?

De *kernvraag* in dit hoofdstuk is: welke rol is weggelegd voor publieke en private standaarden bij het bevorderen van duurzaamheid in de voedselketen? Deze vraag speelt een centrale rol bij verschillende onderwerpen op de Europese beleidsagenda:

- Het EU-beleid op het terrein van voedselveiligheid en voedselkwaliteit heeft het afgelopen decennium drastische veranderingen ondergaan die zijn uitgekristalliseerd in de General Food Law (GFL). Met de hervorming van het gemeenschappelijk landbouwbeleid worden inkomenstoeslagen aan landbouwbedrijven in het GLB steeds nadrukkelijker gekoppeld aan andere maatschappelijke prestaties dan de productie van voedsel. Verder is er Europese wetgeving op het terrein van milieu, dierenwelzijn, voedselkwaliteit.
- De structuur van de voedingsketen is fors gewijzigd en zal in de nabije toekomst verdere veranderingen ondergaan. Schaalvergroting vindt in de gehele keten plaats. Door toedoen van de ICT revolutie winnen *Supply Chain Management* en uitbesteding aan belang. Mondiaal opererende ketens hebben regelingen voor voedselveiligheid en kwaliteitsborging voor zichzelf en voor hun leveranciers ontwikkeld om aan de eisen van het publiek te voldoen.
- De Europese voedselketen wordt geconfronteerd met verdere mondialisering: een relatieve stijging van de wereldhandel en directe buitenlandse investeringen en verdere uitbreiding van de Unie. Een akkoord in het kader van de Wereldhandelsorganisatie (WTO) blijft uit, maar er is wel een toename van bilaterale akkoorden. Voor alle handelsverdragen geldt dat landbouw en grondstoffen belangrijke struikelblokken blijven.

Paragraaf 15.2 schetst een theoretisch kader over de verhouding tussen publieke en private verantwoordelijkheden. Na een beschrijving van de ontwikkeling van private standaarden (paragraaf 15.3) wordt gereflecteerd op de veranderende verdeling van taken en verantwoordelijkheden tussen publieke en private partijen voor voedselstandaarden (paragraaf 15.4). De bijlage bij dit hoofdstuk (bijlage 15a) gaat in op het belang van kwaliteitsborging in de private sector door publieke en private systemen.

15.2 Theoretisch kader voor afweging publieke en private belangen

De economische theorie biedt een kader om publieke en private verantwoordelijkheden tegen elkaar af te wegen. Kernvraag hierbij is of het initiatief aan de markt gelaten kan worden. Economen bepleiten een rol voor de markt tenzij deze maatschappelijke aspecten te weinig meeweegt. Dit speelt nadrukkelijk bij externe effecten. Als private partijen de maatschappelijke kosten van productie bij andere partijen neer kunnen leggen zonder hiervoor te betalen, zullen zij meer produceren dan maatschappelijk verantwoord is, juist omdat zij de rekening voor de maatschappelijke kosten niet zien. Dit geldt bijvoorbeeld voor het uitrijden van mest. De maatschappelijke kosten voor het uitrijden van mest liggen zonder nadere afspraken vooral bij omwonenden (stank), natuur en drinkwaterbedrijven.

Een bijzondere vorm van externe effecten doet zich voor in het geval van publieke goederen. Dit zijn goederen waarvan iedereen baat heeft op het moment dat zij beschikbaar zijn. Publieke goederen hebben een klassiek vrijbuiterprobleem: iedereen wacht op anderen om de goederen te produceren. Dit probleem speelt vooral indien personen niet uitgesloten kunnen worden van consumptie. Het vrijbuiterprobleem (wel 'genieten' maar niet 'betalen') leidt ertoe dat het product niet geleverd wordt in de maatschappelijke gewenste hoeveelheid en kwaliteit (SER, 2008).

Overheidsbemoeienis is geen 'alles-of-niets' keuze. Publieke goederen en diensten behoeven beslist niet door de overheid geproduceerd te worden: private bedrijven kunnen dat vaak beter. Dus ook bij publieke goederen en diensten kan men nog steeds de vraag stellen: wat is daarin een publieke taak en wat is daarin een private taak. Vuchelen en Van Impe (1986) onderscheiden vier functies:

- *Bestuur*: de bestuurlijke functie betreft de vraag of de overheid eisen stelt aan kwaliteit en aard van het productieproces en de producten die daaruit voortvloeien. De overheid beslist of de voedselveiligheid, dierenwelzijn of eerlijkheid op de een of andere wijze gegarandeerd dient te worden.
- *Uitvoering*: deze functie bepaalt wie de publieke taak uitvoert. Stelt overheid of bedrijfsleven strategische en/of operationele kwaliteitsnormen vast? Voert overheid of bedrijfsleven de kwaliteitscontrole uit?
- *Financiën*: deze functie regelt de invulling van de financiering van activiteiten evenals de vraag wie de kosten van de voorziening draagt (bedrijfsleven, consument of belastingbetaler).

- *Controle*: wie controleert het bestuur? Dit betreft de vraag of de overheid als onderdeel van bijvoorbeeld de Raad van Commissarissen op wil treden. Deze vraag staat los van de controle die de overheid als wetgever invult.

Bovenstaande punten kunnen geïllustreerd worden aan de hand van voedselveiligheid. Om de risico's voor de consument te beperken heeft de EU voedingsbedrijven verplicht tot *Hazard Analysis and Critical Control Points* (HACCP). Een HACCP-systeem behelst het uitvoeren van een risicoanalyse en de identificatie en bewaking van kritische controlepunten. De verplichting een HACCP-systeem in te richten betreft het bestuur. De bedrijven dienen zelf risicoanalyses op te stellen en de kritische controlepunten te identificeren en te bewaken. De uitvoering van het HACCP-systeem en ook de kosten (productie en financiën) liggen bij het bedrijfsleven. De controle ligt bij onafhankelijke auditoren die het bedrijfsleven in dient te schakelen om de uitvoering van de kwaliteitsborging te garanderen. De publieke taak is gereduceerd tot wetgeving, het controleren van het systeem (toezicht op toezicht) en eventueel het stellen van een beperkt aantal minimumstandaarden.

15.3 Private standaarden in de voedselketen

Drijfveren voor private standaarden

De afgelopen decennia zijn delen van de voedingsmiddelenindustrie en detailhandel veranderd van onafhankelijke producenten en afzetbedrijven in geïntegreerde, multinationale ketens. Industrie en detailhandel proberen beide meer grip te krijgen op de grondstoffen en producten die zij verwerken dan wel wederverkopen. Private standaarden spelen hierin een centrale rol. De volgende factoren bepalen en beïnvloeden de proliferatie van private standaarden in de voedselketen (zie Van der Vorst *et al.*, 2005; Henson en Humphrey, 2009):

- Veranderingen in marktvraag. Consument en maatschappij stellen steeds meer eisen aan producteigenschappen als kwaliteit, gemak, veiligheid, duurzaamheid en de daarvoor noodzakelijke informatie. Dit geldt vooral voor voedselveiligheid dat na de BSE en vergelijkbare crises onder het vergrootglas is komen te liggen (Henson en Humphrey, 2009). Tegelijkertijd vragen consumenten meer variëteit en beschikbaarheid op alle mogelijke plaatsen en tijdstippen. De eisen ten aanzien van duurzaamheid komen ook van andere belanghebbenden in de maatschappij, vooral burgers, ngo's, media en overheden.
- Huismerken. Diverse multinationale supermarktketens hebben zich tot A-merk ontwikkeld met een bijbehorende reputatie en een breed spectrum aan producten onder huismerk van een hoge standaardkwaliteit. Dit stelt de

supermarkten in staat om zich te profileren ten opzichte van elkaar en ten opzichte van de voedingsmiddelenindustrie (Europese Commissie, 2011: 37). Huismerken, maar ook andere producten in het assortiment, worden nadrukkelijk gescreend op maatschappelijke verantwoordelijkheid en andere kwaliteitsaspecten (Henson en Humphrey, 2009). Het grootwinkelbedrijf fungeert bij wijze van spreken steeds meer als inkoopagent van de consument en als beschermer van diens belangen. Supermarkten controleren hiertoe het gehele proces, van ingrediënten via productie naar het afgewerkte product, om aan de consumenteneisen te voldoen.

- Schaalvoordelen, marktconcentratie en globalisering. De inrichting van distributiecentra en de investeringen in ICT zijn gepaard gegaan met schaalvergroting in het supermarktkanaal. Dit heeft geleid tot kostenbesparingen en concentratie in de detailhandel en heeft zo verdere investeringen in huismerken rendabel gemaakt. De eisen die supermarktketens aan logistiek, kwaliteitsmanagement en duurzaamheid stellen, leiden ook tot schaalvergroting en concentratie in voorgaande schakels van de keten. Het aantal leveranciers neemt af. De schaalvergroting wordt verder bevorderd door de globalisering van de voedselketen. Bedrijven gaan relaties aan met leveranciers en afnemers over de gehele wereld. De globalisering houdt voedsel goedkoop en vergroot de variëteit aan producten, maar heeft wel gevolgen voor het kwaliteitsmanagement (integriteit en veiligheid van voedsel) en zekerheden ten aanzien van leveringen en afzetmogelijkheden.
- Toename in logistieke stromen. Een van de belangrijkste innovaties in de afgelopen decennia is de opkomst van logistieke dienstverleners. De keten wordt steeds meer opgesplitst in ketenregisseurs en uitvoerders (koelhuizen en transportbedrijven). Bedrijven besteden activiteiten buiten hun eigen specialisatiedomein steeds meer uit aan andere bedrijven in binnen- en buitenland. De voedselketen is steeds meer modulair opgebouwd en bestaat ondanks de verticale integratie uit steeds meer partijen. Bovendien is er een grote dynamiek in de verticale en horizontale ketenrelaties van bedrijven. Bedrijven treden tot ketens toe, passen hun activiteiten aan en trekken zich weer uit ketens terug. Dit maakt voedselketens mede vanwege de internationale handelsstromen complex en ondoorzichtig.

Private standaarden

Onder druk van de General Food Law en de groei van huismerken heeft de voedingsmiddelensector op de vraag naar voedselveiligheid en duurzaamheid gereageerd door verplichte en vrijwillige regelingen voor kwaliteitscontrole, -beheer en -borging uit te werken en toe te passen (Van der Meulen, 2011). Die regelingen behelzen bijvoorbeeld *business-to-business* certificeringsystemen, die de herkomst van voedsel naar landbouwbedrijf, dier en perceel kunnen traceren. Ook bestaan certificeringsystemen om de productkwaliteit en het milieubeheer van landbouwbedrijven te garanderen.

Daarnaast bestaan er *business-to-consumer* etikettering- en certificeringsystemen voor biologische, diervriendelijke en *fair trade*-producten. Etiketten spelen een belangrijke rol in de communicatie van product- en proceseigenschappen richting consument (zie ook hoofdstuk 13). Soms worden etiketten gebruikt om producten met specifieke kwaliteitsattributen te differentiëren in de markt zoals biologische, *fair trade* en diervriendelijke producten. Omdat consumenten en burgers beperkt inzicht hebben in producteigenschappen als voedselveiligheid, lijkt hier – in eerste instantie – een rol voor de overheid te liggen (SER, 2008). Consumenten kunnen geloofwaardigheidattributen als voedselveiligheid, diervriendelijkheid en eerlijkheid observeren noch proefondervindelijk ervaren (OESO, 2006). Zij moeten vertrouwen op 'de blauwe ogen van de leverancier' en, indien zij dit niet doen op zijn reputatie, garanties of keurmerken.

Een goed georganiseerd en geloofwaardig systeem van kwaliteitsborging verlaagt de transactiekosten van het bedrijfsleven, in het bijzonder de kosten verbonden aan het vinden van passende klanten of leveranciers, en de kosten van de onderhandelingen over en het monitoren van de bepalingen van een contract. Bovendien kunnen goed georganiseerde kwaliteitsborgingsystemen ook een prijstoeslag opleveren doordat er een extrinsiek (zichtbaar) idee wordt gegeven van de productiemethoden, evenals van de intrinsieke kenmerken van het product, zoals smaak, textuur of gebruiksgemak. Private standaarden stellen immers op het terrein van voedselveiligheid, milieu, dierenwelzijn en arbeidsomstandigheden vaak hogere eisen dan publieke standaarden (Fulponi, 2007). Tenslotte kunnen deze regelingen in geval van crises de schade zeer beperkt houden. Als de voordelen opwegen tegen de extra inspanningen kunnen regelingen van kwaliteitsborging de aan het programma deelnemende producenten een concurrentievoordeel bieden.

Er zijn echter ook redenen om aan te nemen dat een systeem van private regelingen niet leidt tot minimalisatie van de transactiekosten. Elke keten heeft zijn eigen kwaliteitsborgingsysteem. De eisen die daaraan worden gesteld en de wijze van controle daarop verschillen van keten tot keten. De rekening van de vaak nagenoeg identieke controle wordt bij de leverancier neergelegd. Daarnaast blijven er publieke regelingen bestaan naast de private regelingen.

Voorbeelden van private regelingen

Diverse 'kwaliteits'supermarkten voeren of ontwikkelen premium voedingsproducten onder eigen naam. Zo koopt Marks & Spencer al het rundvlees exclusief van Scotsbeef dat op zijn beurt alleen runderen inkoopt van door Marks & Spencer geselecteerde boeren. De - vanuit de supermarkt aangestuurde - keten stelt eisen op het terrein van voedselveiligheid, dierenwelzijn en traceerbaarheid. Het vlees wordt onder een privaat label op de markt gebracht. De baten uiten zich in een grotere efficiëntie, een hogere productkwaliteit en hogere winstmarges. Vergelijkbare initiatieven zijn Tesco's *Nature's Choice*, Carrefour's *Filière de Qualité* of Loblaw's *President's choice* (OESO, 2006).

Ook voedselproducenten zetten een reeks premium producten onder een merk of een etiket af. Voorbeelden hiervan zijn biologische producten in al hun varianten (EKO, Demeter), diervriendelijke producten (Label Rouge, Dolfijnvriendelijk gevangen) en 'eerlijke' producten (Fair Trade, Max Havelaar). In meerdere, vooral zuidelijke, lidstaten spelen kwaliteitsborgingregelingen voor de geografische oorsprong van producten een belangrijke rol (bijvoorbeeld *Protected Designation of Origin* (PDO) en *Appellation d'Origine Contrôlée* (AOC)).

Niet alleen op nationaal niveau worden initiatieven genomen. In 1997 heeft een groep van 26 organisaties van grootwinkelbedrijven verenigd in de *Euro-Retailer Produce Working Group* (EUREP) het initiatief genomen om normen en procedures te ontwikkelen voor de globale certificering van goede landbouwpraktijken (*Good Agricultural Practices*), bekend onder de naam EurepGAP en sinds 2007 onder de naam GlobalGAP. Technisch gezien bestaat GlobalGAP uit normatieve documenten die kunnen worden gelijkgesteld met internationaal erkende certificeringscriteria. Vertegenwoordigers uit de hele wereld en van alle stadia van de voedselketen, waaronder consumenten- en milieuorganisaties, zijn betrokken geweest bij de opstelling van deze documenten. Een ander internationaal voorbeeld is het *Global Food Safety Initiative* (GFSI) dat in 2000 door 50 internationaal opererende grootwinkelbedrijven (met een totaal marktaandeel van 65%) is gestart. Ondertussen zijn GlobalGAP, het *British Retail Consortium* (BRC) en andere certificeringstelsels deel geworden van het GFSI.

Steeds belangrijker worden ook intra-industriële regelingen en initiatieven voor de ontwikkeling van normen voor de leveringen tussen bedrijven binnen de keten. Voorbeelden zijn de *Forest Stewardship Council* (FSC) voor duurzaam geproduceerd hout, de *Marine Stewardship Council* (MSC) voor duurzame visserij en het *Sustainable Agricultural Initiative* (SAI).

15.4 Naar een nieuw evenwicht tussen markt en overheid?

De analyse in paragraaf 15.2 definieert publieke taken vanuit het perspectief van de economie van de publieke sector. Het betreft de vraag tot op welke hoogte de overheid verantwoordelijk is voor het waarborgen van voedselveiligheid, milieu, dierenwelzijn en sociale aspecten en in hoeverre zij dit aan de markt kan overlaten.

Op basis van dit kader kan gesteld worden dat de overheid een rol heeft bij het vaststellen van minimumeisen ten aanzien van deze aspecten. Consumenten kunnen voedselveiligheid niet of nauwelijks vaststellen. Er bestaat een informatie-asymmetrie tussen keten en consument. Controle op voedselveiligheid heeft het karakter van een publiek goed (Smith, 2009: 6). Iedereen kan zonder meerkosten van een goed functionerend voedselveiligheidssysteem profiteren. De consument vertrouwt om deze reden op de overheid om minimumstandaarden te garanderen voor de niet-observeerbare aspecten van voedselproducten.

Bescherming van het milieu en dierenwelzijn heeft eveneens het karakter van een publiek goed. Voor het milieu geldt dat de maatschappelijke kosten van voedselproductie en -distributie in de prijs geïnternaliseerd dienen te worden om externe effecten tegen te gaan. Het is om deze reden van belang dat de overheid zich een rol aanmeet, minimumeisen stelt en deze op de een of andere wijze garandeert. De overheid kan bij de uitvoering wel gebruik maken van het bedrijfsleven.

Vanuit dit perspectief gezien heeft de private sector twee taken (Henson en Humphrey, 2009: iv): (1) het invullen van wensen vanuit consument en maatschappij op het terrein van milieu, diervriendelijkheid en eerlijkheid die verder gaan dan de eisen vanuit de wet. Private standaarden zijn vaak strenger en strekken zich uit tot aspecten die de overheid niet reguleert; (2) het overheidsbeleid op het terrein van voedselveiligheid, milieu en dierenwelzijn uitvoeren. Dit doet het bedrijfsleven door normen op te stellen en deze in het bedrijf, maar ook bij leveranciers en afnemers te handhaven. Dit voorkomt reputatieverlies voor het bedrijfsleven bij het optreden van calamiteiten, maar kan ook tot reputatiewinst leiden.

Bij de implementatie zijn wel enige aspecten die de aandacht van overheid en bedrijfsleven vragen:

- De overheid legt controle ten aanzien van voedselveiligheid weliswaar voor een belangrijk deel bij het bedrijfsleven neer, maar fungeert wel als laatste handhavende instantie (toezicht op toezicht). De geloofwaardigheid van het kwaliteitssysteem en het vertrouwen van consument en maatschappij is voor een belangrijk deel hierop gebaseerd.

- Overheid en bedrijfsleven hebben beide een rol bij uitvoering en controle. Het is vanuit het oogpunt van efficiëntie wel wenselijk dat overheid en bedrijfsleven controle en handhaving zodanig invullen dat de transactiekosten minimaal zijn en dat dubbel werk voorkomen wordt (Henson en Humphrey, 2009). Om de kosten van toezicht en de administratieve lastendruk terug te brengen werkt het ministerie van Economische Zaken (EZ) aan het uitbreiden van de informatieuitwisseling tussen publieke en private toezichthouders (MLNV, 2008). Het ministerie wil deze informatie ook gebruiken om tot een *early warning* systeem te komen. Het ministerie wil toegang krijgen tot informatie betreffende voedselveiligheid bij private toezichthouders in ruil voor andere informatie aan het bedrijfsleven (Uniek bedrijfsnummer (UBN) en dier- en handhavingsinformatie).
- Controle op voedselstandaarden in de Europese agro-foodketen vergt hoge transactiekosten omdat er verschillende wetgevingscomplexen naast elkaar bestaan (veterinair, fytosanitair, uitgangsmateriaal en voedselveiligheid). Verder bestaan er voor import en export verschillende nationale controlesystemen voor voedselveiligheid, diergezondheid en plantgezondheid. Om de kosten van toezicht en de administratieve lastendruk te reduceren worden in Brussel voorstellen ontwikkeld om handhaving en controle te harmoniseren.

Een belangrijk aandachtspunt is de vraag wat buitenlandse overheden en de Europese Commissie vinden van een herijking van publieke en private taken in Nederland (MLNV, 2008). Accepteert het buitenland private controles? Hiermee hangt de vraag samen of private partijen gezien hun private belangen wel publieke waarborgen af kunnen geven. Integratie van publiek en privaat toezicht levert mogelijkerwijs ook een probleem op in termen van concurrentieverhoudingen en staatssteun: bedrijven die *wel* betalen voor controle (private toetsing) en bedrijven die *niet* betalen (publieke toetsing).

De verhouding tussen publieke en private standaarden in de praktijk

De groei van private standaarden gaat niet ten koste van publieke standaarden. In tegendeel, volgens Smith (2009: 21) worden publieke voedselstandaarden steeds strenger en complexer, mede vanwege wetenschappelijke eisen en een systeembenadering. Private en publieke standaarden vervullen ook verschillende functies. Er zijn vier activiteiten van belang bij het bepalen van standaarden (Henson en Humphrey, 2009). Standaarden dienen *vastgesteld* te worden (bestuursfunctie) om vervolgens *geïmplementeerd* te worden (uitvoeringsfunctie). Daarna dient *gecontro-*

leerd te worden of bedrijven zich aan de standaarden houden en dient dit laatste *gehandhaafd* te worden (controlefunctie). Internationale overheden stellen standaarden vast evenals de regels die nationale overheden en bedrijfsleven dienen te volgen om deze standaarden in te vullen (Van der Meulen, 2011: 35). Het bedrijfsleven concretiseert deze standaarden en controleert en handhaaft deze. Bij het operationaliseren van de publieke standaarden leunt het bedrijfsleven sterk op een stelsel van publieke normen voor laboratoria (Van de Port, 2009). De overheid ontwikkelt deze normen overigens weer in overleg met het bedrijfsleven vanwege de daar aanwezige kennis van voedingstechnologie.

Vanwege deze onderlinge afhankelijkheid wordt het systeem van publieke en private standaarden steeds complexer, temeer daar standaarden onderhevig zijn aan meerdere jurisdicties (Henson en Humphrey, 2009). Om deze reden is het van belang dat de ontwikkeling van publieke en private standaarden gecoördineerd wordt zoals in de Europese zuivelindustrie gebeurd is (Smith, 2009), opdat de transactiekosten in de internationale waardeketen inderdaad afnemen door het gebruik van voedselstandaarden.

Bij het afstemmen van publieke en private standaarden is het van belang om de prestaties van beide benaderingen goed af te wegen. De legitimatie van publieke en private standaarden wordt beoordeeld op grond van de volgende aspecten: transparantie, invloed van belanghebbenden, snelheid en responsiviteit, harmonisatie en wetenschappelijke basis. Private systemen werken standaarden vaak met een select aantal belanghebbenden uit het bedrijfsleven uit. Dit beperkt tevens de transparantie van het systeem. Dit geldt overigens niet voor alle private systemen. GlobalGAP stelt zich open voor een zeer groot aantal belanghebbenden inclusief arme ontwikkelingslanden. Een basisprobleem blijft echter dat de armste ontwikkelingslanden te weinig middelen (geld en kennis) hebben om serieus te participeren.

Private systemen zijn over het algemeen beter in staat om op veranderingen in technologie of markt in te spelen. Publieke besluitvorming vereist overeenstemming tussen alle aangesloten landen (internationale standaarden) of inspraak van alle belanghebbenden (nationale standaarden) en neemt om deze reden veel tijd in beslag. Hier staat tegenover dat private systemen vaak niet verder gaan dan publieke standaarden (op het terrein van voedselveiligheid), omdat de kosten voor wetenschappelijk onderzoek voor private partijen te hoog liggen (Henson en Humphrey, 2009). De facto leggen overheden minimum standaarden in de markt.

15.5 Conclusies

De overheid heeft een belangrijke taak ten aanzien van voedselveiligheid, milieu en dierenwelzijn. Controle op en handhaving van voedselveiligheid heeft het karakter van een publiek goed en bij de verhouding tussen milieu en landbouw doen zich belangrijke externe effecten voor. Bij andere aspecten van voedselproductie (bijvoorbeeld 'eerlijke handel') is de verantwoordelijkheid van de overheid minder vanzelfsprekend en zijn private standaarden belangrijker.

De EU en de lidstaten blijven eindverantwoordelijkheid hebben voor voedselveiligheid. Met de General Food Law heeft de EU echter de dagelijkse verantwoordelijkheid voor voedselveiligheid bij het bedrijfsleven neergelegd. Diverse uitvoerende taken zoals het vaststellen van risico's, het opstellen van procedures en beheersmaatregelen en het controleren van de naleving zijn bij het bedrijfsleven terecht gekomen. Het bedrijfsleven heeft op dit punt een informatievoorsprong ten opzichte van de overheid en kan zich sneller aanpassen aan veranderingen in technologie of consumentenvoorkeuren. Bedrijven hebben er bovendien belang bij - met het oog op hun reputatie - crises te voorkomen en snel te bezweren.

De overheid blijft echter prominent aanwezig door steeds strengere minimumstandaarden vast te leggen en de basisregels te bepalen. Publieke en private standaarden zijn ook geen substituten, maar complementen. Publieke standaarden vormen basisregels voor private standaarden. Onze kennis van de werking en prestaties van beide typen standaarden en de verhouding tussen beide is overigens beperkt. Dit maakt het noodzakelijk de feitelijke prestaties van publieke en private standaarden en de interactie tussen beide nauwkeurig te blijven volgen. Dit wordt geïllustreerd door het streven van de Europese Commissie om het controlesysteem in de agro-voedingsketen (inclusief import) meer te harmoniseren. Dit beoogt de efficiëntie van het gehele systeem te vergroten.

Bij andere aspecten van voedselkwaliteit ziet men binnen de EU meer mogelijkheden van differentiatie van regelingen tussen en binnen lidstaten en ook meer mogelijkheden tot private bevoegdheden.

Literatuur

Europese Commissie, 2011. The impact of private labels on the competitiveness of the competitiveness of the European food supply chain. Publications Office of the European Union, Luxemburg, Luxemburg.

Fulponi, L., 2007. The globalization of private standards and the agri-food system. In: Swinnen, J.F.M. (red.) Global supply chains, standards and the poor: how the globalization of food systems and standards affects rural development and poverty. CABI, Wallingford, UK, pp. 5-18.

Henson, S. en J. Humphrey, 2009. The impacts of private food safety standards on the food chain and public standard setting processes. FAO/WHO, Rome, Italië.

MLNV, 2008. Onderzoek informatie-uitwisseling ketengarantiesystemen. Ministerie van LNV, Den Haag, Nederland.

OESO, 2006. Interaction of public and private standards in the food chain. OESO AGR/CA/APM(2006)21, Parijs, Frankrijk.

SER, 2008. Waarden van de landbouw. SER-advies 08/05. SER, Den Haag, Nederland.

Smith, G., 2009. Interaction of public and private standards in the food chain. OECD Food, Agriculture and Fisheries Working Papers No. 15. OESO, Parijs, Frankrijk.

Van de Port, P., 2009. The interplay between private and public food safety standards. In: F. Bunte en H. Dagevos (red.) The food economy; global issues and challenges, Wageningen Academic Publishers, Wageningen, Nederland, pp. 99-107.

Van der Meulen, B., 2011. Private food law: the emergence of a concept. In: B. van der Meulen (red.) Private food law; governing food chains through contract law, self-regulation, private standards, audits an certification schemes. Wageningen Academic Publishers, Wageningen, Nederland, pp. 29-50.

Van der Vorst, J., A. Beulens en P. Van Beek, 2005. Innovations in logistics and ICT in food supply chain networks. In: W. Jongen en M. Meulenberg (red.), Innovation in agri-food systems. Wageningen Academic Publishers, Wageningen, Nederland, pp. 245-292.

Vuchelen, J. en W. van Impe, 1986. Privatisering: van macht naar markt. Standaard Uitgeverij, Antwerpen, België.

Bijlage 15a. Voedselketens: kwaliteitsborging door private en publieke systemen

Siem Korver

15a.1 Inleiding

De levensmiddelenindustrie ondergaat nationaal en internationaal een consolidatie en een verdergaande internationalisering. Daarnaast is sprake van steeds meer vaste relaties in de voedselketen wat leidt tot een betere sturing door de markt, het gebruik van nieuwe informatietechnologieën, het verminderen van faalkosten en het transparant worden van kwaliteitssystemen. De markt vraagt ook een verdere verduurzaming van de voedselketen.

Kwaliteitssystemen zijn cruciaal in het kader van voedselveiligheid en het verder verduurzamen van het productieproces. Hierbij is enerzijds sprake van een verantwoordelijkheid van het bedrijfsleven en anderzijds van de overheid. De publieke verantwoordelijkheid bestaat uit de regelgeving (nationaal of Europees), de monitoring van de uitvoering en toepassing, en de sanctionering. Het bedrijfsleven, en daarmee de totale voedselketen, heeft daarnaast haar eigen verantwoordelijkheid gezien de economische belangen, de marktmogelijkheden en de risico's voor de onderneming.

De wettelijke basis voor voedselveiligheid wordt binnen de EU gevormd door de in 2002 ingevoerde General Food Law, die zich richt op de totale voedselketen. De regelgeving is van belang voor de handel binnen de EU (*level playing field*), voor de export naar derde landen en voor de import van grondstoffen en producten van buiten de EU. De belangrijkste elementen voor het bedrijfsleven zijn:

- traceerbaarheid van de producten door de gehele voortbrengingsketen;
- verplichte melding van schadelijke fouten in de keten;
- uitvoeren van risicoanalyses;
- toepassen van het voorzorgprincipe;
- transparantie van het systeem.

Toezicht en handhaving door de bevoegde autoriteit zijn cruciaal voor het vertrouwen van de consument en voor de export van dierlijke en plantaardige producten naar derde landen.

In deze bijdrage zal als voorbeeld een nadere uitwerking worden gegeven van de private en publieke verantwoordelijkheid in de dierlijke voedselketen. Een nieuw ketenkwaliteitssysteem voor varkens- en pluimveevlees wordt in 2013 nader uitgewerkt als vervolg op het *Verbond van Den Bosch* (2011). Deze uitwerking heeft plaats met alle *stakeholders* in de keten. Dat wil zeggen met vertegenwoordigers van de detailhandel, de slachterijen en verwerkers, de primaire producenten, de ngo's, de humane gezondheidszorg, de overheid en de wetenschap. Een samenvatting van de contouren van een vernieuwd kwaliteitssysteem (Ketenkwaliteitssystemen, 2012) wordt beschreven in paragraaf 15a.3.

15a.2 Omschrijving huidige kwaliteitssystemen

In recente jaren functioneren meerdere kwaliteitssystemen in de varkens- en slachtpluimveeketens. De meeste richten zich op één schakel in de keten en voldoen aan internationaal geaccepteerde kwaliteitsstandaarden, zoals de Global Food Safety Initiative (GFSI)-erkenning en -accreditatieprocedures. Voorbeelden zijn:

- Integraal Keten Beheer (IKB) richt zich in hoofdzaak op de primaire varkens- en pluimveebedrijven en is in beperkte mate van toepassing op slachterijen. IKB is een privaat systeem en geaccrediteerd en erkend door de Nederlandse Voedsel- en Warenautoriteit (NVWA). Binnen IKB is tevens omschreven waaraan kwaliteitssystemen van leveranciers en serviceverleners aan de primaire sector, zoals veevoederbedrijven en de veterinaire zorg, dienen te voldoen. IKB is gebenchmarkt onder GlobalGAP en heeft daardoor ook aandacht voor ethische en milieuzaken. GlobalGAP heeft een private bestuursstructuur met vertegenwoordigers van de detailhandel, *foodservice* en producenten.
- De grotere slachterijen en de vleesverwerkende industrie voldoen aan minimaal één van de door GFSI erkende standaarden, zoals het British Retail Consortium (BRC) of de International Food Standard (IFS). Naast deze door de markt verlangde standaarden (private systemen) hebben ze een door de NVWA erkend HACCP systeem.
- De verschillende kwaliteitssystemen in de individuele schakels zijn gedeeltelijk op elkaar afgestemd. De volgende stap die in 2013 wordt gezet is een eenduidige aansturing vanuit de markt naar het specifieke producteisen bij detailhandel en foodservice. Hiermee wordt vorm en inhoud gegeven aan de afstemming tussen de verschillende schakels in de voedselketen.

15a.3 Bouwstenen nieuw ketenkwaliteitssysteem varkens- en pluimveevlees

Het ketenkwaliteitssysteem bestaat uit drie hoofdschakels: detailhandel, slachterijen en veehouderijen. In figuur 15a.1 worden deze weergegeven. Samen

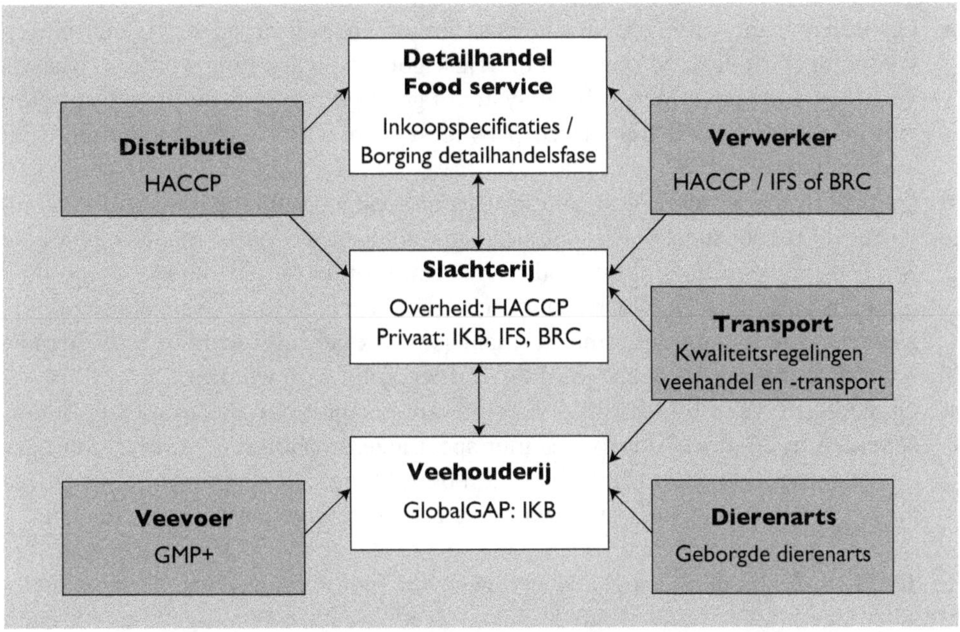

Figuur 15a.1. Model varkens- en slachtpluimvee kwaliteitssysteem (Ketenkwaliteitssystemen, 2012).

borgen deze hoofdschakels de duurzaamheid in de vleesketen. Hierbij gaat het om zowel het product als het productieproces. Het ketenkwaliteitssysteem in de vleesketen zal zich verder ontwikkelen op basis van nieuwe inzichten in de markt en de maatschappij. In het besturingsmodel wordt de gezamenlijke en gedeelde verantwoordelijkheid in de keten geïmplementeerd via het principe van *Chain of Custody*. Volgens dit principe borgt de afnemende schakel ook de kwaliteit van de voorgaande schakel, alsook die van de secundaire schakels zoals de toeleverende industrie (bijvoorbeeld de veevoerindustrie), dit in aanvulling op de verantwoordelijkheid van de individuele schakels voor hun eigen kwaliteitssysteem. De hoofdschakels zijn leidend in het borgen van de kwaliteit van de secundaire schakels. GlobalGAP kan bij de borging een belangrijk middel zijn, mede vanwege de daarin vastgelegde integriteitcode en *governance* (monitoring, controle en sanctionering).

Het kwaliteitssysteem wordt opgebouwd uit drie niveaus: een basisniveau (dit is de basis van het kwaliteitssysteem in de betreffende schakel), een plusniveau (dit is het gemeenschappelijk deel dat de Nederlandse keten noodzakelijk acht voor een duurzame ontwikkeling), en een *add-on module* (vrij te kiezen door individuele marktpartijen):

- Op basisniveau worden de kwaliteitsattributen voor de varkens- en slachtpluimveesector in Nederland opgenomen. De vigerende wetgeving wordt op basisniveau aantoonbaar in een privaat systeem geborgd conform de uitgangspunten van de General Food Law. Deze private systemen worden geaccrediteerd en erkend door de NVWA.
- Op plusniveau worden de kwaliteitsattributen opgenomen op basis van precompetitieve inkoopspecificaties: duurzaamheideisen op basis maatschappelijke wensen die detailhandel en foodservice samen met de partners in de productieketen opstellen. De plusmodule richt zich daarmee in eerste instantie op de Nederlandse consumentenmarkt, maar kan ook gebruikt worden bij de export naar bijvoorbeeld Europese markten met vergelijkbare wensen.
- Op add-on niveau blijft ruimte voor private partijen om zich verder te onderscheiden in de markt door vlees met specifieke attributen te vermarkten naar de consument. Deze attributen kunnen betrekking hebben op zowel het proces als het product, en gaan verder dan de eisen gesteld op basis- en plusniveau.

In figuur 15a.2 zijn deze 3 niveaus weergegeven voor varkensvlees.

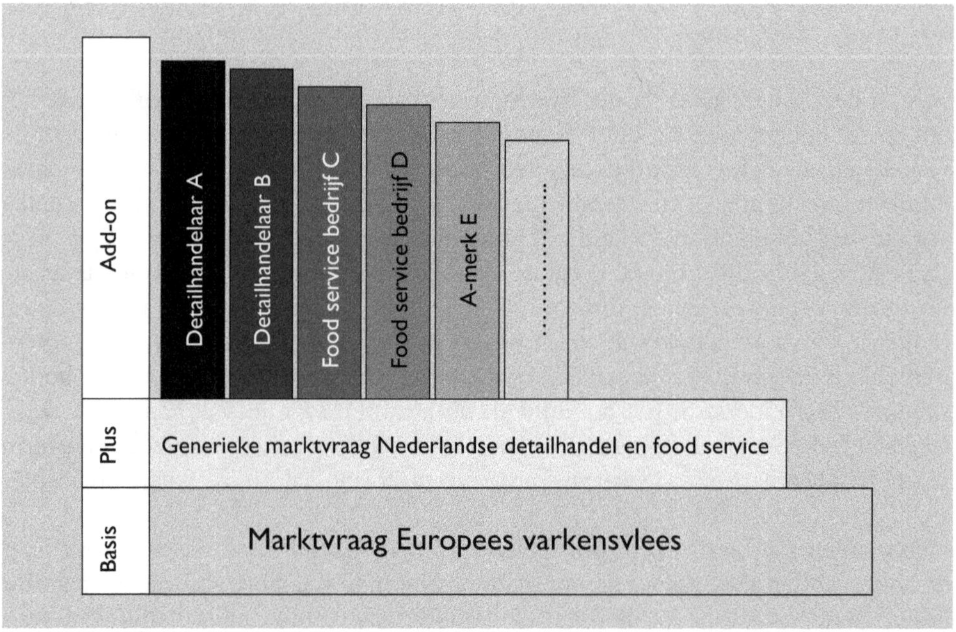

Figuur 15a.2. De drie niveaus in het vernieuwde kwaliteitssysteem varkensvleesketen (Ketenkwaliteitsystemen, 2012).

15a.4 Governance ketenkwaliteitssysteem voor vlees

De uitgangspunten voor de governance van bovenbeschreven ketenkwaliteitssysteem zijn de volgende:

- Private partijen in de vleesketen organiseren gezamenlijk de borging van de kwaliteit voor mens, dier en milieu van het productieproces van vlees tot het eindproduct voor de consument. Het ketenkwaliteitssysteem voor vlees wordt daarmee vanuit de marktvraag gestuurd en bestuurd door de ketenpartijen in overleg met kennisinstellingen en ngo's.
- De NVWA houdt toezicht op die onderdelen van de kwaliteitssystemen welke dienen te voldoen aan de wettelijke normen.
- De bestaande kwaliteitssystemen functioneren binnen de internationaal geaccepteerde kwaliteitsstandaarden. De audits van deze systemen vinden plaats conform accreditatie en ISO 45011-systematiek.
- IKB is gebenchmarkt door GlobalGAP en valt daarmee binnen de internationale erkenningen zoals die worden verlangd door de detailhandel en foodservice.
- Een basis voor de borging op het niveau van de detailhandel en foodservice is daarnaast van belang.
- Als de keten de borging organiseert, kan de overheid terugtreden tot een toezichtmodel op het systeem.

Het verder ontwikkelen van de kwaliteitssystemen voor de varkens- en slachtpluimveesector, en de borging van deze systemen, is van belang voor zowel de overheid als de sturing van de keten door de markt.

Literatuur

Ketenkwaliteitssystemen, 2012. Ketenkwaliteitssystemen van de uitvoeringscommissie van het 'Verbond van Den Bosch'. http://www.innovatievarkensvleesketen.nl/projecten/verbond-van-den-bosch/.

16. EU-beleid voor genetisch gemodificeerde organismen

Gé Backus en Coen van Wagenberg

16.1 Inleiding

De forse groei van de consumptie van dierlijke eiwitten vooral in opkomende industrielanden leidt tot verandering van de mondiale grondstofstromen. Deze toename in consumptie gaat niet in alle wereldregio's gelijk op met de productie van de hiervoor benodigde grondstoffen. Er zijn immers grote verschillen in potentieel beschikbaar landbouwareaal. Dit potentieel extra landbouwareaal is in Latijns-Amerika tien keer zo groot als in Azië. Latijns-Amerika wordt dan ook een steeds belangrijkere exporteur van grondstoffen. Veel van de grondstoffen voor veevoer zullen in toenemende mate afkomstig zijn uit dit werelddeel. Zo is het soja areaal in Brazilië in 35 jaar toegenomen van 2 naar 20 miljoen hectare.

De teelt van genetisch gemodificeerde gewassen (ggo's) heeft vanaf 1996 wereldwijd een flinke vaart genomen. Vooral in Noord- en Zuid-Amerika is het areaal genetisch gemodificeerde gewassen sterk toegenomen. In de Europese Unie (EU) is de teelt van deze gewassen beperkt, onder meer door de weerstand tegen ggo's vanuit de EU lidstaten en de langdurige procedure die de EU toepast voor de toelating ervan.

Het gebruik van genetisch gemodificeerde gewassen in de EU neemt echter wel snel toe. De Europese intensieve veehouderij is afhankelijk van de invoer van sojaproducten. Deze producten zijn voornamelijk afkomstig uit landen waar de teelt van genetisch gemodificeerde gewassen wijdverbreid is. De invoer van deze gewassen door de Europese levensmiddelenindustrie is van minder belang, daar de Europese levensmiddelenindustrie het gebruik van ggo's zoveel mogelijk vermijdt. De levensmiddelenindustrie is terughoudend vanwege de veronderstelde weerstand van de consument tegen ggo's.

Een eerste hoofdelement in de EU-wetgeving voor ggo's is het *nultolerantiebeleid* voor nog niet-toegelaten ggo's. Partijen van producten waarin deze niet-toegelaten ggo's zelfs in een zeer lage concentratie en onbedoeld aanwezig zijn, moeten van de markt worden genomen. Dergelijke 'besmettingen' zijn echter lastig te vermijden.

Een tweede hoofdelement betreft de *asynchrone toelating* in de EU van genetisch gemodificeerde producten, waarmee bedoeld wordt dat de toelatingsprocedure gemiddeld genomen in de EU twee keer zo lang duurt als in andere landen. Dit leidt tot een toenemende teelt van ggo's die wel in de exporterende landen zijn toegelaten, maar (nog) niet in de EU. Hierdoor neemt het risico op besmettingen met nog niet-toegelaten ggo's toe. Als handelaren niet bereid zijn het risico te lopen dat er sporen van niet in de EU toegelaten ggo's in hun zendingen aangetroffen worden, kan de invoerhandel onderbroken raken, aanzienlijke vertragingen oplopen of helemaal stil komen te liggen. Op de langere termijn kan hierdoor de invoer in de EU van genetisch gemodificeerde grondstoffen voor levensmiddelen en diervoeder vanuit belangrijke exporterende landen een probleem worden. Dit kan een negatieve invloed hebben op de economische positie van de Europese landbouw en voedingsmiddelensector.

In dit hoofdstuk wordt het EU beleid voor ggo's beschreven, inclusief de betrokken organisaties in het toelatingsproces, en de toegelaten producten. Ook wordt ingegaan op verwachte ontwikkelingen ten aanzien van de perceptie van burgers en consumenten over nieuwe technologieën, de groei van het mondiale areaal ggo's, en mogelijke handelsbelemmeringen.

16.2 EU-beleid voor genetisch gemodificeerde organismen

Het EU-beleid voor ggo's maakt onderscheid tussen markttoelating voor gebruik in levensmiddelen en diervoeders die geproduceerd zijn met ggo's of bestaan uit ggo's (Verordening (EG) 1829/2003), markttoelating voor teelt zonder toepassing in levensmiddelen of diervoeders (Richtlijn 2001/18/EG) en markttoelating voor gebruik in geneesmiddelen (Verordening (EG) 726/2004). Bij teelt in de EU met toepassing in levensmiddelen of diervoeders is alleen markttoelating onder Verordening (EG) 1829/2003 nodig. Toelating van een ggo binnen de EU geldt voor alle lidstaten en voor een periode van tien jaar, waarna de toelating moet worden vernieuwd.

Voor elke nieuwe ggo-variëteit moet toelating verkregen worden, alvorens deze op de EU markt mag komen. Dit geldt ook voor ggo-variëteiten met meerdere genetische modificaties, de zogenaamde gestapelde variëteiten (*stacked events*), zelfs als de variëteiten met de afzonderlijke genetische modificaties al toegelaten zijn.

Alhoewel de toelating van een ggo EU-breed is, kent Richtlijn 2001/18/EG (Artikel 23) een zogenaamde *safeguard* clausule, waarmee individuele lidstaten de teelt van een door de EU toegelaten ggo van hun grondgebied kunnen bannen. Verordening (EG) 1829/2003 kent een vergelijkbare clausule (artikel 34). Als nieuwe of nadere informatie of kennis erop wijst dat een toegelaten ggo gevaar oplevert voor de gezondheid van mens of milieu, kan een lidstaat dat ggo als product of verwerkt in een product op zijn grondgebied tijdelijk beperken of verbieden. Zes lidstaten (Duitsland, Frankrijk, Griekenland, Hongarije, Luxemburg en Oostenrijk) maken gebruik van deze clausule en hebben specifiek de teelt van de ggo-mais MON810 verboden. Luxemburg, Hongarije en Oostenrijk hebben aan de Europese Commissie aangegeven ook specifiek de teelt van de ggo-aardappel 'Amflora' te verbieden.

In juli 2010 kwam de Europese Commissie met Aanbeveling 2010/C200/01 inzake richtsnoeren voor de ontwikkeling van nationale maatregelen om de onbedoelde aanwezigheid van ggo's in conventionele en biologische gewassen te vermijden. Hoewel deze Aanbeveling geen wetgeving is, geeft ze wel de politieke richting van de Europese Commissie aan. De Aanbeveling beschrijft verdergaande mogelijkheden voor individuele lidstaten om de teelt van ggo's op hun eigen grondgebied te beperken of te verbieden, omdat elke onder het Europese verdrag acceptabele reden voldoende zal zijn. De maatregelen die een lidstaat neemt zullen dan wel proportioneel moeten zijn en mogen geen onnodige lasten veroorzaken voor boeren, zaadproducenten en andere betrokkenen. Onder specifieke voorwaarden zullen lidstaten ook de teelt van ggo's in hele regio's kunnen verbieden (*GM-free areas*). De toelating- en risicoassessmentprocedures van de EU blijven ongewijzigd. Deze Aanbeveling is nog niet in wetgeving omgezet. Besluitvorming in de EU over deze materie is niet eenvoudig vanwege de sterk uiteenlopende ideeën in de lidstaten over het wel of niet toestaan van ggo's.

Om consumenten te informeren over de aanwezigheid van ggo's in voedingsmiddelen zijn fabrikanten verplicht om producten die meer dan 0,9% toegelaten ggo's bevatten, te voorzien van een etiket dat aangeeft dat het product ggo's bevat; ook moeten ze deze kunnen traceren (Verordening (EG) 1830/2003). Levensmiddelen waarin niet-toegelaten ggo's zitten, zelfs als het maar een spoor is, mogen niet op de EU markt worden gebracht. Voor diervoedergrondstoffen geldt dat deze alleen op de markt mogen worden gebracht als er – onder enkele aanvullende voorwaarden– minder dan de minimaal vereiste prestatielimiet van 0,1% niet-toegelaten ggo's gerelateerd aan de massafractie in zit (Verordening (EU) 619/2011). In 1 kg product mag er dus niet meer dan 1 gram niet-toegelaten ggo's zitten. De prestatielimiet is het laagste niveau waarop testresultaten voldoende reproduceerbaar zijn tussen officiële laboratoria, als passende bemonsteringsprotocollen en analysemethoden worden toegepast. Levensmiddelen afkomstig van dieren die gevoerd zijn met diervoeders waarin ggo's zaten, hoeven niet voorzien te zijn van een etiket.

Betrokken organisaties in toelatingsprocedure

De toelatingsprocedure staat samengevat in figuur 16.1. Een bedrijf dient een aanvraag in voor toelating bij een Nationale Competente Autoriteit (NCA), in Nederland is dat het Bureau ggo van het Rijksinstituut voor Volksgezondheid en Milieu (RIVM). De nationale competente autoriteit checkt op compleetheid en als dit het geval is dan wordt de aanvraag ontvankelijk verklaard en doorgestuurd naar de Europese Commissie. De technische risicobeoordeling wordt door de European Food Safety Authority (EFSA) uitgevoerd, die de resultaten binnen zes maanden vastlegt in een opinie. In de zes maanden zit ook een termijn voor de lidstaten om opmerkingen te formuleren en vragen te stellen. Deze opinie gaat naar de Europese Commissie die binnen drie maanden een ontwerpbeslissing opstelt. De ontwerpbeslissing wordt voorgelegd aan het *Standing Committee on the Food Chain and Animal Health* (SCoFCAH) met expert-vertegenwoordigers van de lidstaten (Verordening (EU) 182/2011). Er is een zogenoemde 'gekwalificeerde meerderheid' nodig om een beslissing te kunnen nemen voor of tegen de ontwerpbeslissing van de Europese Commissie. Slaagt het SCoFCAH er niet in een beslissing te nemen, dan wordt het dossier teruggestuurd naar de Europese Commissie, die uiteindelijk het besluit tot toelating neemt (zie ook hoofdstuk 2, in het bijzonder figuur 2.6 plus toelichtende tekst over comitologie). Overigens kan de procedureklok stilgezet worden als er aanvullende informatie van de aanvrager nodig is, waardoor de totale doorlooptijd toeneemt.

Theoretisch kan een toelating dus verkregen worden in tien maanden. Vaak hebben de NCA van een lidstaat of de EFSA echter extra informatie nodig en duurt het besluitvormingsproces langer, zodat in de praktijk de periode van aanvraag tot definitief besluit ongeveer drie jaar is (Nowicki *et al.*, 2010). Overigens kan dit nog langer zijn, zoals bij de toelating van Monsanto's MON863 × MON810-maïs die van juli 2004 tot maart 2010 liep. Omdat in veel andere landen de toelatingsprocedure sneller gaat dan in de EU, ontstaat de situatie dat een ggo al toegelaten is in derde landen maar nog niet in de EU. Dit kan leiden tot handelsbelemmeringen, omdat een dergelijke ggo niet geïmporteerd mag worden in de EU, ook niet als onbedoelde bijmenging in een wel toegelaten ggo.

Voor het op de markt brengen van een ggo dat een humaan of veterinair geneesmiddel is, bestaat een min of meer vergelijkbare procedure waarbij niet de EFSA de risicobeoordeling uitvoert, maar de Europese Medicijnen Autoriteit (EMA).

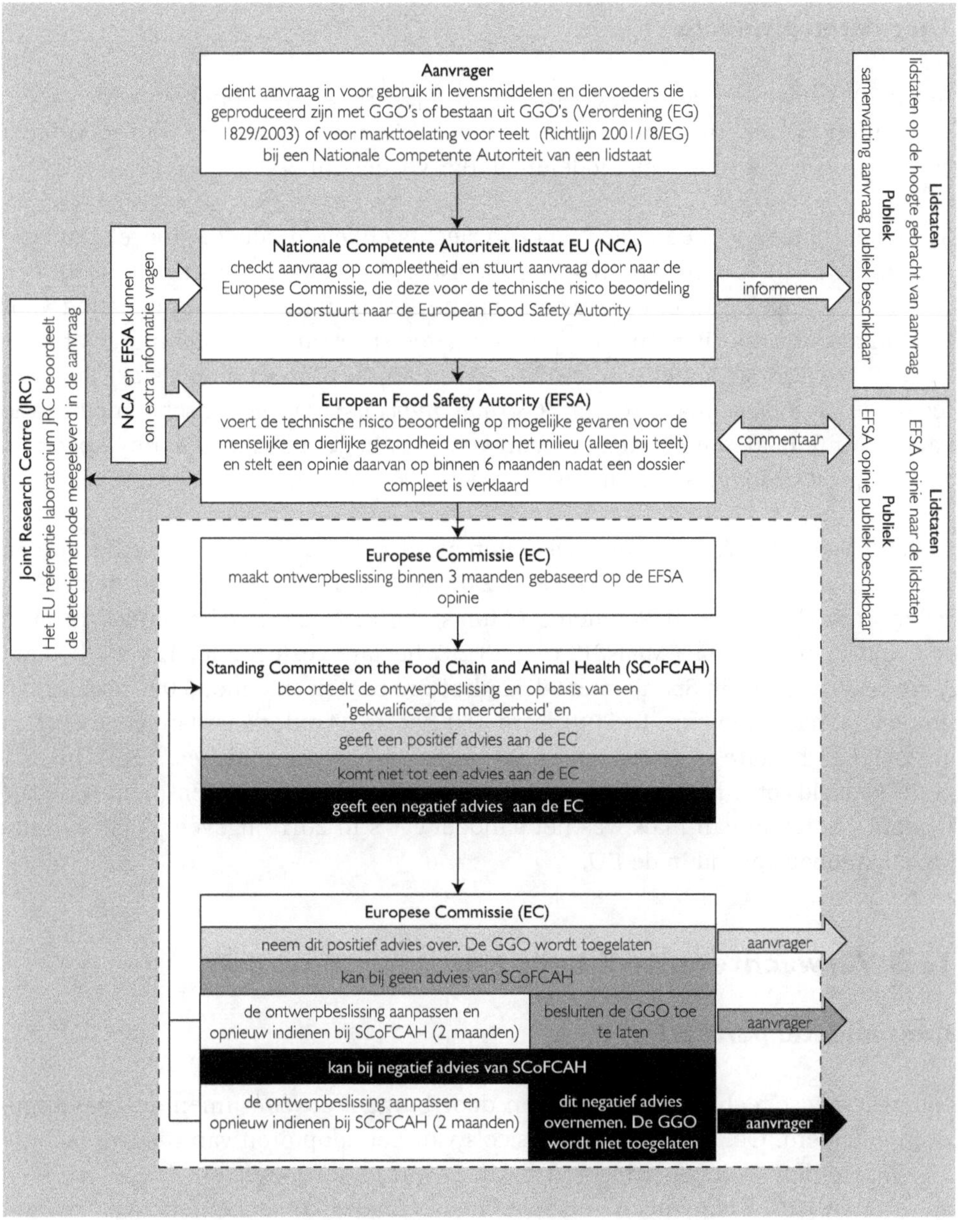

Figuur 16.1. Toelatingsproces voor genetisch gemodificeerde organismen voor gebruik in levensmiddelen en diervoeders en voor teelt in de EU.

Toegelaten producten

Begin 2013 staan er 1 suikerbietvariëteit, 3 sojavariëteiten, 3 oliehoudende zadenvariëteiten, 5 katoenvariëteiten en 17 maïsvariëteiten op de lijst van toegelaten ggo's voor gebruik in levensmiddelen en diervoeders in de EU.

Sinds het midden van de jaren 1990 zijn slechts enkele producten toegelaten voor teelt in de EU. Dit betreft de BT-mais (MON810) van Monsanto sinds 1998 en een zetmeelaardappel Amflora (EH92-527-1) van BASF sinds 2010. De toelating voor MON810 wordt op dit moment opnieuw getoetst, want een toelating geldt voor slechts tien jaar. De genetische modificatie in MON810 moet de maïs beschermen tegen de Europese maïsboorder (*Ostrinia nubilalis*). De genetische modificatie van de Amflora-aardappel moet zorgen voor een hoger gehalte aan amylopectinezetmeel, wat bedoeld is voor industrieel gebruik zoals papier.

In 2010 werd 76.575 hectare MON810-maïs geteeld in Spanje, 4.868 hectare in Portugal, 4.860 hectare in Tsjechië, 1.248 hectare in Slowakije, 300 hectare in Polen en 822 hectare in Roemenië (James, 2010). In 2011 is het areaal in deze zes landen met de maïs MON810 met 23.297 hectare gestegen tot 114.507 hectare (James, 2011), waarin Spanje met 97.326 hectare en Tsjechië met 5.091 hectare het grootste aandeel hebben. In 2010 werd 150 hectare Amflora-aardappel geteeld in Tsjechië, 15 hectare in Duitsland en 80 hectare in Zweden (James, 2010). In 2011 is dit gedaald tot 2 hectare in Duitsland en 15 hectare in Zweden (James, 2011). Ondanks de groei van maïs was het aandeel ggo's in 2011 ongeveer 0,1% van het areaal landbouwgrond in de EU.

16.3 Verwachte ontwikkelingen

Consumentenperceptie

Nieuwe voedseltechnologieën worden door burgers en consumenten vaak sceptisch benaderd. Ook de potentiële risico's van het adopteren van nieuwe technologieën worden vaak hoger ingeschat dan de mogelijke voordelen. Dit geldt vooral voor aan voedsel gerelateerde toepassingen, omdat consumenten deze in hun lichaam opnemen. Daar komt nog bij dat gewone burgers risico's die oncontroleerbaar en niet observeerbaar zijn als groter percipiëren, vergeleken met de inschatting van deskundigen over de risico's (Slovic, 1987). Figuur 16.2 geeft een schematisch overzicht van risicoperceptie op verschillende terreinen. Ggo-technologie is

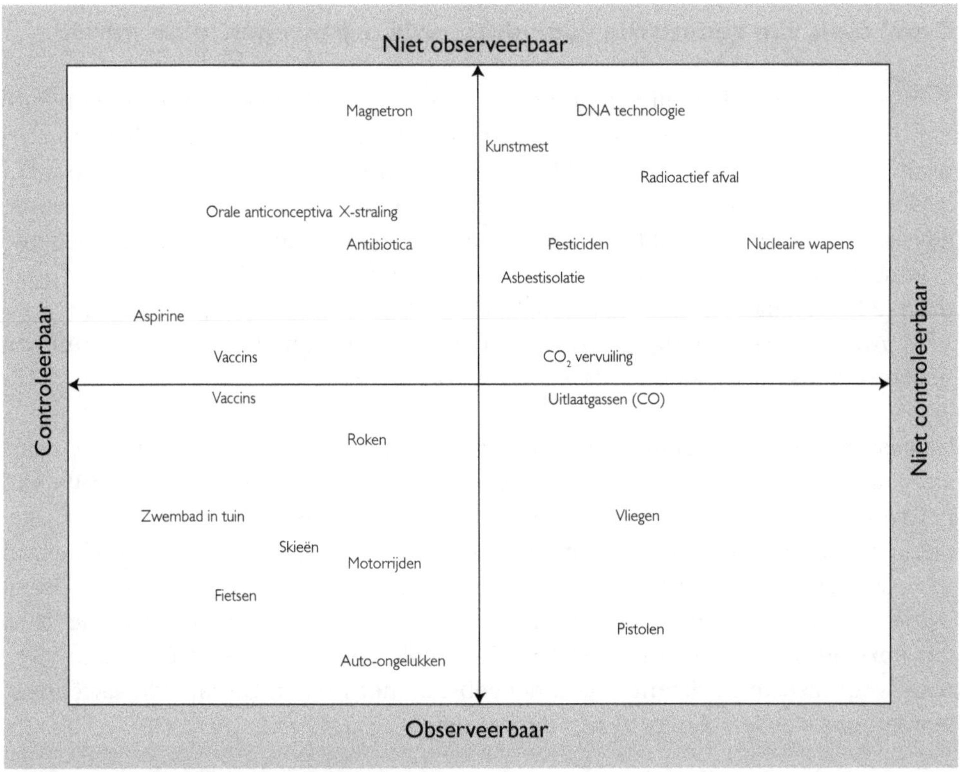

Figuur 16.2. Perceptie van risico's (Slovic, 1987).

in de figuur te positioneren in het kwadrant rechtsboven (niet observeerbaar - niet controleerbaar), bij 'DNA technology'.

Bij voedsel wil de consument graag het predicaat 'natuurlijk' op de verpakking hebben. In ons voedsel zit echter al veel (bio)technologie. Het paradoxale van deze situatie zal alleen maar toenemen, omdat nog meer (bio)technologie nodig is om de groeiende wereldbevolking te kunnen blijven voeden. Anderzijds moet wel worden opgemerkt dat met het 'ouder' worden van een risico de risicoperceptie ervan waarschijnlijk afzwakt. Blijft de vraag hoe (bio)technologie te verenigen met de door consumenten gewenste mogelijkheid tot het maken van eigen keuzes, inclusief het daarvoor benodigde inzicht in de mogelijke gevolgen van deze keuzes? Daarvoor is meer kennis nodig over de pro's en contra's van (bio)technologie, over wat wel en niet bekend is, en over wie er uiteindelijk van profiteert.

Groei teelt van genetische gemodificeerde organismen in de wereld

Sinds de start met de teelt van genetisch gemodificeerde gewassen in 1996 neemt het aantal hectares wereldwijd ieder jaar toe. In 2011 besloeg de teelt van genetisch gemodificeerde gewassen 160 miljoen hectare, zo'n 12 miljoen hectare meer dan in 2010 (James, 2011). In 2011 werden in 29 landen genetisch gemodificeerde gewassen geteeld. De landen met de meeste hectares genetisch gemodificeerde gewassen waren de Verenigde Staten (69,0 miljoen hectare), Brazilië (30,3), Argentinië (23,7), India (10,6), Canada (10,4), China (3,9), Paraguay (2,8), Pakistan (2,6), Zuid Afrika (2,3) en Uruguay (1,3). Dit betreft voornamelijk soja (75,4 miljoen hectare), maïs (51,0), katoen (24,7) en raapzaad (8,2).

Gewassen met herbicidetolerantie domineren. Herbicidetolerante gewassen zoals soja, raapzaad, katoen, suikerbiet en luzerne werden in 2011 geteeld op 59% van het aantal hectares met genetisch gemodificeerde gewassen (James, 2011). Gestapelde variëteiten (twee of drie gemodificeerde eigenschappen) namen 26% hiervan in beslag en insectenresistente gewassen 15%. Vooral het gebruik van de gestapelde variëteiten neemt flink toe, in 2011 was sprake van een toename met 31% ten opzichte van een jaar eerder. Voor herbicidetolerantie was deze toename 5%, maar voor insectenresistentie nam het gebruik met 10% af. Gestapelde variëteiten worden dus steeds belangrijker in de toekomst.

Het aantal toegelaten ggo's, met name gestapelde variëteiten, zal naar verwachting toenemen, omdat het aantal nieuwe variëteiten blijft toenemen in verschillende landen, zoals Brazilië en China. Stein en Rodríguez-Cerezo (2009) schatten dat het aantal individuele ggo-variëteiten zal toenemen van 39 in 2008, tot meer dan 120 in 2015. Deze individuele variëteiten kunnen ook worden gestapeld. In 2011 waren 196 verschillende ggo's in één of meer landen toegelaten (James, 2011).

Handelsbelemmeringen

Omdat de duur van de toelatingsprocedure verschilt tussen regio's en landen (asynchrone toelating), kan het zijn dat een bepaalde ggo wel toegelaten is in het ene land en niet in het andere. Zeker als het importerende land een nultolerantie hanteert voor (nog) niet-toegelaten ggo's, kan dit tot aanzienlijk handelsbeperkingen met bijkomende kosten leiden omdat vrachten met sporen van niet-toegelaten ggo's niet worden toegelaten in dat land. Zo werden in juni 2009 sporen van genetisch gemodificeerde maïsvariëteiten die nog niet waren toegelaten in de EU ontdekt in vrachten soja uit de Verenigde Staten. Deze vrachten soja mochten de EU niet in. De directe kosten voor de EU diervoeder- en voedselketen van een importstop van soja uit de Verenigde Staten, voor de periode oktober 2009-maart 2010, bedroegen naar schatting tussen 1,4 en 4 miljard euro (Van Wagenberg, 2009). Dit kwam overeen met 0,1 tot 0,5% van de detailhandelsverkopen in de EU in die periode.

Een met asynchrone toelating vergelijkbaar probleem ontstaat als een ggo-ontwikkelaar niet in alle regio's van de wereld toelating aanvraagt, bijvoorbeeld als een ggo specifiek voor een regio en een lokale markt is ontwikkeld en export niet is voorzien. Sporen van dergelijke geïsoleerde buitenlandse toelatingen (*Isolated Foreign Approvals*, IFA) kunnen eveneens leiden tot weigering van vrachten.

16.4 Conclusies

Wereldwijd zal het aantal ggo's de komende jaren aanzienlijk toenemen. Dit betreft dan met name gestapelde variëteiten, die meerdere doelen combineren. Deze ontwikkeling zal veelal buiten de EU plaatsvinden, vanwege het restrictieve ggo-beleid van de EU.

Er zijn twee hoofdelementen in de EU-wetgeving waardoor op de langere termijn de invoer van genetisch gemodificeerde grondstoffen voor levensmiddelen en diervoeder vanuit belangrijke exporterende landen waarschijnlijk een probleem zal worden voor de EU. Het eerste hoofdelement betreft de nultolerantie voor niet-toegelaten ggo's. Deze ggo's mogen in de EU niet op de markt komen. Zelfs partijen van toegelaten producten die onbedoeld besmet zijn met een zeer lage concentratie van deze niet-toegelaten ggo's, moeten van de markt worden genomen. Het tweede is de asynchroniteit tussen de toelating van ggo's in de EU en de toelating in andere landen. De toelatingsprocedure in de EU duurt gemiddeld twee keer zo lang als in andere landen. Dit leidt tot een toenemende teelt in de exporterende landen van ggo's die daar wel zijn toegelaten, maar (nog) niet in de EU. Dit verhoogt het risico op besmettingen met nog niet-toegelaten ggo's.

Sinds het midden van de jaren 1990 zijn slechts enkele producten toegelaten voor teelt binnen de EU. Dit zal niet veranderen nu individuele lidstaten verdergaande mogelijkheden krijgen de teelt van ggo's op hun eigen grondgebied te beperken of verbieden, ook al zijn de toelating- en risicoassessmentprocedures van de EU ongewijzigd. Daar komt bij dat de verplichting voor fabrikanten om producten met meer dan 0,9% toegelaten ggo's te voorzien van een etiket dat aangeeft dat het product ggo's bevat, maakt dat de risicoperceptie van consumenten over technologie van groot belang is. Het gepercipieerde risico van ggo's is waarschijnlijk vrij groot, omdat individuen risico's die oncontroleerbaar en niet observeerbaar zijn als groter ervaren.

Wereldwijd zal de ggo-technologie een vlucht blijven nemen. Het aantal ggo's zal de komende decennia snel toenemen, voornamelijk buiten de EU. Voor de EU is het de uitdaging hoe deze ontwikkeling van de ggo-technologie is te verenigen met de door eigen EU-consumenten gepercipieerde risico's en hoe het beleid daarop aan te passen.

Literatuur

James, C., 2010. Global status of commercialized biotech/GM crops: 2010. ISAAA Brief No. 42. ISAAA, Ithaca, NY, USA.

James, C., 2011. Global status of commercialized biotech/GM crops: 2011. ISAAA Brief No. 43. ISAAA, Ithaca, NY, USA.

Nowicki, P., L. Aramyan, W. Baltussen, L. Dvortsin, R. Jongeneel, I. Pérez Domínguez, C. van Wagenberg, N. Kalaitzandonakes, J. Kaufman, D. Miller, L. Franke en B. Meerbeek, 2010. Study on the implications of asynchronous GMO Approvals for EU imports of animal feed products. Final Report under DG-AGRI Contract N° 30-CE-0317175/00-74. Den Haag, Nederland.

Slovic, P., 1987. Perception of risk. Science 236: 280-285.

Stein, A.J. en E. Rodríguez-Cerezo, 2009. The global pipeline of new GM crops: introduction to the database. JRC51799, EUR 23846 EN. Office for Official Publications of the European Communities, Luxemburg, Luxemburg.

Van Wagenberg, C.P.A., 2009. Economic consequences of EU-unapproved GM maize in US soy. Estimates for the period October 2009 to March 2010. Memorandum 09-071, LEI, Den Haag, Nederland.

17. Naar ecologische duurzaamheid

Joris Relaes en Huib Silvis

17.1 Inleiding

Duurzaamheid omvat drie dimensies: een economische (profit), een sociale (people) en een ecologische (planet). De exacte 'eindtermen' van duurzaamheid kunnen niet worden vastgelegd. Werken aan duurzaamheid is werken aan een evolutierichting. Het gaat er om op één van de drie dimensies vooruitgang te boeken zonder dat dit leidt tot een ontwrichting van één van de twee andere dimensies. Zo mogen economische maatregelen op micro- of macroniveau geen ontwrichtingen veroorzaken op het ecologische vlak en/of het sociale vlak. Dit geldt op eenzelfde manier voor sociale en ecologische maatregelen. De duurzaamheidgedachte is dynamisch en evolueert mee met de maatschappelijke ontwikkelingen. Het is vanzelfsprekend niet alleen een opdracht voor de landbouwsector, maar voor de gehele samenleving (Reheul *et al.*, 2001).

Op EU-niveau zijn twee kaders ontwikkeld om de ecologische duurzaamheid van de landbouw te verhogen: het landbouwkader en het milieukader. Het landbouwkader bestaat in de eerste plaats uit milieumaatregelen gekoppeld aan het prijs- en inkomensbeleid voor de landbouw (eerste pijler GLB). Dit geheel wordt aangeduid met de term 'cross-compliance'. De hervorming van het GLB, waarover medio 2013 politieke overeenstemming is bereikt, gaat nog verder in het koppelen van milieumaatregelen aan het prijs- en inkomensbeleid in het kader van de zogenaamde vergroening. Het tweede element van dit kader betreft de landbouwmilieumaatregelen in het plattelandsbeleid (tweede pijler GLB). In de hoofdstukken 8 en 9 van dit boek wordt op beide elementen uitgebreid ingegaan. Het milieukader betreft hoofdzakelijk een reeks richtlijnen voor de bescherming van de milieukwaliteit. Het milieukader zet de land- en tuinbouwsector er vooral op een restrictieve manier toe aan duurzaam te opereren, terwijl het landbouw- en plattelandsbeleid dit op een meer stimulerende, aanmoedigende wijze doet.

In dit hoofdstuk wordt eerst het kernprobleem van duurzame landbouw toegelicht. Aansluitend komen de principes en de instrumenten van het milieubeleid aan de orde. In het bijzonder wordt aandacht besteed aan maatregelen voor water en lucht. Ook wordt ingegaan op het klimaatbeleid. De aansluitende hoofdstukken 18 en 19 beschrijven de toepassing van het milieukader in respectievelijk Nederland en Vlaanderen.

17.2 Duurzame landbouw: het kernprobleem

Sinds de Tweede Wereldoorlog heeft de landbouw met succes antwoord gegeven op de vraag vanuit de samenleving om voldoende voedsel tegen aanvaardbare prijzen te produceren. Geholpen door het gemeenschappelijk landbouwbeleid (GLB) werd Europa in korte tijd zelfvoorzienend voor belangrijke land- en tuinbouwproducten. Men zou kunnen stellen dat landbouw zijn 'contract met de samenleving' is nagekomen door te werken aan productiviteit, kwantiteit en kostenbeheersing om zo de burger tegen redelijke prijzen van voedsel te voorzien. Maar dat 'contract' werd de afgelopen decennia ter discussie gesteld. Europese subsidies gingen in het verleden gepaard met overschotten, inefficiënties en verstoringen op de wereldmarkt. Daarnaast werd onvoldoende aandacht geschonken aan het milieu. Als gevolg van intensivering, schaalvergroting en concentratie van de landbouwsector zijn de negatieve effecten op natuur en milieu de afgelopen decennia steeds zichtbaarder geworden. Diverse aspecten zijn daarbij van belang: omvang en efficiëntie van het gebruik van inputs als kunstmest en gewasbeschermingsmiddelen en de daarmee samenhangende vervuiling; rationalisering van de bedrijfsgroottestructuur en de effecten daarvan op landschap en habitat. Bovendien stelt de samenleving nieuwe eisen: men wil een laaggeprijsd voedselproduct van onbesproken kwaliteit en voortgebracht met productieprocessen die het milieu niet belasten, het landschap intact laten en het dierenwelzijn niet in gevaar brengen.

Het antwoord op al die wensen vanuit de samenleving is een duurzame(re) landbouw: een landbouw die de negatieve effecten op het milieu zoveel mogelijk beperkt, verantwoord omgaat met levende dieren en die mede zorg draagt voor natuur en landschap. Essentieel is wel dat de landbouwers die de voedselproductie verzorgen daar ook van moeten kunnen leven. Dit alles moet op een sociaal verantwoorde manier kunnen gebeuren. Als we dus met zijn allen een duurzame(re) landbouw willen, hoe komt het dan dat deze niet één, twee, drie gerealiseerd wordt?

Belemmeringen

Wat verhindert dat de verwachtingen van de maatschappij op het vlak van duurzaamheid voldoende snel kunnen ingelost worden? Ten eerste zijn er de specifieke eigenschappen van de landbouw. Landbouw is een productieproces waar honderd procent zekerheid niet bestaat. Weersomstandigheden, ziekten, de levenscyclus van planten en dieren en andere aan de productie van levende wezens gebonden verschijnselen kunnen de gewenste aanpassingen van de productieprocessen en -methoden aan milieu- en dierenwelzijneisen danig vertragen.

Maar er is ook een belangrijke economische reden die verhindert dat de landbouw vlug en efficiënt evolueert in een meer duurzame richting. De miljoenen land- en tuinbouwers op wereldschaal hebben geen marktmacht om op te boksen tegen de concentratie die zich nog steeds en in toenemende mate doorzet bij de toeleverings-, verwerkings- en distributiesector. Bovendien is het verschil tussen duurzaam en niet-duurzaam produceren vaak niet te zien aan het eindproduct in de winkel. Dit heeft tot gevolg dat boeren de markt moeten ondergaan en niet of onvoldoende kunnen afdwingen welke prijs wordt betaald voor de producten die zij op de markt brengen. Het integreren van nieuwe maatschappelijke eisen wordt dan vooral problematisch omdat dit kostprijsverhogend werkt, waardoor de concurrentiepositie van de land- en tuinbouw verder verzwakt. Anderzijds worden verschillende duurzaamheidinitiatieven gestimuleerd of zelfs gestuurd door de verwerkings- en distributiesector (zie onder andere hoofdstuk 15 en bijlage 15a).

Op wereldniveau beschouwd is er nog relatief weinig aandacht om de maatschappelijke bekommernissen te integreren in de handelsdiscussies: WTO-regels bemoeilijken vaak het inzetten van financiële stimulansen voor duurzaam produceren. Zeker na de recente uitbreidingen lopen ook binnen de EU de opvattingen op dit gebied vaak sterk uiteen, waardoor het soms moeilijk is om een gemeenschappelijk kader te realiseren.

Uitdaging

Het is een grote uitdaging om de nieuwe eisen om te zetten in toegevoegde waarden op een zodanige manier dat ze worden vertaald in de marktprijs. Intussen zijn er goede voorbeelden van private initiatieven die er in slagen om dergelijke toegevoegde waarden te realiseren. Maar de land- en tuinbouw kan nog niet zonder overheidsinitiatieven om aan de maatschappelijke eisen te kunnen voldoen. Het kernprobleem waarmee de landbouw geconfronteerd wordt, kan als volgt worden geformuleerd: 'hoe kunnen in een toenemende concurrentiële omgeving de extra inspanningen die land- en tuinbouwers leveren op het vlak van leefmilieu, volksgezondheid en dierenwelzijn zodanig worden gehonoreerd dat hun economische bedrijfszekerheid niet in het gedrang komt?' Of anders: 'hoe kan de paradox weggewerkt worden van een samenleving die aan de ene kant via politiek, media en opiniemakers pleit voor een meer duurzame landbouw, maar aan de andere kant als consument nog onvoldoende bereid is er voor te betalen?' Hierbij moet onder meer worden verwezen naar het feit dat de consument een vrij lage prijs van voedsel gewend is, omdat een deel van de kosten (zoals milieuschade) die met de productie gepaard gaat niet in de prijs is begrepen. Deze tweeslachtigheid is een belangrijke rem om de landbouw op een snelle manier verder te oriënteren in een duurzamere richting. Immers, meer kwaliteit werkt kostprijsverhogend en dat is een concurrentienadeel in een steeds meer globale, geliberaliseerde markt.

17.3 Principes van het milieubeleid

Het Europese milieubeleid berust in het bijzonder op de volgende principes: vervuiling wordt bestreden aan de bron, het zekere wordt genomen voor het onzekere (voorzorgsbeginsel), voorkomen is beter dan genezen (preventieve actie), en de vervuiler betaalt.

Het laatste principe houdt in dat de vervuiler de kosten draagt om bepaalde minimumstandaarden in acht te nemen. Volgens dit principe is het niet gepast dat producenten worden beloond voor handelingen die nodig zijn om aan de wettelijke standaarden te voldoen. Om het principe te kunnen toepassen, moeten referentieniveaus worden vastgesteld. Figuur 17.1 toont het referentieniveau als de scheidslijn tussen de milieukwaliteit waarvoor de agrarische producenten zelf de kosten dragen en die waarvoor ze een vergoeding van de te maken kosten mogen verwachten. Kortom, het vervuiler-betaalt-principe geldt tot het referentieniveau, en daarboven geldt het principe dat de producent ontvangt.

Maar hoe moet het referentieniveau worden bepaald? Waar ligt de grens tussen het voorkomen van vervuiling aan de ene kant en het voorzien in een collectief goed aan de andere kant? Dit is lastig, omdat het milieu meerdimensionaal, interactief en dynamisch is. In de praktijk worden niet alleen wetenschappelijke inzichten over de gewenste milieukwaliteit gehanteerd, maar ook inzichten van maatschappelijke groepen. Het spreekt voor zich dat milieugroepen veelal hogere milieustandaarden bepleiten, terwijl het georganiseerde bedrijfsleven waarschuwt voor de directe economische gevolgen.

17.4 Milieuactieprogramma

Maatschappelijke druk om de milieuvervuiling terug te dringen, leidde in 1972 tot het eerste Milieu Actie Programma (MAP) van de EU. Dit was het startpunt om

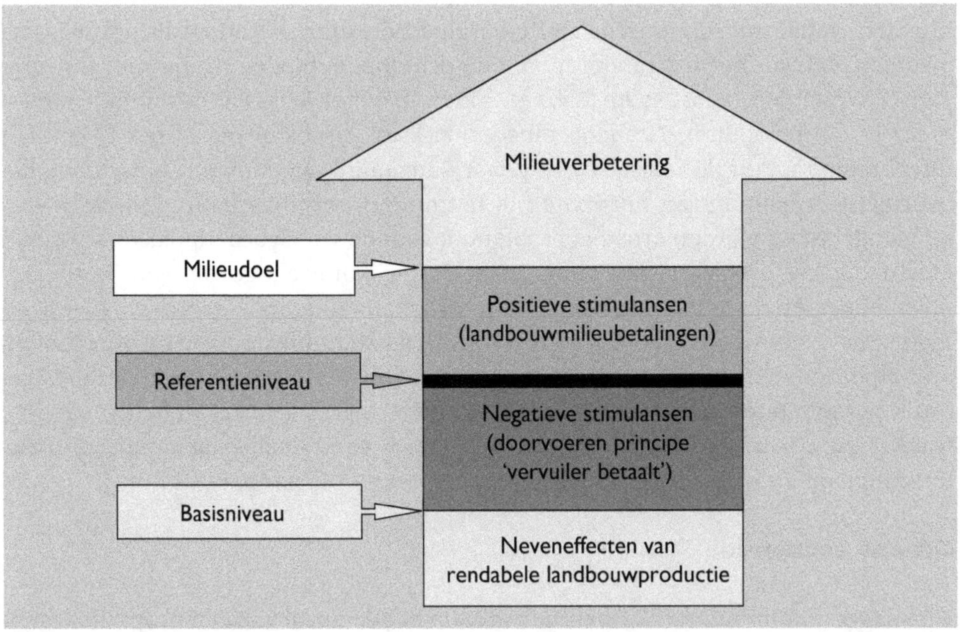

Figuur 17.1. Voorkomen van milieuschade versus leveren van milieudiensten (Scheele, 2008).

de milieuproblemen op Europees niveau aan te pakken. In de beginperiode lag de nadruk op vervuiling uit industriële bronnen, maar geleidelijk aan groeide de aandacht voor de landbouw. Eind jaren tachtig stond de vermindering van waterverontreiniging door nitraten en gewasbeschermingsmiddelen centraal. Hierdoor werd het EU-milieubeleid steeds belangrijker voor de landbouwsector. Met de *Single European Act* in 1986 werd de milieubescherming erkend als een van de hoekstenen van het EU-beleid. Ook zijn voor een groot aantal milieuterreinen niet bindende 'thematische strategieën' opgesteld. Intussen is het zesde Milieu Actie Programma in 2012 afgelopen en heeft de Commissie eind 2012 een voorstel gedaan voor een nieuw (zevende) programma voor actie tot en met 2020: *Goed leven, binnen de grenzen van onze planeet* (Europese Commissie, 2012a). Hieronder worden enkele van de voornemens toegelicht.

Natuurlijk kapitaal

De Commissie geeft aan dat een substantieel deel van de EU-wetgeving is gericht op de bescherming, het behoud en de verbetering van natuurlijk kapitaal. Daarbij gaat het onder meer om de Kaderrichtlijn Water, de Luchtkwaliteitsrichtlijn en aanverwante richtlijnen, de Habitatrichtlijn en de Vogelrichtlijn. Wetgeving inzake klimaatverandering, chemische stoffen, industriële emissies en afvalstoffen draagt eveneens bij aan het verminderen van de druk op de biodiversiteit, met inbegrip van ecosystemen, soorten en habitat. Meer specifiek gaat de Commissie onder meer in op nutriënten. De hoeveelheden stikstof en fosfor die in het EU-milieu terechtkomen, zijn de laatste twintig jaar aanzienlijk afgenomen. Maar door het overmatig vrijkomen van nutriënten in het milieu wordt de lucht- en waterkwaliteit aangetast en worden ernstige problemen voor de volksgezondheid veroorzaakt. Met name het probleem van ammoniak, dat vrijkomt als gevolg van inefficiënt mestbeheer, en de ontoereikende afvalwaterbehandeling moet worden aangepakt. Eveneens zijn er inspanningen vereist om de nutriëntenkringloop op een kosten- en hulpbronnenefficiëntere wijze te beheren en de doelmatigheid van het mestgebruik te verbeteren. Dit vergt een betere uitvoering van de EU-milieuwetgeving, waar nodig een aanscherping van de normen en een benadering van de nutriëntenkringloop als onderdeel van een meer geïntegreerde aanpak.

Groene economie

Het vlaggenschipinitiatief *Efficiënt gebruik van hulpbronnen* van de Europa 2020-strategie is erop gericht de omslag te ondersteunen naar een economie die efficiënt is in de zin dat deze gebruik maakt van alle hulpbronnen, de economische groei loskoppelt van het hulpbronnen- en energiegebruik en van de milieueffecten, de broeikasemissies verlaagt, het concurrentievermogen verbetert door middel van efficiëntie en innovatie, en een grotere energieveiligheid bevordert. Het stappenplan voor efficiënt hulpbronnengebruik in Europa (Europese Commissie, 2012b) en de routekaart voor een koolstofarme economie (Europese Commissie, 2011) bieden het kader voor toekomstige acties.

Risico's voor volksgezondheid en welzijn

Volgens de Commissie lukt het nog niet om de lucht- en waterkwaliteitsnormen te halen, omdat het bestaande beleid niet volledig wordt uitgevoerd. Men wil actiever op zoek gaan naar synergie-effecten met overige beleidsdoelstellingen op gebieden zoals klimaatverandering, biodiversiteit en het mariene en terrestrische milieu. Door bijvoorbeeld de aanwezigheid van bepaalde verontreinigende stoffen in de lucht terug te brengen kan een belangrijke bijdrage worden geleverd aan beperking van de klimaatverandering. Verdere activiteiten op dit vlak zullen uitgaan van een uitgebreide beoordeling van de EU-luchtkwaliteitswetgeving en de blauwdruk voor het behoud van de Europese watervoorraden.

Wetenschappelijke onderbouwing

De Commissie geeft aan dat op EU- en internationaal niveau stappen moeten worden gezet om de koppeling tussen wetenschap en milieubeleid verder te versterken en te verbeteren. Hoewel er veel is bereikt in de manier waarop informatie en statistische gegevens over het milieu worden verzameld en gebruikt, zowel op EU- en lidstaatniveau als op mondiaal niveau, lopen deze echter nog altijd uiteen en kan de veelheid aan bronnen ten koste gaan van de toegankelijkheid. Er zijn daarom investeringen nodig om te zorgen dat er geloofwaardige, vergelijkbare en kwalitatief hoogwaardige gegevens en indicatoren beschikbaar en toegankelijk zijn. Er moeten milieu-informatiesystemen worden ontworpen om nieuwe informatie over opkomende onderwerpen eenvoudig te kunnen verwerken. Het achtste kaderprogramma voor onderzoek *Horizon 2020* wordt ingezet om onderzoeksinspanningen toe te spitsen en het innovatieve potentieel van Europa in te zetten door middelen en kennis uit verschillende gebieden en disciplines binnen de EU en internationaal samen te brengen.

Ecologische integratie en beleidssamenhang

Sinds 1997 is het op grond van het Verdrag van Amsterdam vereist om milieubescherming te integreren met overige EU-beleidsmaatregelen en -activiteiten. Niettemin geeft de algehele toestand van het Europese milieu aan, aldus de Commissie, dat de vooruitgang tot op heden niet toereikend is om alle negatieve trends te keren. Men wil een effectievere integratie van milieu- en klimaatoverwegingen met overig beleid, evenals meer coherente, gezamenlijke beleidsbenaderingen die meervoudige voordelen bieden. Dit moet ertoe bijdragen dat moeilijke neveneffecten in een vroeg stadium worden aangepakt in plaats van pas tijdens de uitvoeringsfase, en dat onvermijdelijke effecten effectiever worden ingeperkt. Richtlijnen 2001/42/EG, betreffende strategische milieueffectbeoordeling, en 85/337/EEG, betreffende de milieueffectbeoordeling, zijn bedoeld om te verzekeren dat milieubeschermingvereisten worden opgenomen in plannen, programma's en projecten.

De Commissie wil de uitvoering van het Milieu Actie Programma volgen in het kader van het periodieke monitoringproces van de Europa 2020-strategie. Vóór 2020 wordt een evaluatie van het programma uitgevoerd, in het bijzonder op basis van het verslag over de toestand van het milieu van het Europees Milieuagentschap (EEA). In de context van het stappenplan voor een efficiënt hulpbronnengebruik worden in overleg met belanghebbende partijen aanvullende indicatoren ontwikkeld om de algehele vooruitgang naar een hulpbronnenefficiënte Europese economie en samenleving te meten, alsmede de bijdrage daarvan aan de welvaart en het welzijn.

17.5 Milieurichtlijnen

Op het vlak van milieubeleid wordt hoofdzakelijk gewerkt via richtlijnen, die in het kader van het subsidiariteitsbeginsel omgezet moeten worden in nationale wetgeving. Richtlijnen geven de lidstaten de mogelijkheid om binnen bepaalde marges de beoogde resultaten te bereiken via eigen gekozen wegen. Tabel 17.1 geeft enkele voorbeelden van Europese richtlijnen inzake milieu.

Nitraatrichtlijn

De Nitraatrichtlijn heeft tot doel om verontreiniging (eutrofiëring) van oppervlaktewater en grondwater door nitraat uit agrarische bronnen terug te dringen en te voorkomen. Het nitraatrichtlijnproces bestaat uit vijf stappen:

- signaleren van verontreinigde of bedreigde wateren;
- aanwijzen van kwetsbare zones landbouwgrond met significante bijdrage tot stikstofverontreiniging op stroomgebiedniveau;
- codes van goede landbouwpraktijk vrijwillig toe te passen door alle landbouwers;
- actieprogramma's binnen kwetsbare zones: de codes van goede landbouwpraktijken worden verplicht en er wordt een maximale dierlijke mestgift toegestaan van 170 kg N/ha;
- nationale controle en rapportage over nitraatconcentraties en eutrofiëring.

De lidstaten dienen opleiding- en voorlichtingprogramma's op te zetten, waarbij gebruik wordt gemaakt van codes van goede landbouwpraktijk. Deze codes moeten

Tabel 17.1. Enkele belangrijke Europese richtlijnen voor water en lucht.

Van kracht sinds	Richtlijn	Document
1991	Nitraatrichtlijn: voor de bescherming van water tegen verontreiniging door nitraten in agrarische bronnen	91/676/EEG
1996	Richtlijn voor de geïntegreerde preventie en bestrijding van verontreiniging (IPPC)	2008/1/EG
2000	Kaderrichtlijn Water: kader voor communautaire maatregelen betreffende het waterbeleid	2000/60/EG
2001	NEC-richtlijn: nationale emissieplafonds voor bepaalde luchtverontreinigende stoffen	2001/81/EG

verplicht gehanteerd worden in de kwetsbare zones. Voor deze kwetsbare zones moeten ook specifieke actieprogramma's worden ontwikkeld. Naast uitrijbepalingen omvatten dergelijke actieprogramma's bepalingen omtrent de opslagcapaciteit en de gebruiksnormen voor dierlijke mest (maximaal 170 kg N/ha). Dit zijn allemaal middelvoorschriften. Een lidstaat kan bij de Commissie om een gemotiveerde afwijking (derogatie) verzoeken voor deze gebruiksnorm op voorwaarde dat de doelstellingen van de richtlijn nageleefd blijven.

Kaderrichtlijn Water

De Kaderrichtlijn water biedt een raamwerk om de vijf hoofddoelen van duurzaam waterbeleid te realiseren. Deze doelen zijn:

- bescherming van ecosystemen;
- duurzaam gebruik van de waterbronnen;
- bescherming van het aquatisch milieu;
- vermindering van de verontreiniging van het grondwater;
- afzwakking van de gevolgen van overstromingen en van perioden van droogte.

Het algemene doel van de kaderrichtlijn is de bescherming van landoppervlaktewater, overgangswater, kustwateren en grondwater, waarbij bepalingen worden vastgesteld voor de gebruiksaspecten en de kwantitatieve, kwalitatieve en ecologische aspecten van zowel grond- als oppervlaktewater. De kaderrichtlijn moet zorgen voor de coördinatie, de integratie en op lange termijn de verdere ontwikkeling van de algemene beginselen en structuren voor duurzaam watergebruik binnen de EU. De reeds bestaande richtlijnen en verplichtingen blijven behouden, maar worden door de kaderrichtlijn in een ruimer en meer coherent kader geplaatst.

De richtlijn is gebaseerd op de 'stroomgebiedbenadering', die de waterkwaliteit per stroomgebied probeert te realiseren. Dit leidt ertoe dat de landen waar de watermassa's doorheen stromen, moeten en kunnen samenwerken om de doelstellingen te realiseren. De leefmilieudoelstellingen die vervat zijn in de richtlijn, moeten gehaald worden tegen 2015. Onder bepaalde voorwaarden is voor een deel van de doelstellingen uitstel mogelijk tot 2027.

Richtlijn in verband met de emissie van verzurende stoffen

De Richtlijn verzurende stoffen heeft tot doel het beperken van de negatieve effecten op mens en milieu van verzuring, ozon op leefniveau en eutrofiëring. Daartoe worden nationale emissieplafonds (National Emission Ceilings, NEC) vastgesteld voor zwaveldioxide (SO_2), stikstofoxiden (NOx), vluchtige organische stoffen (VOS) en ammoniak (NH_3). De lidstaten kunnen zelf bepalen hoe ze aan deze doelstellingen willen voldoen. De lange termijn doelstellingen, bij voorkeur te realiseren vóór 2020, zijn: geen overschrijding van kritische niveaus en kritische belasting en effectieve bescherming tegen de gezondheidsrisico's van luchtverontreiniging. De richtlijn is van toepassing op alle door menselijke activiteiten veroorzaakte emissies van SO_2, NOx, VOS en NH_3, met uitzondering van de emissies van de internationale zeevaart en van vliegtuigen buiten de landing- en startcyclus. Naast de NEC-richtlijn hebben de landen in Europa samen met de Verenigde Staten en Canada ook emissieplafonds voor dezelfde stoffen afgesproken binnen het kader van het zogenaamde Gothenburg-protocol uit 1999. In 2012 is het Gothenburg-protocol tijdens een bijeenkomst van alle aangesloten landen gewijzigd. Daarbij zijn nieuwe emissie-afspraken aan het protocol toegevoegd in de vorm van een vermindering van emissies die landen tussen 2005 en 2020 moeten bereiken. De EU zal deze wijzigingen en aanvullingen op het protocol in de NEC-richtlijn moeten verwerken. De Europese Commissie zal hiertoe in 2013 een voorstel indienen bij de Raad en het Europees Parlement.

Geïntegreerde preventie en bestrijding van verontreiniging (Integrated Pollution Prevention and Control)

De oorspronkelijke IPPC-richtlijn bevat maatregelen ter voorkoming en beperking van emissies naar lucht, water en bodem van activiteiten met een industrieel karakter. Het gaat vooral om maatregelen die bij de vergunningverlening moeten worden opgelegd. In de veehouderij vallen bedrijven vanaf 40.000 pluimveeplaatsen, 2.000 mestvarkenplaatsen en 750 zeugenplaatsen onder het toepassingsveld van deze richtlijn. In 2007 ontwikkelde de Europese Commissie een nieuw voorstel inzake industriële emissies met als doel de huidige maatregelen te versterken en emissies te reduceren in heel Europa (creëren van een level playing field). Zeven richtlijnen (waaronder de IPPC-richtlijn) zijn nu samengevoegd in één richtlijn[110]: Richtlijn 2010/75/EU van het Europees Parlement en de Raad van 24 november 2010 inzake industriële emissies (geïntegreerde preventie en bestrijding van verontreiniging).

Volgens de richtlijn bepaalt de EU de normen waaraan industriële activiteiten met de hoogste kans op vervuiling moeten voldoen. Ze stelt een vergunningsprocedure in en bepaalt vereisten, met name voor afval. Het doel is om vervuilende emissies in lucht, water en bodem te vermijden of te minimaliseren, zoals van afval

[110] De overige zes richtlijnen die in dit pakket zijn samengevoegd, zijn: de richtlijn inzake de verbranding van afval, de richtlijn inzake grote stookinstallaties, de richtlijn inzake vluchtige organische stoffen en drie richtlijnen inzake de productie van titaniumdioxide.

afkomstig van industriële en landbouwinstallaties, om het milieu en de gezondheid te beschermen. De vergunning moet in de noodzakelijke maatregelen voorzien om de naleving te garanderen van de fundamentele plichten van de exploitant en de normen voor milieukwaliteit. De maatregelen bestaan onder meer uit grenswaarden voor de emissies van vervuilende stoffen, voorschriften die de bescherming van bodem, water en lucht garanderen en maatregelen voor toezicht op en beheer van afval.

Bodembescherming

Het ontbreken van een Europees kader voor bodembescherming is volgens de Europese Commissie lange tijd een hiaat geweest in de milieuwetgeving. Daarom werd de thematische strategie bodembescherming opgenomen in het zesde Milieu Actie Programma 2002-2012. In 2006 deed de Commissie een voorstel voor een Kaderrichtlijn bodembescherming. Risicobeheer, preventie en bodemsanering vormden de hoofdpijlers. Over dit voorstel zijn in 2007 onderhandelingen gestart in het Europese Parlement en de Raad. Heel wat lidstaten keken sceptisch aan tegen dit dossier omwille van de interferentie met de bestaande nationale wetgeving inzake bodembescherming. Nochtans stond het creëren van een level playing field tussen lidstaten die reeds een doeltreffende wetgeving inzake bodembescherming hadden enerzijds, en lidstaten die nog geen nationale regels hierover hadden anderzijds, voorop. De nadruk werd gelegd op het hoofdstuk bodemsanering. In tegenstelling tot de goedkeuring in het Europese Parlement kon de Raad geen gekwalificeerde meerderheid voor dit voorstel bereiken.

In het voorstel voor het nieuwe Milieu Actie Programma (zie paragraaf 17.4) kondigt de Commissie actie aan om te zorgen dat bij de besluitvorming inzake landgebruik op alle relevante niveaus voldoende rekening wordt gehouden met de milieueffecten, alsmede met de sociale en economische gevolgen. In de conclusies van de VN-top over duurzame ontwikkeling in juli 2012 (Rio + 20-top) wordt opgeroepen tot 'een wereld zonder landdegradatie'. De EU en haar lidstaten moeten gaan nadenken over hoe zij zo goed mogelijk binnen hun respectieve bevoegdheden een dergelijke verbintenis in de praktijk kunnen brengen en hoe zij de kwesties inzake bodemkwaliteit binnen een bindend wettelijk kader kunnen aanpakken. Ook wil de Europese Commissie doelen voor duurzaam land- en bodemgebruik stellen.

17.6 Klimaatbeleid

Het klimaatbeleid is vrij laat opgepikt in de EU, hoewel de lidstaten hier al sinds eind jaren 1980 aan werken. In 1992 werd in Rio de Janeiro het zogenoemde Raamverdrag klimaatverandering van de Verenigde Naties (UNFCCC) gesloten, meestal aangeduid als het Klimaatverdrag. De doelstelling van dit verdrag is: 'het stabiliseren van de concentratie van broeikasgassen in de atmosfeer op een zodanig niveau dat een gevaarlijke menselijke invloed op het klimaat wordt voorkomen'. Een mondiaal gemiddelde temperatuurstijging van maximaal 2 °C, in vergelijking met het pre-industriële niveau, wordt als acceptabel beschouwd. De meest in het oog springende hieruit voortvloeiende beleidsmaatregel is het Kyoto-protocol, goedgekeurd in 1997. Hierin werd afgesproken dat de ratificerende landen hun emissie van broeikasgassen in 2010 zouden verminderen ten opzichte van de emissie van 1990. Volgens genoemd protocol moesten de lidstaten van de EU hun gezamenlijke uitstoot van broeikasgassen in de periode 2008-2012 verminderen met tenminste 8% ten opzichte van 1990. Op de Europese Top in maart 2007 heeft de EU zich unilateraal tot doel gesteld haar broeikasgasemissies tegen 2020 met 20% te verminderen ten opzichte van 1990.

Het Kyoto-protocol liep in 2012 af. Tijdens de VN-klimaatconferentie in december 2011 in Durban hebben de 194 deelnemende landen afgesproken dat er voor 2015 een nieuw mondiaal en bindend verdrag moet zijn vastgesteld om de gevolgen van klimaatverandering tegen te gaan. Ook komt er een groen klimaatfonds, waarmee programma's gefinancierd kunnen worden die aantoonbaar bijdragen aan het verminderen van de broeikasgassen of die landen helpen zich te beschermen tegen de gevolgen van klimaatverandering (adaptatie) (I&M, 2012). Er zijn geen nieuwe bindende afspraken gemaakt over verdere reductie van de broeikasgasemissies. Het ambitieuze aanbod van de EU om in 2020 een verhoogde reductie van 30% te bereiken ligt ook nog op tafel. Realisatie van dit voornemen is door de EU wel afhankelijk gesteld van een aantal voorwaarden. Zo moeten andere ontwikkelde landen zich aan vergelijkbare emissiereducties verbinden en economisch meer gevorderde ontwikkelingslanden een bijdrage leveren die in verhouding staat tot hun verantwoordelijkheden en capaciteiten (PBL, 2012).

Een complicerende factor is dat grote landen zoals de Verenigde Staten, China en India vooralsnog weigeren om aan dergelijke afspraken mee te werken. Overigens zet de EU een aantal stappen om het klimaatbeleid meer te integreren in de andere beleidsterreinen. Als voorbeeld kan worden genoemd de richtlijn om het gebruik van biobrandstoffen te stimuleren. De integratie van het klimaatbeleid in het landbouwbeleid is door de Europese Commissie in de evaluatie van het EU-milieubeleid bevestigd. Daarbij is ook expliciet de integratie van het klimaatbeleid in de tweede pijler van het landbouwbeleid genoemd.

In het voorstel voor het nieuwe Milieuactieprogramma geeft de Commissie aan dat uitgebreider moet worden gebruikgemaakt van ecosysteemgebaseerde benaderingen voor de matiging van en de aanpassing aan de klimaatverandering, die ook ten goede komen aan de biodiversiteit en de levering van overige ecosysteemdiensten. Anderzijds moet binnen de besluitvorming over hernieuwbare energie volledig rekening worden gehouden met milieudoelstellingen zoals biodiversiteitbehoud en waterbescherming. Ten slotte bereidt de Commissie maatregelen voor ter bestrijding van transportgerelateerde luchtvervuiling en CO_2-uitstoot (EC, 2011).

17.7 Slotbeschouwing

Sinds de jaren 1960 zijn de milieuproblemen steeds meer op de politieke agenda komen te staan. Nadat het milieubeleid in eerste instantie voornamelijk door de lidstaten werd aangepakt, is dit onderwerp later ook nadrukkelijk op de Europese agenda gekomen. Sinds het zesde Milieu Actie Programma streeft de EU naar een milieubeleid dat coherent is met het overige beleid. Binnen het gemeenschappelijk landbouwbeleid wordt ook steeds meer rekening gehouden met het milieubeleid. Deze trend is vooral ingezet na 1992. De landbouw wordt hierdoor ook via het markt- en inkomensbeleid richting meer duurzame productie gestuurd. Dit begon aanvankelijk met het landbouwmilieubeleid dat in 1999 in de tweede pijler van het landbouwbeleid is ondergebracht. Met de verplichte invoering in 2005 van cross-compliance speelt dit ook bij de toeslagen en maken natuur- en milieudoelstellingen daardoor ook deel uit van de eerste pijler van het GLB. Nu de voorstellen van de Europese Commissie voor vergroening van het GLB zijn aanvaard, wordt deze integratie nog een stap verder gebracht.

De handhaving van de wet- en regelgeving voor milieu en duurzaamheid verloopt vrij moeizaam en eist van de betrokken bedrijven een aanzienlijke inspanning. Andere vormen van regulering kunnen wellicht helpen om de kosten aanvaardbaar te houden en de doelen te realiseren. Zo worden contracten afgesloten waarbij andere partijen (mee)betalen aan bepaalde door hen gewenste vormen van landbouw, de zogenaamde 'groene diensten'. Ook de consumenten en de agrifoodsector hebben de afgelopen jaren bijdragen geleverd om boeren te stimuleren duurzamer te gaan produceren (zie ook hoofdstuk 15 en bijlage 15a). Naast allerlei beperkingen levert de aandacht voor milieu en duurzaamheid ook kansen op voor de landbouwsector. Hierdoor wordt de relatie tussen milieu en landbouw langzaam maar zeker beter.

Literatuur

Europese Commissie, 2011. Routekaart naar een concurrerende koolstofarme economie in 2050. Mededeling van de Commissie aan het Europees Parlement, de Raad, het Europees Economisch en Sociaal Comité en het Comité van de Regio's. COM(2011) 112, PB C 140 van 11.5.2011. Brussel, België.

Europese Commissie, 2012a. Goed leven, binnen de grenzen van onze planeet. COM(2012) 710 final, 2012/0337 (COD), 29.11.2012. Brussel, België.

Europese Commissie, 2012b. Stappenplan voor efficiënt hulpbronnengebruik in Europa. Mededeling van de Commissie aan het Europees Parlement, de Raad, het Europees Economisch en Sociaal Comité en het Comité van de Regio's. COM(2011) 571, PB C 37 van 10.2.2012. Brussel, België.

I&M (Ministerie van Infrastructuur en Milieu), 2012. Dossier klimaatverandering. http://www.rijksoverheid.nl.

Reheul, D., E. Mathijs en J. Relaes , 2001. Elementen voor een toekomstvisie m.b.t. een duurzame land- en tuinbouw in Vlaanderen. Brussel, België.

PBL, 2012. Compendium voor de Leefomgeving. http://www.compendiumvoordeleefomgeving.nl.

Scheele, M., 2008. Evaluating public goods - concepts and challenges. In: 'Using Evaluation to Enhance the Rural Development Value of Agri-environmental Measures'. Conference Presentation at Pärnu, Estonia, June 17-19.

Internet

Europese Unie: http://europa.eu/index_nl.htm.

Europese Commissie, Directoraat Generaal Landbouw: http://ec.europa.eu/agriculture/index_nl.htm.

Kaderrichtlijn Water: http://www.helpdeskwater.nl.

18. Toepassing Europees milieukader in de landbouw in Nederland

Huib Silvis

18.1 Inleiding

Het Nederlandse milieubeleid was in het verleden op verschillende onderdelen eerder en verder ontwikkeld dan het Europese beleid. Tegenwoordig gaat de EU meestal voorop en sluit Nederland zich daarbij aan. Daarbij speelt het streven te voorkomen dat het Nederlandse bedrijfsleven in een nadelige concurrentiepositie komt een belangrijke rol. De specifieke kenmerken van Nederland zoals de hoge bevolkingsdichtheid, de intensiteit van de landbouw met een grote veestapel en veel tuinbouw, en de grote waterrijkdom, zorgen er soms voor dat de implementatie van het EU-milieubeleid lastig en kostbaar is, zoals bij de Nitraatrichtlijn en de Kaderrichtlijn Water.

Mede door de Nederlandse en Europese beleidsinspanningen is de milieubelasting door de landbouw over een breed front verminderd (figuur 18.1). Voor de meeste milieuthema's geldt dat de ecologisch gezien wenselijke doelstellingen echter nog niet zijn bereikt. Voor een aantal thema's is het de vraag of deze doelstellingen zonder aanvullend beleid zijn te realiseren. Dit geldt bijvoorbeeld voor het terugdringen van de uitstoot van broeikasgassen. Daar staat tegenover dat voor gewasbescherming de sector een heel eind op de goede weg is (Berkhout en Roza, 2012).

18.2 Mest en mineralen

In Nederland is de emissie van stikstof en fosfaat vanaf de jaren tachtig sterk afgenomen door de melkquotering en het mestbeleid. Bij de afname van de emissies van mineralen speelden verschillende factoren een rol, zoals het verminderde gebruik van kunstmest en de verlaging van het fosfaatgehalte van varkensvoer. Daarnaast is de inkrimping van de veestapel van belang. Zo is de Nederlandse melkveestapel sinds de invoering van de quotaregeling in 1984 gedaald van 2,5 naar 1,5 miljoen melkkoeien, ofwel teruggekeerd naar het niveau van vlak na de Tweede Wereldoorlog. De omvang van de varkens- en pluimveestapel is aan banden gelegd door een stelsel van mest- en dierrechten in het kader van het mestbeleid. Mede door

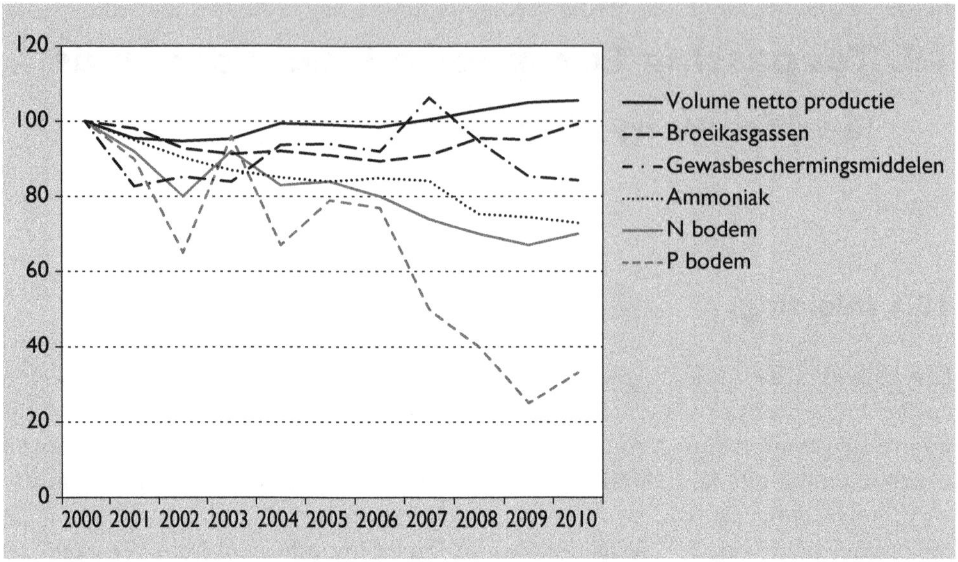

Figuur 18.1. Ontwikkeling volume netto productie en milieudruk (index, 2000=100) Nederlandse land- en tuinbouw, 2000-2010 (Berkhout en Roza, 2012).

kortingen op deze rechten toe te passen of door ze op te kopen is de varkensstapel en pluimveestapel teruggebracht.

Naast de genoemde mest- en dierrechten was het Nederlandse mestbeleid gebaseerd op het mineralenaangiftesysteem (MINAS). Dit systeem trad in 2001 in werking voor veehouders, akkerbouwers en vollegrondgroentetelers en was gericht op het terugdringen van gemeten verliezen van mineralen op bedrijfsniveau. Daardoor bood het mogelijkheden om rekening te houden met de bedrijfsvoering en zodoende tot de meest (kosten)effectieve maatregelen te komen. Nadelen van het systeem waren de noodzakelijke administratieve inspanningen en de moeizame handhaving. In oktober 2003 besliste het Europese Hof van Justitie dat het Nederlandse mestbeleid niet voldeed aan de Nitraatrichtlijn en daarom moest worden aangepast. De belangrijkste bezwaren van het Hof waren dat Nederland in MINAS geen gebruiksnormen, maar verliesnormen hanteerde, en dat overschrijding daarvan niet expliciet was verboden, maar dat 'slechts' boetes werden opgelegd.

Sinds 2006 is daarom MINAS vervangen door een stelsel van gebruiks- of aanvoernormen. Deze normen gelden voor zowel fosfaat als stikstof en verschillen per gewas en per grondsoort. Eén van de normen betreft de maximale aanvoer van stikstof uit dierlijke mest naar grasland. Volgens de Nitraatrichtlijn mag maximaal

170 kg N per hectare worden aangewend. Overheid en bedrijfsleven waren van mening dat in Nederland een hogere stikstofgift verantwoord is en hebben met succes bij de Europese Commissie een derogatie bepleit, die tot 2014 geldig is. Onder strikte voorwaarden mogen veehouderijbedrijven, mits zij minstens 70% van het totale grondoppervlakte als grasland gebruiken, per hectare 250 kg stikstof uit mest van graasdieren aanvoeren.

Conform de afspraken in het regeerakkoord van het kabinet Rutte-1, heeft het ministerie samen met de sector (LTO en NVV) een visie (kaderbrief) voor het toekomstig mestbeleid uitgewerkt (EL&I, 2011a). De visie vormt de basis voor de uitwerking van het 5^{e} Actieprogramma Nitraatrichtlijn ten behoeve van de EU. Het mestprobleem moet vanaf 2013 via de volgende drie sporen aangepakt worden:

1. *Duurzaam evenwicht tussen mestproductie en -afzet*. Veehouders met onvoldoende eigen grond worden verplicht een deel van hun overschot aan te bieden voor mestverwerking; voor het resterende bedrijfsoverschot moeten afzetgaranties worden geregeld.
2. *Voermaatregelen*. Maatregelen worden genomen om onnodig hoge gehalten aan fosfor en stikstof in het voer terug te dringen zonder dat dit ten koste gaat van de gezondheid en het welzijn van de dieren (zie kader 18.1).
3. *Producten uit dierlijke mest als kunstmestvervanger*. Volgens de huidige EU-regels moet concentraat worden beschouwd en behandeld als dierlijke mest, met alle beperkingen van dien. Het ministerie gaat zich in de EU sterk maken om hoogwaardige mineralenconcentraten uit dierlijke mest niet langer onder dierlijke mest te laten vallen, maar onder kunstmest.

Naast het driesporenbeleid zet Nederland zich voor het 5^{e} Actieprogramma Nitraatrichtlijn in om de gebruiksnormen na 2013 meer te differentiëren, maar niet verder te verlagen, de derogatie te verruimen en het mestproductieplafond te laten vervallen.

18.3 Verzuring

De landbouw is verantwoordelijk voor een groot deel van de verzurende emissie in Nederland. Daarbij gaat het om de uitstoot van stikstofoxiden, maar vooral om ammoniak (NH_3) vanuit de veehouderij. De totale nationale ammoniakemissie bedroeg in 2010 122 mln. kg en blijft daarmee onder het plafond van de Europese National Emission Ceiling-richtlijn (NEC), volgens welke de totale ammoniakemissie in Nederland in 2010 maximaal 128 mln. kg mag zijn. Ongeveer 85% van de nationale ammoniakemissie wordt veroorzaakt door de landbouw, de rest – bijna

17 mln. kg – komt voor rekening van consumenten, industrie, energie en raffinaderijen, handel, diensten, en overheid en verkeer (www.emissieregistratie.nl).

Sinds het midden van de jaren 1980 vertoont de ammoniakemissie een dalende lijn. In 2005 was deze emissie zo'n 45% lager dan in 1980. Behalve door de eerder genoemde inkrimping van de veestapel is de ammoniakemissie in het begin van de jaren 1990 vooral afgenomen door het verplicht emissiearm uitrijden van mest. De laatste jaren speelt vooral de opkomst van emissiearme stallen een rol.

Grote bedrijven – dat wil zeggen vanaf 40.000 kippen, 750 zeugen of 2.000 vleesvarkens – die vallen onder de NEC-richtlijn moeten in principe vanaf 1 november 2007 aan strenge emissienormen voldoen. Dat geldt ook voor kleinere intensieve veehouderijbedrijven die zich bevinden in kwetsbare natuurgebieden of in een zone van 250 meter daaromheen. Voor grondgebonden melkveebedrijven bestaat geen verplichting tot emissiearme huisvesting, maar wordt getracht de ammoniakuitstoot te beperken door aanpassing van het voeder (kader 18.1 Voermaatregelen).

Het *Besluit Huisvesting* (in werking sinds 2008) en het aanvullende gedoogbeleid verwoord in het *Actieplan Ammoniak en Veehouderij* (in werking sinds 2010) beogen de ammoniakemissie uit stallen fors te verminderen. In 2010 was ruim 50% van de varkens in emissiearme stallen gehuisvest, een kwart meer dan in 2008. In de leghennenhouderij was het aandeel van emissiearme stallen ruim 80%. In 2010 werd echter nog wel gebruik gemaakt van het emissiearme systeem van kooihuisvesting. Vanaf 2012 was dit niet meer toegestaan en dienden leghennenbedrijven over te schakelen naar welzijnsvriendelijke huisvesting, die meer ammoniak emitteert. Vleeskuikens en ouderdieren van vleeskuikens waren in 2010 voor 37%, respectievelijk 32%, in emissiearme stallen gehuisvest. Het aantal vleeskuikens in een emissiearme stal was ten opzichte van 2008 verdubbeld. Stalaanpassingen tot en met 2010 zijn vooral gerealiseerd op de grotere bedrijven.

Met de rijksmaatregelen in de Programmatische aanpak stikstof (PAS) voor de beperking van ammoniakemissie uit de landbouw wordt een reductie beoogd van in totaal 10 kiloton uitstoot van stikstof (EL&I, 2011b). De helft daarvan komt ten goede aan de natuur door minder depositie, de andere helft is beschikbaar voor ontwikkelruimte voor bedrijven rond Natura 2000-gebieden.

Nationale maatregelen voor de landbouw in het kader van de PAS zijn het nog beter emissiearm aanwenden van mest op bouwland en op grasland op kleigrond, het verder verminderen van emissie vanuit nieuwe stallen voor melkvee door hogere eisen in de *Algemene Maatregel van Bestuur Huisvesting*, en nieuwe maatregelen op

Kader 18.1. Voermaatregelen.
De productie van fosfaat lag in 2008, 2009 en 2010 boven het met de EU afgesproken plafond van 173 mln. kg. In 2010 werd het productieplafond met 6 mln. kg overschreden (De Koeijer *et al.*, 2011). De Europese Commissie verlangt van Nederland in de periode 2010-2013 concrete maatregelen om alsnog aan deze voorwaarde te voldoen; voldoet Nederland niet, dan vervalt de derogatie.
In december 2010 hebben LTO Nederland en de Nederlandse vereniging van veevoerindustrieën (Nevedi) een akkoord bereikt over het verlagen van de fosfaatproductie via diervoeders, ofwel het 'voerspoor'. Volgens het akkoord zal in drie jaar 20 mln. kg fosfaat worden bespaard ten opzichte van de productie in 2009. Daarvan dient zowel de rundveehouderij als de varkenshouderij 10 mln. kg voor haar rekening te nemen. In 2011 is een traject gestart om dit op vrijwillige basis te realiseren.
In de varkenshouderij wil men de reductie bereiken door het verbeteren van de fosfaatefficiëntie van het voer. De verordening 'minimum P-benutting' die een bepaalde P-efficiency voorschrijft is momenteel in behandeling bij de EU. De rundveehouderij gaat voor twee sporen. Met de diervoederindustrie is afgesproken om de totale P-aanvoer in mengvoer en droge/natte grondstoffen met 10% te verlagen ten opzichte van 2009. Met die lagere P-aanvoer wordt een reductie van de fosfaatproductie bereikt van ongeveer 4 mln. kg. De rest dient via rantsoenoptimalisatie gerealiseerd te worden door de rundveehouderijbedrijven.
Bij het niet realiseren van de doelen volgt ook in de rundveehouderij een verplichte maatregel en komen er in de varkenshouderij sancties (LTO-Nederland, 2011). In hoeverre het voerspoor slaagt is nog zeer onzeker. Er zijn in Nederland 33.000 bedrijven met rundvee en 7.500 bedrijven met varkens. Al die bedrijven dienen mee te werken om het voerspoor tot een succes te maken. In het verleden waren 'vrijwillige' afspraken rondom de mestproblematiek niet erg succesvol.

het gebied van veevoer en bedrijfsmanagement. De voorgestelde uitwerking van de PAS is onzeker vanwege twijfels over juridische haalbaarheid, de financiering en de rekenwijze voor stikstofbelasting.

Stoppersregeling

In het Actieplan Ammoniak en Veehouderij is aangegeven dat veehouders die willen stoppen in de periode na 2013, de mogelijkheid hebben om hun bedrijf nog enkele jaren voort te zetten. Voorwaarde is wel dat zij vanaf 1 januari 2013 met andere maatregelen een even grote emissiereductie realiseren als wanneer emissiearme stalsystemen zouden worden toegepast. Het betreft dan snel inzetbare, mogelijk tijdelijke maatregelen (luchtkoeling plus beperking ventilatie, management, verlaging eiwitgehalte voer, minder dieren). De zogenaamde stoppersregeling zal voor varkens- en pluimveehouders gelden tot uiterlijk 2020. Eén van de voorwaarden om te worden aangemerkt als stoppend bedrijf is dat het bedrijf via het Bedrijfsontwikkelingsplan (BOP) kenbaar maakt vóór 1 januari 2020 te zullen stoppen met het houden van varkens of kippen.

18.4 Gewasbescherming

Tussen het midden van de jaren 1980 en de eeuwwisseling is het verbruik van chemische gewasbeschermingsmiddelen door de Nederlandse land- en tuinbouw ongeveer gehalveerd. De daling betreft dan vooral de middelen tegen onkruid en schimmels, en die voor grondontsmetting. Bij de middelen tegen insecten is geen duidelijke tendens zichtbaar, terwijl het verbruik van de 'overige middelen' eerder stijgt dan daalt. Bij de schimmelziekten gaat het vooral om *Phytophtora*, die al decennialang een groot probleem vormt in de aardappelteelt. De daling van het verbruik van middelen tegen schimmels wijst erop dat de sector erin slaagt om dit probleem geleidelijk meer te beheersen, onder meer door betere hygiëne en het aanpakken van ziektehaarden. Voor een echte oplossing moeten resistente aardappelrassen beschikbaar komen.

Het Nederlandse beleid inzake gewasbescherming is in grote lijnen vastgelegd in de *Nota Duurzame Gewasbescherming* (LNV, 2004). Hoofdlijn is dat het gebruik van chemische middelen zoveel mogelijk wordt beperkt, waarbij het economisch perspectief voor de sector behouden blijft. Eén van de instrumenten hierbij is het gewasbeschermingsplan dat ieder bedrijf moet opstellen. Afgezien van de weersomstandigheden wordt het verbruik van chemische middelen vooral bepaald door de teeltwijze, het toegelaten middelenpakket en verschuivingen tussen teelten.

Het gewasbeschermingsbeleid over de periode 1998-2010 is kritisch geëvalueerd door het Planbureau voor de leefomgeving (PBL, 2012). Ondanks de reductie van 85% is de beleidsdoelstelling voor het oppervlaktewater van 95% reductie in 2010 niet gehaald. Een andere beleidsdoelstelling, de vermindering van het aantal knelpunten bij de drinkwaterbereiding uit oppervlaktewater met 95% tussen 1998 en 2010, is ondanks een forse verbetering evenmin gehaald. Ook worden de ecologische normen voor de kwaliteit van het oppervlaktewater nog regelmatig overschreden. Bij de veiligheid voor de gebruikers van de middelen is evenmin voldoende verbetering bereikt, mede doordat de overheid op het punt van handhaving weinig actief is. Op het gebied van de voedselveiligheid zijn de doelstellingen wel gerealiseerd. In 2008 was het aantal overschrijdingen van de residunormen (de maximaal toegestane hoeveelheid chemicaliën op het voedsel) 70% lager dan in 2003, duidelijk meer dan de doelstelling van 50%. Het PBL concludeert dan ook dat het voedsel veiliger is geworden.

Het achterblijven van de verbetering van de waterkwaliteit en van de arbeidsveiligheid bij de doelstellingen komt voor een deel doordat telers de regelgeving onvoldoende naleven en doordat ze te weinig aandacht hebben voor de risico's die het werken met gewasbeschermingsmiddelen met zich meebrengt. Uit onderzoek op basis van informatie van handhavende instanties blijkt dat op circa 40% van de bedrijven het (verplichte) gewasbeschermingsplan - waarin de teler moet aangeven hoe hij uitvoering wil geven aan een goede gewasbeschermingspraktijk op zijn bedrijf - ontbreekt of onvolledig is. De voorschriften inzake de zogenaamde spuitvrije zones langs watergangen worden eveneens vrij slecht nageleefd. Ook komt het regelmatig voor dat niet (meer) toegelaten middelen aanwezig zijn of worden gebruikt, dan wel dat toegelaten middelen verkeerd worden aangewend (Janssens *et al.*, 2012).

Vooral in de sierteelt onder glas worden op dit gebied veel overtredingen geconstateerd (Janssens *et al.*, 2012: 33). Een ander probleem in dit verband betreft de handel en het gebruik van illegale en/of namaak gewasbeschermingsmiddelen (EL&I, 2012). Tegenover deze ongunstige bevindingen staat dat de regels inzake spuitlicenties en bedrijfshygiëne wel goed worden nageleefd. Handhaving van de regels inzake het gebruik van chemische middelen is in de praktijk niet eenvoudig, onder meer omdat verschillende overtredingen alleen op heterdaad zijn vast te stellen. Overtredingen kunnen voor een deel samenhangen met de gebrekkige werkbaarheid van de regels (gedetailleerd, tegenstrijdig) of met een tekort schietende beschikbaarheid van chemische middelen. Dat laatste zou vooral bij kleine teelten kunnen spelen (Janssens *et al.*, 2012).

In de *2e Nota Duurzame Gewasbescherming* wordt aanvullend beleid geformuleerd. Deze zou in juni 2012 worden aangeboden aan de Tweede Kamer, maar vanwege de val van het kabinet is dit uitgesteld. Het *Nationaal Actieplan voor duurzaam gebruik van gewasbeschermingsmiddelen*, dat Nederland voor eind 2012 moest indienen bij de Europese Commissie, maakt deel uit van de 2e Nota. Volgens het PBL kan met voortzetting van het huidige beleid de kwaliteit van het oppervlaktewater nog flink verbeteren. Voor de langere termijn moet meer worden ingezet op de ontwikkeling van minder milieubelastende middelen en vermindering van de afhankelijkheid van chemische middelen. Dat laatste moet dan gestalte krijgen in de vorm van 'geïntegreerde bestrijding', waarbij 'de spuit' pas ter hand wordt genomen als andere mogelijkheden zijn uitgeput.

Toelating gewasbeschermingsmiddelen

De toelating van gewasbeschermingsmiddelen wordt in Nederland geregeld in de *Wet Gewasbeschermingsmiddelen en Biociden*, die begin 2007 van kracht is geworden. De Nederlandse regels inzake de toelating van middelen sluiten de laatste jaren aan bij de EU-regels. Rond 2000 was het Nederlandse beleid strenger, wat werd gemotiveerd met het relatief hoge middelenverbruik per hectare en met de grote kwetsbaarheid van het milieu vanwege het vele water. In de loop van de jaren 1990 is het aantal toegelaten stoffen teruggebracht van ruim 300 tot iets minder dan 200. Volgens het agrarisch bedrijfsleven was het beschikbare pakket daardoor te krap geworden en werd de concurrentieverhouding met omringende landen verstoord. Het beleid is toen versoepeld. Vanaf 2001 neemt het aantal toegelaten middelen weer toe. De minister kan vrijstellingen verlenen om landbouwkundige knelpunten op te lossen.

18.5 Broeikasgassen

De primaire land- en tuinbouw heeft een aandeel van rond de 12% in de totale uitstoot van broeikasgassen in Nederland. Ongeveer een derde van deze uitstoot betreft CO_2, twee derde betreft de emissie van methaan door herkauwers en van lachgas als gevolg van het gebruik van meststoffen. Sinds midden jaren 1990 daalde de emissie van de primaire land- en tuinbouw gestaag, maar sinds 2007 neemt deze weer enigszins toe. Dit is voor een groot deel het gevolg van de gestegen CO_2-emissie in de glastuinbouw, zowel voor teelt als elektriciteitsproductie.

Nederland heeft voor 2020 in het regeerakkoord uit 2010 de doelstelling vastgelegd om de emissie met 20% te verminderen ten opzichte van 1990; dit sluit aan bij de EU-reductiedoelstelling. De doelstelling voor de primaire land- en tuinbouw is een vermindering van de emissie met 16% in 2020 ten opzichte van 1990. In 2010 lag de emissie zo'n 12,5% onder het niveau in 1990. Of de doelstelling haalbaar is, is ongewis en hangt af van verschillende factoren zoals de ontwikkeling van de rundveestapel, de verdere invulling van het mestbeleid en de omvang van de energieopwekking in de glastuinbouw.

De agrarische sector kan op verschillende manieren een bijdrage leveren aan het bereiken van de doelstellingen van het klimaatbeleid. In de eerste plaats door energiebesparing, met name in kassen en veestallen. Daarnaast komt productie van energie steeds meer in de belangstelling, zoals met behulp van windmolens. Een spraakmakend voorbeeld is het benutten van kassen als zonnecollectoren, waarbij energie kan worden geproduceerd voor derden. Voor het produceren van energie met op het bedrijf voortgebrachte biomassa, hetzij in de vorm van afval zoals plantenresten of mest, hetzij met speciaal voor energiewinning geteelde gewassen, neemt de belangstelling eveneens duidelijk toe. Daarbij gaat het vooral om biogasinstallaties op landbouwbedrijven.

Emissierechtenhandel

Een belangrijk instrument van het klimaatbeleid is de handel in CO_2-emissierechten. De bedrijven in de primaire land- en tuinbouw vallen onder de sectoren die niet deelnemen aan het Europese emissiehandelssysteem (ETS), maar enkele tientallen grote glastuinbouwbedrijven doen wel mee. Voor de bedrijven die deelnemen aan het ETS is de doelstelling 21% reductie. De officiële emissierechtenhandel is in 2005 van start gegaan, hoofdzakelijk voor de industrie en de energiesector. Het is de bedoeling dat er over enkele jaren een handelssysteem komt voor de hele glastuinbouw, dat gekoppeld zou moeten worden aan het EU-systeem. Reductie van de CO_2-emissie kan de tuinders dan geld opleveren doordat ze emissierechten kunnen verkopen.

18.6 Water

In Nederland wordt al sinds de invoering van de *Wet Verontreiniging Oppervlaktewater* (WVO) in 1969 aandacht besteed aan de kwaliteit van het oppervlaktewater. In de afgelopen decennia is de vervuiling van het Nederlandse oppervlaktewater flink teruggedrongen. Zo zijn de Rijn en de Maas veel schoner dan 20 jaar geleden, vooral omdat bovenstrooms industrieën en mijnen hun lozingen hebben beperkt. Ook de concentraties van nutriënten in het oppervlaktewater zijn afgenomen, voornamelijk door maatregelen in de industrie en bij de rioolwaterzuiveringsinstallaties, maar ook door minder af- en uitspoeling vanuit de landbouw. Dit proces ijlt echter nog lang na, vooral voor fosfaat, ook nadat de bodembelasting is teruggebracht tot het gewenste niveau.

De hoofddoelstelling van het beleid is conform de Europese Kaderrichtlijn Water (KRW) een goede ecologische en chemische kwaliteit te bereiken van het grond- en oppervlaktewater. In beginsel moet dit doel worden bereikt in 2015, maar een uitloop tot 2027 is mogelijk. Het hangt sterk van de uitvoering van de KRW af welke gevolgen deze uiteindelijk heeft voor de sector. Duidelijk is wel dat deze richtlijn geen versoepeling van de vigerende nationale beleidsdoelstellingen toelaat. Ook kan het voorgenomen beleid hoge kosten opleveren. Verwacht wordt dat dit voor een deel kan worden opgevangen door innovatie. Het ziet er naar uit dat voor de meeste Nederlandse wateren niet voor strenge normen gekozen zal worden. Voor de gebieden die vallen onder de Vogel- en de Habitatrichtlijn zal dat, conform de EU-regels, wel het geval zijn.

In Nederland worden bij de uitwerking van de KRW vier stroomgebieden onderscheiden, namelijk van de rivieren Eems, Maas, Schelde en Rijn. Het laatste stroomgebied is weer in vieren verdeeld. De KRW eist van de lidstaten dat zij een actieve participatie van alle betrokken partijen bij de uitvoering van de richtlijn aanmoedigen, met name bij de opstelling, de herziening en de aanpassing van de stroomgebiedbeheersplannen. In Nederland is daartoe op nationaal niveau een Regiegroep Water ingesteld die kaderstellende, generieke beleidskeuzes maakt. Regionaal beleid en uitvoering krijgen vorm in regionale samenwerkingsverbanden binnen de stroomgebieden.

Literatuur

Berkhout, P. en P. Roza (red.), 2012. Landbouw-economisch bericht 2012. LEI-rapport 2012-038. LEI, Den Haag, Nederland.

EL&I, 2011a. Kaderbrief Toekomstig mestbeleid. Den Haag, Nederland.

EL&I, 2011b. Hoe werkt de programmatische aanpak stikstof (PAS). Brochure, december 2011. http://pas.natura2000.nl.

EL&I, 2012. Gewasbescherming duurzamer. Nieuwsbrief dd. 15-02-2012. Den Haag, Nederland.

Janssens, S.R.M., J.W. Stokreef, A.B. Smit en H. Prins, 2012. Evaluatie van de nota Duurzame gewasbescherming; deelrapport naleving. Rapport 2011-091. LEI, Den Haag, Nederland.

LTO-Nederland, 2011. Diervoederindustrie maakt werk van lagere fosfaatproductie. Persbericht 25 augustus 2011. LTO, Den Haag, Nederland.

De Koeijer, T.J., M.W. Hoogeveen en H.H. Luesink, 2011. Synthese monitoring mestmarkt 2006-2010. Rapport 116. WOT Natuur & Milieu, Wageningen, Nederland.

LNV, 2004. Duurzame gewasbescherming; Beleid voor gewasbescherming tot 2010. Ministerie van LNV, Den Haag, Nederland.

PBL, 2012. Evaluatie van de nota Duurzame gewasbescherming. Publicatie 500158001. PBL, Den Haag, Nederland.

Internet

CBS Statline: http://statline.cbs.nl/statweb.

De Nederlandse land- en tuinbouw op gebied van people, planet en profit: www.duurzaamheidlandbouw.nl.

Emissieregistratie: www.emissieregistratie.nl.

Eurostat: http://epp.eurostat.ec.europa.eu.

19. Toepassing Europees milieukader in de landbouw in Vlaanderen

Joris Relaes

19.1 Inleiding

Zoals alle economische sectoren heeft ook de landbouwsector een belangrijke invloed op zijn omgeving en in het bijzonder op het milieu. In dit hoofdstuk wordt nagegaan op welke manier in Vlaanderen milieuproblemen in de land- en tuinbouwsector beleidsmatig worden aangepakt en wat de resultaten hiervan zijn.

De landbouwsector is zeer sterk weersafhankelijk. Het weer beïnvloedt niet enkel de opbrengsten, maar ook het gebruik van hulpbronnen (water, energie, enz.) en inputs (gewasbeschermingsmiddelen, kunstmest, enz.). Het is daarom van belang voor ogen te houden dat de geboekte milieuresultaten belangrijke schommelingen kunnen vertonen in functie van die weersomstandigheden.

Een manier om het ecologisch resultaat van de landbouwsector in kaart te brengen is de eco-efficiëntie. De eco-efficiëntie vergelijkt de uitstoot van milieubelastende stoffen met de productie. De productie wordt gemeten als de totale productiewaarde van de landbouwsector in constante prijzen van 2005.

Figuur 19.1 laat zien dat ten opzichte van 2001 een lichte stijging is waar te nemen van de totale productiewaarde in de landbouw. De meeste milieudrukindicatoren nemen in de periode 2001 tot 2008 af. Als gevolg kan gesteld worden dat de eco-efficiëntie van de Vlaamse landbouw in de betreffende periode is toegenomen.

De vooruitgang werd vooral geboekt door een krimpende veestapel, dalend kunstmestgebruik, de toepassing van emissiearme technieken, een geringere nutriënteninhoud van het veevoeder en een toenemende mestverwerking. Ook het rationeel energiegebruik en de omschakeling naar aardgas in de glastuinbouw zijn significant voor de emissie van fijn stof en broeikasgassen. De schaalvergroting versterkt de dalende trend van de emissies en het brongebruik. Na 2008 is er echter een stagnatie van de vooruitgang die geboekt wordt op het vlak van milieu.

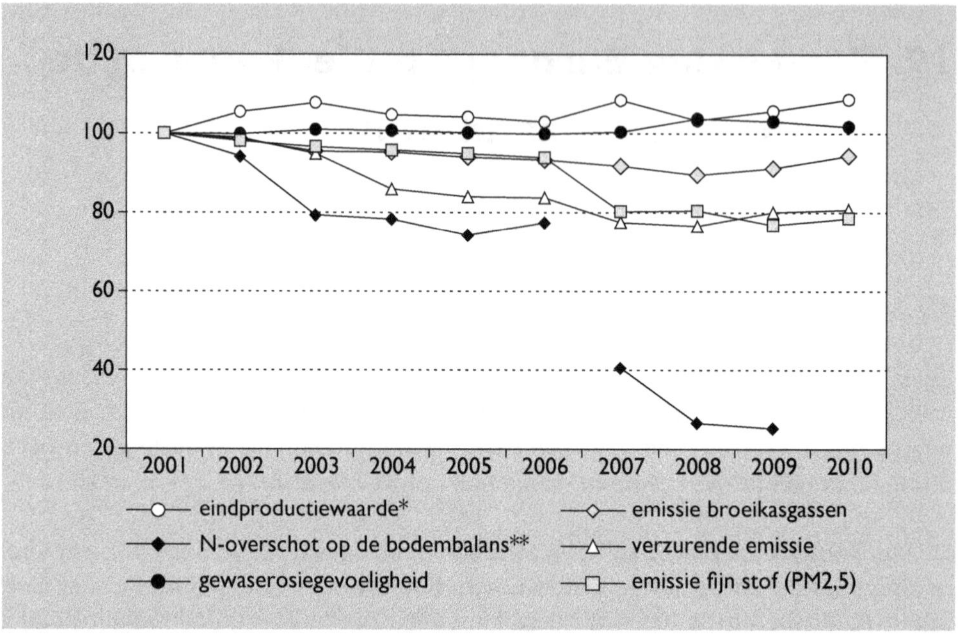

Figuur 19.1. De eco-efficiëntie van de Vlaamse landbouw (index: 2001 = 100) (Landbouwrapport, 2012).
** Totale productiewaarde in constante prijzen van 2005.*
*** Vanaf 2007 vernieuwde berekeningsmethode.*

19.2 Mest en mineralen

Het grootste milieuprobleem waarmee de Vlaamse land- en tuinbouw de voorbije jaren worstelde, was het mestprobleem. De regionalisering van het milieubeleid binnen België en het gegeven dat Wallonië nauwelijks of geen mestimport toelaat, heeft het probleem nog extra aangescherpt.

Het door Vlaanderen gevoerde mestbeleid is een totaalbeleid, waarbij zowel dierlijke als kunstmest worden aangepakt, dat een oplossing tracht te bieden voor zowel de stikstof-, de fosfaat- en de ammoniakproblematiek.

Vlaanderen heeft een mestbeleid sinds 1991, toen het *Vlaams decreet inzake de bescherming van het leefmilieu tegen de verontreiniging door meststoffen*, kortweg het Mestdecreet, werd goedgekeurd. Met dit decreet werd getracht invulling te geven aan de Europese Nitraatrichtlijn.

In het kader van de Nitraatrichtlijn wordt een basiskwaliteitsnorm opgelegd van 50 mg/l nitraat in grond- en oppervlaktewater. Sinds 1996 heeft de Vlaamse overheid vier steeds strenger wordende mestactieplannen (MAP) goedgekeurd, dit met het oog op het bereiken van de doelstellingen van de nitraatrichtlijn. Aanvankelijk had de Vlaamse overheid enkel natuurgebieden en waterwinningsgebieden als kwetsbare gebieden aangeduid. Het was pas na het arrest van het Europees Hof van Justitie in september 2005 dat de Vlaamse regering op 1 januari 2007 is overgegaan tot het aanduiden van gans Vlaanderen als kwetsbaar gebied.

Dit heeft tot gevolg dat in gans Vlaanderen een bemestingslimiet van 170 kg N/ha uit dierlijke mest geldt. Dankzij een belangrijke hoeveelheid dierlijke mest die verwerkt wordt, is sinds enkele jaren de mestbalans op Vlaams niveau in evenwicht. De milieubalans is dit nog niet. Hoewel het percentage meetpunten met een overschrijding van de nitraatnorm in tien jaar tijd is gehalveerd, blijft één derde van de meetpunten jaarlijks de norm overschrijden. De Vlaamse regering heeft daarom bij de goedkeuring van het tot nu toe laatste Mestactieplan in 2011 (MAP IV), een uitgebreid flankerend beleid goedgekeurd dat vooral inzet op de verbetering van de waterkwaliteit. Dit gebeurt onder andere via de opvolging van nitraatresidumetingen in zogenaamde waterkwaliteitsgroepen waar landbouwers in overleg zoeken naar oplossingen om de milieudruk in het landbouwgebied waar ze actief zijn, te verminderen.

De ammoniakproblematiek wordt aangepakt via het vergunningen- en investeringsbeleid. Er wordt investeringssteun toegekend voor stallen die gebouwd worden volgens de Best Beschikbare Technieken-principes.

19.3 Gewasbescherming

Het beleid

Het gewasbeschermingsbeleid in Vlaanderen is gericht op het duurzaam gebruik van gewasbeschermingsmiddelen in de land- en tuinbouw. Het doel is risico's voor de mens en het milieu te verminderen. In uitvoering van de Europese wetgeving zullen tegen 1 januari 2014 de principes van geïntegreerde gewasbescherming (IPM, Integrated Pest Management) ingevoerd worden voor alle land- en tuinbouwsectoren.

IPM is een bestrijdingsmethode waarbij alle mogelijke bestrijdingstechnieken geïntegreerd toegepast worden om de schade aan gewassen onder de economische schadedrempel te houden. Voorrang wordt gegeven aan niet-chemische bestrijding. Het inzetten van mechanische onkruidbestrijding of biologische bestrijding met natuurlijke vijanden verdient bijvoorbeeld de voorkeur boven een bespuiting met herbiciden of insecticiden. Als er toch chemisch ingegrepen moet worden, mogen alleen bestrijdingsmiddelen gebruikt worden die een minimale druk op het milieu uitoefenen en zo weinig mogelijk risico's inhouden voor de volksgezondheid. Bij IPM gaat het erom schadeverwekkers zo vlug mogelijk waar te nemen en economische schade te voorkomen door tijdig en gepast in te grijpen. In Vlaanderen is hiertoe een waarnemingsnetwerk uitgebouwd. Binnen dit netwerk wordt de ziektedruk gevolgd in diverse gewassen verspreid over Vlaanderen. Op basis van deze monitoring worden specifieke adviezen (waarschuwingen) verleend om al dan niet in te grijpen met gewasbeschermingsmiddelen.

Naast IPM werkt de Vlaamse overheid aan de realisatie van een Vlaams actieplan om de risico's van gewasbeschermingsmiddelen te verminderen conform Richtlijn 128/2009/EG over een duurzaam gebruik van gewasbeschermingsmiddelen. In dit kader worden verschillende maatregelen zoals beperking van drift, bufferzones langs specifieke gebieden en aanleg van akkerranden uitgewerkt.

Om de richtsnoeren en de principes van geïntegreerde gewasbescherming bij de sector bekend te maken en de professionele gebruiker te sensibiliseren loopt er een voorlichtingscampagne met artikelen in de vakpers, publicaties en voorlichtingsvergaderingen. De praktijkcentra geven de nodige ondersteuning aan de toepassing van de richtsnoeren in de praktijk door onderzoek, demonstratie en de verdere uitbouw van monitoringmethoden en waarschuwingsdiensten.

Volgens de richtlijn moeten de professionele gebruikers van gewasbeschermingsmiddelen beschikken over een kenniscertificaat, waardoor ze bewijzen over voldoende kennis van gewasbeschermingsmiddelen te beschikken. In Vlaanderen heet dat certificaat fytolicentie. De licentie omvat een certificaat voor professioneel gebruik, distributie of voorlichting van gewasbeschermingsmiddelen. De fytolicentie kan verkregen worden vanaf 1 september 2013 en wordt verplicht vanaf 31 augustus 2015.

Bij de randvoorwaarden om GLB-steun te ontvangen zijn ook eisen opgenomen rond het correct gebruik van gewasbeschermingsmiddelen.

Via de middelen van pijler twee van het Europees landbouwbeleid kunnen beheersovereenkomsten worden afgesloten om wat de toepassing van gewasbeschermingsmiddelen betreft, verdere stappen te zetten dan wettelijk is voorgeschreven. In

2011 ging het om 3.877 ha beheersovereenkomsten mechanische onkruidbestrijding, 1.192 ha milieuvriendelijke sierteelt, 3.569 ha biologische landbouw en 7.866 ha verwarringstechniek in de pitfruitteelt. Met deze laatste techniek worden schadelijke insecten bestreden via de inzet van feromonen (lokstoffen).

De resultaten

De landbouw gebruikt gewasbeschermingsmiddelen om de negatieve invloed van onkruid, schimmels, insecten en ziektes te minimaliseren en zo de opbrengst van het gewas veilig te stellen. Het probleem is echter dat de toepassing niet 100% specifiek is en dat er altijd een deel in de atmosfeer en de bodem terechtkomt. Ook slechte afbreekbaarheid en resistentie kunnen aanleiding geven tot milieuproblemen op lange termijn.

Op basis van de samenstelling van het commerciële product wordt de gebruikte hoeveelheid omgerekend naar kg actieve of werkzame stof. Dit is echter geen ideale milieuparameter. Daarom wordt in het Vlaams milieubeleid gebruik gemaakt van een indicator die de Universiteit Gent gebruikt: jaarlijkse verspreidingsequivalenten (Seq). Dit is een maat voor de druk van bestrijdingsmiddelen uitgeoefend op het waterleven en weegt de gebruikte hoeveelheid actieve stof op ecotoxiciteit en verblijftijd in het milieu.

Figuur 19.2 laat zien dat de Seq-index, in 2005 gelijkgesteld aan 100%, stijgt eerst naar 111% in 2006 om in 2010 te eindigen op 56%. Deze gunstige evolutie kan verklaard worden door enerzijds de afname van het gebruik en anderzijds het uit de handel nemen van de meest toxische stoffen de laatste jaren. Zo werd in 2008 paraquat verboden, een tot dan veel gebruikt herbicide.

Uit figuur 19.3 blijkt dat de productie van fruit het grootste aandeel heeft in de Seq; in 2010 ging het om 43%. Het gebruik van gewasbeschermingsmiddelen in de glastuinbouw is zeer beperkt, omdat doorgaans vertrokken wordt van een kiem- en onkruidvrij substraat en voorts door de gesloten omgeving op een gecontroleerde manier natuurlijke vijanden (roofmijten, lieveheersbeestjes, roofwantsen en gaasvliegen) kunnen ingezet worden tegen voor de planten schadelijke organismen.

Het aandeel van de verschillende typen van gewasbeschermingsmiddelen in de Vlaamse land- en tuinbouw is vrij constant: 44% fungiciden; 34% herbiciden; 11% insecticiden en 10% andere. Tot de laatste groep behoren onder andere groeiregulatoren, bodemontsmettingsmiddelen, afweermiddelen en bewaarmiddelen. Insecticiden zijn het meest toxisch voor de niet-doelorganismen.

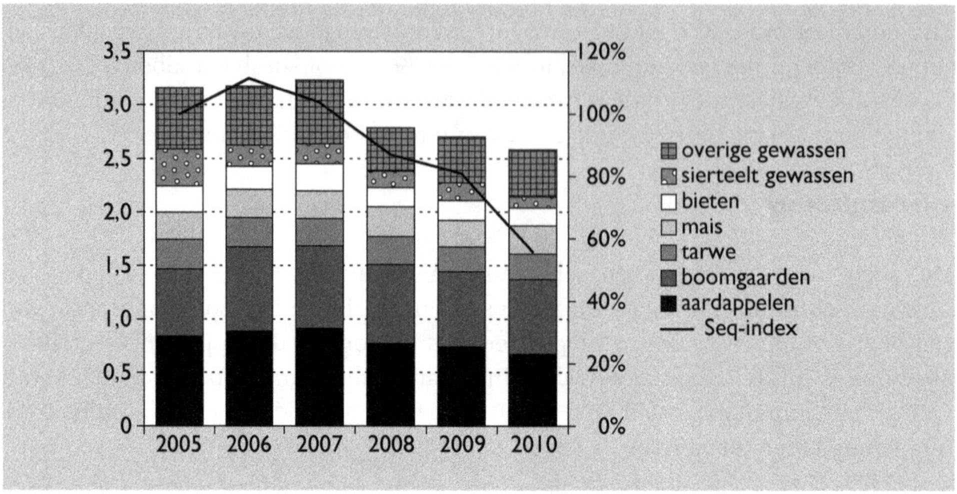

Figuur 19.2. Gebruik van gewasbeschermingsmiddelen in de Vlaamse land- en tuinbouw per gewasgroep, in miljoen kg actieve stof en Seq-index, 2005-2010 (Landbouwrapport, 2012).

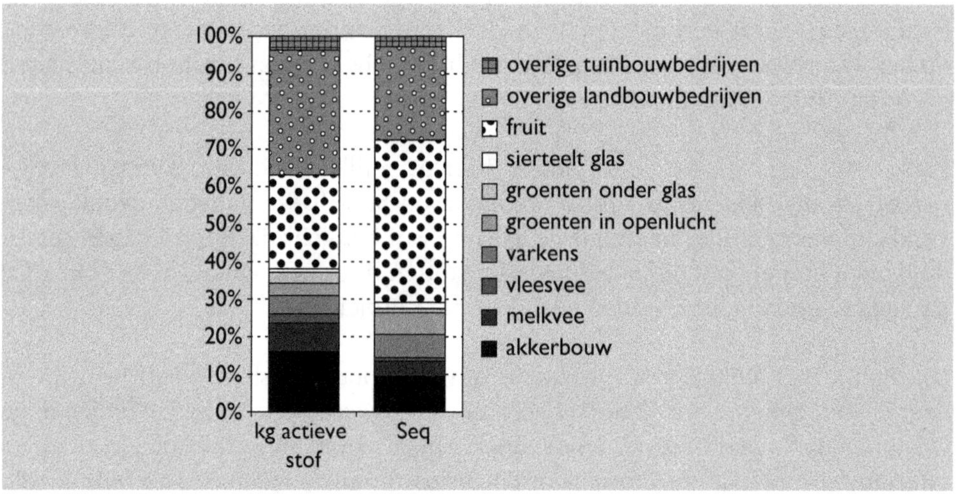

Figuur 19.3. Gebruik van gewasbeschermingsmiddelen in de Vlaamse land- en tuinbouw, naar productierichting, in miljoen kg actieve stof en Seq-index, 2005-2010 (Landbouwrapport, 2012).

19.4 Broeikasgassen

In 2010 bedroeg de totale emissie van broeikasgassen uit de Vlaamse landbouw 9.192 kton CO_2-eq, een daling met 17% ten opzichte van 1990 en 8% ten opzichte van 2000. Dit terwijl de totale emissie van broeikasgassen in Vlaanderen in dezelfde periode met 1%, respectievelijk 2% afnam.

De emissie is sinds 2008 toegenomen met 5%. Deze toename is voor de helft op rekening te schrijven van de glastuinbouw en voor een kwart te verklaren door de aangroeiende veestapel. Het aandeel van landbouw in de totale Vlaamse broeikasgasemissie bedraagt 11%. De landbouw heeft een groter aandeel in de totale broeikasgasemissie dan zijn economische omvang en het energiegebruik binnen de sector doet vermoeden.

Het relatief grote aandeel van de landbouw is te wijten aan het feit dat 53% van het lachgas (N_2O) en 77% van de methaan (CH_4) emissie uit de landbouw komt. N_2O en CH_4 hebben respectievelijk een 310 en 21 maal zwaarder broeikaseffect dan koolzuurgas (CO_2). Herkauwers zijn de belangrijkste bron van CH_4 en (kunst) mest van N_2O. Van de emissie in de landbouwsector is 79% van niet-energetische oorsprong, dat wil zeggen niet het gevolg van energieproductie.

Het nieuwe *Vlaams Klimaatbeleidsplan* (2013-2020) bestaat uit twee afzonderlijke maar goed op elkaar afgestemde luiken: het Mitigatieplan en het Adaptatieplan. In tegenstelling tot het vorige *Vlaams Klimaatbeleidsplan* (2006-2012), waar de klemtoon vooral op energie lag, komt in het nieuwe plan de nadruk meer te liggen op een integrale aanpak waarbij een bredere waaier aan activiteiten en de hieraan gerelateerde broeikasgassen in de land- en tuinbouwsector in stelling kunnen gebracht worden.

19.5 Watergebruik

De Europese Kaderrichtlijn water stelt niet alleen eisen aan de kwaliteit van het watergebruik, maar ook aan de kwantiteit. Er wordt gepleit voor een zuinig en doordacht waterverbruik.

Het totale watergebruik in de Vlaamse landbouwsector in 2010 bedroeg 50,5 miljoen m^3. In 2005 en 2009 kon ongeveer hetzelfde gebruik vastgesteld worden. In 2006 werd meer dan 55 miljoen m^3 gebruikt. De reden voor deze sterke schommelingen zijn de weersomstandigheden.

Teelten in open lucht gebruiken het minst extra water ten opzichte van de natuurlijke regenval, slechts enkele percenten; dit in tegenstelling tot beschutte teelten en de dierlijke sector. Van het watergebruik gaat 15% naar de varkenssector, 13% naar de melkveehouderij, 18% naar de groenteteelt onder glas en 7% naar de sierteelt onder glas.

Er wordt steeds minder leidingwater gebruikt en steeds meer hemelwater. Meer dan de helft van het water wordt echter opgepompt; 41% is afkomstig van de diepere grondlagen en 16% van ondiep grondwater.

In het kader van het Vlaams Landbouwinvesteringsfonds kunnen landbouwers steun krijgen voor waterzuivering- en waterbehandelinginstallaties en voor de opvang of het hergebruik van regen- en beregeningswater.

Literatuur

Beleidsbrief Landbouw, visserij en plattelandsbeleid, beleidsprioriteiten 2012-2013. Kris Peeters, minister-president van de Vlaamse regering en Vlaams minister van economie, buitenlands beleid, landbouw en plattelandsbeleid. Vlaams Parlement, stuk 1753, werkjaar 2012-2013. www.vlaamsparlement.be.

Landbouwrapport, 2012. Vlaamse overheid, Departement Landbouw en Visserij. www.vlaanderen.be/landbouw/studies.

Milieurapport Mira 2011. Vlaamse Milieumaatschappij. www.milieurapport.be.

20. Europees natuurbeleid en de toepassing in Nederland en Vlaanderen

Raoul Beunen en Irene Bouwma

20.1 Inleiding

In het afgelopen decennia heeft het Europees natuurbeleid nadrukkelijk een stempel gedrukt op de ruimtelijke ontwikkelingen in Nederland en Vlaanderen. De kern van het Europese natuurbeleid wordt gevormd door de Vogelrichtlijn (1979) en de Habitatrichtlijn (1992). Beide richtlijnen hebben als doel het beschermen van de biodiversiteit op het grondgebied van de Europese Unie. Daarvoor moeten de lidstaten gebieden aanwijzen en de wetgeving aanpassen aan het toetsingskader dat in de Habitatrichtlijn is geformuleerd. De aangewezen gebieden vormen samen het Natura 2000-netwerk. In het wettelijk kader is vastgelegd hoe een afweging moet worden gemaakt tussen de instandhouding van de beschermde soorten en habitattypen, en activiteiten die mogelijk gevolgen hebben voor deze doelstellingen.

In de ogen van diverse betrokken partijen wordt de implementatie van Natura 2000 over het algemeen niet als het schoolvoorbeeld van succesvol beleid gezien (Beunen *et al.*, 2013; Dekker, 2011; Franx en Bouwmeester, 2010). De implementatie van deze richtlijnen heeft in Nederland dan ook tot de nodige discussies geleid. Veel aandacht is daarbij uitgegaan naar de vertraging of stillegging van ruimtelijke plannen en projecten. Eén van de eerste en meest bekende voorbeelden is de rechtzaak waarbij de stichting Das en Boom de EU-Habitatrichtlijn gebruikte om bezwaar aan te tekenen tegen de aanleg van een nieuw bedrijventerrein. Das en Boom won de rechtzaak en de Raad van State bepaalde dat de ontheffingsvergunning om te bouwen in het leefgebied van de wilde hamster ten onrechte was verleend. De hamster en zijn leefgebied kennen een strikte bescherming in de Habitatrichtlijn. De media-aandacht die deze zaak kreeg heeft er toe geleid dat allerlei organisaties het voorbeeld van Das en Boom gingen volgen en aan de hand van de EU regelgeving bezwaar aantekenden tegen allerlei plannen en projecten.

Meer recent heeft de ontpoldering van de Hedwigepolder veel aandacht gekregen. Nederland en België hebben gezamenlijk afgesproken via deze ontpoldering de negatieve effecten van het uitdiepen van de Westerschelde op het Natura 2000-

gebied te compenseren. Deze compensatie is daarna onderdeel geworden van een politiek spel, waarin eerder gemaakte afspraken ter zijde werden geschoven en steeds nieuwe argumenten werden gezocht tegen het ontpolderen. De discussie over de Hedwigepolder laat daarmee goed zien hoe de wettelijke verplichtingen die volgen uit het Europese natuurbeleid verweven raken met allerlei andere beleidsvelden en politieke discussies.

De rol die natuurbeschermingsregelgeving speelt in allerlei besluitvormingsprocessen en de daaraan gerelateerde rechtzaken is erg wisselend. Bij sommige rechtzaken staat de regelgeving centraal. Bij andere zaken is natuurbeschermingsregelgeving slechts één van de aspecten die een rol speelt in het besluitvormingsproces. Figuur 20.1 geeft het aantal aangespannen rechtzaken weer, niet het aantal gewonnen rechtzaken. Regelmatig zijn de bezwaarmakers in het ongelijk gesteld door de rechter en onderzoek heeft laten zien dat een groot deel van de projecten uiteindelijk toch is doorgegaan (Beunen, 2006; Kistenkas en Kuindersma, 2008; Van Veen *et al.*, 2011).

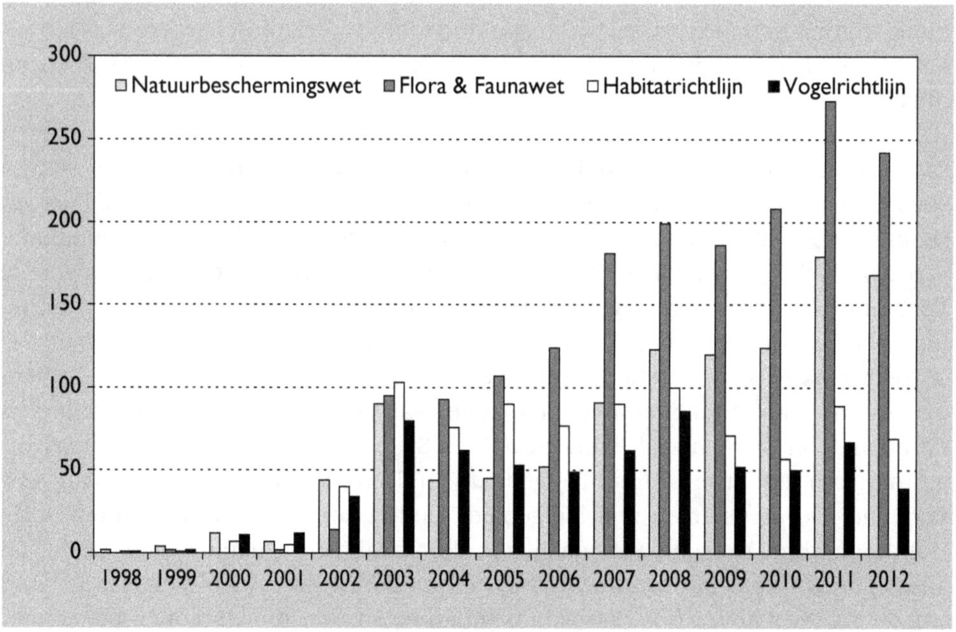

Figuur 20.1. Aantal rechtzaken waarin een specifieke natuurbeschermingswetgeving een rol heeft gespeeld.

De belangrijkste reden voor de problematiek is de onduidelijkheid die de implementatie van de Vogel- en de Habitatrichtlijn met zich meebracht. Nederland heeft lang gewacht met het aanwijzen van gebieden en met het aanpassen van de wetgeving. Mede daardoor was het voor initiatiefnemers van allerlei plannen en projecten en voor degenen die hiervoor formeel toestemming moesten geven vaak niet duidelijk of en hoe rekening gehouden moest worden met de Vogel- en de Habitatrichtlijn. Daarnaast speelde de onbekendheid over de nieuwe regels en het ontbreken van ervaring bij initiatiefnemers en de overheid een rol. Als gevolg daarvan zijn veel besluiten genomen die juridisch in strijd waren met de eisen die in deze richtlijnen worden gesteld.

Nederland is zeker niet de enige lidstaat waar de implementatie van de Vogel- en de Habitatrichtlijn heeft geleid tot problemen en discussies (zie bijvoorbeeld Coffey en Richartz, 2003; Krott *et al.*, 2000; Stoll-Kleemann, 2001). Een vergelijkende studie naar de implementatie van de richtlijnen in Nederland, Vlaanderen, Engeland, Noordrijn-Westfalen en Nedersaksen laat zien dat elk land zijn eigen problematiek heeft. Voor een deel heeft dit te maken met de historische en beleidsmatige context van natuurbescherming in het betreffende land (Bouwma *et al.*, 2008). In veel landen vereisen de richtlijnen een andere aanpak dan het oorspronkelijke natuurbeleid. Ook het Nederlandse natuurbeleid en de uitvoering daarvan is mede als gevolg van de Vogel- en de Habitatrichtlijn aangepast en veranderd.

In dit hoofdstuk wordt het Europees natuurbeleid en de implementatie van dit beleid in Nederland en Vlaanderen beschreven. We schetsen eerst de formele kaders zoals die in EU-verband zijn vastgelegd en besteden vervolgens aandacht aan de wijze waarop Nederland en Vlaanderen deze kaders hebben vertaald naar nationale regelgeving en de consequenties die dit heeft gehad voor het ruimtelijk beleid.

20.2 Wat is het Europees natuurbeleid?

De kern van het Europese natuurbeleid bestaat uit de Vogel- en de Habitatrichtlijn. De Vogelrichtlijn is in 1979 van kracht geworden met als doel de wilde vogels en hun habitat te beschermen. De Habitatrichtlijn is in 1992 aangenomen met als doel bij te dragen aan het waarborgen van de biologische diversiteit door het in stand houden van de natuurlijke habitat-typen en de wilde flora en fauna op het Europese grondgebied van de lidstaten. Beide richtlijnen richten zich op het beschermen van zowel soorten als leefgebieden van deze soorten. De Habitatrichtlijn is daarnaast ook gericht op het beschermen van specifieke habitattypen. Via deze richtlijnen is afgesproken dat lidstaten gebieden selecteren en aanwijzen, en zorg dragen voor het beheer ervan. Deze gebieden vormen samen het Natura 2000-netwerk. Daarnaast zijn de lidstaten verantwoordelijk voor het instellen van een wettelijk kader waarmee soorten en gebieden beschermd worden. In de praktijk betekent dit dat de natuurbeschermingswetten aangepast moeten worden aan de Europese eisen of dat nieuwe wetgeving moet worden ingesteld.

Het belangrijkste uitgangspunt voor de Nederlandse natuurbeschermingswet en het Vlaamse Natuurdecreet is het afwegingskader zoals dat in de Habitatrichtlijn is beschreven. Dit kader geeft onder meer aan hoe om moet worden gegaan met plannen en projecten die mogelijk in strijd zijn met beschermingsdoelen. In tabel 20.1 is de inhoud van de Habitatrichtlijn op een rij gezet. Deze tabel geeft de tweedeling tussen het beschermen van gebieden en van soorten weer. Daarnaast geeft de tabel een overzicht van de belangrijkste onderdelen van het juridische kader voor de besluitvorming over plannen of projecten, die mogelijk gevolgen hebben op soorten of gebieden die beschermd worden in het kader van de Habitatrichtlijn.

Tabel 20.1. Inhoud van de Habitatrichtlijn.

Beschermen van gebieden	**Beschermen van soorten**
Artikelen 3 t/m 11	Artikelen 12 t/m 16
Dit deel van de Habitatrichtlijn is er op gericht om bijzondere gebieden (bijlage I) en leefgebieden van bepaalde soorten te beschermen (bijlage II). Voor deze habitat typen en soorten wijzen de lidstaten de belangrijkste gebieden in hun land aan als Speciale Beschermingszone (SBZ). Al deze gebieden samen vormen een Europees netwerk: 'Natura 2000'.	Dit deel van de Habitatrichtlijn is er op gericht om bepaalde soorten ook buiten de Speciale Beschermingszones te beschermen.
Bijlage I: Typen natuurlijke habitats van communautair belang voor de instandhouding waarvan aanwijzing van speciale beschermingszones vereist is. Bijlage II: Dier- en plantensoorten van communautair belang voor de instandhouding waarvan aanwijzing van speciale beschermingszones (SBZ) vereist is.	Bijlage IV: Dier- en plantensoorten van communautair belang die strikt moeten worden beschermd. Bijlage V: Dier- en plantensoorten van communautair belang waarvoor het onttrekken aan de natuur en de exploitatie aan beheermaatregelen kunnen worden onderworpen.

Tabel 20.1. Vervolg.

Belangrijkste artikelen van de Habitatrichtlijn en aandachtspunten voor projecten waarop de richtlijn invloed heeft.	
Artikel 6	Artikel 16
Voor elk plan of project dat significante gevolgen kan hebben op een gebied dat is aangewezen als SBZ moet een passende beoordeling worden gemaakt van de gevolgen voor het gebied, rekening houdend met de instandhoudingsdoelstellingen. Toestemming mag verleend worden nadat zekerheid is verkregen dat het project de natuurlijke kenmerken van het betrokken gebied niet aantast of als er geen alternatieve mogelijkheden zijn en het plan om dwingende redenen van openbaar belang, met inbegrip van redenen van sociale of economische aard, toch moet worden gerealiseerd. In dit geval moeten alle nodige compenserende maatregelen genomen worden om te waarborgen dat de algehele samenhang van Natura 2000 bewaard blijft.	Toestemming voor plannen die in strijd zijn met de richtlijn mag gegeven worden als er geen andere bevredigende oplossingen bestaan, de afwijking geen afbreuk doet aan het streven de populaties van de betrokken soort in hun natuurlijke verspreidingsgebied in een gunstige staat van instandhouding te laten voortbestaan en het plan in het belang is van de volksgezondheid of de openbare veiligheid of om andere dwingende redenen van openbaar belang, met inbegrip van redenen van sociale of economische aard, en voor het milieu wezenlijke gunstige effecten.
Indien in het gebied waar het project plaats vindt een prioritair type habitat of een prioritaire soort aanwezig is, geldt een extra streng afwegingskader en kunnen alleen argumenten die verband houden met de menselijke gezondheid, de openbare veiligheid of met het voor het milieu wezenlijk gunstige effecten dan wel, na advies van de Commissie, andere dwingende redenen van groot openbaar belang worden aangevoerd. In Nederland zijn twaalf prioritaire typen natuurlijk habitat en één prioritaire soort (Nederlandse ondersoort van de Noordse Woelmuis) aanwezig.	

Het Europese natuurbeleid omvat naast de Vogel- en de Habitatrichtlijn nog een aantal andere afspraken die lidstaten hebben gemaakt. Deze komen voort uit de Verdragen van Bonn en Bern, beide uit 1979. Het Verdrag van Bonn is in het bijzonder gericht op de bescherming van migrerende dieren. Het Verdrag van Bern heeft tot doel de instandhouding van de in het wild voorkomende dier- en plantensoorten en hun natuurlijke leefmilieus in Europa. Volgens dit verdrag moeten in 2020 de condities voor instandhouding voor alle in 1982 van nature voorkomende soorten en populaties duurzaam aanwezig zijn. Beide verdragen gaan over soortenbescherming. De Habitatrichtlijn dient ter ondersteuning van de implementatie van deze verdragen. Daarnaast kan ook nog de Ramsarconventie uit 1971 worden genoemd. Deze conventie heeft als doel de bescherming van internationaal belangrijke watergebieden (wetlands) als leefgebied van watervogels.

Verder is de Kaderrichtlijn Water, vastgesteld in 2000, van belang. Deze richtlijn heeft tot doel het duurzaam gebruik van water te bevorderen en de kwaliteit van watersystemen te beschermen en waar nodig te verbeteren. De richtlijn gaat uit van stroomgebieden van rivieren en van de samenhang in watersystemen en 'waterlichamen'. Voor de stroomgebieden moeten doelstellingen voor de kwaliteit van het water en maatregelen om die kwaliteit te realiseren worden vastgesteld. Daarbij moet uiteraard rekening worden gehouden met de bestaande gebiedsbescherming op basis van de Vogel- en de Habitatrichtlijn. De waterkwaliteit en -kwantiteit van omliggende gebieden kunnen van invloed zijn op beschermde gebieden. De Kaderrichtlijn Water kan dus ook gevolgen hebben voor het grondgebruik in deze omliggende gebieden (Van der Bolt *et al.*, 2003).

20.3 Hoe is Nederland omgegaan met die formele verplichtingen?

De belangrijkste verplichtingen die volgen uit de Vogel- en de Habitatrichtlijn zijn het selecteren en aanwijzen van beschermde gebieden en het goed regelen van de bescherming en het beheer daarvan. In deze en de volgende paragraaf beschrijven we hoe Nederland en Vlaanderen zijn omgegaan met deze verplichtingen.

Nederland heeft in het kader van de Vogel- en de Habitatrichtlijn 166 Natura 2000-gebieden aangewezen. Dit zijn bijvoorbeeld grote gebieden zoals de Voordelta, de Waddenzee of de Veluwe, maar ook een groot aantal kleinere natuurgebieden verspreid over het land. Ze zijn alle weergegeven in figuur 20.2. De aangewezen gebieden worden speciale beschermingszones genoemd, maar zijn vooral bekend als de Natura 2000-gebieden. De bescherming van deze gebieden is geregeld via de Natuurbeschermingswet. Voor handelingen die strijdig zijn met de instandhoudingsdoelstellingen van deze gebieden, geldt een vergunningplicht. Als onderdeel van de implementatie van het Europese natuurbeleid is de Natuurbeschermingswet uit 1968 herhaaldelijk aangepast. De meest recente aanpassing stamt uit 2005. In deze wijziging is de Habitattoets beschreven (artikel 19) die het juridisch afwegingskader geeft voor de besluitvorming over plannen en projecten die mogelijkerwijs een invloed hebben op de instandhoudingsdoelstelling van de aangewezen Natura 2000-gebieden.

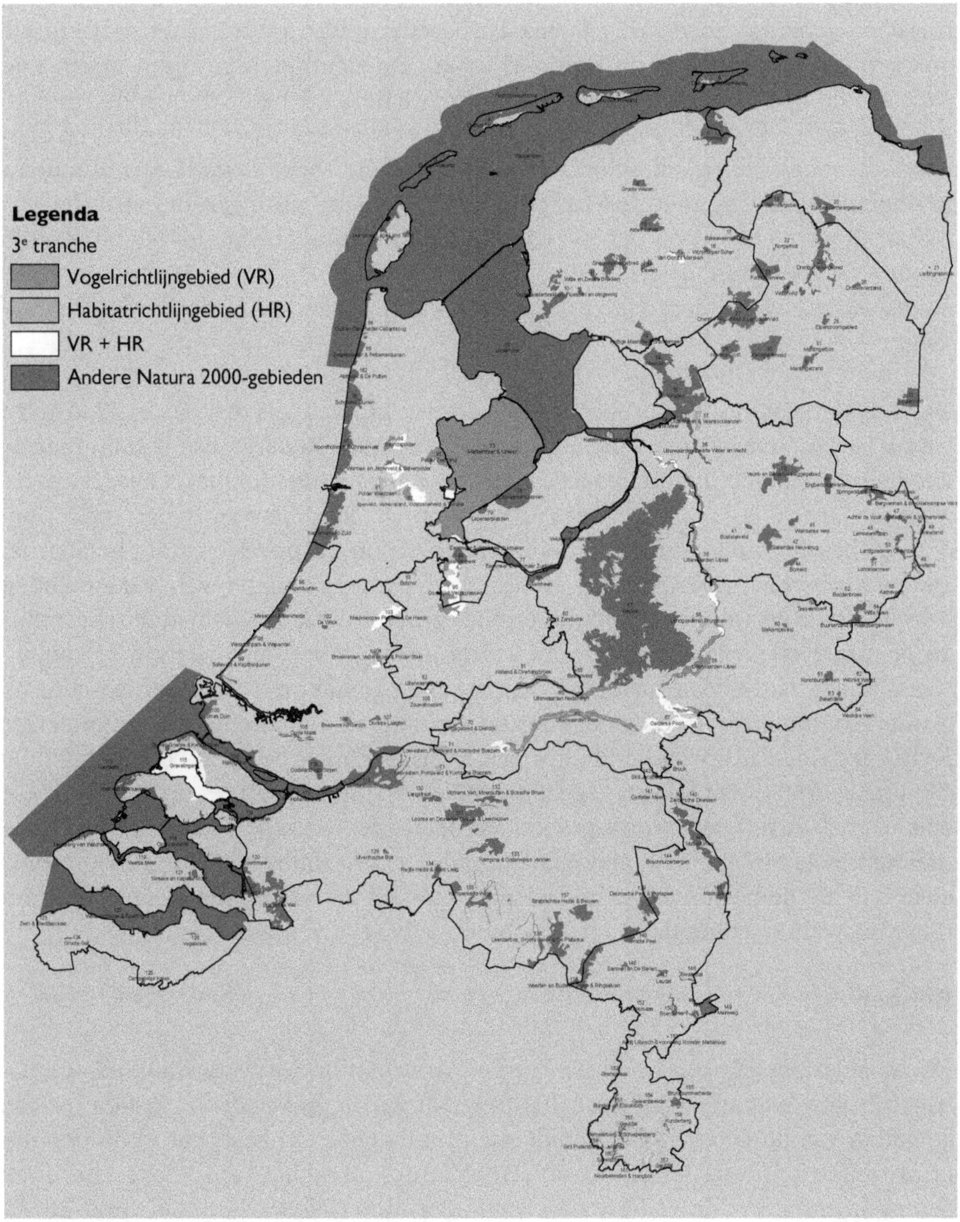

Figuur 20.2. Natura 2000-gebieden in Nederland.

Naast de gebiedsbescherming is ook de bescherming van bepaalde soorten een vereiste van de Vogel- en de Habitatrichtlijn. De richtlijnen bevatten lijsten met soorten die speciale bescherming vereisen. Nederland heeft deze soortbescherming geregeld via de *Flora- en Faunawet*. In deze wet is een aantal planten- en diersoorten aangewezen als beschermde planten- of diersoort. Deze lijst is inmiddels in overeenstemming met de Habitatrichtlijn. Voor handelingen die in strijd zijn met de *Flora- en Faunawet* kan alleen onder de in artikel 16 van de Habitatrichtlijn genoemde voorwaarden ontheffing verleend worden. Artikel 75 van de *Flora- en Faunawet* beschrijft hiervoor het afwegingskader zoals dat uit de Habitatrichtlijn volgt.

De vereisten vanuit het Europese beleid komen grotendeels overeen met de eisen vanuit het Nederlandse beleid. Wel is het zo dat het Nederlandse beleid, met de Ecologische Hoofdstructuur als belangrijk concept, op meer natuur- en landschapswaarden betrekking heeft dan het Europese beleid. Niet alle voor Nederland bijzondere en beschermde natuurwaarden zijn ook vanuit Europees oogpunt belangrijk. De natuurbeschermingspraktijk is daarmee een combinatie van verschillende beleidskaders en wetten. Daardoor kan het gebeuren dat een gebied beschermd is als Natura 2000-gebied vanwege het voorkomen van bepaalde soorten of habitattypen, maar dat het daarnaast ook bescherming geniet omdat het een beschermd Natuurmonument is of omdat er soorten voorkomen die beschermd zijn onder de *Flora- en Faunawet*. Dit fenomeen wordt aangeduid met de term beleidsstapeling (Kistenkas, 2008). Dit wil niet zeggen dat Nederland een kop zet op het Europese beleid, zoals regelmatig wordt gesteld, maar dat gebieden soms om verschillende redenen beschermd zijn, waarvan de Europese bescherming als Natura 2000-gebied er één is. Bij de besluitvorming over projecten en activiteiten moet in zo'n geval rekening worden gehouden met verschillende beschermingsdoelen.

Beheer

De gebiedsaanwijzingen op basis van de Vogelrichtlijn respectievelijk de Habitatrichtlijn overlappen elkaar gedeeltelijk en/of vallen (grotendeels) samen met de gebieden van de Ecologische Hoofdstructuur. Omgekeerd geldt dat in de praktijk ongeveer de helft van de Ecologische Hoofdstructuur op het land ook bescherming geniet op grond van de Vogel- en/of Habitatrichtlijn (Van Veen en Bouwma, 2007). De Nederlandse Natura 2000-gebieden zijn voor het grootste deel grote wateren, kustwateren of mariene wateren. Deze gebieden zijn in beheer bij Rijkswaterstaat. De terreinbeherende organisaties (Staatsbosbeheer, Natuurmonumenten en Provinciale Landschappen) bezitten of beheren ongeveer 50% van het areaal Natura 2000 op het land. Rijkswaterstaat, Defensie en de waterleidingbedrijven beheren respectievelijk 6%, 4% en 2%. Ongeveer 30% van de gebieden is in beheer bij particulieren, boeren, stichtingen en overig bedrijfsleven. Er ligt ongeveer 90.000 ha landbouwgrond binnen de Natura 2000-gebieden (Van Veen en Bouwma, 2007).

De financiering van het beheer is een belangrijk aandachtspunt. Sinds 2003 is het Nederlandse subsidiestelsel, waarop beheerders van de gebieden aanspraak kunnen maken voor vergoedingen voor het beheer, drie maal gewijzigd. In 2007 is de uitvoering van deze regeling gedecentraliseerd naar de provincies. In de eerste periode van decentralisatie hebben de provincies zonder veel wijzigingen het bestaande rijkssubsidiesysteem uitgevoerd. De provincies hebben in 2010 een nieuwe regeling ingevoerd, het *Subsidiestelsel Natuur- en Landschapsbeheer*. De regeling is echter vanwege de bezuinigingen op het natuurbeleid beperkt opengesteld voor aanvragen.

Beheerplan

Naar aanleiding van alle conflicten en discussies is in Nederland besloten om voor alle Natura 2000-gebieden beheerplannen op te stellen. Dit is in 2005 vastgelegd in de herziene Natuurbeschermingswet. Het opstellen van beheerplannen is dus geen Europese verplichting, maar een Nederlandse keuze. Met de beheerplannen moet duidelijkheid worden gegeven over het beheer van Natura 2000-gebieden en de gevolgen die de aanwijzing heeft voor andere activiteiten. De verwachting was dat daarmee toekomstige conflicten zoveel mogelijk voorkomen konden worden. Het initiatief voor het opstellen van beheerplannen ligt bij de verantwoordelijke overheden; dit zijn vooral de provincies en diverse ministeries (Economische Zaken, Infrastructuur en Milieu, en Defensie). In de wet is vastgelegd dat het opstellen in overleg met andere partijen moet gebeuren.

De Handreiking Beheerplannen geeft een indruk van de inhoud van beheerplannen en van het proces van opstellen (LNV, 2005). Inhoudelijk betekent het opstellen van beheerplannen dat de natuurdoelen en de maatregelen die hiervoor nodig zijn worden uitgewerkt en dat duidelijkheid wordt gegeven over welke activiteiten wel en welke niet toegestaan zijn. In Natura 2000-gebieden waarin meerdere activiteiten plaats vinden, brengt het opstellen van beheerplannen een complex proces van belangenafweging met zich mee waarin verschillende belanghebbenden een rol vervullen (Beunen en Van Ark, 2005). Denk hierbij aan terreinbeherende instanties, gemeenten, waterschappen, boeren, andere ondernemers en diverse belangenorganisaties.

Inhoudelijk wordt van een beheerplan verwacht dat de natuurwaarden, het gebruik van het gebied, en de relatie met andere plannen en wet- en regelgeving wordt geïnventariseerd. Het beheerplan moet een relatie leggen tussen deze aspecten, instandhoudingsdoelen uitwerken, maatregelen bepalen en meer duidelijkheid geven over de uitvoering ervan. Ook moet in het beheerplan worden opgenomen welke activiteiten wel en welke niet vergunningplichtig zijn. Dit gebeurt aan de hand van een inventarisatie van alle bestaande en verwachte activiteiten in en rond het Natura 2000-gebied. Immers ook activiteiten buiten het begrensde gebied kunnen effecten hebben op de gestelde natuurdoelen in het gebied, de zogenaamde externe werking. Van alle deze activiteiten moet vervolgens worden bepaald of ze wel of niet een significant effect hebben op de instandhoudingsdoelstelling en of er dus een vergunning voor moet worden aangevraagd. Voor de eerste generatie beheerplannen geldt dat bij het opstellen een strikte tweedeling van activiteiten moet plaatsvinden: activiteiten die niet vergunningplichtig zijn en activiteiten die dat wel zijn.

Inhoudelijk zijn er dus concrete eisen, procedureel zijn die er niet; er wordt veel ruimte geboden aan de verantwoordelijke overheden om de vorm van het beheerplan en de wijze waarop dit tot stand komt zelf te bepalen. Zij kunnen dit bijvoorbeeld zelf gaan doen of uitbesteden aan anderen, zoals terreinbeheerders of adviesbureaus. Verantwoordelijke overheden mogen zelf bepalen of zij één of meer beheerplannen per gebied gaan opstellen en ook is het mogelijk om één plan voor meerdere gebieden te formuleren. Daarnaast zijn ze vrij om te bepalen of het beheerplan een apart plandocument wordt of dat het een onderdeel wordt van een ander plandocument. Wel is vereist dat alle verantwoordelijke bestuurslagen moeten instemmen met het plan, en dat er ook altijd afstemming is met andere plannen en beleid. Een andere belangrijke eis is dat er binnen 3 jaar na aanwijzing een beheerplan is opgesteld en dat dit beheerplan iedere 6 jaar wordt geëvalueerd en desgewenst herzien. Eind 2012 was er nog maar geringe voortgang gemaakt met de implementatie van Natura 2000 in Nederland. Slechts voor een paar gebieden is een beheerplan vastgesteld en veel Natura 2000-gebieden zijn nog niet formeel aangewezen[111] .

20.4 Vogel- en Habitatrichtlijn in Vlaanderen

In Vlaanderen zijn de vereisten van de Vogel- en de Habitatrichtlijn in twee wetten vastgelegd: het *Natuurdecreet 2003* dat de bescherming van de gebieden regelt en

[111] Zie www.natura2000.nl/pages/kaartpagina.aspx voor kaarten waarop de voortgang van Natura 2000 is aangegeven.

het *Vlaamse Soortenbeleid 2009* dat de bescherming van de soorten regelt. Ook in Vlaanderen heeft de implementatie van de twee richtlijnen vertraging opgelopen. Vlaanderen meldde in 1996 de eerste 40 speciale gebieden aan onder de Habitatrichtlijn (5,2% van het Vlaamse landoppervlak). In 1999 en 2000 werd België door de Commissie in gebreke gesteld; daarop werden in 2001 aanvullend gebieden aangemeld (Dumortier *et al.*, 2007). In totaal heeft Vlaanderen 38 Habitatrichtlijngebieden bij de Europese Commissie aangemeld[112] en 24 Vogelrichtlijngebieden aangewezen[113]. Figuur 20.3 geeft deze gebieden weer. De totale oppervlakte Natura 2000 in Vlaanderen bedraagt 166.187 ha (12,3% van het Vlaamse landoppervlak). In het Natura 2000-netwerk zijn voor Vlaanderen geen mariene gebieden aangewezen omdat deze onder de Belgische federale overheid vallen. De Vlaamse Regering heeft net als de Nederlandse ervoor gekozen om per Habitatrichtlijngebied een aanwijzingsbesluit op te stellen. Naast de speciale beschermingszones op grond van de Europese richtlijnen wordt het gebiedsgericht beleid in Vlaanderen vormgegeven door het Vlaams Ecologisch Netwerk (VEN). Dit is een samenhangend en functioneel geheel van natuurgebieden, waarbinnen het beheer gericht is op het behoud en de ontwikkeling van hoogwaardige natuur.

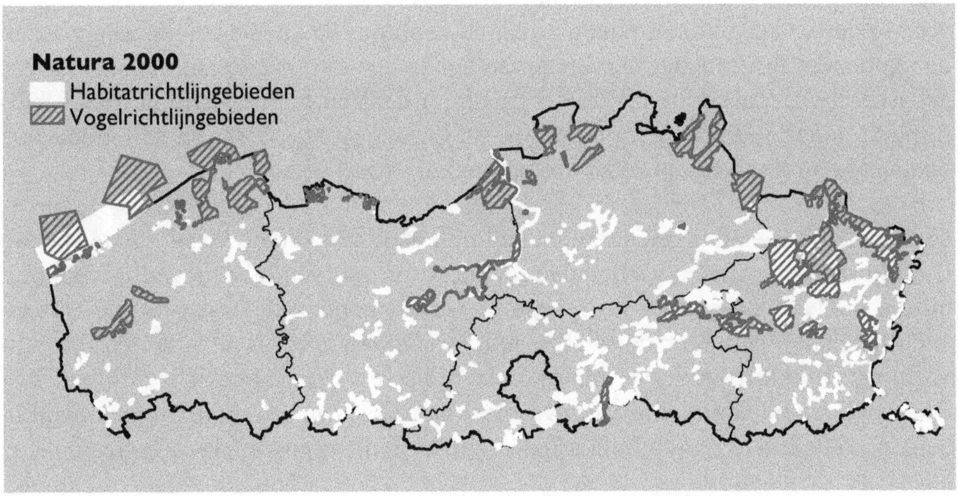

Figuur 20.3. Natura 2000-gebieden in Vlaanderen (Instituut voor Natuur- en Bosonderzoek, 2008).

[112] Habitatrichtlijngebieden worden aangemeld bij de Europese Commissie en pas na goedkeuring van de Commissie aangewezen. Echter zodra ze aangemeld zijn in Brussel is de regelgeving van kracht. Vogelrichtlijn gebieden worden door het land zelf meteen aangewezen.

[113] België heeft in totaal 458 Natura 2000-gebieden aangewezen, 12,7% van het nationale oppervlak (Europese Commissie, 2011).

In Vlaanderen is in tegenstelling tot Nederland een intensief overlegproces geweest met betrokken partijen over de doelstellingen voor heel Vlaanderen, alsook voor de verschillende gebieden. Op 29 mei 2009 werden deze doelstellingen voor heel Vlaanderen door de Vlaamse regering goedgekeurd, deze worden de gewestelijke instandhoudingsdoelstellingen of G-IHD's genoemd. Na goedkeuring van de gewestelijk instandhoudingsdoelstellingen worden deze verdeeld over de diverse Natura 2000-gebieden (specifieke instandhoudingsdoelstellingen of S-IHD's). In Vlaanderen is het proces rond de inhoud en vorm van de beheerplannen nog lopende. Op 26 oktober 2012 werd in de Vlaamse Overleggroep voor het eerst een concreet model voorgelegd over de toekomstige geïntegreerde beheerplannen, die in Vlaanderen aangeduid worden met Natuurrichtplan (NRP).

20.5 Waar heeft de implementatie van de Vogel- en de Habitatrichtlijn toe geleid?

In eerste instantie waren de betrokkenen partijen in Nederland overwegend positief over het Europese natuurbeleid. Zij waren namelijk van mening dat de implementatie van de Vogel- en de Habitatrichtlijn geen grote consequenties zou hebben voor Nederland (Van der Zouwen en Van Tatenhove, 2002). De belangrijkste reden daarvoor was het feit dat het Europese kader deels op Nederlandse ideeën was gebaseerd. De meeste betrokkenen gingen er daarom van uit dat natuurbescherming in Nederland al volgens de eisen van Europa geregeld was en een grootschalige aanpassing van het beleid werd dan ook niet nodig geacht.

In de praktijk is echter gebleken dat de implementatie van de Vogel- en de Habitatrichtlijn in Nederland alles behalve soepel is verlopen en juist tot veel problemen en discussies heeft geleid. De meeste aandacht hebben de Vogel- en de Habitatrichtlijn echter gekregen doordat ze voor problemen hebben gezorgd in de besluitvorming rondom ruimtelijke plannen en projecten. Dankzij deze richtlijnen kon de aanwezigheid van kleine dieren plotseling reden zijn om grote projecten stil te leggen. In de inleiding tot dit hoofdstuk zijn hiervan al voorbeelden gegeven.

In de afgelopen jaren zijn verschillende onderzoeken uitgevoerd met als doel om de gevolgen van deze richtlijnen voor de ruimtelijke ordeningspraktijk in Nederland in beeld te brengen (Bastmeijer en Verschuuren, 2003; Beunen, 2010; Kistenkas en Kuindersma, 2008). Deze onderzoeken laten zien dat de vele onduidelijkheden rondom de wetgeving de belangrijkste oorzaak van de problemen zijn geweest. Voor vele partijen was er onduidelijkheid over de betekenis van belangrijke begrippen, over toetsing aan bestaand gebruik, over toepassing van het voorzorgsbeginsel, over eisen aan beheer van aangewezen gebieden en over externe werking.

Nederland heeft lang gewacht met het aanmelden van gebieden. De late en in eerste instantie onvolledige aanmelding heeft er toe geleid dat het lang onduidelijk is geweest welke gebieden als Natura 2000-gebieden zouden worden aangewezen en welke ruimtelijke grenzen daarbij gehanteerd zouden worden. Nog steeds is de formele aanwijzing niet afgerond. De onduidelijkheid over de beschermingsstatus van een gebied zorgt ook voor onduidelijkheid bij de besluitvorming over plannen en projecten die mogelijk gevolgen hebben voor het gebied. Daarbij komt nog dat de Habitattoets een aantal termen bevat die niet eenduidig kunnen worden uitgelegd, zoals 'een passende beoordeling' en 'significante gevolgen'. Door de EU is weliswaar een speciaal document opgesteld waarin artikel 6 van de Habitatrichtlijn verder wordt uitgewerkt (European Commission, 2007), maar de toepassing van deze begrippen blijkt in de praktijk lastig te zijn (Opdam *et al.*, 2009; Vos *et al.*, 2002).

Een andere belangrijke reden voor veel vragen en problemen is het feit dat lagere overheden en andere organisaties die betrokken waren bij de uitvoering van projecten, vaak niet op de hoogte waren van de inhoud van de Vogel- en de Habitatrichtlijn en/of de soorten waarop deze betrekking hebben. Dit heeft regelmatig ertoe geleid dat bij de vergunningverlening geen rekening was gehouden met het afstemmingskader zoals dat in de richtlijnen is gegeven. Ook was niet altijd bekend welke beschermde soorten in een bepaald gebied voorkomen. Hierdoor kon het gebeuren dat pas in een latere fase van een plan of project bekend werd dat in het betreffende gebied een beschermde soort voorkwam. Om dergelijke problemen zoveel mogelijk te voorkomen is de Gegevensautoriteit Natuur opgericht met als doel het bevorderen van de beschikbaarheid, betrouwbaarheid en volledigheid van natuurgegevens voor bedrijven en overheden.

Door de onduidelijkheden en onbekendheid met de Brusselse regelgeving zijn veel besluiten genomen in strijd met de EU-richtlijnen. Een groot deel van de gerechtelijke uitspraken waarbij besluiten vernietigd zijn, heeft dan ook betrekking op besluiten waarin geen rekening is gehouden met het afwegingskader uit de Habitatrichtlijn. Het feit dat geen rekening is gehouden met dit afwegingskader, betekent dat de besluitvorming onzorgvuldig is geweest. Deze onzorgvuldigheid is in strijd met artikel 3:2 van de Algemene wet bestuursrecht (Awb) en daarmee reden voor het vernietigen van besluiten. Besluiten zijn dan ook veelal slechts op basis van strijdigheid met dit artikel vernietigd (Kistenkas en Kuidersma, 2008). De onderzoeken hebben ook laten zien dat ondanks deze problemen het merendeel van de plannen en projecten toch is doorgegaan (Beunen, 2006; Kistenkas en Kuindersma

2008; Van Veen *et al.*, 2011). We kunnen dan ook concluderen dat niet alleen het gebrek aan kennis over de aanwezigheid van beschermde soorten in een bepaald gebied heeft geleid tot onzorgvuldige besluitvorming, maar ook een gebrek aan kennis en informatie over de richtlijnen zelf. Door de onduidelijkheid en de onwetendheid is het natuurbelang vaak niet, onvoldoende of op verkeerde wijze meegenomen in de besluitvorming. Het Europees natuurbeleid stelt nieuwe eisen aan besluitvormingsprocessen en het heeft in Nederland enige tijd geduurd voordat de doorwerking van deze eisen in de praktijk op orde was.

Door alle aandacht die uitging naar de rechtzaken is de nadruk in de uitvoering van het Europese natuurbeleid steeds meer komen te liggen op de juridische kant van natuurbescherming. Dit heeft er toe geleid dat diegenen die verantwoordelijk zijn voor de toepassing van de Habitattoets (onder andere de aanvragers en verleners van vergunningen) erg voorzichtig zijn geworden. Ze zijn zich steeds meer bewust geworden dat de vergunningaanvraag onderbouwd moet worden met rapporten die de aanvraag legitimeren door aan te tonen dat de betreffende activiteit geen significante effecten heeft voor de instandhoudingdoelstelling of dat sprake is van een groot maatschappelijk belang.

Een belangrijk beleidsdossier dat nauw verbonden is met het Natura 2000-beleid, is het milieubeleid om de stikstofdepositie terug te dringen. Omdat in veel gebieden de stikstofdepositie te hoog is om een goede staat van instandhouding van de habitattypen en soorten vallend onder de richtlijn te kunnen garanderen is de verdere uitbreiding van landbouwbedrijven en industrie in de omgeving van Natura 2000-gebieden problematisch. De Programmatische Aanpak Stikstof (PAS) is ontwikkeld om economische ontwikkeling, zoals de uitbreiding van landbouwbedrijven en industrie, samen te laten gaan met het realiseren van Natura 2000-doelen. In de PAS worden generieke maatregelen om de stikstofuitstoot van de landbouw te beperken gecombineerd met effectgerichte maatregelen in en rond Natura 2000-gebieden waar een te hoge stikstofdepositie een knelpunt vormt voor het behalen van de doelen van het Natura 2000-gebied. Via een uitruilprincipe mag een deel van de verminderde stikstofuitstoot worden gecompenseerd door een toename van de stikstofuitstoot elders in het gebied. De PAS is momenteel nog niet bestuurlijk vastgesteld en in afwachting daarvan is in veel gebieden waar de stikstofproblematiek speelt het beheerplanproces stilgelegd.

20.6 Hoe nu verder?

Een kritische reflectie op de ontwikkelingen rondom de Vogel- en de Habitatrichtlijn in Nederland laat zien dat tijdens het implementatieproces steeds meer de nadruk is komen te liggen op de procedurele aspecten. Het inhoudelijke doel, het met inachtneming van de vereisten op economisch, sociaal, cultureel en regionaal gebied bevorderen van het behoud van biologische diversiteit, is daarbij naar de achtergrond verdwenen (Beunen, 2010). Dit is zowel vanuit het oogpunt van de initiatiefnemer van een plan of project als vanuit natuurbeschermingsoogpunt geen gewenste situatie. Het initiëren van plannen en projecten kost hierdoor immers veel meer tijd en geld, omdat eerst allerlei onderzoeken moeten worden uitgevoerd. Dit leidt tot hogere kosten en langere besluitvormingsprocessen. Het is dan ook niet verwonderlijk dat allerlei partijen zich steeds kritischer zijn gaan uitlaten over natuurbescherming. Inhoudelijk zouden de onderzoeken van belang moeten zijn in de besluitvorming en een garantie moeten zijn dat het natuurbelang op de juiste wijze wordt afgewogen tegen andere belangen. Daarmee zou de extra tijd en het extra geld die plannen en projecten kosten verantwoord worden. Doordat dergelijke onderzoeken en rapporten in veel gevallen gezien worden als procedurele hobbels die genomen moeten worden en ze als gevolg daarvan inhoudelijk geen rol spelen, verdwijnt de waarde die ze zouden moeten hebben in de besluitvorming. Het gevaar bestaat dat dergelijke rapporten opgesteld worden om een reeds genomen besluit te legitimeren. Daar komt nog bij dat het politiek en maatschappelijk draagvlak voor het natuurbeleid steeds meer onder druk is komen te staan. Dit, gecombineerd met de bezuinigingen op het natuurbeleid, heeft de uitvoering van het Europees natuurbeleid in Nederland steeds lastiger gemaakt.

Onderzoek naar de implementatie van het Europese natuurbeleid heeft laten zien dat de realisatie van het natuurbeleid een complexe wisselwerking is tussen politiek, wetenschap, economie en recht en tussen hetgeen er in Den Haag gebeurt en de ontwikkelingen op gebiedsniveau. Verhalen die mensen elkaar vertellen spelen daarbij een belangrijke rol omdat daarmee ervaringen worden uitgewisseld en verwachtingen worden gecreëerd. Die verwachtingen bepalen vervolgens weer het handelen van anderen. In Nederland hebben vooral negatieve verhalen de discussie gedomineerd. Daardoor zijn vele betrokkenen voorzichtig, sceptisch en terughoudend geworden, wat de realisatie van natuurbeleid nog lastiger heeft gemaakt (Beunen *et al.*, 2013). Door de grote nadruk op de problemen rondom de implementatie van Natura 2000 hebben de positieve ontwikkelingen en de goede voorbeelden weinig aandacht gekregen. Daardoor zijn alternatieve ideeën en oplossingen vaak buiten beeld gebleven. Het heeft geleid tot een polarisatie tussen natuurbescherming en andere belangen, zoals de landbouw. Het is dan ook belangrijk om het wederzijdse vertrouwen tussen de verschillende partijen weer te herstellen, te leren van de positieve en negatieve ervaringen en na te denken over de wijze waarop in de toekomst invulling wordt gegeven aan het natuurbeleid.

De komende jaren zal ook het beheer van Natura 2000-gebieden meer aandacht gaan krijgen. Het is de vraag wanneer alle beheerplannen goedgekeurd zijn en uitgevoerd gaan worden. De huidige looptijd van de beheerplannen is 6 jaar en na afloop van deze periode zal gekeken (moeten) worden in hoeverre de maatregelen uit de plannen ook daadwerkelijk zijn uitgevoerd en of deze het gewenste effect hebben op gebiedsniveau. Daarnaast zal ook op nationaal niveau gekeken moeten worden in hoeverre de landelijke doelstellingen gehaald zullen worden (LNV, 2006). Vanuit de Habitatrichtlijn is Nederland verplicht om elke 6 jaar een landelijke inschatting te geven van de Staat van Instandhouding van de soorten en habitattypen. In 2007 is de eerste rapportage uitgebracht, in 2013 zal de tweede verschijnen. Een goed beheer van Natura 2000-gebieden is van belang voor de duurzame instandhouding van soorten en habitattypen. Daarnaast is goed beheer ook belangrijk voor economische en sociale activiteiten die in en om de beschermde gebieden plaats vinden. Vele soorten en habitattypen zijn momenteel niet in een duurzame staat van instandhouding. Daardoor hebben ruimtelijke ontwikkelingen al snel een negatief effect op de instandhoudingsdoelstellingen. Vitale populaties zijn minder kwetsbaar en zullen dan ook minder snel een belemmering vormen voor ruimtelijke ontwikkelingen.

Voor het beheer van de Natura 2000-gebieden, de EHS en agrarische natuurbeheergebieden is de nationale uitvoering van het nieuwe GLB zeer belangrijk (zie hoofdstukken 7, 8 en 9). Momenteel wordt een aantal milieugerichte maatregelen (zoals bedrijfsverplaatsing, luchtwassers, anti-verdrogingsbeleid) die essentieel zijn voor het realiseren van goede abiotische condities voor de soorten en habitats mede gefinancierd vanuit het GLB. Ook het agrarisch natuurbeheer dat deels plaats vindt in en rondom de Natura 2000-gebieden, wordt momenteel mede gefinancierd uit het GLB. De recente bezuinigingen op budget voor natuurbeheer (Schrijver *et al.*, 2012) en het nieuwe GLB leiden tot grote financiële onzekerheid wat betreft de middelen voor beheer.

Het Europees natuurbeleid heeft nadrukkelijk een stempel gezet op het Nederlandse natuurbeleid. Ook al heeft dit in veel situaties geleid tot problemen voor ruimtelijke ontwikkelingen, het is ook duidelijk geworden dat Nederland absoluut niet op slot gaat als gevolg van Europees beleid. De Vogel- en de Habitatrichtlijn vragen niets meer en niets minder dan het bewust meenemen van het natuurbelang in besluitvormingsprocessen. Dit is niet alleen te realiseren door normen en regels op te stellen, maar het vereist ook dat daar waar nodig een inhoudelijke discussie wordt gevoerd over deze natuurbelangen en dat geïnvesteerd wordt in het duurzaam beheer van de Natura 2000-gebieden.

Literatuur

Bastmeijer C.J. en Verschuuren, J.M., 2003. Knelpunten bij de uitvoering van de natuurbeschermingswetgeving in Nederland. Onderzoek in het kader van het IBO Vogel- en Habitatrichtlijnen. Centrum voor wetgevingsvraagstukken, Tilburg, Nederland.

Beunen, R., 2010. The governance of nature. How nature conservation ambitions have been dashed in planning practices. Wageningen University, Wageningen, Nederland.

Beunen, R., 2006. European nature conservation legislation and spatial planning: for better or for worse? Journal of Environmental Planning and Management 49: 605-619.

Beunen, R. en R.G.H. Van Ark, 2005. Beheersplannen voor Natura-2000 gebieden. Advies over rol, inhoud en positionering van het instrument. Wageningen studies in planning, analyse & ontwerp, nr. 3. Wageningen Universiteit, Leerstoelgroep Landgebruiksplanning, Wageningen, Nederland.

Beunen, R., K. Van Assche en M. Duineveld, 2013. Performing failure in conservation policy: the implementation of European Union directives in the Netherlands. Land Use Policy 31: 280-288.

Bouwma, I.M., D.A. Kamphorst, R. Beunen en R. Van Apeldoorn, 2008. Natura 2000 benchmark. wettelijke onderzoekstaken natuur & milieu. Alterra, Wageningen, Nederland.

Coffey, C. en S. Richartz, 2003. The EU Habitats Directive: generating strong responses. Project Deliverable No. D 17. Institute for European Environmental Policy, Londen, UK.

Dekker, J., 2011. Natuurbescherming in turbulente tijden. EHS, van succesformule naar blok aan het been. Landschap 28: 43-49.

Dumortier, M, L. De Bruyn, M. Hens, J. Peymen, A. Schneiders, T. Van Daele en W. Van Reeth (red.), 2007. Natuurrapport 2007. Toestand van de natuur in Vlaanderen: cijfers voor het beleid. Mededelingen van het Instituut voor Natuur- en Bosonderzoek nr. 4, Brussel, België.

European Commission, 2007. Guidance document on Article 6(4) of the 'Habitats Directive' 92/43/EEC. European Commission, Brussel, België.

Europese Commissie, 2011. 2011/63/EU Besluit van de Commissie van 10 januari 2011 tot vaststelling, op grond van Richtlijn 92/43/EEG van de Raad, van een vierde bijgewerkte lijst van gebieden van communautair belang voor de Atlantische biogeografische regio (Kennisgeving geschied onder nummer C(2010) 9666). Publicatieblad van de Europese Unie L 33 van 8.2.2011: 52-145.

Franx, K. en J. Bouwmeester, 2010. Bekendheid en imago Natura 2000. Regiebureau Natura 2000, Rapportnummer 2010-1724. I&O Research BV, Hoorn, Nederland.

Kistenkas, F.H. en W. Kuindersma, 2008. Jurisprudentiemonitor natuur 2005-2007: rechtsontwikkelingen Natura 2000 en Ecologische Hoofdstructuur. Werkdocument/Wettelijke Onderzoekstaken Natuur & Milieu (82). Wettelijke Onderzoekstaken Natuur & Milieu, Wageningen, Nederland.

Kistenkas, F.H., 2008. Recht voor de groene ruimte. Wageningen Academic Publishers, Wageningen, Nederland.

Krott, M., B. Julien, M. Lammertz, J.-M. Barbier, S. Jen, M. Ballestreros en C. De Bovis, 2000. Voicing interests and concerns NATURA 2000: an ecological network in conflict with people. Forest Policy and Economics 1: 357-366.

LNV, 2005. Handreiking Beheerplannen Natura 2000-gebieden. Ministerie van Landbouw, Natuurbeheer en Voedselkwaliteit, Den Haag, Nederland.

LNV, 2006. Natura 2000 doelendocument- duidelijkheid geven, richting geven en ruimte laten. Ministerie van Landbouw, Natuurbeheer en Voedselkwaliteit, Den Haag, Nederland.

Opdam P.F.M, M.E.A. Broekmeyer en F.H. Kistenkas, 2009. Identifying uncertainties in judging the significance of human impacts on Natura 2000 sites. Environmental Science & Policy 12: 912-921.

Schrijver, R.A.M., A. Gaaff en I.M. Bouwma, 2012. Provinciale budgetten bepalen de toekomst van terreinbeheer. Vakblad Natuur Bos Landschap 9 (1): 24-28.

Stoll-Kleemann, S., 2001. Opposition to the designation of protected areas in Germany. Journal of Environmental Planning and Management 44: 109-128.

Van der Bolt, F.J.E., H. Van den Bosch, T.C.M. Brock, P.J.G.J. Hellegers, C. Kwakernaak, T.P. Leenders, O.F. Schoumans en P.F.M. Verdonschot, 2003. AQUAREIN, Gevolgen van de Europese Kaderrichtlijn Water voor landbouw, natuur, recreatie en visserij. Alterra, Wageningen, Nederland.

Van der Zouwen, M. en J.M. Van Tatenhove, 2002. Implementatie van Europees natuurbeleid in Nederland. Planbureaustudies, nr 1. Natuurplanbureau, Wageningen, Nederland.

Van Veen, M.P. en I.M. Bouwma, 2007. Perspectieven voor de Vogel- en Habitatrichtlijnen in Nederland. Milieu en Natuurplanbureau, Bilthoven, Nederland.

Van Veen, M.P., M.E. Sanders en M.E.A. Broekmeyer, 2011. Ecologische effectiviteit van natuurwetgeving. Planbureau voor de Leefomgeving, Den Haag, Nederland.

Vos, P., L. De Kimpe, G. Van Hoorick, K. Musters, E. Meelis en W.J. ter Keurs, 2002. Tien eisen aan een 'passende beoordeling'. Kan de ecologie de Habitatrichtlijn wel aan? Kenmerken 9: 8-14.

21. Een blik in de toekomst

Gerrit Meester

21.1 Inleiding

De Europese Unie is zeer succesvol geweest in het bereiken van de doelstellingen van het gemeenschappelijk landbouwbeleid (GLB) zoals geformuleerd in het Verdrag van Rome. In voorgaande hoofdstukken zijn al verschillende aspecten aan de orde geweest. De landbouw en de handel in landbouwproducten werden een integraal deel van de gemeenschappelijke markt. Gemeenschappelijk beleid is ontwikkeld voor landbouw, voedsel en groen; voor landbouw zelfs sneller dan oorspronkelijk beoogd. De arbeidsproductiviteit op de bedrijven is zo sterk toegenomen, dat de werkenden in de landbouw 'aldus' verzekerd bleven van een redelijke levensstandaard, terwijl tegelijkertijd de prijzen voor de consument in reële zin sterk gedaald zijn. De voorziening van voedsel werd zodanig veilig gesteld dat de EU al sinds de jaren 1980 exporteur in plaats van importeur van de meeste landbouwproducten is. Binnen de EU waren de prijzen relatief stabiel tot aan de periode van hoge volatiliteit op de internationale markten vanaf 2007-2008.

Deze successen hebben geleid tot nieuwe beleidsdoelstellingen en -instrumenten. De voedselvoorziening in Europa was kwantitatief veiliggesteld. De uitgaven voor voedsel in de meeste lidstaten gingen slechts een fractie van de totale kosten van levensonderhoud vormen. Daardoor veranderden de consumentenvoorkeuren van voedselzekerheid en voedselprijzen naar voedselveiligheid, voedselkwaliteit en intrinsieke waarden van voedsel. Aspecten van gezondheid, milieu, arbeidsomstandigheden, dierenwelzijn, duurzaamheid en biodiversiteit werden steeds belangrijker. Voorts steeg de vraag naar meer bewerkte en hogere toegevoegde waarde producten, en naar bij deze producten geleverde diensten. De gestegen arbeidsproductiviteit had tot gevolg dat veel minder mensen in de landbouw en de voedselketen werkten. Bovendien concentreerden toeleverende en verwerkende bedrijven zich steeds meer in een beperkt aantal vaak stedelijke gebieden. Daardoor verminderde het belang van de landbouw als economische en maatschappelijke 'ruggengraat' van het platteland. Een laatste factor was dat het GLB gebaseerd was op een netto-importpositie van landbouwproducten van de EU en deze steeds meer veranderd was in een netto-exportpositie Daardoor moest ook het beleid veranderen. Niet alleen zorgde het oude beleid voor toenemende internationale handelsconflicten, grote interventievoorraden en hoge overheidsuitgaven. Ook werden de extra opbrengsten van de eigen export steeds meer negatief door de prijsdrukkende effecten ervan op internationale markten, ook wel *terms-of-trade* effecten genoemd. Tegelijkertijd veroorzaakten bij stijgende zelfvoorziening de bestaande instrumenten van interne prijsstabiliteit toenemende instabiliteit van internationale prijzen. Ook dit schaadde steeds meer de eigen export van de EU.

Het voorgaande verklaart in hoge mate de ontwikkeling van het EU-beleid voor landbouw, voedsel en groen sinds het ontstaan van de EU, zoals beschreven in voorgaande hoofdstukken van dit boek. De aanleiding tot belangrijke beleidswijzigingen was vaak de besluitvorming over het EU-budget, onderhandelingen of geschillen in WTO-verband, voedselschandalen, dierziektecrises of EU-uitbreidingen. Maar de onderliggende drijvende krachten waren vooral de hierboven vermelde factoren. In dit hoofdstuk wordt besproken wat de belangrijkste drijvende krachten en de daaruit voortvloeiende ontwikkelingen en beleidsopties in de komende decennia zouden kunnen zijn. Eerst wordt verder uitgewerkt waarom het landbouwbeleid opnieuw ter discussie stond in de onderhandelingen rond het Meerjarig Financieel Kader (MFK) 2014-2020 en wat daarbij de belangrijkste drijfveren voor verdere hervormingen waren. Daarna wordt aandacht besteed aan de verwachte economische en maatschappelijke uitdagingen na 2020 en de wijze waarop het beleid daarop zou kunnen inspelen. Het hoofdstuk eindigt met enkele conclusies over het toekomstig beleid voor landbouw, voedsel en groen.

21.2 Waarom staat het landbouwbeleid ter discussie?

Klassieke instrumenten niet meer toepasbaar

De meest ingrijpende veranderingen in het gemeenschappelijk landbouwbeleid vonden plaats nadat de Europese Unie rond 1980 volledige zelfvoorziening bereikte voor bijna alle belangrijke landbouwproducten (Meester en Strijker, 1985). Een verdere verhoging van de export werd daardoor niet alleen nadelig voor derde landen, maar ook voor de EU zelf. Prijzen op de wereldmarkten kwamen door de EU-export toenemend onder druk te staan en resulteerden voor sommige producten bij stijgende exporthoeveelheden zelfs in dalende exportopbrengsten voor de EU zelf. Daardoor liepen de budgetlasten van de compenserende uitvoerrestituties steeds verder uit de hand. Folmer *et al.* (1995) berekenden dat de voortzetting van het oude prijsbeleid zou leiden tot hogere uitgaven voor het EU-budget dan het vervangen ervan door rechtstreekse betalingen aan de boeren. De ervaringen na de Mac Sharry-hervorming laten zien dat deze berekeningen juist waren. Het systeem van rechtstreekse betalingen heeft niet geleid tot extra budgetuitgaven, dit in tegenstelling tot de gebruikelijke economische tekstboekveronderstellingen, die niet of onvoldoende rekening houden met de negatieve terms-of-trade effecten van export naar internationale markten van grote spelers als de EU.

Deze negatieve terms-of-trade effecten zijn geëlimineerd in drie stappen:

- voor de zuivel met de melkquotering in 1984 en de aanscherping ervan in latere jaren;
- voor granen en andere producten met de overgang van prijssteun naar rechtstreekse betalingen op historische basis en onder beperkende voorwaarden (braaklegging voor akkerbouwgewassen, maximum aantal dieren per hectare voor graasdieren), maar nog steeds gekoppeld aan de afzonderlijke producten, in de Mac Sharry-hervorming in 1992 en voortgezet in Agenda 2000 in 1999;
- voor de meeste tot dan ondersteunde producten met de vervanging van deze gekoppelde betalingen door van de productie ontkoppelde betalingen in de Midterm Review in 2003 en op een enkele uitzondering na voltooid in de Health Check in 2008.

Deze stappen zijn uitvoerig beschreven in hoofdstuk 7.

Veranderde maatschappelijke wensen en behoeften

Een andere belangrijke reden voor hervormingen in het beleid waren de veranderde wensen en behoeften van de Europese samenleving. In de periode waarin de doelstellingen van het gemeenschappelijk landbouwbeleid geformuleerd werden, lagen de voedseltekorten in Europa in en vlak na de Tweede Wereldoorlog nog vers in het geheugen. Bovendien worstelde Europa met een ernstig tekort aan vreemde valuta (dollars), nodig voor de wederopbouw en modernisering van de Europese economie (Griffiths, 2007; Veerman, 2010). De landbouw kreeg letterlijk en figuurlijk de ruimte om naar vermogen bij te dragen aan het terugbrengen van deze tekorten.

Een totaal andere houding ten opzichte van de landbouw ontstond in de jaren 1970, 1980 en 1990. De burger was niet langer bezorgd over voedselzekerheid, maar werd zich steeds meer bewust van de negatieve gevolgen van het bestaande beleid. Daarnaast leidde de groeiende welvaart tot andere wensen en behoeften: meer ruimte voor andere activiteiten dan de productie van voedsel; veiliger, gezondere en meer natuurlijke producten; producten met meer smaak en gemakkelijker te bereiden; en meer aandacht voor wat de mens wel en niet mag doen met plant, dier en natuurlijke omgeving.

De plaats van landbouw in de samenleving veranderde ook in economische zin. Door de sterke toename van de arbeidsproductiviteit daalde het aandeel van de landbouw in vrijwel alle, ook de meest landelijke, regio's in West-Europa tot minder dan 10% van het regionale inkomen en de regionale werkgelegenheid. Zo was in Frankrijk in 1960 meer dan 20% van de beroepsbevolking werkzaam in de landbouw; in 2010 was dat nog maar 2%. Andere economische activiteiten, vaak niet of nauwelijks verbonden met de landbouw, bepalen nu in veel lidstaten de sterkte van de nationale en ook de plattelandseconomie.

Daarnaast is het aandeel van het primaire product in de consumentenprijs van voedsel gedaald tot minder dan 25%, in sommige gevallen (bijvoorbeeld van granen in brood) tot minder dan 10%. De belangrijkste verklaring is de verandering in consumentenvoorkeuren naar producten met meer toegevoegde waarde, in combinatie met de veel sterkere toename van de productiviteit in de landbouw vergeleken met andere sectoren, vooral de dienstensector. Niet meer de boterham met tevredenheid in de broodtrommel mee naar het werk, maar het rijk belegde broodje op het station of in het bedrijfsrestaurant. Niet meer de eenvoudige maaltijd thuis, maar het keurig verzorgde diner in een eerste klas restaurant.

Een laatste factor is de veranderde rol van de overheid. Waar in het verleden landbouw en andere economische sectoren in het bijzonder in crisissituaties altijd konden rekenen op steun van de overheid, is dat vooral sinds de val van de Berlijnse Muur fundamenteel niet meer het geval. Fokker en Sabena mochten na jaren beschermd te zijn uiteindelijk zonder overheidssteun failliet gaan en ook in de landbouw daalde de bescherming. De banken- en voedselcrises vanaf 2008 brachten in dit marktdenken een lichte kentering, maar terugkeer naar het interventionistische overheidsbeleid van de jaren 1960 en 1970 is niet te verwachten.

Uitbreidingen, handelsrelaties en budgetherzieningen als aanleiding voor verdere hervorming

Uitbreidingen van de EU zijn vaak gebruikt als aanleiding voor beleidsaanpassingen:

- De voltooiing van de gemeenschappelijke markt en het GLB werd eind jaren 1960 versneld, mede vanwege de westelijke uitbreiding in 1973, dit in het bijzonder om het Verenigd Koninkrijk te confronteren met een *acquis communautaire*.
- Beleid voor mediterrane regio's werd hervormd vóór de zuidelijke uitbreiding in de jaren 1980.

- Intensieve discussies vonden plaats vóór de oostelijke uitbreiding in 2004, dit met het argument dat zonder verdere GLB-hervorming de veronderstelde groei van de productie in de nieuwe lidstaten een sterke toename van de EU-uitgaven zou veroorzaken.

Uiteindelijk bleven voorafgaand aan de oostelijke uitbreiding verdere hervormingen van het GLB achterwege. Wel werden striktere afspraken over het budget voor de eerste pijler gemaakt (zie hoofdstuk 3). Berekeningen van begin jaren 1990 (onder andere Buckwell *et al.*, 1994), gebaseerd op een sterke groei van de landbouwproductie in de nieuwe lidstaten, werden al snel betwist (Nallet en Van Stolk, 1994) en bleken later sterk overdreven (Bos en Van Riel, 2002; Silvis *et al.*, 2001), dit mede vanwege de grote transitieproblemen bij de overgang van de planeconomie naar de markteconomie. Vooral bij een eventuele toetreding van Turkije kan deze discussie opnieuw oplaaien. Berekeningen van Burrell en Oskam (2005) laten echter zien dat hier niet zozeer een ongewijzigd beleid voor de landbouw, maar wel voor de structuurfondsen kan leiden tot sterke stijging van de EU-uitgaven.

Handelsbesprekingen en geschillenbeslechtingen in GATT/WTO waren andere aanleidingen tot hervormingen van het GLB. De Uruguay-ronde kon niet met succes worden afgerond zonder de Mac Sharry-hervorming. Maar zoals eerder vermeld is deze hervorming ook te verklaren uit het toenemende eigenbelang van de EU bij het in de hand houden van ontwikkelingen op internationale markten. Met de ontkoppeling van de rechtstreekse betalingen voor de afzonderlijke producten in de Mid-Term Review van 2003 vermeed de EU medeschuld verweten te worden voor het falen van de Doha-ontwikkelingsagenda. Er ontstond zelfs ruimte om akkoord te gaan met een grote korting op de interne steun. Wel hebben procedures van WTO-geschillenbeslechting de EU in recente jaren gedwongen tot veranderingen in het beleid voor bananen en suiker (zie ook hoofdstuk 4).

Besluitvorming over het EU-budget, sinds eind jaren 1980 over de meerjarige financiële kaders, bleek de belangrijkste impuls voor verdere GLB-hervormingen te zijn. De uitgavenexplosie in de jaren 1970 en 1980, eerst voor melk en later ook voor andere producten, leidde tot toenemende begrotingsdiscipline. Ministers van Landbouw konden alleen met succes pleiten voor toename en in latere jaren zelfs behoud van het GLB-budget door vooraf te besluiten over hervormingen. En zelfs dan waren het soms de staatshoofden en regeringsleiders die deze besluiten namen (zie Daugbjerg en Swinbank, 2007). Zo werd in 1984 tot de melkquotering besloten, in 1988 tot de stabilisatoren en in 1999 tot verdere hervormingen in Agenda 2000. Dit was opnieuw aan de orde in de besluitvorming rond het Meerjarig Financieel Kader 2014-2020.

21.3 De uitdagingen voor de Europese landbouw na 2020

Economische en maatschappelijke vooruitzichten

Toekomstige beleidsopties dienen vooral gebaseerd te zijn op de economische en maatschappelijke vooruitzichten voor landbouw, voedsel en groen in de EU in de komende decennia. Op basis van verschillende studies (waaronder Nowicki *et al.*, 2009; OECD-FAO, 2012) kunnen de volgende veronderstellingen voor de jaren na 2020 worden gemaakt:

- vrije toegang tot een interne markt van meer dan 500 miljoen consumenten in een Europese Unie van ten minste 28 lidstaten;
- bovendien een markt met relatief rijke consumenten die bij de aanbieders goed bekend en logistiek gemakkelijk bereikbaar is;
- daarnaast een markt zonder valutarisico's, ervan uitgaande dat de eurocrisis wordt bezworen, de euro wordt ingevoerd in de meeste lidstaten of nog bestaande nationale valuta (waaronder de Deense en Zweedse kroon, maar bijvoorbeeld ook de Zwitserse frank) in hoge mate eraan gekoppeld zijn;
- een stijgende vraag naar landbouwproducten op internationale markten, vooral door opkomende landen als China en India, grotendeels geleverd door Latijns-Amerika en Oceanië;
- daardoor een verminderde neerwaartse druk op internationale marktprijzen;
- een kennis- en kapitaalintensieve landbouw in Europa die voor een aanzienlijk deel producten van hogere toegevoegde waarde voortbrengt;
- een hogere toegevoegde waarde die mede gebaseerd is op steeds strengere eisen van voedselveiligheid, voedselkwaliteit, duurzaamheid, dierenwelzijn en biodiversiteit;
- bovendien eisen die niet publiek overeengekomen zijn in WTO-verband, maar steeds meer deel uitmaken van private, vooral *business-to-business*, contracten binnen de verschillende ketens;
- bijna volledige eliminatie in WTO-verband of in bilaterale handelsakkoorden van alle nog bestaande traditionele instrumenten van bescherming en steun (invoerrechten, uitvoersubsidies, handelsverstorende interne steun en kwantitatieve invoerbeperkingen).

Mogelijk resultaat van de Doha-ontwikkelingsagenda

Hoofdstuk 4 beschrijft de stand van de onderhandelingen in de WTO Doha-ontwikkelingsagenda. Deze onderhandelingen zitten muurvast en er is medio 2013 geen uitzicht op een succesvolle afronding. Dat neemt niet weg dat ondertussen de EU-exportrestituties vrijwel verdwenen zijn en de nog altijd hoge invoerbescherming mede door het afsluiten van bilaterale handelsakkoorden steeds meer onder druk komt te staan. Hetzelfde geldt voor de nog bestaande handelsverstorende interne steun. Voor de EU hoeft een en ander niet te leiden tot onoverkomelijke problemen. Figuur 21.1 laat zien dat de positie van de EU nu al heel comfortabel is in vergelijking tot de maximum steunniveaus in de WTO-voorstellen zoals deze vanaf mei 2008 ter tafel liggen.

De meest vergaande effecten op de interne EU-markt, groter dan die van een drastische vermindering van de invoertarieven, worden veroorzaakt door de afschaffing van de exportrestituties. De reden is dat de EU steeds meer een exporteur naar de wereldmarkten is geworden, waardoor de interne prijzen van de meeste producten niet meer afhankelijk zijn van de invoerprijzen maar in hoge mate van de uitvoerprijzen. De effecten van een WTO-akkoord op de interne prijzen zullen dan ook sterk afhankelijk zijn van de na toepassing van dit akkoord nog bestaande verschillen tussen de EU-prijzen en de prijzen op internationale markten.

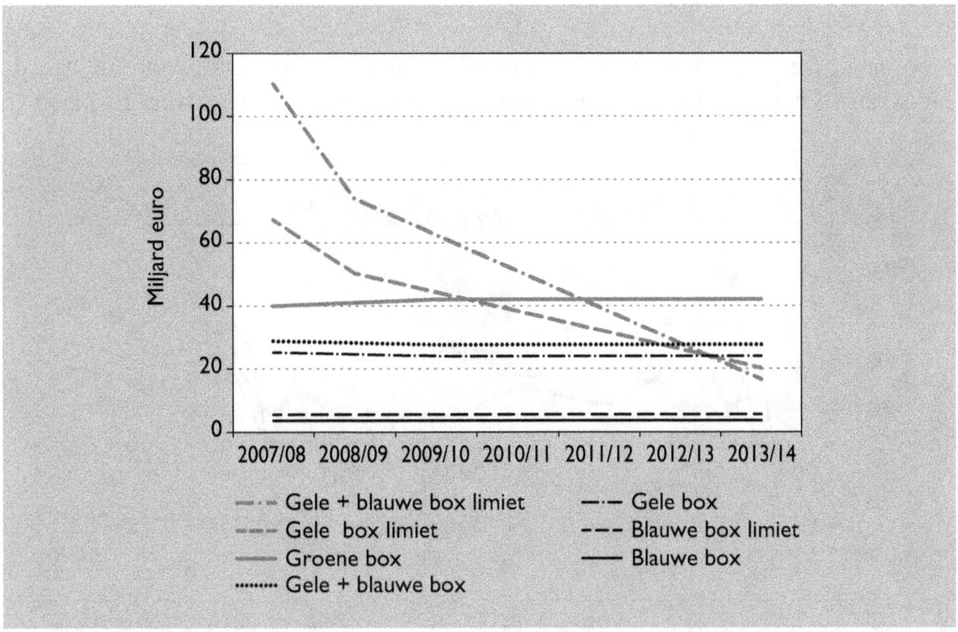

Figuur 21.1. EU-interne steunniveaus in vergelijking tot de in mei 2008 voorgestelde WTO-landbouw-modaliteiten (Jean et al.*, 2008).*

Langere termijn projecties op internationale markten

Figuur 21.2 geeft de OECD-FAO prijsprojecties voor landbouwproducten weer voor de periode 2012-2021. De verwachting is dat deze prijzen aanzienlijk hoger zullen zijn dan in het afgelopen decennium, dit afgezien van de prijspieken in 2007-2008 en 2010-2011. De onderliggende drijvende krachten zijn de volgende (zie ook hoofdstuk 5):

- Aan de vraagzijde de groei van de wereldbevolking, de toenemende wereldwelvaart, de daarmee gepaard gaande veranderende consumptiegewoonten, vooral de verschuiving in de consumptie van plantaardige naar dierlijke producten, en de toegenomen vraag naar biomassa voor andere aanwendingen dan voedsel en veevoer, waaronder biobrandstoffen.
- Aan de aanbodzijde onderinvesteringen in de landbouw, vooral in ontwikkelingslanden en in het bijzonder in Afrika, verhoogde concurrerende claims op land en water, hogere prijzen voor energie en meststoffen, toenemende tekorten aan fosfaat en andere essentiële (micro)nutriënten, en mogelijke gevolgen van klimaatverandering.

Hoe de prijzen zich verder zullen ontwikkelen hangt in sterke mate af van de lange termijn productiviteitsgroei in de landbouw en efficiëntieverbeteringen in

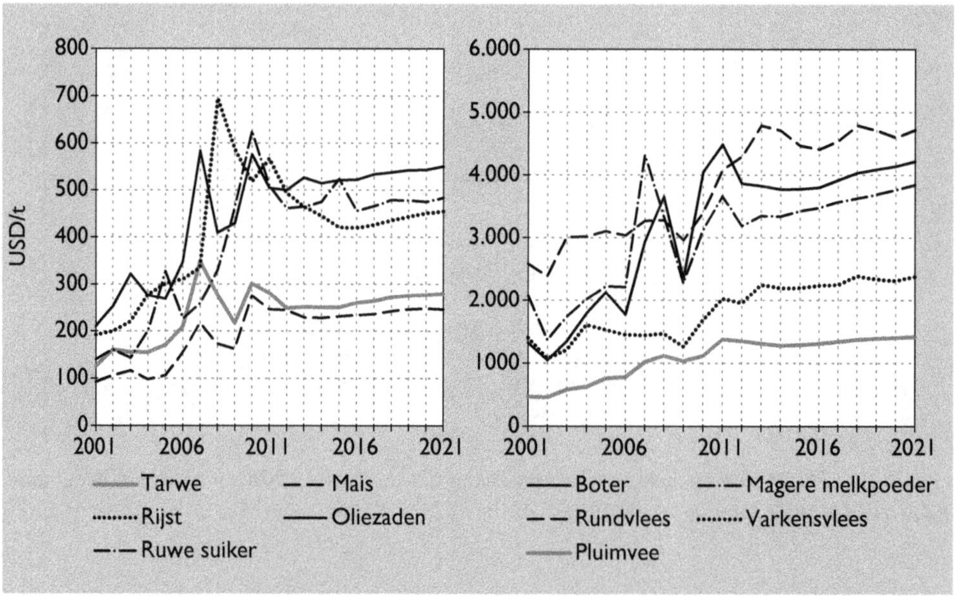

Figuur 21.2. OECD-FAO prijsprojecties voor landbouwproducten 2012-2021 (OECD-FAO, 2012).

de internationale voedingsmiddelenketens (zie onder andere hoofdstuk 5, OECD-FAO, 2011, 2012; Sjauw-Koen-Fa, 2012). Onderinvesteringen in de internationale landbouw en voedingsmiddelensector, in combinatie met een snel economisch herstel in sommige delen van de wereld, hebben al in 2010-2011 geleid tot vergelijkbare prijspieken als in 2007-2008 (IFPRI, 2011). Een extra onzekerheid voor de EU is de wisselkoers tussen de euro en de Amerikaanse dollar. De prijsprojecties in figuur 21.2 zijn berekend in US dollars. Een zwakkere dollar betekent een kleinere stijging van de prijzen in euro. Maar een verandering in de waarde van de dollar ten opzichte van andere valuta leidt veelal ook tot een tegengestelde verandering in dollarprijzen.

Concurrerende claims voor voedsel, veevoer en brandstoffen

De groei van de wereldbevolking van 7 miljard naar 9 miljard inwoners en de toenemende welvaart en consumptie van steeds meer dierlijke producten maken volgens berekeningen van de FAO tot 2050 een verhoging van de productie van voedsel met 60% noodzakelijk ten opzichte van de periode 2005-2007 (Alexandratos en Bruinsma, 2012). Berekeningen van onder andere Wageningen Universiteit en Researchcentrum laten zien dat een dergelijke productieverhoging technisch mogelijk is (Van Diepen *et al.*, 2009). Maar zal deze ook worden gerealiseerd? En zal dit dan voldoende zijn om tegemoet te komen aan de toegenomen vraag naar voedingsmiddelen? De belangrijkste aandachtspunten daarbij zijn:

- de economische en maatschappelijke haalbaarheid;
- de toegang tot voedsel in het bijzonder voor de armsten in de wereld;
- de gevolgen van klimaatverandering;
- de toenemende concurrentie tussen voedsel-, veevoer- en niet-voedselgebruik, in het bijzonder biobrandstoffen, van biomassa;
- de effecten op biodiversiteit en natuurlijke systemen, waaronder tropische regenwouden.

De concurrentie tussen voedsel, veevoer en brandstoffen kreeg steeds meer aandacht in de afgelopen jaren. Van Diepen *et al.* (2009) rapporteren op basis van FAO voorzieningsbalansen dat in 2000 de helft van de wereldproductie van voedsel- en voedergewassen werd gebruikt voor voedsel en de andere helft voor veevoer. Dit veevoeraandeel kan in de komende jaren stijgen door de toenemende consumptie van dierlijke producten. De sterke toename van de vleesproductie is echter sinds de jaren 1960 tot stand gekomen met slechts een bescheiden groei van de veevoervraag. Dit duidt op een sterke toename van de productiviteit in de moderne veehouderij (SOW-VU, 2010).

Het in het afgelopen decennium sterk geïntensiveerde beleid voor biobrandstoffen leidde ertoe dat in 2012 in de Verenigde Staten meer dan een derde van de productie van voedergranen, vooral mais, en in Brazilië meer dan de helft van de suikerrietproductie werd gebruikt voor bio-ethanol (FAO, 2012). In de EU kan de 10% verplichte bijmenging van biobrandstoffen in transportbrandstoffen in 2020 leiden tot een beslag op landbouwgrond van 20 tot 30 miljoen hectare, ofwel 20 tot 30% van het huidige akkerbouwareaal, als alle benodigde biomassa binnen de EU zou worden geproduceerd. Op wereldschaal legt de 10% verplichte bijmenging in de EU voor benzine een beslag van 2,5% op de productie van granen en voor diesel van 19% op plantaardige oliën. (De Santi *et al.*, 2008).

In 2021 wordt volgens projecties van de OECD-FAO (2012) wereldwijd 14% van de productie van voedergranen en 34% van de suikerrietproductie gebruikt voor bio-ethanol, en 16% van de productie van plantaardige oliën voor biodiesel. De sterkste groei van voedergranen voor bio-ethanol doet zich voor in de ontwikkelde landen, namelijk van minder dan 10% van de productie in 2006-08 naar 28% in 2021. In de EU-27 was in 2009-11 bijna 40% van de plantaardige oliën bestemd voor biodiesel, in Argentinië was dat meer dan 60%. In beide gebieden projecteert OECD-FAO (2012) een ten minste 10% hoger aandeel voor biodiesel in 2021. In ontwikkelingslanden werd in 2009-11 van suikerriet ruim 20% gebruikt voor bio-ethanol; in 2021 stijgt dat volgens de projecties tot 34%.

De toenemende bestemming voor biobrandstoffen wordt algemeen gezien als één van de oorzaken van de gestegen wereldmarktprijzen en zal dat ook in de toekomst zijn. In hoofdstuk 5 is besproken dat schattingen hierover uiteenlopen van enkele procenten tot wel 75% ten opzichte van de omstreeks 2000 geldende prijzen. Tweede generatie biobrandstoffen op basis van hout, andere meerjarige gewassen en afval, indien technisch en economisch haalbaar, kunnen deze prijseffecten afzwakken, maar concurreren eveneens (ten dele) direct of indirect met het gebruik van landbouwgrond voor andere doeleinden. Misoogsten en daarmee gepaard gaande nieuwe prijsstijgingen hebben in 2012 geleid tot discussies en voorstellen bestaande verplichtingen voor het gebruik van biobrandstoffen af te zwakken ter wille van de wereldvoedselvoorziening, in de EU door het gebruik van biobrandstoffen op basis van voedselgewassen te verminderen van 10% naar 5% (European Commission, 2012).

Concurrerende claims zijn niet beperkt tot landgebruik, maar betreffen ook het gebruik van water en meststoffen. Zorgen zijn er vooral over de langere termijn beschikbaarheid van fosfaat en andere essentiële mineralen. Deze zorgen gelden ook voor tweede generatie biobrandstoffen.

De conclusie is dat de neerwaartse trend in de afgelopen decennia van de wereldmarktprijzen in reële termen sinds het begin van de eenentwintigste eeuw is veranderd in een horizontale of zelfs opwaartse trend (zie ook hoofdstuk 5). Deze opwaartse trend kan op de langere termijn versneld optreden als klimaatverandering leidt tot temperatuurstijgingen van meer dan 2 tot 3 graden. Kleinere stijgingen kunnen leiden tot een hogere wereldproductie en dus lagere prijzen op wereldmarkten (zie OECD-FAO, 2009).

21.4 Gevolgen voor EU en GLB

Verder stijgende zelfvoorziening en veranderde prijsverhoudingen

De productie in de EU zal in de komende decennia blijven groeien als gevolg van verdere toename van de opbrengsten per hectare en per dier, zij het misschien minder dan in het verleden (Sjauw-Koen-Fa, 2012), en van de efficiëntie in de keten. Daar staat tegenover dat de menselijke consumptie in Europa zich stabiliseert of zelfs afneemt door verzadiging, veroudering, stabilisatie of afname van vleesconsumptie, of zelfs afname van de bevolking. Bovendien kan klimaatverandering leiden tot meer productie in noordelijke delen van Europa, die de productiedaling in zuidelijke delen compenseert. De daaruit voortvloeiende verdere stijging van de zelfvoorziening zal leiden tot een aanhoudende neerwaartse trend in de Europese prijzen, zodat deze zelfs lager worden dan elders in de wereld.

Figuur 21.3 laat voor enkele producten recente en geprojecteerde prijsontwikkelingen in de EU en op de wereldmarkt tussen 1988 en 2021 zien. De interventieprijs voor tarwe in de EU is al jarenlang aanzienlijk lager dan de wereldmarktprijs, terwijl de interventieprijzen voor rundvlees, boter en magere melkpoeder ondertussen ongeveer gelijk zijn aan de wereldmarktprijzen en er in de projecties ook onder komen te liggen. Dat maakt een verdere hervorming van het GLB gemakkelijker dan ooit eerder in het bestaan ervan het geval was.

Boeren bij vrijhandel

Bij velen bestond jarenlang de vrees (en bij sommigen de hoop en de wens) dat bij handelsliberalisatie en afschaffing van de bestaande steun de landbouw in Nederland en Europa zou verdwijnen (zie onder andere Asbeek Brusse *et al.*, 2002; Ruimtelijk Planbureau, 2005). Al in *Boeren bij vrijhandel* (Massink en Meester, 2002) werd aannemelijk gemaakt dat dit niet het geval zal zijn. Andere studies laten zien dat de Nederlandse en Europese landbouw- en voedingsmiddelensectoren wellicht

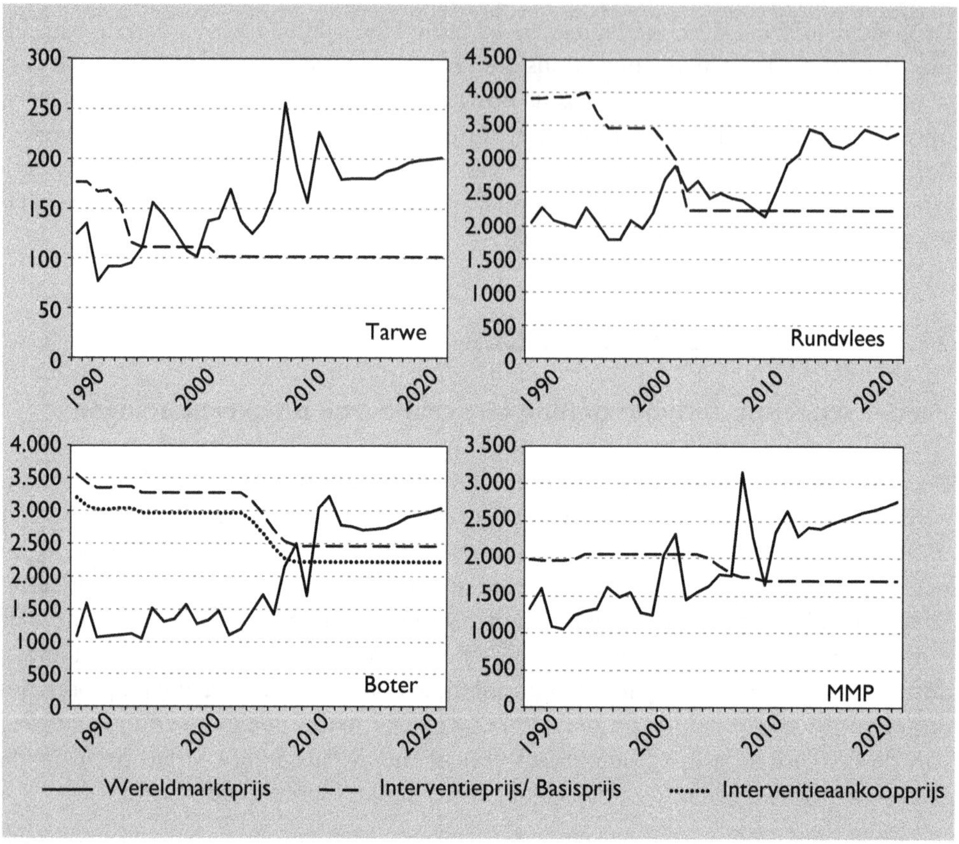

Figuur 21.3. EU- en wereldmarktprijzen in euro per ton voor tarwe, rundvlees, boter en magere melk poeder (MMP) (Eigen berekeningen op basis van OECD-FAO, Agricultural Outlook, diverse jaren).

eerder baat bij dan last van handelsliberalisatie hebben (zie onder andere European Commission, 2007; Francois *et al.*, 2003, 2005). Dat geldt niet alleen voor afschaffing van de prijssteun (Francois *et al.*, 2003, 2005), maar ook voor de nog bestaande directe inkomenssteun (Nowicki *et al.*, 2009). Een herverdeling van productie en inkomens tussen agrarische sectoren en regio's in de EU is waarschijnlijk, maar niet een verdwijning. De belangrijkste aanpassingsmechanismen zijn een daling van grondprijzen en de eliminatie van quotawaarden.

Kennis als comparatief kostenvoordeel

De Europese landbouw heeft waarschijnlijk zelfs comparatieve kostenvoordelen ten opzichte van andere delen van de wereld, dit niet alleen door het klimaat, de vruchtbaarheid van de bodem, en de grote en rijke interne markt, maar ook door het hogere kennisniveau. Hayami (mondelinge mededeling, 2006) stelt dat de westerse landbouw juist door dit laatste een comparatief kostenvoordeel zou kunnen hebben ten opzichte van de landbouw elders in de wereld. Hij baseert dit op de aanname dat de landbouw tegen een veelal laag prijsniveau een kwalitatief steeds hoogwaardiger en duurzamer product moet voortbrengen. Daarvoor is grote inzet van kapitaal en kennis vereist. Juist deze productiefactoren zijn in de EU in hoge mate beschikbaar. Dit in tegenstelling tot de productiefactoren arbeid en grond waarvan de klassieke Ricardiaanse handelstheorie uitgaat, en op basis waarvan nog steeds in veel analyses en beschouwingen een comparatief kostenvoordeel wordt toegekend aan ontwikkelingslanden en landen met een ruime beschikbaarheid aan grond.

Niet alleen Hayami, maar onder andere ook Porter (1990) geeft aan dat vaak andere factoren dan de goedkope beschikbaarheid van arbeid, kapitaal en grond het comparatieve kostenvoordeel van sectoren en de concurrentiepositie en producten bepalen. De aanhoudende stagnatie van de landbouw in Centraal- en Oost-Europa is daarvan een goed voorbeeld. In het bijzonder het ontbreken van adequate toeleverende en verwerkende sectoren en de onzekerheid over eigendomsrechten hebben ertoe geleid dat de na de val van de Berlijnse muur verwachte productiegroei ook meer dan twintig jaar later nog maar moeizaam op gang komt. Dit ondanks de beschikbaarheid van goedkope arbeid en grond, en ondanks de ook voor de nieuwe lidstaten vrije toegang tot de Europese markt.

Terms-of-trade effecten, grondprijzen en quotawaarden

Een belangrijk element in *Boeren bij vrijhandel* en andere studies is dat handelsliberalisatie tot gevolg heeft dat niet alleen de steun in de EU daalt, maar ook in belangrijke andere landbouwgebieden in de wereld. Ook daar wordt dus het bestaande concurrentievoordeel lager. Daarnaast zullen niet alleen de interne prijzen in de nu beschermde gebieden verminderen maar bijvoorbeeld voor zuivel en suiker, door het wegnemen van de eerder besproken negatieve 'terms-of-trade' effecten, ook de wereldmarktprijzen stijgen (zie OECD, 2005, 2007). Daarnaast leiden vermindering of afschaffing van prijs- en inkomenssteun tot lagere grondprijzen en eliminatie van quotawaarden, en daarmee tot kostendalingen voor vooral toekomstige generaties producenten (zie bijvoorbeeld voor zuivel Van Berkum *et al.*, 2006). Ondertussen laten de eerder besproken prijsprojecties zien dat ook zonder verdere liberalisatie de prijzen op internationale markten het komende decennium zeer waarschijnlijk hoger zullen zijn dan de nu geldende EU steunprijzen.

Ervaringen met structurele beleidsaanpassingen elders in de wereld

Blandford en Hill (2006) beschrijven ervaringen met structurele aanpassingen na soms ingrijpende beleidsveranderingen elders in de westerse wereld. Deze ervaringen tonen beperkte negatieve effecten op lange termijn van de afschaffing van steun voor zowel de landbouw als de regionale economie. De flexibiliteit tot aanpassing in de landbouw blijkt veel groter dan veelal wordt aangenomen. Er vinden vaak wel kleine veranderingen in de productie plaats binnen de sector of tussen landbouw en andere sectoren, maar het belangrijkste effect is meestal een daling van grondprijzen en quotawaarden (zie ook OECD, 2005 voor zuivel, OECD, 2008 en Ciaian *et al.*, 2009 voor grondprijzen). Dit betekent wel dat er geleidelijkheid en overgangsmaatregelen nodig zijn, waaronder met banken overeen te komen programma's van schuldsanering Daarnaast beperken de aanpassingen zich niet tot de primaire sector, maar doen ze zich ook voor bij toeleverende en verwerkende bedrijven, waaronder dienstverleners zoals de banken zelf.

Gevestigde belangen

Afgezien van onwetendheid komt weerstand tegen hervormingen vaak van belangengroepen, in veel gevallen eigenaren van grond of quotumrechten, die het risico lopen van verlies van *economic rents* vervat in grondprijzen en quotawaarden. Afkoop of geleidelijke (maar wel strikt tijdsgebonden) afbraak van deze gevestigde belangen zijn dan ook te overwegen om de weerstand van deze politiek vaak machtige belangengroepen te verminderen. Een obligatiesysteem, zoals voorgesteld door Swinbank en Tangermann (2004), zou een effectief instrument zijn voor de aanpak van dit probleem maar kreeg geen politieke steun in de EU (Daugbjerg, 2004; Cunha en Swinbank, 2011).

21.5 Wat te doen tussen nu en 2020?

Waarom het GLB steeds verder onder druk komt

De relatief comfortabele positie van de Europese landbouw- en voedingsmiddelensector die rond 2020 te verwachten is, vormt een uitdaging voor deze sectoren en het GLB om daar vroegtijdig op in te spelen. De discussie hierover was al begonnen vóór de Europese Commissie (2011) haar voorstellen tot verdere hervorming van het GLB indiende. Deze voorstellen zijn uitvoerig besproken in voorgaande hoofdstukken. Besluiten erover zijn in juni 2013 genomen. De Europese Commissie zag als belangrijke uitdaging voor deze hervorming het vinden van een nieuw evenwicht tussen marktbeleid, inkomensbeleid en plattelandsbeleid, waarbij rekening gehouden wordt met:

- mondiale trends en de marktperspectieven;
- vraagstukken rond klimaatverandering, energievoorziening, waterbeheer, duurzaamheid en biodiversiteit;
- maatschappelijke wensen over voedselzekerheid, voedselveiligheid, milieu, natuur, landschap en dierenwelzijn.

Toch lijken de voorstellen, en de besluiten daarover in Parlement en Raad, vooral een nieuwe rechtvaardiging te willen vormen voor het zoveel mogelijk handhaven van de bestaande toeslagen en het huidige GLB-budget. Daar kunnen grote vraagtekens bij worden gezet:

- Waarom nog steeds inkomenscompensatie geven voor een prijsdaling die meer dan 20 jaar geleden plaatsvond en bovendien nog steeds grotendeels gebaseerd is op productiecijfers van eveneens meer dan 20, voor zuivel zelfs 30 jaar geleden?
- Hoe de behoefte aan compensatie verdedigen bij internationale prijzen die ook de komende jaren ver boven de niveaus van de jaren 1990 liggen?
- Hoe te verdedigen dat boeren in de vaak rijkere oude lidstaten veel hogere betalingen ontvangen dan boeren in de meestal veel armere nieuwe lidstaten?
- Waarom nog zo veel van de Europese begroting besteden aan de landbouw, als alle lidstaten hun hoge nationale begrotingstekorten moeten verminderen en ook voor de EU-begroting nieuwe prioriteiten gesteld moeten worden (zoals besproken in hoofdstuk 3)?

Dringend behoefte aan nieuwe prioriteiten

Het zou wenselijk zijn geweest als in de besluitvorming voor de periode 2014-2020 veel scherper dan nu gebeurd is een nieuwe langetermijnstrategie voor de EU-landbouw en het GLB was ontwikkeld. Daarbij zouden onder andere de volgende uitgangspunten kunnen zijn gehanteerd (zie ook RLI, 2011; Tangermann, 2011):

- De Europese landbouw dient zich op de langere termijn onafhankelijk te maken van iedere vorm van prijs- en inkomenssteun. Dat is niet alleen wenselijk maar ook mogelijk, gezien de internationale marktverwachtingen en met een overgangsperiode van 5 tot 10 jaar.
- De belangrijkste aanpassing in deze overgangsperiode is waarschijnlijk een daling van de grondprijzen en de eliminatie van de quotawaarden, omdat de GLB-steun, zelfs in de huidige ontkoppelde versie, grotendeels gekapitaliseerd is in deze activa. Die aanpassing dient geleidelijk te geschieden.

- Betalingen op historische basis dienen overeenkomstig de Commissievoorstellen en de besluitvorming in Raad en Parlement, op een zo kort mogelijke termijn te verdwijnen. Zij moeten echter niet herverdeeld worden op regionale basis binnen of tussen de lidstaten, maar vervangen worden door doelgerichte betalingen.
- Het belangrijkste effect van herverdeling op regionale basis binnen of tussen de lidstaten is waarschijnlijk een herverdeling van de waarde van de grond. Bovendien gaan boeren die in het verleden geen of lage toeslagen ontvingen, zonder enige reden nu ook voor de gemiddelde regionale premie in aanmerking komen. Beide effecten dienen geen enkel langetermijndoel en moeten daarom vermeden worden.
- De doelgerichte betalingen dienen tijdelijk te zijn en in de overgangsperiode zoveel mogelijk te worden gericht op verbetering van concurrentiekracht, duurzaamheid en innovatievermogen van de landbouw en de voedingsmiddelenketen. Daarnaast zou een deel van de middelen ingezet kunnen worden voor de betaling van goederen en diensten die niet of in onvoldoende mate kunnen worden geleverd via marktmechanismen.
- Een publiek vangnet, voor zover nog politiek gewenst, dient beperkt te blijven tot zeer lage prijsniveaus. Private mechanismen zoals besproken in de hoofdstuk 6 zouden voldoende moeten zijn voor het opvangen van prijsvolatiliteit op markten en andere risico's in de landbouw (zie ook OECD, 2009). De verdere ontwikkeling van deze private mechanismen kan ondersteund worden door gerichte betalingen in de overgangsperiode, maar veel belangrijker is bedrijfsleven en beleidsmakers te leren hoe er mee om te gaan.
- Ook betalingen uit de eerste pijler zouden steeds meer (mede-)gefinancierd moeten worden door nationale en regionale overheden, en ook private actoren, dit om de eigen verantwoordelijkheid voor de inzet van deze betalingen te verhogen (zie ook SER, 2006; Veerman, 2010).

21.6 Slotopmerkingen

Het traditionele landbouwbeleid zoals vanaf de jaren 1960 gevoerd in de EU, is bezig te verdwijnen. De vraag is wat er voor in de plaats zal komen. Sommigen waren in het verleden van mening dat dit beleid vervangen moest worden door een versterkte vorm van Europees plattelandsbeleid (Buckwell *et al.*, 1997). Gezien de grote diversiteit van problemen in de verschillende regio's in Europa lijkt dit geen voor de hand liggende optie. De recente uitbreidingen van de EU hebben deze diversiteit alleen maar groter gemaakt.

Bovendien ligt de focus in Europa steeds meer op andere prioriteiten dan het traditionele beleid voor landbouw en aan de landbouw gekoppelde plattelandsontwikkeling. Er is dan ook toenemende druk om de beschikbare financiële middelen naast regionaal en cohesiebeleid vooral in te zetten voor versterking van concurrentiekracht, duurzaamheid en innovatievermogen van de Europese economie, inclusief de landbouw- en voedingsmiddelensector. Daarnaast is er op korte termijn grote behoefte aan het bezweren van de eurocrisis en het herstel van de economische groei in Europa. Ook de landbouw en de voedingsmiddelensector zouden weleens meer belang kunnen hebben bij het versterken van de interne markten en de territoriale cohesie in de EU, het terugwinnen van het vertrouwen in de euro en het herstel van de economische groei in Europa, dan bij de inkomenssteun uit het GLB. Een vermindering van het landbouwbudget ten gunste van deze andere doelen zou dan ook door de landbouwbeleidsmakers en -lobbyisten toegejuicht in plaats van afgewezen moeten worden.

Versterking van de concurrentiekracht van de Europese landbouw en voedingsmiddelensector ten opzichte van andere regio's in de wereld heeft hoge prioriteit de komende jaren. Tegelijkertijd wil de EU andere maatschappelijke doelstellingen bereiken. De productie van veilig en hoogwaardig voedsel op een meer duurzame, milieu-, landschaps- en diervriendelijke manier, dat tegelijkertijd aan de hoogste eisen van arbeidsomstandigheden en biodiversiteit voldoet, wordt een steeds essentiëler element van het concurrentievermogen op zowel de Europese thuismarkt als op internationale markten.

Europa heeft belang bij deze prioritaire beleidsontwikkelingen, dit niet alleen vanwege het behoud van inkomen en werkgelegenheid, maar ook om de landbouw een essentiële bijdrage te laten leveren aan het behoud van de karakteristieke landschappen in dit deel van de wereld. Ook als door de voortgaande verstedelijking het huidige areaal landbouwgrond verder afneemt, zal nog steeds het grootste deel van plattelandsgebieden in de EU door deze sector gebruikt worden. Een vitale en concurrerende landbouw blijft dan ook voor het beheer van plattelandsgebieden van essentieel belang voor de Europese samenleving. Een toenemend beheer van deze gebieden op basis van geldstromen van Europese, nationale en regionale overheden ligt niet voor de hand. Dergelijke geldstromen zijn te kwetsbaar voor verandering in prioriteiten ten gunste van andere overheidstaken. Daarom moeten landbouw en andere landschapsbeheerders, ook in minder aantrekkelijke gebieden, meer dan tot nu toe het geval was, leren leven met beheer zonder overheidssubsidies.

Niet alleen de overheid, maar ook de private sector stelt steeds hogere eisen van voedselveiligheid, voedselkwaliteit, duurzaamheid, milieu, natuur, landschap, dierenwelzijn en arbeidsomstandigheden aan een product. Bedrijven in de voedselketen zien zelfs groeiende concurrentievoordelen in het creëren van een onderscheidend imago op basis van deze eisen. Op zijn minst willen ze niet hun goede naam en gevestigde marktpositie riskeren door negatieve publiciteit erover. Ze leggen deze hogere eisen vooral vast in business-to-business contracten en gaan daarbij vaak aanzienlijk verder dan de minimumeisen in Europese en internationale wet- en regelgeving. Dit geldt in het bijzonder voor voedselkwaliteit, milieu, dierenwelzijn en arbeidsomstandigheden en in toenemende mate ook voor duurzaamheid (zie ook de hoofdstuk 15 en bijlage 15a; OECD, 2006, 2010; Tallontire *et al., 2012*). Non-gouvernementele organisaties, zoals in Nederland bijvoorbeeld Wakker Dier, versterken door gerichte acties deze ontwikkeling.

Door dit alles wordt de landbouw veel meer afhankelijk van het effectief inspelen op veranderende eisen van partners in de markt dan van het traditionele overheidsbeleid. Strenge kwaliteitseisen voor landbouw, voedsel en groen bepalen steeds meer onder welke voorwaarden producenten en hun afnemers niet alleen mogen leveren, maar ook gebruik mogen maken van de diensten van bijvoorbeeld banken en verzekeringsmaatschappijen. EU-beleid voor landbouw, voedsel en groen zou dan ook veel meer ingericht moeten worden op het begeleiden van dit proces. In de besluitvorming over het Meerjarig Financieel Kader en het GLB voor de periode 2014-2020 zijn in dit opzicht maar hele kleine stapjes gezet. Misschien zijn deze in de uitwerking en toepassing ervan nog iets te vergroten, dit mede met het oog op de tussentijdse evaluatie van het nu ingezette beleid die omstreeks 2016 is te verwachten en ongetwijfeld zal leiden tot verdergaande hervormingen in de vanaf 1992 ingezette richting.

Literatuur

Alexandratos, N. en J. Bruinsma. 2012. World agriculture towards 2030/2050: the 2012 revision. ESA Working paper No. 12-03. Food and Agricultural Organisation of the United Nations, Rome, Italië.

Asbeek Brusse, W., J. Bouma en R.T. Griffiths (red.), 2002. De toekomst van het Europees Gemeenschappelijk landbouwbeleid. Lemma, Utrecht, Nederland.

Blandford, D. en B. Hill (red.), 2006. Policy Reform and adjustment in the agricultural sectors of developed countries. CABI Publishing, Wallingford, UK.

Bos, M. en B. Van Riel, 2002. Financiering uitbreiding europese unie geen probleem. Economisch-Statistische Berichten 87 (4390): 920-923.

Buckwell, A., J. Blom, P. Commins, B. Herview, M. Horfreither en H. Von-Meyer, 1997. Towards a common agricultural and rural policy for Europe. European Economy Reports and Studies No. 5, Commission of the European Communities, Brussel, België.

Buckwell, A.E., J. Haynes, S. Davidova, A. Kwiecinski en V. Courboin, 1994. Feasibility of an agricultural strategy to prepare the countries of Central and Eastern Europe for EU accession. European Commission, Brussel, België.

Burrell, A.M. en A.J. Oskam, 2005. Turkey in the European Union. Implications for agriculture, food and structural policy. CABI Publishing, Wallingford, UK.

Ciaian, P., D.A. Kancs en J.F.M. Swinnen, 2009. EU land markets and the common agricultural policy. Centre for European Policy Studies, Brussel, België.

Cunha, A. en A. Swinbank, 2011. An inside view of the CAP Reform process: explaining the Mac Sharry, Agenda 2000, and Fischler Reforms. Oxford University Press, Oxford, UK, 256 pp.

Daugbjerg, C. en A. Swinbank, 2007. The politics of CAP reform: trade negotiations, institutional settings and blame avoidance. Journal of Common Market Studies 45: 1-22.

Daugbjerg, C., 2004. Why a bond scheme was not adopted in 1992? In: A. Swinbank en R. Tranter (red.). A bond scheme for common agricultural policy reform. CABI International, Wallingford, UK, pp. 93-109.

De Santi, G., R. Edwards, S. Szekeres, F. Neuwahl en V. Mahieu, 2008. Biofuels in the European context: facts and uncertainties. Report of the JRC Biofuels Task Force. JRC44464, JRC Institute of Energy, Alkmaar, Nederland.

European Commission, 2007. Scenar 2020. Scenario study on agriculture and the rural world. DG Agriculture and Rural Development. Brussel, België.

European Commission, 2012. Proposal for a Directive of the European Parliament and of the Council amending Directive 98/70/EC relating to the quality of petrol and diesel fuels and amending Directive 2009/28/EC on the promotion of the use of energy from renewable sources. COM(2012) 595 final. Brussel, België.

Europese Commissie, 2011. Voorstellen voor verordeningen en een besluit van de Raad. COM(2008) 306/4. Brussel, België.

FAO, 2012. The state of food and agriculture 2012. Food and Agricultural Organisation of the United Nations, Rome, Italië.

Folmer, C., M.A. Keyzer, M.D. Merbis, H.J.J. Stolwijk en P.J.J. Veenendaal, 1995. The common agricultural policy beyond the Mac Sharry reform. Elsevier, Amsterdam, Nederland.

Francois, J., J.C.M. Van Meijl en F.W. Van Tongeren, 2003. Economic Effects of the Doha Round for the Netherlands. LEI Wageningen UR, Den Haag, Nederland.

Francois, J., J.C.M. Van Meijl en F.W. Van Tongeren, 2005. Trade liberalization in the Doha development round. Economic Policy 20: 349-391.

Griffiths, R.T., 2007. Waarom is het Gemeenschappelijk Landbouwbeleid tot stand gekomen? In: Verburg, G. (red.) Vijftig jaar verdrag van Rome: de betekenis van landbouw voor één Europa. Boom Juridische uitgevers, Den Haag, Nederland.

IFPRI, 2011. Urgent actions needed to prevent recurring food crises. IFPRI Policy Brief 16, March 2011. IFPRI, Washington, DC, USA.

Jean, S., T. Josling en D. Laborde, 2008. Implications for the European Union of the May 2008 Draft Agricultural Modalities. International Centre for Trade and Sustainable Development, Geneva, Zwitserland.

Massink, H.F. en G. Meester, 2002. Boeren bij vrijhandel. Ministerie van LNV, Den Haag, Nederland.

Meester, G. en D. Strijker, 1985. Het Europese landbouwbeleid voorbij de scheidslijn van zelfvoorziening. Voorstudie 46. Werenschappelijke Raad voor het Regeringsbeleid, Den Haag, Nederland.

Nallet, H. en A. van Stolk, 1994. Relations between the European Union and the central and eastern European countries in matters concerning agriculture and food production, European Commission paper, DGVI, 15 June 1994, Brussel, België.

Nowicki, P., V. Goba, A. Knierim, H. Van Meijl, M. Banse, B. Delbaere, J. Helming, P. Hunke, K. Jansson, T. Jansson, L. Jones-Walters, V. Mikos, C. Sattler, N. Schlaefke, I. Terluin en D. Verhoog, 2009. Scenar 2020-II – Update of analysis of prospects in the Scenar 2020 study – Contract No. 30–CE-0200286/00-21. European Commission, Directorate-General Agriculture and Rural Development, Brussel, België.

OECD, 2005. Dairy policy reform and trade liberalisation. OECD, Parijs, Frankrijk.

OECD, 2006. Final report on private standards and the shaping of the agro-food system. OECD, Parijs, Frankrijk.

OECD, 2007. EU sugar reform. OECD, Parijs, Frankrijk.

OECD, 2008. Agricultural support, farm land values and sectoral adjustment: the implications for policy reform. OECD, Parijs, Frankrijk.

OECD, 2009. Managing risk in agriculture. OECD, Parijs, Frankrijk.

OECD, 2010. Policy responses to societal concerns in food and agriculture. Proceedings of an OECD Workshop. OECD, Parijs, Frankrijk.

OECD-FAO, 2009. Agricultural outlook 2009-2018. OECD, Parijs, Frankrijk.

OECD-FAO, 2011. Agricultural outlook 2011-2020. OECD, Parijs, Frankrijk.

OECD-FAO, 2012. Agricultural outlook 2012-2020. OECD, Parijs, Frankrijk.

Porter, M., 1990. The comparative advantage of nations. MacMillan, Londen, UK.

RLI, 2011. Het Europees landbouwbeleid als transitie-instrument voor de land- en tuinbouw. Raden voor de Leefomgeving en Infrastructuur, Den Haag, Nederland.

Ruimtelijk Planbureau, 2005. Waar de landbouw verdwijnt. Het Nederlandse cultuurland in beweging. RPB, Den Haag, Nederland.

SER, 2006. Cofinanciering van het EU-landbouwbeleid. Sociaal-Economische Raad, Den Haag, Nederland.

Silvis, H.J., C.W.J. Van Rijswick en A.J. De Kleijn, 2001. EU-landbouwuitgaven bij verschillende toetredingsscenario's. LEI Wageningen-UR, Den Haag, Nederland.

Sjauw-Koen-Fa, A.R., 2012. Framework for an inclusive food strategy. Rabobank Group, Utrecht, Nederland.

SOW-VU, 2010. Annual report 2009. Center for World Food Studies, Amsterdam, Nederland.

Swinbank, A. en S. Tangermann, 2004. A bond scheme to facilitate CAP reform. In: A. Swinbank en R. Tranter (red.). A bond scheme for common agricultural policy reform, CABI Publishing: Wallingford, UK.

Tallontire, A., V. Nelson, J. Dixon en T. G. Benton, 2012. A review of the literature and knowledge of standards and certification systems in agricultural production and farming systems. NRI working paper series on sustainability standards No. 2. Universities of Greenwich and Leeds, UK.

Tangermann, S., 2011. Direct payments in the CAP post 2013. Note requested by the European Parliament's Committee on Agriculture and Rural Development, Brussel, België.

Van Berkum, S., C.J.A.M. De Bont, J.H. Helming en W. Van Everdingen, 2006. Europees zuivelbeleid in de komende jaren; wegen naar afschaffing van de melkquotering. LEI, Den Haag, Nederland.

Van Diepen, K., C. Bolck, N. Koning, H. Löffler en J. Sanders, 2009. Het technisch potentieel voor de wereldproductie van biomassa voor voedsel, veevoer en andere toepassingen. In: P. Berkhout (red.). Voedselzekerheid, een beschouwing vanuit drie dimensies. LEI, Den Haag, Nederland.

Veerman, C.P., 2010. Agriculture: a binding factor in Europe? In: A. Oskam, G. Meester en H. Silvis (red.). EU policy for agriculture food and rural areas. Wageningen Academic Publishers, Wageningen, Nederland, pp. 395-402.

Auteurs

- Ing. Léon Arnts. Senior beleidsmedewerker dierenwelzijn internationaal, Directie Dierlijke Agroketens en Dierenwelzijn, Ministerie van Economische Zaken. l.r.arnts@minez.nl

- Dr. ir. Gé Backus. Directeur Connecting Agri and Food. g.backus@agriandfood.nl

- Ir. Petra Berkhout. Senior Onderzoeker Landbouwbeleid en Eindredacteur Landbouw-Economisch Bericht, LEI Wageningen UR. petra.berkhout@wur.nl

- Dr. ir. Raoul Beunen. Onderzoeker en Universitair Docent, Leerstoelgroep Strategische Communicatie, Wageningen Universiteit. raoul.beunen@wur.nl

- Drs. Marko Bos. Directeur Economische Zaken, Sociaal-Economische Raad (SER). m.bos@ser.nl

- Ir. Irene Bouwma. Senior onderzoeker, Alterra, Environmental Sciences Group, Wageningen UR. irene.bouwma@wur.nl

- Dr. mr. Harry Bremmers. Universitair Hoofddocent, Leerstoelgroep Recht en Bestuur, Wageningen Universiteit. harry.bremmers@wur.nl

- Dr. Frank Bunte. Docent, Fontys International Business School (FIFS), Food & Flower Management. f.bunte@fontys.nl

- Ir. Jan Gerrit Deelen. Coördinerend beleidsmedewerker Directie Europees Landbouwbeleid en Voedselzekerheid, Ministerie van Economische Zaken. j.g.deelen@minez.nl

- Dr. ir. Anne van Doorn. Onderzoeker, Alterra, Environmental Sciences Group, Wageningen UR. anne.vandoorn@wur.nl

- Dr. ir. Liesbeth Dries. Universitair Docent, Leerstoelgroep Agrarische Economie en Plattelandsbeleid, Wageningen Universiteit. liesbeth.dries@wur.nl

- Ir. Pieter Gooren. Landbouwraad, Permanente Vertegenwoordiging van Nederland bij de WTO en andere internationale organisaties, Genève, Zwitserland. pieter.gooren@minbuza.nl
- Mr. Rien Huige. Hoofd Afdeling Landbouw & Levensmiddelen, Nederlands Normalisatie Instituut (NEN), Delft. rien.huige@nen.nl
- Prof. dr. ir. Siem Korver. Bijzonder Hoogleraar, Universiteit van Tilburg en Directeur Corporate Public Affairs, VION Food Group. s.korver@uvt.nl
- Mr. Gerbert Kunst. MBA, Directeur Directie Europa, Ministerie van Economische Zaken. g.p.g.kunst@minez.nl
- Ir. Roald Lapperre. Directeur Europees Landbouwbeleid en Voedselzekerheid en plv. directeur-generaal Agro, ministerie van Economische Zaken. r.p.lapperre@minlnv.nl
- Dr. ir. Ferry Leenstra. Senior onderzoeker Wageningen UR Livestock Research. ferry.leenstra@wur.nl
- Prof. dr. ir. Gerrit Meester. Lid van de Raad voor de Leefomgeving en Infrastructuur. Voorheen werkzaam op het voormalige Ministerie van Landbouw, Natuur en Voedselkwaliteit, Den Haag en Emeritus Hoogleraar Europese Economische Integratie, Universiteit van Amsterdam. gerrit.meester@kpnmail.nl
- Ir. Gerdien Meijerink. Senior onderzoeker Internationale Handel en Markten, LEI Wageningen UR. gerdien.meijerink@wur.nl
- Prof. dr. mr. Bernd van der Meulen. Hoogleraar, Leerstoelgroep Recht en Bestuur, Wageningen Universiteit, Directeur European Institute for Food Law (EIFL) en Voorzitter Nederlandse Vereniging van Levensmiddelenrecht (NVLR). bernd.vandermeulen@wur.nl
- Dr. ir. Monique Mourits. Universitair Docent, Leerstoelgroep Bedrijfseconomie, Wageningen UR. monique.mourits@wur.nl
- Prof. dr. ir. Arie Oskam. Emeritus hoogleraar Agrarische Economie en Plattelandsbeleid, Wageningen UR. arie.oskam@wur.nl

- Prof. dr. ir. Alfons Oude Lansink. Hoogleraar, Leerstoelgroep Bedrijfseconomie, Wageningen Universiteit. alfons.oudelansink@wur.nl
- Ir. Geert van der Peet. Senior onderzoeker Wageningen UR Livestock Research. geert.vanderpeet@wur.nl
- Prof. dr. ir. Joost Pennings. Hoogleraar Theorie en Praktijk van Goederentermijnmarkten, Wageningen Universiteit, ALEX Beleggersbank Professor of Finance, Universiteit Maastricht en Hoogleraar Marktkunde en Besliskunde, University of Illinois. joost.pennings@wur.nl
- Ir. Joris Relaes. Kabinetschef van de Vlaamse Minister van Landbouw, Zeevisserij en Plattelandsbeleid, Brussel en gastdocent Landbouw- en Voedselbeleid Katholieke Universiteit Leuven. joris.relaes@vlaanderen.be
- Dr. ir. Jan Schans. Senior Beleidsmedewerker Plantgezondheid, Nederlandse Voedsel- en Warenautoriteit (NVWA). j.schans@minlnv.nl
- Ir. Willem Schoustra. Senior beleidsmedewerker, Directie Europees Landbouwbeleid en Voedselzekerheid, Ministerie van Economische Zaken. w.schoustra@minez.nl
- Dr. ir. Huib Silvis. Onderzoeker landbouweconomie en -beleid, LEI Wageningen UR. huib.silvis@wur.nl
- Ir. Herman Snijders. Coördinerend Beleidsmedewerker GLB, Directie Europees Landbouwbeleid en Voedselzekerheid, Ministerie van Economische Zaken. h.snijders@minez.nl
- Prof. dr. ir. Wim Verbeke. Hoogleraar Agro-voedingsmarketing en Consumentengedrag, Universiteit Gent. wim.verbeke@ugent.be
- Dr. Coen van Wagenberg. Senior onderzoeker voedselkwaliteit in ketenverband, LEI Wageningen UR. coen.vanwagenberg@wur.nl

Index

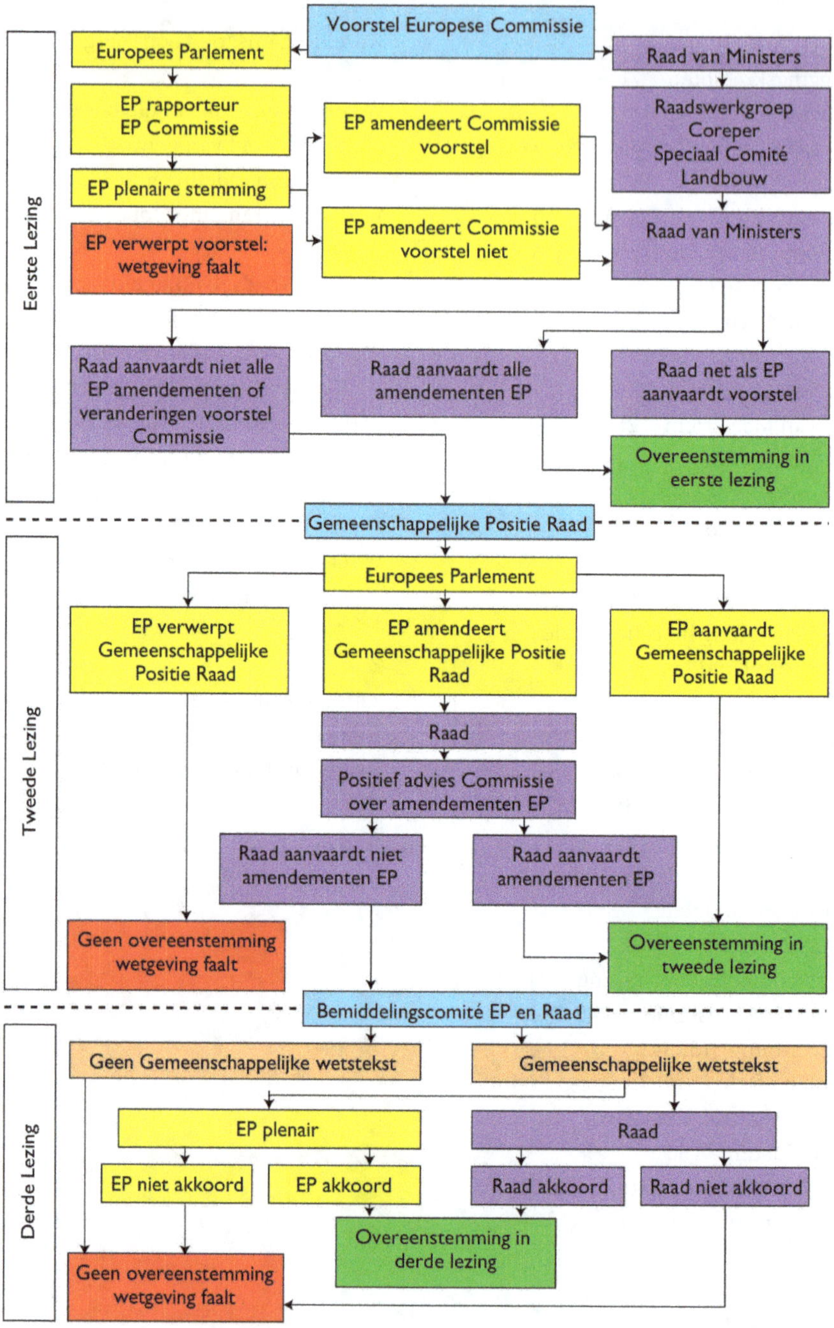

Gewone wetgevingsprocedure (medebeslissing)

www.ingramcontent.com/pod-product-compliance
Lightning Source LLC
LaVergne TN
LVHW080631011026
849160LV00014B/1178
* 9 7 8 9 0 8 6 8 6 2 3 0 6 *